普通高等教育"十四五"规划教材

分析化学

主　编　熊道陵　罗序燕
副主编　王　薇　刘典梅　柯于球　刘昆明

扫一扫看更清楚

北　京
冶金工业出版社
2025

内 容 提 要

全书共十一章，包括绪论、定量分析的一般步骤、误差及分析数据的统计处理、滴定分析、酸碱滴定法、配位滴定法、氧化还原滴定法、重量分析法和沉淀滴定法、电位分析法、吸光光度法、原子吸收光谱法，每章后面或附有思考题和习题。本书力求保持分析化学学科的系统性、知识性和逻辑性，同时体现明晰、实用的特色，强调基本原理和基本实践技能。

本书可作为高等理工院校和综合性大学理工科化学、应用化学、化学工程、冶金工程、矿物加工工程、环境工程等专业分析化学课的教材，也可供其他有关专业师生及从事化学相关工作的科技人员阅读和参考。

图书在版编目(CIP)数据

分析化学/熊道陵，罗序燕主编. —北京：冶金工业出版社，2022.1 (2025.2 重印)

普通高等教育“十四五”规划教材

ISBN 978-7-5024-8992-2

Ⅰ.①分…　Ⅱ.①熊…　②罗…　Ⅲ.①分析化学—高等学校—教材　Ⅳ.①O65

中国版本图书馆 CIP 数据核字（2021）第 247783 号

分析化学

出版发行　冶金工业出版社　　**电　　话**　(010)64027926

地　　址　北京市东城区嵩祝院北巷 39 号　　**邮　　编**　100009

网　　址　www.mip1953.com　　**电子信箱**　service@mip1953.com

责任编辑　杨盈园　美术编辑　彭子赫　版式设计　郑小利

责任校对　王永欣　责任印制　禹　蕊

北京印刷集团有限责任公司印刷

2022 年 1 月第 1 版，2025 年 2 月第 3 次印刷

787mm×1092mm　1/16；20 印张；484 千字；307 页

定价 56.00 元

投稿电话　**(010)64027932**　**投稿信箱**　**tougao@cnmip.com.cn**

营销中心电话　**(010)64044283**

冶金工业出版社天猫旗舰店　**yjgycbs.tmall.com**

(本书如有印装质量问题，本社营销中心负责退换)

前　言

高校现行大类招生政策，在“厚基础，宽口径”的原则下，建立多元化的教育教学体系具有重要意义。教材建设是“分析化学”分类教学改革的核心环节。作者结合高校大类招生和本科教学改革的实际情况，针对高校理工科专业“分析化学”基础课的教学现状——许多学生初学分析化学时，面对大量的概念、文字材料，不会取舍，往往不能很快抓住要点，有时过分注重理论基础、计算等环节而忽略应用条件和重要结论，编写了这本重点突出、文字简练、线条清晰，适合短学时分析化学课程教学的教材。

本书在内容上力求保持分析化学学科的系统性、知识性和逻辑性，同时体现明晰、实用的特色，强调基本原理和基本实践技能。本书对酸碱滴定法、配位滴定法、氧化还原滴定法等内容进行筛选、简化，使其更为精简；将仪器分析内容中的电位滴定、吸光光度法和原子吸收光谱法等仪器分析法的知识框架整合到教材中去，建立清晰的理论框架。

本书由熊道陵、罗序燕主编，参加编写的有熊道陵（第1章、第5章）、罗序燕（第4章、第8章）、王薇（第2章、第6章）、刘典梅（第7章、第11章）、柯于球（第3章、第9章）、刘昆明（第10章），全书由熊道陵负责制定编写大纲、统筹和定稿。

江西理工大学出版基金对本书给予了大力支持和帮助，在此特致以衷心的感谢。在编写过程中，作者参考了一部分有关专业教材资料，特此向这些资料的作者们表示感谢。

由于时间及作者水平有限，书中可能存在不妥之处，恳请使用本书的读者予以批评指正。

作　者

2021年9月

目　　录

1 绪　论

1.1 分析化学的任务和作用

分析化学是"表征与测量"的科学，即分析化学是一门发展并运用各种分析方法、仪器及策略获得有关物质组成、化学结构、形态、能态并在时空范畴跟踪其变化的各种分析方法及其相关理论的一门科学。分析化学是化学研究中最基础、最根本的领域之一，它的主要任务是鉴定物质的化学组成（元素、离子、基团或化合物），测定各组分的含量以及表征物质的化学结构，这就是定性分析、定量分析和结构分析所研究的内容。

如今，吸取当代科学技术的最新成就（包括化学、物理、数学、电子学、生物学等），利用物质的一切可以利用的性质，研究新的检测原理，开发新的仪器设备，建立表征测量的新方法和新技术，最大限度地从时间和空间的领域里获取物质的结构信息和质量信息，赋予了分析化学新的内容。

分析化学是研究物质及其变化的重要手段之一。作为化学的重要分支学科，分析化学发挥着重要作用。它不仅对化学各学科的发展起着重要作用，而且对与化学有关的各科学领域的发展有重大的实际意义，广泛地应用于地质普查、矿产勘探、冶金、化学工业、能源、农业、医药、环境监测、临床化验、商品检验、考古分析、法医刑侦鉴定等领域。

分析化学在科学应用中占有显著的地位，称为科学和技术的眼睛。分析化学在国民经济的发展、国防力量的壮大、自然资源的开发和科学技术的进步等方面起着巨大的作用。例如工业上，原材料的选择、工艺流程的控制、产品质量的检验以及"三废"的处理和综合利用；在农业上，土壤的普查，作物营养的诊断，化肥、农药及农产品的质量检验；在尖端科学和国防建设中，如人造卫星、宇宙飞船、武器装备的研制和生产以及原子能材料、半导体材料、超纯物质中微量杂质的分析等都要应用分析化学。对于科学研究，只要涉及化学现象，几乎都需要分析化学提供各种信息，以解决科学研究中的问题。因此，人们常将分析化学称为生产、科研的"眼睛"，并把分析化学水平的高低作为衡量一个国家在化学学科研究方面能力强弱的重要标志之一。诺贝尔物理、化学奖中有 1/4 的项目与分析化学有关。人工合成胰岛素的结构分析、DNA 新结构的发现、生命登月计划、超导材料的研究、纳米技术的发展和应用、人类在分子水平上认识世界、基因组计划和蛋白组计划的实现、生态环境保护检测、兴奋剂检测等应用与分析化学密切相关。分析化学工作者在科学研究领域、地质矿产系统、石油化工系统、冶金领域占有相当大的比例。分析化学在促进经济繁荣、科技进步和社会发展中有极其重要的地位和作用，对于冶金矿业、生命科学、材料科学、环境科学和能源科学都是必不可少的，是科学技术的眼睛、进行科学研究的基础。

分析化学是一门实践性很强的学科，在学习过程中一定要重视实验，使理论密切联系实际；通过学习掌握分析化学的基本原理及测定方法，树立量的概念，培养严谨的工作作风和实事求是的科学态度，掌握实验的基本操作和技能，提高分析问题和解决问题的能力。

1.2 分析方法的分类和选择

分析化学是由很多方法及理论构成的，分析方法是根据被测物质在某种变化或某种条件下所表现的性质建立的。根据分析的任务，分析方法分为定性分析、定量分析和结构分析；根据分析的对象，分为无机分析和有机分析；根据分析的原理，分为化学分析和仪器分析；根据分析试样用量，分为常量分析、半微量分析、微量分析、痕量分析；还可以根据分析结果使用的目的不同，分为常规分析、快速分析和仲裁分析。

1.2.1 定性分析、定量分析及结构分析

定性分析的任务是鉴定物质由哪些元素、离子、基团或化合物组成；定量分析的任务是测定试样中某组分的含量；结构分析的任务是分析鉴定物质的分子结构或晶体结构。

1.2.2 无机分析和有机分析

无机分析的对象是无机物，主要是鉴定试样是由哪些元素、离子、原子团或化合物组成，以及各组分的相对含量；有机分析的对象是有机物，主要测定组成有机物的碳、氢、氧、氮、硫等元素的组成及含量，更重要的是进行官能团分析及结构分析。

1.2.3 化学分析法和仪器分析法

1.2.3.1 化学分析法

化学分析法是以物质的化学反应为基础的分析方法。化学分析法是分析化学的基础，又称为经典分析法。当已知试样与未知试样发生化学反应时，根据化学反应的现象和特征鉴定物质的化学组成的方法称为化学定性分析；根据化学反应中试样和试剂的用量，测定物质组成中各组分的相对含量的方法称为化学定量分析。化学定量分析是本课程学习的主要内容。化学定量分析又分为：

（1）滴定分析法。滴定分析法又称为容量分析法，即将已知准确浓度的标准溶液，滴加到被测溶液中（或者将被测溶液滴加到标准溶液中），直到所加的标准溶液与被测物质按化学计量关系定量反应为止，然后测量标准溶液消耗的体积，根据标准溶液的浓度和所消耗的体积，算出待测物质的含量。由于反应类型不同，又可将其分为酸碱滴定法、配位滴定法、氧化还原滴定法、沉淀滴定法等。滴定分析具有仪器设备简单、操作简便、分析速度快、准确度高、相对误差较小等特点，故在工农业生产中和科学研究上广泛应用。

（2）重量分析法。重量分析是通过化学反应及一系列操作步骤使试样中的待测组分转化为另一种纯粹的、固定化学组成的化合物，再称量该化合物的质量，从而计算出待测组分的含量或质量分数。重量分析所用的仪器设备简单，不需要标准试样进行比较，并且有较高的准确度，其相对误差一般小于0.1%，常作为国家或行业颁布的标准分析方法。但此方法操作烦琐，分析速度较慢。

1.2.3.2 仪器分析法

借助光电仪器测量试样的光学性质（如吸光度或谱线强度）、电学性质（如电流、电位、电导）等物理或物理化学性质来求出待测组分含量的方法，称为仪器分析法，又称物理或物理化学分析法。根据分析的原理和使用的仪器不同，可将其分为光化学分析法、电化学分析法、色谱分析法及其他分析法等。

A 光化学分析法

光化学分析法是利用物质的光学性质建立的一类分析方法。主要有可见和紫外吸收光度法、红外光度法、原子吸收光谱法、原子发射光谱法、火焰光度法、荧光分析法等。

B 电化学分析法

电化学分析法是利用物质的电学及电化学性质建立的一类分析法。主要包括电位分析法、电导分析法、极谱分析法、库仑分析法、伏安分析法等。

C 色谱分析法

利用组分随流动相经固定相时由于作用力差异导致移动速度不同而分离的分析方法称为色谱分析法。它包括薄层色谱法与经典色谱法、气相色谱法与液相色谱法、超临界流体色谱法等。

D 其他仪器分析法

除了上述三大类型外，仪器分析法还包括质谱分析法、核磁共振波谱分析法、电子探针和离子探针微区分析法、放射分析法、差热分析法、光声光谱分析法以及各种联用技术分析法等。

可见，分析方法很多，每种分析方法各有其特点，也各有一定局限性，通常要根据待测组分的性质、组成、含量和对分析结果准确度的要求等，选择最适合的分析方法进行测定。

1.2.4 常量分析、半微量分析、微量分析和痕量分析

根据试样的用量和待测组分的含量不同，分析方法可分为常量分析、半微量分析、微量分析和痕量分析。分类取样量见表 1-1。

表 1-1 各种分析方法的取样量

分析方法	试样用量/mg	试样体积/mL	试样含量/%
常量分析	>100	>10	>1
半微量分析	10~100	1~10	
微量分析	0.1~10	0.01~1	0.01~1
痕量分析	<0.1	<0.01	<0.01

上述分析方法的标准不是绝对的，不同时期、不同国家或不同部门可能有不同的划分方法。

1.2.5 常规分析、快速分析和仲裁分析

常规分析是指一般化验室在日常生产或工作中的分析，又称为例行分析，如生物制药厂及生产厂的化验室的日常分析工作。

快速分析一般是指在生产过程中对产品是否合格进行鉴定的一种快速分析，如炼钢厂在钢水即将出炉前对钢水质量进行快速分析。

仲裁分析是指不同单位对同一产品的分析结果有争议时，要求某仲裁单位用法定的方法对样品进行准确分析，确定结果是否正确。

1.2.6 分析方法的选择

对分析方法的选择通常应考虑以下几个方面：

（1）测定的具体要求、待测组分及其含量范围、欲测组分的性质。

（2）获取共存组分的信息并考虑共存组分对测定的影响，拟定合适的分离富集方法，以提高分析方法的选择性。

（3）对测定准确度、灵敏度的要求与对策。

（4）现有条件、测定成本及完成测定的时间要求等。

根据上述综合考虑、评价各种分析方法的灵敏度、检出限、选择性、标准偏差、置信概率等因素，再查阅有关文献，拟定有关方案并进行条件实验，借助标准检测方法的实际准确度与精密度，再进行试样的分析并对分析结果进行统计处理。

1.3 分析化学的进展

科学发展史上，无机定性分析一度是化学科学的前沿，对元素的发现，地质矿产资源勘探起重要作用，定量分析对工农业生产，化学基本定律确定做出巨大的贡献，在20世纪初成为一门独立的学科。

（1）第一个重要阶段：20世纪二三十年代利用当时物理化学中的溶液化学平衡理论，动力学理论，如沉淀的生成和共沉淀现象，指示剂作用原理，滴定曲线和终点误差，催化反应和诱导反应，缓冲作用原理大大地丰富了分析化学的内容，并使分析化学向前迈进了一步。

（2）第二个重要阶段：20世纪40年代以后几十年，第二次世界大战前后，物理学和电子学的发展，促进了各种仪器分析方法的发展，改变了经典分析化学以化学分析为主的局面。原子能技术发展，半导体技术的兴起，要求分析化学能提供各种灵敏准确而快速的分析方法，如半导体材料，有的要求纯度达99.9999999%以上，在新形势推动下，分析化学达到了迅速发展。最显著的特点是各种仪器分析方法和分离技术的广泛应用。

（3）第三次重要阶段：自20世纪70年代以来，以计算机应用为主要标志的信息时代的到来，促使分析化学进入第三次变革时期。由于生命科学、环境科学、新材料科学发展的需要，基础理论及测试手段的完善，现代分析化学完全可能为各种物质提供组成、含量、结构、分布、形态等全面的信息，使得微区分析、薄层分析、无损分析、瞬时追踪、在线监测及过程控制等过去的难题都迎刃而解。分析化学广泛吸取了当代科学技术的最新成就，成为当代最富活力的学科之一。

（4）现代分析与经典分析的对比。

经典分析化学	现代分析化学
有什么？有多少？	全面信息

• 常量、半微量	微量、痕量
• 总体样品	微区表面分布逐层
• 样品组成	形态
• 宏观组成、静态	微观结构、追踪动态
• 破坏	无损
• 离线	在线

（5）21世纪分析化学所面临的任务。

1）更高的灵敏度、更低的检出限；2）更好的选择性、更少的基本干扰；3）更高的准确度、更好的精密度；4）更高的分析速度、更高的自动化速度；5）更完善的多元素同时检测能力；6）更完善的可信的形态分析；7）更小的样品量要求并且实现微损或无损分析；8）原位、活体、实时分析；9）远程遥测、极端或特殊环境中的分析；10）高分辨成像。

（6）分析化学发展的新变革。

由于生命科学、环境科学、新材料等科学发展的要求和生物技术、信息科学、计算机技术的引入，使分析化学进入了一个新的境界。1）分析研究对象越来越多地选择了DNA、蛋白质、手性药物和环境毒物等生命活性相关物质；2）分析研究体系由简单体系转向复杂体系；3）分析研究层次已进入单细胞、单分子和立体构象；4）分析研究区间已由主体延伸至表面、微区及形态；5）分析研究方法除发展各类仪器分析手段外，开始较多地研究酶和免疫等生物化学方法。

（7）分析化学的热点。

1）鼓励面向生命科学、环境科学、新材料科学问题中有关的分析化学问题；2）鼓励将数学和统计学、物理学、生物学、计算机科学、仪表电子学、信息科学、系统科学等学科的新概念、新成就引入分析化学方面的研究；3）鼓励和支持分析检测的新原理、新方法和新技术的探究研究。

（8）我国近期分析化学学科发展方向。

1）高选择性的简便、准确、灵敏的分子识别方法；2）痕量活性物质的在体、原位、实时分析；单分子与单原子检测分析；3）多元、多维的联合分离分析及数据处理技术；复杂体系（包括环境体系、生物体系、复方中医药等）内重要化学物质的采样、分离与检测；4）表面、微区、形态和结构分析研究以及化学成像芯片分析化学和分析仪器微型化等；5）特别鼓励研究领域原位、活体、瞬时、多维和动态分析复杂体系内重要化学物质的采样、分离与分析的新原理、新技术的基础研究。

（9）新时期分析化学的几个热门领域。

1）纳米技术；2）半导体激光器；3）近红外光谱仪；4）化学发光和电生化学发光分析法；5）仿生技术；6）生物芯片技术；7）光谱视网膜技术。

2 定量分析的一般步骤

扫一扫

定量分析的任务是测定物质中组分的含量，因此，它所讨论的内容都是怎样实现对某种或某些组分进行分析测定，以及如何保证和提高测定结果的准确度。当然，测定的结果不会是绝对准确的，它只能随着科学技术的进步而不断提高；同时，根据各种工作的实际需要，对测定结果准确度的要求也不一样。例如，对土壤中所含各种有效态营养元素的测定，由于其含量低、变动性大，并不要求十分准确；而对某一元素相对原子质量的测定就要求准确度尽可能的高。

与分析有关的许多工作环节都会影响测定的准确度，但直接影响测定准确度的却是各种测定方法的具体方案和步骤。为使在学习各种分析方法之前，能对定量分析工作有一个概括的认识和进行必要的知识准备，以便在学习具体内容时能统观全局、抓住要领，特安排了本章的教学内容。

一项定量分析工作通常包括以下几个步骤：试样的采取和制备、称量和试样的分解、干扰组分的掩蔽和分离、定量测定和分析结果的计算与评价等。

2.1 试样的采取与制备

样品或试样是指在分析工作中被采用来进行分析的物质体系，可以是固体、液体或气体。分析化学要求被分析试样在组成和含量上必须能代表全部物料的平均组成，即试样应具有高度的代表性，能代表被分析的总体，否则分析工作将毫无意义，甚至可能导致错误结论，给生产或科研带来很大的损失。

样品采集方法可分为代表性采样法和随机采样法。

代表性采样是指对已知样品按空间、时间的变化规律进行采样，对各个有代表性的部分分别采样，使所采集到的样品能代表相应的部分。如按日期采样、按分析目的采样、按时间间隔采样等。

随机采样是指从整体中根据随机原则抽取各部分，使整体的各部分被抽到的机会均等。随机不等于随意。随机采样又分为简单随机、系统随机、分层随机和整群随机。

采样的通常方法是：从大批物料中的不同部分、深度选取多个取样点采样，然后将各点取得的样品粉碎之后混合均匀，再从混合均匀的样品中取少量物质作为分析试样进行分析。

2.1.1 气体试样的采取

对于气体试样的采取，亦需按具体情况，采用相应的方法。如大气样品的采取，通常选择距地面 50~180cm 的高度采样，以与人的呼吸空气相同。对于烟道气、废气中某些有毒污染物的分析，可将气体样品采入空瓶或大型注射器中。大气污染物的测定是使空气通过适当吸收剂，再由吸收剂吸收浓缩之后再进行分析。

在采取液体或气体试样时，必须先洗涤容器及通路，再用采取的液体或气体冲洗数次或使之干燥，然后取样，以免混入杂质。

2.1.2 液体试样的采取

装在大容器里的物料，只要在储槽的不同深度取样，混合均匀即可作为分析试样。对于分装在小容器里的液体物料，应从每个容器里取样，然后混匀作为分析试样。

如采取水样时，应根据具体情况，采用不同的方法。当采取水管中或有泵水井中的水样时，取样前需将水龙头或泵打开，先放水 10~15min，然后再用干净瓶子收集水样至满瓶即可。采取池、江、河中的水样时，可将干净的空瓶盖上塞子，塞上系一根绳子，瓶底系一个铁铊或石头，将瓶子沉入离水面一定深处，然后拉绳拔塞，待水流满瓶后取出，如此方法在不同深度取几份水样混合后，即可作为分析试样。

2.1.3 固体试样的采取和制备

固体试样种类繁多，经常遇到的有矿石、合金和盐类等，它们的采样方法如下。

2.1.3.1 *矿石试样*

在取样时要根据堆放情况，从不同的部位和深度选取多个取样点。采取的份数越多越有代表性。但是，取量过大处理反而麻烦。一般而言应取试样的量与矿石的均匀程度、颗粒大小等因素有关。通常试样的采取可按下面的经验公式（亦称采样公式）计算：

$$m = Kd^a$$

式中，m 为采取试样的最低重量，kg；d 为试样中最大颗粒的直径，mm；K 和 a 为经验常数，可由实验求得，通常 K 值在 0.02~1 之间，a 值在 1.8~2.5 之间。

地质部门规定 a 值为 2，则上式为：

$$m = Kd^2$$

制备试样分为破碎、过筛、混匀和缩分四个步骤。

大块矿样先用压碎机破碎成小的颗粒，再进行缩分。常用的缩分方法为“四分法”，将试样粉碎之后混合均匀，堆成锥形，然后略为压平，通过中心分为四等分把任一相对的两份弃去，其余相对的两份收集在一起混匀，这样试样便缩减了一半，称为缩分一次。每次缩分后的最低重量也应符合采样公式的要求。如果缩分后试样的重量大于按计算公式算得的重量较多，则可连续进行缩分直至所剩试样稍大于或等于最低重量为止。然后再进行粉碎、缩分，最后制成 100~300g 左右的分析试样，装入瓶中，贴上标签供分析之用。筛网目数与粒径对照，见表 2-1。

表 2-1 筛网目数与粒径对照表

筛号/网目	20	40	60	80	100	200
筛孔大小/mm	0.83	0.42	0.25	0.177	0.149	0.074

2.1.3.2 *金属或金属制品*

由于金属经过高温熔炼组成比较均匀，因此，对于片状或丝状试样剪取一部分即可进行分析。但对于钢锭和铸铁，由于表面和内部的凝固时间不同，铁和杂质的凝固温度也不一样，因此，表面和内部的组成是很不均匀的。取样时应先将表面清理，然后用钢钻在不同部位、不同深度钻取碎屑混合均匀，作为分析试样。

对于那些极硬的样品如白口铁、硅钢等，无法钻取，可用铜锤砸碎，再放入钢钵内捣碎，然后再取其一部分作为分析试样。

2.1.3.3 粉状或松散物料试样

常见的粉状或松散物料如盐类、化肥、农药和精矿等，其组成比较均匀，因此取样点可少一些，每点所取之量也不必太多。各点所取试样混匀即可作为分析样品。

2.1.4 湿存水的处理

一般样品往往含有湿存水（亦称吸湿水），即样品表面及孔隙中吸附了空气中的水分，其含量多少随着样品的粉碎程度和放置时间的长短而改变。试样中各组分的相对含量也必然随着湿存水的多少而改变。在进行分析之前，必须先将分析试样放在烘箱里烘干（温度和时间可根据试样的性质而定，对于受热易分解的物质可采用风干的办法）。用烘干样品进行分析，测得的结果是恒定的。对于水分的测定，可另取烘干前的试样进行测定。

例如，称取 10.00g 电镀污泥，于 100~105℃ 下烘 1h 后冷却至室温，称其质量为 6.550g，则此电镀污泥样品中含多少湿存水？如另取一份试样测得含铬量为 4.60%，用干基表示的含铬量是多少？

解：

$$w_{湿存水} = \frac{10.000 - 6.550}{10.000} \times 100\% = 34.50\%$$

$$w_{铬} = \frac{4.60}{100.00 - 34.50} \times 100\% = 7.02\%$$

2.2 试样的分解

在一般定量分析工作中，除使用特殊的分析方法可以不需要破坏试样外，大多数分析方法需要将干燥好的试样分解后制成溶液，然后进行测定。由于试样的性质不同，分解试样的方法也有所不同，主要有溶解法和熔融法。实际工作中，应根据试样性质和分析要求选用适当的分解方法。如测定补钙药物中钙含量，试样需要先用酸溶解转变成溶液后再进行测定；测定沙子中的硅含量，需要先对试样进行碱熔，然后再将其转变成可溶解产物，溶解后进行测定。

试样的分解工作是分析工作的重要步骤之一。在分解试样时必须注意：（1）试样分解必须完全，处理后的溶液中不得残留原试样的细屑或粉末；（2）试样分解过程中待测组分不应挥发；（3）不应引入被测组分和干扰物质。

2.2.1 无机试样的分解

对于一些矿石、无机涂料、水泥、钢材、合金等无机试样常用溶解法和熔融法进行分解。若无机试样能在水、酸中溶解，可采用溶解法进行试样的分解；对于在水、酸中难溶的无机试样则采用熔融法。

2.2.1.1 溶解法

采用适当的溶剂将试样溶解制成溶液，这种方法比较简单、快速。常用的溶剂有水、酸和碱等。溶于水的试样一般称为可溶性盐类，如硝酸盐、醋酸盐、铵盐、绝大部分的碱金属化合物和大部分的氯化物、硫酸盐等。对于不溶于水的试样，则采用酸或碱作溶剂的酸溶法或碱溶法进行溶解，以制备分析试液。

A 水溶法

水溶法即以水为溶剂，直接将可溶性的无机盐制成试液。

B 酸溶法

酸溶法是利用酸的酸性、氧化还原性和形成配合物的作用，使试样溶解。钢铁、合金、部分氧化物、硫化物、碳酸盐矿物和磷酸盐矿物等常采用此法溶解。常用的酸溶剂如下：盐酸、硝酸、硫酸、磷酸、高氯酸、氢氟酸、混合酸等。

对涂料 $CaCO_3$ 中 Ca 含量的测定，用 6mol/L 的盐酸进行溶解，再进行分析；对铅铋合金中铅铋含量分析，先使用王水（浓硝酸与浓盐酸体积比为 1∶3）溶解，然后再进行分析。

C 碱溶法

碱溶法的溶剂主要为 NaOH 和 KOH。碱溶法常用来溶解两性金属铝、锌及其合金，以及它们的氧化物、氢氧化物等。

在测定铝合金中的硅时，用碱溶解使 Si 以 SiO_3^{2-} 形式转到溶液中。如果用酸溶解则 Si 可能以 SiH_4 的形式挥发损失，影响测定结果。

2.2.1.2 熔融法

A 酸熔法

碱性试样宜采用酸性熔剂。常用的酸性熔剂有 $K_2S_2O_7$（熔点 419℃）和 $KHSO_4$（熔点 219℃），后者经灼烧后亦生成 $K_2S_2O_7$，所以两者的作用是一样的。这类熔剂在 300℃以上可与碱或中性氧化物作用，生成可溶性的硫酸盐。如分解金红石的反应是：

$$TiO_2 + 2K_2S_2O_7 = Ti(SO_4)_2 + 2K_2SO_4$$

这种方法常用于分解 Al_2O_3、Cr_2O_3、Fe_3O_4、ZrO_2、钛铁矿、铬矿、中性耐火材料（如铝砂、高铝砖）及磁性耐火材料（如镁砂、镁砖）等。

B 碱熔法

酸性试样宜采用碱熔法，如酸性矿渣、酸性炉渣和酸不溶试样均可采用碱熔法，使它们转化为易溶于酸的氧化物或碳酸盐。

常用的碱性熔剂有 Na_2CO_3（熔点 853℃）、K_2CO_3（熔点 891℃）、NaOH（熔点 318℃）、Na_2O_2（熔点 460℃）和它们的混合熔剂等。这些溶剂除具碱性外，在高温下均可起氧化作用（本身的氧化性或空气氧化），可以把一些元素氧化成高价（Cr(Ⅲ)、Mn(Ⅱ) 可以氧化成 Cr(Ⅵ)、Mn(Ⅶ)），从而增强试样的分解作用。有时为了增强氧化作用还加入 KNO_3 或 $KClO_3$，使氧化作用更为完全。

使用 Na_2CO_3 或 K_2CO_3 熔剂，如钠长石和重晶石的分解：

$$NaAlSi_3O_8 + 3Na_2CO_3 = NaAlO_2 + 3Na_2SiO_3 + 3CO_2\uparrow$$

$$BaSO_4 + Na_2CO_3 = BaCO_3 + Na_2SO_4$$

Na_2O_2 熔剂常用来分解含 Se、Sb、Cr、Mo、V 和 Sn 的矿石及其合金。由于 Na_2O_2 是强氧化剂，故能把其中大部分元素氧化成高价状态。例如，铬铁矿的分解反应为：

$$2FeO \cdot Cr_2O_3 + 7Na_2O_2 = 2NaFeO_2 + 4Na_2CrO_4 + 2Na_2O$$

熔块用水处理，溶出 Na_2CrO_4，同时 $NaFeO_2$ 水解而生成 $Fe(OH)_3$ 沉淀：

$$NaFeO_2 + 2H_2O = NaOH + Fe(OH)_3\downarrow$$

然后利用 Na_2CrO_4 溶液和 $Fe(OH)_3$ 沉淀分别测定铬和铁的含量。

NaOH 和 KOH 常用来分解硅酸盐、磷酸盐矿物、钼矿和耐火材料等。

2.2.1.3 烧结法

此法是将试样与熔剂混合，小心加热至熔块（半熔物收缩成整块），而不是全熔，故称为半熔融法又称烧结法。

常用的半熔混合熔剂为：2 份 $MgO + 3Na_2CO_3$、1 份 $MgO + Na_2CO_3$、1 份 $ZnO + Na_2CO_3$。

此法广泛地用来分解铁矿及煤中的硫。其中 MgO、ZnO 的作用在于其熔点高，可以预防 Na_2CO_3 在灼烧时熔合，保持松散状态，使矿石氧化以更快更完全反应，产生的气体容易逸出。此法不易损坏坩埚，因此可以在瓷坩埚中进行熔融，不需要贵重器皿。

2.2.2 有机试样的分解

测定有机试样的无机金属、S、P、卤素等时，为防止样品中大量有机质干扰的影响，需要先进行有机试样的分解。常见的有机试样分解方法有干式灰化法和湿式消化法。

2.2.2.1 干式灰化法

干式灰化法是将试样置于马弗炉中加热（400~1200℃），以大气中的氧作为氧化剂使之分解，然后加入少量浓盐酸或浓硝酸浸取燃烧后的无机残余物。此法的优点是不加或少加试剂，空白低；灰分的体积小，可以处理较多样品，能对微量组分起到富集作用；操作简单，有机物彻底分解。缺点是某些组分（如砷等）易挥发损失，会引入大量钠盐或钾盐，坩埚会产生吸留作用，测定结果和回收率低。

2.2.2.2 湿式消化法

湿式消化法是将硝酸和硫酸的混合物与试样一起置于烧瓶内，在一定温度下进行煮解，其中硝酸能破坏大部分有机物；在煮解的过程中，硝酸逐渐挥发，最后剩余硫酸；继续加热使其产生浓厚的 SO_3 白烟，并在烧瓶内回流，直到溶液变得透明为止。比如蛋白含量的测定，样品先与浓硫酸共热，使蛋白质消化分解产生氨，与硫酸反应生成硫酸铵进行测定。该法的优点是分解快、时间短、金属不易逸出；缺点是会产生有害气体，试剂用量大，大量气泡泡沫易逸出。

2.3 干扰组分的消除

复杂物质中常含有多种组分，在测定其中某一组分时，若共存的其他组分对待测组分的测定有干扰，则应设法消除。采用加入试剂（称掩蔽剂）来消除干扰在操作上简便易行；但在多数情况下合适的掩蔽方法不易寻找，此时需要将被测组分与干扰组分进行分离。目前常用的分离方法有沉淀分离、萃取分离、离子交换和色谱法分离等。

沉淀分离法就是利用溶度积 K_{sp} 原理选用适当的沉淀剂对组分进行选择性沉淀，通过过滤操作使组分和母液实现分离，再利用少量溶剂达到富集目的。沉淀分离法是分析化学中常用的分离方法，但是该操作复杂耗时，分离选择性差。比如利用配位滴定法测定水总硬度时易发生过渡金属的干扰，可加入 Na_2S 沉淀剂沉淀过渡金属离子，从而实现沉淀分离、消除过渡金属干扰的目的。

萃取分离法是指溶液与另一种不相溶的溶剂密切接触，使溶液中的一种或几种溶质介入溶剂中，从而使它们与溶液中的其他组分分离的过程。

色谱分离法是一种分离复杂混合物中各个组分的有效方法，它是利用不同物质在由固定相和流动相构成的体系中具有不同的分配系数原理，当两相做相对运动时，这些物质随流动相一起运动，并在两相间进行反复多次的分配，从而使各物质达到分离的效果。色谱法按流动相的不同可分为气相色谱、液相色谱及超临界色谱；按展现的形式可分为柱色谱和平面色谱。

2.4 测定方法的选择

各种测定方法在灵敏度、选择性和适用范围等方面有较大的差别，因此应根据被测组分的性质、含量和对分析结果准确度要求，选择合适的分析方法进行测定。如常量组分通常采用化学分析方法，而微量组分需要使用分析仪器进行测定。

（1）测定的具体要求。当遇到分析任务时，首先要明确分析目的和要求，确定测定组分、准确度以及要求完成的时间。如原子量的测定、标样分析和成品分析，准确度是主要的；高纯物质的有机微量组分的分析灵敏度是主要的；而生产过程中的控制分析，速度成了主要的问题。所以应根据分析的目的和要求，选择适宜的分析方法。例如，测定标准钢样中硫的含量时，一般采用准确度较高的重量法；而炼钢炉前控制硫含量的分析，采用1~2min 即可完成的燃烧容量法。

（2）被测组分的性质。一般来说，分析方法都基于被测组分的某种性质。如 Mn^{2+} 在 pH>6 时可与 EDTA 定量配位，可用配位滴定法测定其含量；MnO_4^- 具有氧化性，可用氧化还原法测定；MnO_4^- 呈现紫红色，也可用比色法测定。对被测组分性质的了解，有助我们选择合适的分析方法。

（3）被测组分的含量。测定常量组分时，多采用滴定分析法和重量分析法。滴定分析法简单迅速，在重量分析法和滴定分析法均可采用的情况下，一般选用滴定分析法。测定微量组分，一般采用灵敏度比较高的仪器分析法。例如，测定磺矿粉中磷的含量时，采用重量分析法或滴定分析法；测定钢铁中磷的含量时则采用比色法。

（4）共存组分的影响。在选择分析方法时，必须考虑其他组分对测定的影响，应尽量选择特异性较好的分析方法。如果没有适宜的方法，则应改变测定条件，加入掩蔽剂以消除干扰，或通过分离除去干扰组分之后再行测定。

此外还应根据本单位的设备条件、试剂纯度等，考虑选择切实可行的分析方法。

综上所述，分析方法很多，各种方法均有其特点和不足之处，一个完整无缺适宜于任何试样、任何组分的方法是不存在的。因此，我们必须根据试样的组成及其组分的性质和含量、测定的要求、存在的干扰组分和本单位实际情况，选用合适的测定方法。

2.5 分析结果准确度的保证和评价

众所周知，任何测定都会产生误差，要使分析的准确度得到保证，必须使所有的误差，包括系统误差、随机误差，甚至过失误差减小到预期的水平。因此，一方面要采取一系列减小误差的措施，对整个分析过程进行质量控制；另一方面要采用行之有效的方法对分析结果进行评价，及时发现分析过程中的问题，确保分析结果的可靠性。

总之，应该根据分析过程中有关反应的计量关系及分析测量所得数据，计算试样中有关组分的含量，应用统计学方法对测定结果及其误差分布情况进行评价。

首先对采样、试样处理，运输、储存等步骤进行质量控制，以保证试样的真实性、代表性。当采集的试样送至实验人员进行分析测试时，为保证分析数据可靠，满足质量要求，必须进行质量监控。具体作法可采取在试样总量中投入10%左右的密码样（可以是标准样、内控标样（管理样）或相关分析人员曾经分析过的试样），这样管理者亦可根据分析数据监控分析质量。其次，是分析过程中的质量控制，当有代表性的试样送到实验室分析时，为取得满足质量要求的分析数据，必须在分析过程中实施各项质量控制，如检查分析测试人员的技术能力是否达到要求，仪器设备管理与定期检查制度是否完善，实验室应具备的基础条件是否满足等。只有在各项质量控制指标达到要求时，才能使各项分析测试数据的质量得到保证。

对分析结果的评价，就是对分析结果是否“可取”作出判断。质量评价方法通常可分为“实验室内”和“实验室间”两种。实验室内的质量评价包括通过多次重复测定确定随机误差；用标准物质或其他可靠的分析方法检验系统误差；互换仪器以发现仪器误差，交换操作者以发现操作误差；绘制质量控制图以便及时发现测量过程中的问题。实验室间的质量评价由一个中心实验室指导进行。它将标准样（或管理样）分发给参加分析结果评价的各实验室，可考核各实验室的工作质量，评价这些实验室间是否存在明显的系统误差。

在国家标准GB/T 4471—1984中规定了化工产品试验方法精密度、室内试验方法的重复性和再现性的计算方法及判断原则。有关产品的技术指标及分析方法允许差的规定值可参阅相关的国家标准或行业标准（表2-2）。

表2-2 GB/T 4553—2016中有关硝酸钠的各项技术指标及平行两次的允许差

技术指标	规格/%		允许差/%
	一级	二级	
$NaNO_3$ 含量（不小于）	99.2	98.2	0.3①，0.5②
水分含量（不大于）	1.5	2.0	0.1
水不溶物含量（不大于）	0.08		0.008
NaCl 含量（不大于）	0.40		0.03

续表 2-2

技术指标	规格/%		允许差/%
	一级	二级	
Na_2CO_3 含量（不大于）	0.10		0.01

①平行测定两次结果之差≤0.3%；

②不同试验室结果之差≤0.5%。

假设测定一级品含量的平行结果为99.15%和99.30%，它们之差小于0.3%，可取平均值99.2%；如果平行结果为99.15%和99.50%，表明已超差，应重做。

对于一种新的试验方法，要检查其准确度和精密度，可用标准样（或管理样）与未知样作平行测定，将测定标准样的结果与标准值比较，检验是否存在显著性差异。如无显著差异，可认为新方法是可靠的；也可采用回收试验，即在试样中加入一定量的待测组分，在最佳条件下测定，平行测定10次，计算各次的回收率（(测定值/加入量)×100%)，如微量组分的平均回收率达95%~105%，认为测定可靠，同时在相同条件下，测定该组分检测下限的精密度，如其相对标准偏差为5%~10%，即可认为此法的准确度和精密度均符合要求。

另外，进行工业生产的质量控制和日常分析测试数据的有效性检验时常用质量控制图。它是一种最简单、最有效的统计技术。控制图通常由一条中心线（如标准值或平均值）和对应于置信概率95%或99.7%的 2σ 或 3σ（在一定条件下，σ 或 s 是已知的）的上下控制限组成。

以平均值绘控制图应用最广（也有用标准偏差或极差来绘图的）。它是检验测量过程是否存在过失误差、平均值漂移及数据缓慢波动的有效方法。

当试样中所有组分都已测定时，还可用求和法和离子平衡法来检验分析结果的准确度。求和法是求算各组分的质量分数总和，当总和在99.8%~100.2%范围内时，可认为测定结果是相当满意的；如总和显然低于100%，则表示可能漏测1~2个组分或测定结果偏低（存在系统误差）。离子平衡法是指检验无机试样中阴离子和阳离子的电荷总数，如果电荷总数相等，或相差甚小，可认为分析结果是满意的。

一般实验室提供的分析测试结果只有经过计量认证合格并报请主管质量技术监督部门进行实验室资格认可考查，获准认可的实验室才具有能够公正、科学和准确地为社会提供相关信息服务的资格。

计量认证是按我国的计量法规定对产品质量检验机构的计量检定、测试能力和可靠性、公正性进行考核。考核合格的质检机构所出示的数据具有法律效力，计量认证是一种资格认证，是强制性的认证。

应该指出的是，分析是一个复杂的过程，是从未知、无序走向确定、有序的过程，试样的多样性也使分析过程不可能一成不变，上述的基本步骤，只是各种定量分析过程中的共性部分，只能进行一般性指导。

2.6　定量分析结果的表示方法

根据分析实验数据所得的定量分析结果一般用下面方法来表示。

2.6.1　被测组分的化学表示形式

分析结果通常以待测组分的实际存在形式的含量表示。对被测组分含量的表示方法通常有以下几种：

（1）以实际存在型体表示。例如，在电解食盐水的分析中常以被测组分在试样中所存在的型体表示，即用 Na^+、Ca^{2+}、Mg^{2+}、SO_4^{2-} 和 Cl^-等形式计算各种被测离子的含量。

（2）以元素形式表示。例如，对金属或合金材料以及有机或生物的元素组成分析，常以元素形式，如铁、铝、铜、钼、钨、碳、氢、氧、氮、硫、磷等计算各被测组分的含量。

（3）以氧化物形式表示。如果待测组分的实际存在形式不清楚，则分析结果最好以氧化物或元素形式的含量表示。例如，矿石或土壤都是些复杂的硅酸盐，由于其具体化学组成难以分辨，故在分析中常以各种氧化物，如 K_2O、Na_2O、CaO、MgO、Fe_2O_3、Al_2O_3、SO_2、P_2O_5、SiO_2 等形式表示所测的相应元素组分。在金属材料和有机分析中常以元素形式（铁、铝、铜、锌、锡、铬、钨和碳、氢、氧、氮、硫等）的含量表示。

（4）以化合物形式表示。例如，对化工产品的规格分析，以及对一些简单无机盐或有机物的分析，分析结果多以其化合物，如 KNO_3、$NaNO_3$、$(NH_4)_2SO_4$、KCl、乙醇、尿素、苯、苯乙烯等的含量表示。

（5）电解质溶液的分析结果常以所存在的离子的含量表示。

以上所列举的五种化学表示形式，只是一般的规则，根据工作的需要和历史的习惯往往也有许多例外。如寻找炼铁原料时，则常以元素铁的形式表示所测铁矿石中的铁。又如，在农业分析中，对氮、磷、钾含量的测定，早年都以 N、P_2O_5、K_2O 的形式来计算其相应的含量，而近年来都以元素形式表示所测定组分。

2.6.2　被测组分含量的表示方法

由于被测试样的物理形态和被测组分含量不同，计量方式和单位不同，因此被测组分含量的表示方法也有差别。

（1）固体试样。固体试样中被测常量组分的含量，通常以其质量分数表示。设被测组分的化学表示形式为 X，实验测得待测物质的质量为 m_X，分析测定所用试样的质量为 m_s，其二者的比值即为被测组分的质量分数，以 w_X 为其表示符号，则：

$$w_X = \frac{m_X}{m_s} \tag{2-1}$$

应用式（2-1）时，应当注意 m_X、m_s 的计量单位应一致。在实际工作中，通常采用百分比表示方法，也是质量分数的一种表示形式。

（2）液体试样。液体试样由于可以质量或体积计量，其被测组分的含量除用质量分数表示外，还可以浓度表示。液体试样中待测组分的含量通常有如下表示方式：

1）物质的量浓度。表示待测组分的物质的量 n_B 除以试液的体积 V_s，以符号 c_B 表示。常用单位为 mol/L。

2）质量分数。表示待测组分的质量 m_B 除以试液的质量 m_s，以符号 w_B 表示。

3）体积分数。表示待测组分的体积 V_B 除以试液的体积 V_s，以符号 ϕ_B 表示。

4）质量浓度。表示单位体积试液中被测组分 B 的质量，以符号 ρ_B 表示，单位为 g/L、mg/L、μg/L 或 μg/mL、ng/mL、pg/mL 等。

（3）气体试样。气体试样多以体积分数表示。设被测得组分的体积为 V_B，所取试样的体积为 V_s，则其体积分数 ϕ_B 为：

$$\phi_B = \frac{V_B}{V_s} \tag{2-2}$$

此外，对各种形态试样中测得的微量或痕量组分的含量，常以各种浓度形式来表示。

2.7 试样分析实例

在生产中遇到的分析样品，如合金、矿石和各种自然资源等，都含有多种组分，即使纯的化学试剂也含有一定量的杂质。因此，为了掌握资源的情况和产品的质量，常需进行样品的全分析。现以铜精矿的全分析为例进行较为详细的讨论。铜精矿是含铜矿石经浮选方法得到的铜含量（质量分数）不小于 13%的供冶炼用的原料。铜精矿的主要成分是铜、铁、硫，主要贵金属有金、银，其他成分有硅、钙、镁、铅、锌、铝、锰、铋、锑、氟、氯等。对其中铜、锌、铁、硫、铅进行分析的步骤如下。

2.7.1 碘量法测定铜

试样用酸溶解，在 pH 值在 3~4 的溶液中，铜(Ⅱ）与碘化钾反应生成碘化亚铜，游离出碘，以淀粉为指示剂，用硫代硫酸钠滴定，以消耗的硫代硫酸钠体积计算铜量。该法适用于铜精矿中 8%~40%铜的测定。

分析步骤：称取 0.2000g 试样于 300mL 锥形瓶中，用水润湿，加入 10mL 盐酸，于低温处加热 3~5min，若试样中硅含量较高时，需加入 0.5g 氟化铵，继续加热片刻，取下稍冷，加入 5mL 硝酸和 0.5mL 溴（或加 10mL 硝硫混合酸），盖上表面皿，摇匀，低温加热，待试样完全分解后取下冷却，用少量水洗杯壁及表面皿，继续加热蒸至近干（如用硝硫混合酸溶样，需蒸发至干），冷却。若试样中碳含量较高，需加 2mL 硫酸和 2~5mL 高氯酸，加热溶解至无黑色残渣，继续加热蒸发至干，冷却。用 20mL 水冲洗表面皿及杯壁，于电炉上煮沸，使盐类溶解，取下冷却至室温。向溶液中滴加乙酸铵溶液（若铁含量极少时，需补加 1mL 100g/L 的三氯化铁溶液）至红色不再加深并过量 3~5mL，然后滴加氟化氢铵饱和溶液至红色消失并过量 1mL，摇匀。

向溶液中加 2~3g 碘化钾，摇匀。迅速用硫代硫酸钠标准溶液滴定至淡黄色；加入 2mL 5g/L 淀粉溶液（如铅、铋含量高时，需提前加淀粉溶液），继续滴定至浅蓝色；加入 1mL 400g/L 硫氰酸钾溶液，激烈振荡至蓝色加深，再滴定至蓝色刚好消失即为终点。同时作空白试验。

2.7.2 EDTA 滴定法测定锌

试样用酸分解，在有氧化剂存在下，于氨性缓冲溶液中分离铁、锰等干扰元素，加掩蔽剂消除铜、铝的干扰。以二甲酚橙为指示剂，于 pH 值在 5.0~6.0 用 EDTA 标准溶液滴定。该法适用于铜精矿中 2%~12%锌的测定。

分析步骤：称取0.2500g试样于200mL烧杯中，用少量水润湿，加10mL盐酸，盖上表面皿，加热溶解数分钟，取下冷却。加入10mL硝硫混合酸，加热蒸至近干，稍冷（如试样含碳量较高，可在蒸至冒白烟时取下冷却，加入2~3mL高氯酸，继续蒸至近干）。加4~5滴硫酸（1+1）和50mL水，煮沸使可溶性盐类溶解，稍冷。加10g氯化铵，用氨水中和至氢氧化物沉淀出现，并过量25mL，加5mL 100g/L过硫酸铵溶液，用水稀释至约100mL，煮沸，破坏过剩的过硫酸铵，稍冷，移入250mL容量瓶中，用热的洗涤液洗烧杯4~5次，冷却后用水定容。用中速滤纸过滤，取100mL滤液，置于300mL烧杯中，加入0.5g氟化钾和0.1g抗坏血酸，搅拌使之完全溶解后，滴加3~4滴二甲酚橙指示剂用硫酸（1+1）中和至溶液由微红色变为黄色，再用氨水（1+1）中和至溶液恰好由黄色变为微红色。加入10mL硫脲饱和溶液和20mL缓冲溶液，用EDTA标准溶液滴定至溶液由微红色变为亮黄色，即为终点。随同试样做空白试验。

2.7.3 重铬酸钾滴定法测定铁

2.7.3.1 全铁的测定

使用磷硫混酸分解所需要检测的样品，随后制备成盐酸溶液，溶液中的Fe(Ⅲ)使用氯化亚锡进行还原（滴加氯化亚锡至稍过量），过量氯化亚锡采用氯化汞进行消除，加入3~5滴二苯胺磺酸钠作为溶液指示剂，用配制好的重铬酸钾标准溶液滴定，其反应方程式

$$2Fe^{3+} + Sn^{2+} + 6Cl^{-} \Longrightarrow 2Fe^{2+} + SnCl_6^{2-}$$

$$Sn^{2+} + 4Cl^{-} + 2HgCl_2 \Longrightarrow SnCl_6^{2-} + Hg_2Cl_2 \downarrow$$

$$6Fe^{2+} + Cr_2O_7^{2-} + 14H^{+} \Longrightarrow 6Fe^{3+} + 2Cr^{3+} + 7H_2O$$

分析步骤：用移液枪取稀释好的样液1mL于250mL锥形瓶中，加入15mL磷硫混酸，加入氯酸钾0.8~1g，加热10~15min直至氯酸钾溶解，加热时不断震荡锥形瓶，溶解后，停止加热，稍冷，待溶液不冒烟时，加入15mL浓盐酸，继续加热30~60s取下（加热时需不断的震荡锥形瓶），趁热将氯化亚锡滴加至溶液中，等到溶液中黄色消失并过量1~2滴，放入冷水中冷却至室温，随后加入5mL饱和氯化汞溶液、4~5mL蒸馏水、4~5滴0.5%二苯胺磺酸钠，用配制好的重铬酸钾（基准）标准溶液滴定至紫色为终点。

计算

$$w_{Fe} = \frac{T \times V}{G} \times 100\% \tag{2-3}$$

式中 T——滴定度，1mL $K_2Cr_2O_7$ 溶液相当于Fe的毫克数；

V——滴定时所消耗 $K_2Cr_2O_7$ 的体积；

G——取样重，mg。

2.7.3.2 Fe(Ⅱ)及Fe(Ⅲ)的测定

全铁中试剂磷硫混酸，二苯胺磺酸钠0.5%（若不澄清加2~3滴硫酸），重铬酸钾（基准）标准溶液1mL/mg Fe；称重铬酸钾（基准）1.7560g溶于2000mL容量瓶中，用已知含铁国标标样同分析手续标定。

分析步骤：取1mL酸浸液稀释液，加200mL水，加入20mL磷硫混酸，指示剂选择二苯胺磺酸钠，使用配制好的重铬酸钾标准溶液进行滴定，其反应方程式如下：

$$Fe^{0} + 2Fe^{3+} \Longrightarrow 3Fe^{2+}$$

$$6Fe^{2+} + Cr_2O_7^{2-} + 14H^+ \longrightarrow 6Fe^{3+} + 2Cr^{3+} + 7H_2O$$

Fe(Ⅱ) 的计算同式（2-3）

$$T_{Fe} = T_{亚铁离子} + T_{铁离子} \tag{2-4}$$

即可分析出浸出液中 Fe、Fe(Ⅲ)、Fe(Ⅱ) 的含量。

2.7.4 硫酸钡重量法测定硫

该法基于用碳酸钠-氧化锌半熔，将试样中的全部硫转化成可溶性硫酸盐，然后在微酸性溶液中与氯化钡作用生成硫酸钡沉淀，灼烧，称量。

铅、锑、铋、锡、硅、钛等元素在稀盐酸溶液中易水解而夹杂在硫酸钡沉淀中，或生成硫酸盐沉淀干扰测定。高价铁盐易与硫酸钡形成共沉淀。锰量高时，亦会因共沉淀造成误差。以上元素均能在碳酸钠-氧化锌半熔后浸取过滤除去。锰可以在熔样浸取后加入过氧化氢（或乙醇）使其还原成含水二氧化锰沉淀，过滤除去。铬(Ⅲ) 能与硫酸钡共沉淀，使硫酸钡沉淀被玷污。因此当试样中含铬时，应将碳酸钠-氧化锌半熔浸取、过滤后的碱性滤液蒸发至 50~70mL，加入 30mL 冰乙酸和 30mL 甲醛，煮沸 15~20min，使铬还原和生成乙酸络合物。当含钨、钼量高时，一部分钨将呈钨酸析出，而钼水解，在沉淀时常夹在硫酸钡沉淀中。钨可在酸化时增大酸度，或采取小体积沉淀，尽量使钨酸析出来，过滤后用水稀释再调节酸度进行沉淀；钨的干扰也可在酸化前加入柠檬酸或酒石酸予以掩蔽。钼可加入少许过氧化氢使其形成络合物，以抑制其进入硫酸钡沉淀中。虽然经上述处理后，在硫酸钡沉淀中仍难免有钨酸析出和钼的水解产物，但可采用氨水洗涤硫酸钡沉淀除去钨、钼。

氟离子、硝酸盐、氯酸盐均能在沉淀硫酸钡时形成共沉淀，导致结果偏高，因此必须避免引入，或在沉淀前除去。氟离子可在沉淀前加入 1g 硼酸或 10~15mL 100g/L 三氯化铝溶液，使其生成络合物以抑制共沉淀作用；硝酸盐和氯酸盐可加盐酸使其分解蒸干除去。该法适用于 1%~50%硫的测定。

分析步骤：称取 0.2000~0.5000g 试样于磁坩埚中，加入 5~8g 碳酸钠-氧化锌混合物仔细混匀，转入另一底部铺有一层 1~2mm 厚碳酸钠-氧化锌混合物的磁坩埚中，在其上面盖上 3~4mm 厚的一层碳酸钠-氧化锌混合物，将坩埚先放在马弗炉边缘上数分钟，以除去水分，然后于 750~800℃ 半熔 1~1.5h。取出冷却后，将坩埚移入 300mL 烧杯中，加 100~150mL 水，在不断搅拌下煮沸 5~10min，以浸取熔块。用热水洗净坩埚，若呈现绿色时，加入 3~5mL 乙醇，煮沸使锰还原，用倾泻法过滤，以 2%热碳酸钠溶液洗涤 12~15 次。滤液收集于 500mL 烧杯中，向滤液内加入 1~2 滴 1g/L 甲基橙指示剂，用盐酸（1+1）中和至指示剂变红后再过量 5mL，用水稀释至 300mL，煮沸 1~2min，在不断搅拌下滴入煮沸的氯化钡溶液（将 15~20mL 100g/mL 氯化钡溶液用水稀释至 50mL），保温 30min 后，再静置 4h 或过夜，用密滤纸过滤，用热水洗涤沉淀至无氯离子反应（用硝酸银溶液检验）。将滤纸连同沉淀放入已恒量的磁坩埚内，灰化后，于 750~800℃ 灼烧 30min，取出，置于干燥器中冷却后称至恒量。与试样分析同时进行空白试验。

计算

$$w_S = \frac{m_0 \times 0.1374}{m} \times 100\%$$

式中 m_0——硫酸钡沉淀质量，g；

m——称取试样量，g；

0.1374——硫酸钡换算成硫的系数。

2.7.5 原子吸收光谱法测定铅

本法适用于铜精矿中0.1%～2%铅的测定。

分析步骤：称取0.2000g试样于250mL烧杯中，用少量水润湿，加10mL盐酸，盖上表面皿，于电热板上加热数分钟，取下冷却。加入10mL硝酸（如析出单体硫，加0.5mL溴；如试样含碳量较高，加2～3mL高氯酸），于电热板上加热使试样完全分解，并蒸至近干，取下冷却。加5mL硝酸（1+1），加热至微沸，冷至室温，将试液移入50mL容量瓶中，用水定容。干过滤。同时作空白试验。

分取25.00mL滤液和空白试液并补加7.5mL硝酸（1+1）于100mL容量瓶中，用水定容（如铅含量小于0.5%时，滤液和空白不必分取）。于原子吸收分光光度计波长283.3nm处使用空气-乙炔火焰，以水调零，测量其吸光度。

工作曲线的绘制：取0mL、2.00mL、4.00mL、6.00mL、8.00mL、10.00mL铅标准溶液分别置于一组100mL容量瓶中，加10mL硝酸（1+1），用水定容。测量吸光度。以铅浓度为横坐标，吸光度为纵坐标绘制工作曲线。

习　题

2-1 正确进行试样的采取、制备和分解对分析工作有何意义？

2-2 有破碎至粒度为6mm的试样30kg，设$K=0.2\text{kg/mm}^2$（K为缩分系数，一般取0.2～0.3），可缩分几次？

2-3 测定锌合金中Fe、Ni、Mg的含量，应采用什么溶剂溶解试样？

2-4 分解无机试样与有机试样的区别有哪些？

2-5 测定硅酸盐中SiO_2的含量；硅酸盐中Fe、Al、Ca、Mg、Ti的含量应分别选用什么方法分解试样？

2-6 称取纯金属锌0.3250g，溶于HCl后，稀释到250mL容量瓶中，计算Zn^{2+}溶液的浓度。

2-7 有0.0982mol/L的H_2SO_4溶液480mL，现欲使其浓度增至0.1000mol/L，问应加入0.5000mol/L的H_2SO_4溶液多少毫升？

2-8 在500mL溶液中，含有9.21g $K_4Fe(CN)_6$。计算该溶液的浓度及在以下反应中对Zn^{2+}的滴定度。（$M_{KFe(CN)}=368.35$）

$$3Zn^{2+}+2[Fe(CN)_6]^{4-}+2K^+ = K_2Zn_3[Fe(CN)_6]_2$$

2-9 要求在滴定时消耗0.2mol/L NaOH溶液25～30mL，问应称取基准试剂邻苯二甲酸氢钾（$KHC_8H_4O_4$）多少克？如果该用$H_2C_2O_4\cdot 2H_2O$做基准物质，又应称取多少克？（$M_{KHC_8H_4O_4}=204.126\text{g/mol}$，$M_{H_2C_2O_4\cdot 2H_2O}=126.07\text{g/mol}$）

2-10 欲配制$Na_2C_2O_4$溶液用于在酸性介质中标定0.02mol/L的$KMnO_4$溶液，若要使标定时两种溶液消耗的体积相近，问应配制多少浓度的$Na_2C_2O_4$溶液？配制100mL这种溶液应称取$Na_2C_2O_4$多少克？（$M_{Na_2C_2O_4}=134.00\text{g/mol}$）

2-11 含S有机试样0.471g，在氧气中燃烧，使S氧化为SO_2，用预中和过的H_2O_2将SO_2吸收，全部转化为H_2SO_4，以0.108mol/L KOH标准溶液滴定至化学计量点，消耗28.2mL，求试样中S的质量分数。

2-12 将 50.00mL 0.1000 $Ca(NO_3)_2$ 溶液加入到 1.000g 含 NaF 的试样溶液中，过滤、洗涤。滤液及洗液中剩余的 Ca^{2+} 用 0.0500mol/L EDTA 滴定，消耗 24.20mL，计算试样中 NaF 的质量分数。（M_F = 18.998g/mol，M_{NaF} = 41.998g/mol）

2-13 现有 $MgSO_4 \cdot 7H_2O$ 纯试剂一瓶，设不含其他杂质，但有部分失水变为 $MgSO_4 \cdot 6H_2O$，测定其中 Mg 含量后，全部按 $MgSO_4 \cdot 7H_2O$ 计算，得质量分数为 100.96%，试计算试剂中 $MgSO_4 \cdot 6H_2O$ 的质量分数。

2-14 现有 0.2513g 不纯的 Sb_2S_3，将其在氧气流中灼烧，产生的 SO_2 通入 $FeCl_3$ 溶液中，使 Fe^{3+} 还原至 Fe^{2+}，然后用 0.02000mol/L $KMnO_4$ 标准溶液滴定 Fe^{2+}，消耗 $KMnO_4$ 溶液 31.80mL。计算试样中 Sb_2S_3 的质量分数。若以 Sb 计，质量分数又为多少？（$M_{Sb_2S_3}$ = 339.7g/mol，M_{Sb} = 121.76g/mol）

2-15 已知在酸性溶液中，Fe^{2+} 与 $KMnO_4$ 反应时，1.00mL $KMnO_4$ 溶液相当于 0.1117g Fe，1.00mL $KHC_2O_4 \cdot H_2C_2O_4$ 溶液在酸性介质中恰好与 0.20mL 上述 $KMnO_4$ 溶液完全反应。需多少毫升 0.2000mol/L NaOH 溶液才能与上述 1.00mL $KHC_2O_4 \cdot H_2C_2O_4$ 溶液完全中和？

2-16 用纯 As_2O_3 标定 $KMnO_4$ 溶液的浓度，若 0.2112g As_2O_3 在酸性溶液中恰好与 36.42mL $KMnO_4$ 反应，求该 $KMnO_4$ 溶液的浓度？

2-17 测定氮肥中 NH_3 的含量。称取试样 1.6160g，溶解后在 250mL 容量瓶中定容，移取 25.00mL，加入过量 NaOH 溶液，将产生的 NH_3 导入 40.00mL $c_{H_2SO_4}$ = 0.1020mol/L 的 H_2SO_4 标准溶液吸收，剩余的 H_2SO_4 需 17.00mL c_{NaOH} = 0.09600mol/L NaOH 溶液中和。计算氮肥的 NH_3 的质量分数。

2-18 称取大理石试样 0.2303g，溶于酸中，调节酸度后加入过量 $(NH_4)_2C_2O_4$ 溶液，使 Ca^{2+} 沉淀为 CaC_2O_4。过滤，洗净，将沉淀溶于稀 H_2SO_4 中。溶解后的溶液用 c_{KMnO_4} = 0.2012mol/L $KMnO_4$ 标准溶液滴定，消耗 22.30mL，计算大理石中 $CaCO_3$ 的质量分数。

3 误差及分析数据的统计处理

准确测定试样中各有关组分的含量是分析化学的主要任务之一。在分析测定过程中，即使技术很熟练的人，采用最可靠的分析方法，使用最精密的仪器，用同一种方法对同一试样进行多次分析，也不能得到完全一样的分析结果，也不可能得到绝对准确的结果。这说明，在任何测量过程中误差是客观存在的。因此，在定量分析中，应该了解分析过程中误差产生的原因及其出现的规律，以便采取有效措施减少误差；同时对测定数据进行正确的统计处理，并对分析结果进行评价，判断其准确性，以提高分析结果的可靠程度，使之满足生产与科学研究等方面的要求。

扫一扫

3.1 定量分析中的误差

3.1.1 误差的分类及减免误差的方法

根据产生的原因及其性质的不同，误差可分为两类：系统误差或称可测误差（determinate error），随机误差或称偶然误差（random error）。

3.1.1.1 *系统误差*

系统误差是在分析过程中某些固定原因引起的一种误差，其产生的原因主要可以分为以下几种。

（1）方法误差。方法不完善造成的方法误差，如反应不完全、干扰成分的影响、滴定分析中指示剂选择不当等。

（2）试剂误差。试剂或蒸馏水纯度不够，带入微量的待测组分，干扰测定等。

（3）仪器误差。测量仪器本身缺陷造成的仪器误差，如容器器皿度不准又未经校正，电子仪器“噪声”过大等。

（4）操作误差。操作人员操作不当或操作偏见造成的人为误差，如观察颜色偏深或偏浅，第二次读数总是想与第一次重复等。

其中方法误差有时不被人们察觉，带来的影响也较大，因此，在选择方法时应特别注意。

系统误差具有重复性、单向性；误差大小基本不变，对测定结果的影响比较恒定等性质。系统误差的大小可以测定出来，用于对测定结果进行校正。

系统误差可采取不同方法进行校正。针对系统误差产生的原因，可采用选择标准方法、进行试剂的提纯和使用校正值等办法加以消除。如选择一种标准方法与所采用的方法作对照试验或选择与试样组成接近的标准试样作对照试验，找出校正值加以校正。对试剂或实验用水是否带入被测成分，或所含杂质是否有干扰，可通过空白试验扣除空白值加以校正。

空白试验是指除了不加试样外，其他试验步骤与试样试验步骤完全一样的实验，所得结果称为空白值。

是否存在系统误差，常常通过回收试验加以检查。回收试验是在测定试样某组分含量 x_1 的基础上，加入已知量的该组分 x_2，再次测定其组分含量 x_3。由回收试验所得数据可以计算出回收率。

$$回收率 = \frac{x_3 - x_1}{x_2} \times 100\% \tag{3-1}$$

由回收率的高低可以判断有无系统误差存在。对常量组分回收率要求高，一般为99%以上，对微量组分回收率要求在95%~110%。

3.1.1.2 随机误差

随机误差是由于测量过程中某些无法控制和避免的许多因素随机作用形成的具有抵偿性的误差，它又被称为偶然误差。

随机误差是由某些无法控制和避免的偶然因素造成的，比如分析过程中环境温度、湿度和气压的微小波动，仪器性能的微小变化，天平称量和滴定管读数的不确定性，分析人员对各份试样处理时的微小差别等，这些不确定的因素都会引起随机误差。这些偶然因素很难被人们觉察或控制，但却会使分析结果产生波动从而造成误差。随机误差是不可避免的，即使是一个优秀的分析人员，很仔细地对同一试样进行多次测定，也不可能得到完全一致的分析结果，而是有高有低。随机误差的特点是其大小和方向都不固定，因此无法测量，也不可能加以校正。所以随机误差又叫不可测误差。我们说误差是客观存在的、是不可避免的，就是指随机误差不可避免。

随机误差的出现忽大忽小、忽正忽负，表面上看似乎极无规律，但如果进行多次测定，就会发现测定数据实际上也是有其规律性的，它的分布服从一般的统计规律。

随机误差的大小决定分析结果的精密度。在消除了系统误差的前提下，如果严格操作，增加测定次数，分析结果的算术平均值就越趋近于真实值，也就是说，采用“多次测定，取平均值”的方法可以减小随机误差。

3.1.1.3 过失误差

除了系统误差和随机误差外，在分析过程中还会遇到由于过失或差错造成的所谓“误差”，叫过失误差，其实是一种错误。这种错误不同于上面讨论的两类误差，它是由于操作者责任心不强、粗心大意或者违反操作规程等原因造成的，比如加错试剂、试液溅失、读错刻度、记录错误等。这种由于过失造成的错误是不应该，也是完全可以避免的，因此不在关于误差的讨论范围之内。

3.1.2 准确度与误差

准确度的高低用误差来衡量。误差是指测定值与真实值之间的差。误差越小，表示测定结果与真实值越接近，准确度越高；反之，误差越大，准确度越低。误差通常有两种表示方法：绝对误差 E_a（absolute error）和相对误差 E_r（relative error）。

从理论上说，试样中某一组分的含量必有一个客观存在的真实数值，称之为“真值”。测定值 x 与真值 μ 之差称为绝对误差：

$$E_a = x - \mu \tag{3-2}$$

分析结果的误差也常用相对误差来表示：

$$E_r = \frac{E_a}{\mu} \times 100\% = \frac{x-\mu}{\mu} \times 100\% \tag{3-3}$$

例 3-1 分析软锰矿标样中锰含量，测得 Mn 为 37.45%、37.20%、37.50%、37.30%、37.25%，计算分析结果的误差。已知标样 Mn 为 37.41%。

解：

$$\bar{x} = \frac{37.45\% + 37.20\% + 37.50\% + 37.30\% + 37.25\%}{5}$$

$$= 37.34\%$$

绝对误差　$E_a = \bar{x} - \mu = 37.34\% - 37.41\% = -0.07\%$

相对误差　$E_r = \dfrac{E_a}{\mu} \times 100\% = \dfrac{-0.07\%}{37.41\%} \times 100\% = -0.18\%$

例 3-2 分析天平称量两物体的质量各为 1.6380g 和 0.1637g，假定两者的真实质量分别为 1.6381g 和 0.1638g，则两物体的绝对误差和相对误差分别是多少？

解：

两者称量的绝对误差分别为

$$E_{a_1} = 1.6380 - 1.6381 = -0.0001\text{g}$$

$$E_{a_2} = 0.1637 - 0.1638 = -0.0001\text{g}$$

两者称量的相对误差分别为

$$E_{r_1} = \frac{-0.0001}{1.6381} \times 100\% = -0.006\%$$

$$E_{r_2} = \frac{-0.0001}{0.1638} \times 100\% = -0.06\%$$

由此可知，绝对误差相等，相对误差并不一定相同，上例中第一个称量结果的相对误差为第二个称量结果相对误差的 1/10。也就是说，同样的绝对误差，当被测定的量较大时，相对误差就比较小，测定的准确度也就比较高。因此，用相对误差来表示各种情况下测定结果的准确度更为确切些。

绝对误差与相对误差都有正负之分。误差是正值，表示测量值比真值偏高；误差是负值，表示测量值比真值偏低。相对误差能反映误差在真实值中所占的比例，这对于比较在各种情况下测定结果的准确度更为方便，因此更常用。但应注意，有时为了说明一些仪器测量的准确度，用绝对误差更清楚。例如分析天平的称量误差是±0.0002g，常量滴定管的读数误差是±0.02mL 等，这些都是用绝对误差来说明的。

从式（3-2）和式（3-3）可以看到，无论是计算绝对误差还是相对误差，都涉及到真值。严格地说，任何物质中各组分的真实含量是不知道的，用测量的方法是得不到真值的。在实际工作中往往用“标准值”代替真值来检验一种分析方法的准确度。标准值是由不同实验室的许多经验丰富的分析人员，用多种可靠的分析方法对同一样品经过大量重复测定得到的结果的平均值，因此是相当准确的结果，是现实工作水平上最接近于真值的测定值，如相对原子质量、物理化学常数、国家标准局提供的标准样品的数据等。虽然从理论上讲标准值并不是真正意义上的真值，但是在实际工作中人们都把它作为真值来看待。

准确度是指测定平均值与真值接近的程度。误差的大小反映了测定准确度的高低。误差的绝对值越小，表示准确度越高；误差的绝对值越大，表示准确度越低。

3.1.3 偏差与精密度

精密度的高低常用偏差来衡量。偏差小，测定结果精密度高；偏差大，测定结果精密度低，测定结果不可靠。偏差（deviation）是指个别测定结果 x_i 与几次测定结果的平均值 $\bar{x}$ 之间的差别。与误差相似，偏差也有绝对偏差 d_i 和相对偏差 d_r 之分。测定结果与平均值之差为绝对偏差，绝对偏差在平均值中所占的百分率为相对偏差

$$d_i = x_i - \bar{x} \tag{3-4}$$

$$d_r = \frac{x_i - \bar{x}}{\bar{x}} \times 100\% \tag{3-5}$$

由于在几次平行测定中各次测定的偏差有负有正，有些还可能是零，因此为了说明分析结果的精密度，通常以单次测量偏差绝对值的平均值，即平均偏差表示其精密度。各偏差值的绝对值的平均值，称为单次测定的平均偏差，又称算术平均偏差（average deviation），即

$$\bar{d} = \frac{1}{n}\sum_{i=1}^{n} |d_i| = \frac{1}{n}\sum_{i=1}^{n} |x_i - \bar{x}| \tag{3-6}$$

单次测定的相对平均偏差表示为

$$\bar{d_r} = \frac{\bar{d}}{\bar{x}} \times 100\% \tag{3-7}$$

标准偏差（standard deviation）又称均方根偏差，当测定次数 n 趋于无限多时称为总体标准偏差，用 σ 表示如下

$$\sigma = \sqrt{\frac{\sum_{i=1}^{n} (x_i - \mu)^2}{n}} \tag{3-8}$$

式中，μ 为总体平均值，在校正了系统误差情况下，μ 即代表真值；n 为测定次数。

在一般的分析工作中，测定次数是有限的，这时的标准偏差称为样本标准偏差，以 s 表示

$$s = \sqrt{\frac{\sum_{i=1}^{n} (x_i - \bar{x})^2}{n-1}} = \sqrt{\frac{\sum_{i=1}^{n} d_i^2}{n-1}} \tag{3-9}$$

式中，$n-1$ 表示 n 个测定值中具有独立偏差的数目，又称为自由度。

用下式计算标准偏差更为方便

$$s = \sqrt{\frac{\sum_{i=1}^{n} x_i^2 - \frac{\left(\sum_{i=1}^{n} x_i\right)^2}{n}}{n-1}} \tag{3-10}$$

s 与平均值之比称为相对标准偏差（relative standard deviation，RSD），以 s_r 表示，相对标准偏差又称为变异系数（coefficient of variation，CV），表达式为

$$s_r = \frac{s}{\bar{x}} \times 100\% \tag{3-11}$$

精密度（precision）是指在确定条件下，将测试方法实施多次，求出所得结果之间的一致程度。精密度的大小常用偏差表示。

精密度的高低还常用重复性（repeatability）和再现性（reproducibility）表示。

重复性（r）：同一操作者，在相同条件下，获得一系列结果之间的一致程度

$$r = 2\sqrt{2}s_r \tag{3-12}$$

式中，s_r 的计算公式与式（3-9）相同。

再现性（R）：不同的操作者，在不同条件下，用相同方法获得的单个结果之间的一致程度

$$R = 2\sqrt{2}s_R \tag{3-13}$$

$$s_R = \sqrt{\frac{\sum_{j=1}^{m}\sum_{i=1}^{n}(x_{ij} - \bar{x}_j)^2}{m(n-1)}} \tag{3-14}$$

式中，m 为参加测定的实验室数；n 为每个实验室重复测定次数；$\bar{x}_j$ 为第 j 个实验室 n 次测定的平均值；x_{ij} 为各实验室的测定值，又称为室间精密度。

在偏差的表示中用标准偏差更合理，因为将单次测定值的偏差平方后，能将较大的偏差显著地表现出来。

例 3-3 有两组测定值

甲组：2.9 2.9 3.0 3.1 3.1

乙组：2.8 3.0 3.0 3.0 3.2

试判断精密度的差异。

解：平均值 $\bar{x}_甲 = 3.0$，平均偏差 $\bar{d}_甲 = 0.08$，标准偏差 $s_甲 = 0.10$

$\bar{x}_乙 = 3.0$，$\bar{d}_乙 = 0.08$，$s_乙 = 0.14$

本例中，两组数据的平均偏差是一样的，但数据的离散程度不一致，乙组数据更分散，说明用平均偏差有时不能反映出客观情况；而用标准偏差来判断，本例中乙的标准偏差大一些，即精密度差一些，反映了真实情况。因此在一般情况下，对测定数据应表示出标准偏差或变异系数。

3.1.4 准确度与精密度的关系

定量分析工作中要求测量值或分析结果应达到一定的准确度与精密度。值得注意的

是，并非精密度高者准确度就高。准确度是指测量值与真值的符合程度，用误差的大小来度量；而误差的大小与系统误差和随机误差都有关，它反映了测定的正确性。精密度则是指一组平行测量数据相互间符合的程度，用平均偏差或标准偏差的大小来度量；而平均偏差与标准偏差的大小仅与随机误差有关，与系统误差无关，因此它们不能反映测量值与真值之间的相符合程度，它们反映的只是测量的重现性。所以应从准确度与精密度这两个方面来衡量和评价分析结果的好坏。

准确度与精密度的关系如图 3-1 所示。

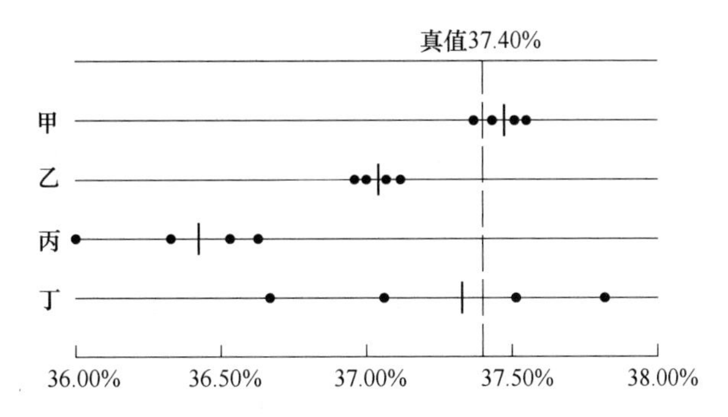

图 3-1　不同工作者分析同一试样的结果（• 表示个别测试样，| 表示平均值）

由图 3-1 可见，甲所得结果的准确度与精密度均好，结果可靠；乙测量的精密度很高，但准确度太低，说明他的测量存在大的系统误差；丙测量的精密度与准确度都很差，说明测量过程中存在较大的系统误差和偶然误差，测量结果不可靠；丁测量的精密度很差，虽然其平均值很接近于真值，但并不能因此就说丁的分析结果很可靠。因为丁的平均值接近于真值只是由于较大的正误差与负误差恰好相互抵消才形成的，如果少取一次测量值或多做一次测定，都会显著影响其平均值的大小。所以丁的结果是偶然的巧合，并不真正可靠。

可见，高精密度是获得高准确度的必要条件，准确度高一定要求精密度高，即一组数据精密度很差，自然失去了衡量准确度的前提。但是精密度高却不一定准确度高，因为精密度高只反映了随机误差小，却并不能保证消除了系统误差。所以，在评价分析结果时不仅要关注准确度和精密度这两个方面，还必须结合考虑系统误差和随机误差的影响，以保证分析结果的准确性和可靠性。

例 3-4　用丁二酮肟重量法测铜铁中的 Ni 的质量分数。在表 3-1 中，$n=5$，求单次分析结果的平均偏差、相对平均偏差、标准偏差、相对标准偏差。

表 3-1

x_i	$\lvert \overline{d_i} \rvert$	d_i^2
10.48%	0.05%	2.5×10^{-7}
10.37%	0.06%	3.6×10^{-7}
10.47%	0.04%	1.6×10^{-7}
10.43%	0.00%	0
10.40%	0.03%	0.9×10^{-7}
$\bar{x}$ = 10.43%	$\sum \lvert \overline{d_i} \rvert = 0.18\%$	$\sum d_i^2 = 8.6\times10^{-7}$

解：

$$\bar{d} = \frac{1}{n}\sum |d_i| = \frac{0.18\%}{5} = 0.036\%$$

$$\overline{d_r} = \frac{\bar{d}}{\bar{x}} \times 100\% = \frac{0.036\%}{10.43\%} \times 100\% = 0.35\%$$

$$s = \sqrt{\frac{\sum d_i^2}{n-1}} = \sqrt{\frac{8.6 \times 10^{-7}}{5-1}} = 0.046\%$$

$$\mathrm{RSD} = \frac{s}{\bar{x}} \times 100\% = \frac{0.046\%}{10.43\%} \times 100\% = 0.44\%$$

标准偏差更能体现较大偏差的分散程度，突出大偏差对结果的影响。

3.1.5 极差

一组测量数据中，最大值 x_{max} 与最小值 x_{min} 之差称为极差，用字母 R 表示。

$$R = x_{max} - x_{min} \tag{3-15}$$

用该法表示误差十分简单，适用于少数几次测定中估计误差的范围，它的不足之处是没有利用全部测量数据。测量结果的相对极差为

$$相对极差 = \frac{R}{\bar{x}} \times 100\% \tag{3-16}$$

3.1.6 公差

“公差”是生产部门对于分析结果允许误差的一种表示方法。如果分析结果超出允许的公差范围，称为“超差”，表明该项分析工作应该重做。

公差的确定与很多因素有关，一般是根据试样的组成和分析方法的准确度来确定。对组成较复杂（如天然矿石）的分析，允许公差范围宽一些，一般工业分析允许相对误差在百分之几到千分之几，而原子量的测定要求相对误差很小。对于每一项具体的分析工作，有关主管部门都规定了具体的公差范围，表 3-2 为对钢中的硫含量分析的允许公差范围。

表 3-2 钢中的硫含量分析的允许公差范围

硫的质量分数/%	≤0.020	0.020~0.050	0.050~0.100	0.100~0.200	≥0.200
公差（绝对误差）/%	±0.002	±0.004	±0.006	±0.010	±0.015

目前，国家标准中，含量与允许公差的关系常常用回归方程式表示。

3.2 提高分析准确度的方法

各类误差的存在是导致分析结果不准确的直接因素。因此，要提高分析结果的准确度，应该认真操作，避免过失，尽可能地减小全过程的误差，可采取的措施主要包括以下几方面。

3.2.1 选择适当的分析方法

试样中被测组分的含量情况各不相同，而各种分析方法又具有不同特点，因此必须根据被测组分的相对含量的多少来选择合适的分析方法，以保证测定的准确度。一般来说，采用化学分析法进行测定，其准确度较高但灵敏度较低，故适用于常量组分分析；而采用仪器分析法进行测定，其灵敏度较高但准确度较低，故适用于微量组分分析。例如，对铁含量为20.00%的标准试样进行铁含量分析，若采用滴定法或重量法等化学分析法，因其测定相对误差约为0.1%，可能测得的铁含量范围为19.98%~20.02%，这个结果是相当准确的；但若采用仪器分析法，因其测定的相对误差约为2%，则可能测得的铁含量范围是19.6%~20.4%，显然是不能令人满意的。可见常量组分分析采用仪器分析法不合适，而采用化学分析法较好。但如果测定铁含量为0.0200%的标准试样中的铁含量，因化学分析法的灵敏度很低，根本无法检测到如此低含量的铁，因而不适用。这时应该用灵敏度较高的仪器分析法。若测定相对误差仍为2%，可能测得的铁含量范围为0.0196%~0.0204%。可见，由于试样本身铁含量很低，同样±2%的相对误差所引起的绝对误差并不大，因而这样的准确度是可以满足要求的。

3.2.2 减小测量误差

任何测量仪器的测量准确度（简称精度）都是有限度的，因此在高精度测量中由此引起的误差是不可避免的。比如滴定管的最小刻度只精确到0.1mL，而却要求测量精确到0.01mL，这样最后一位数字只能估计，就必然会引起读数误差。一般认为这最后一位的读数估计误差在正负1个单位之内，即±0.01mL。这种由测量精度的限制引起的误差又称为测量的不确定性，属于随机误差。在滴定过程中要获取一个体积值 V(mL) 需要两次读数相减。若按最不利的情况考虑，两次滴定管的读数误差相叠加，则所获取的体积值的读数误差就是±0.02mL。这个最大可能绝对误差的大小是固定的，是由滴定管本身的精度决定的；但可以设法控制体积值本身的大小而使由它引起的相对误差在所要求的±0.1%之内。由于

$$E_r = \frac{E_a}{V} \times 100\%$$

当相对误差 $E_r = \pm 0.1\%$，绝对误差 $E_a = \pm 0.02\text{mL}$ 时，

$$V = \frac{E_a}{E_r} = \frac{\pm 0.02\text{mL}}{\pm 0.1\%} = 20\text{mL}$$

可见，只要控制滴定时所消耗的滴定剂的总体积不小于20mL，就可以保证由滴定管读数的不确定性所造成的相对误差在±0.1%之内。

同理，一般分析天平的测量精度为万分之一克，即称量一次的不确定性为±0.1mg。通常获取一份样的质量需称量两次，若两次称量的误差叠加，则获取一份试样质量的最大可能的绝对误差为±0.2mg。这个绝对误差的大小也是固定的，是由分析天平本身的精度决定的。为了保证由此引起的称量相对误差在±0.1%之内，就必须控制所称样品的质量不小于0.2mg。

3.2.3 检验和消除系统误差

由于系统误差是由某种确定性的原因造成的，因此只要找出产生的原因，就可以消除和减免。通常根据具体情况，可以采取以下几种方法来检验和消除系统误差。

（1）对照试验。对照试验是检验系统误差的有效方法。常见的对照试验有以下几种：

1）用标准试样进行对照试验。待测组分的含量是准确已知的试样叫标准试样。为了检验分析方法是否存在系统误差可用标准试样进行对照试验。用选择的分析方法对标准试样进行含量的测定，如果所得结果符合要求，说明系统误差较小，该分析方法是可靠的。

2）用标准方法进行对照试验。对于某一项目的分析，可以用多种方法测定。如国家标准方法、部颁标准方法、经典分析方法等。为了检验所使用的分析方法是否存在系统误差，可用标准方法进行对照试验，若测得的结果符合要求，则方法是可靠的；否则，应选用其他更好的分析方法。

3）内检、外检。许多生产单位，为了检查分析人员之间是否存在系统误差和其他方面的问题，常在安排试样分析任务时将一部分试样重复安排在不同分析人员之间，互相进行对照试验。这种方法称为“内检”；有时，将部分试样送交其他单位进行对照分析，这种方法称为“外检”。

4）回收试验。在进行对照试验时，如果对试样的组成不完全清楚，则可以采用“加入回收法”进行试验。此方法是取两份完全等量的同一试样（或试液），向其中一份样品中加入已知量的待测组分，另一份样品不加，然后进行平行测定，再作对照分析，看加入的待测组分能否定量回收，以此判断分析过程中是否存在系统误差。回收率越接近100%，分析方法和分析过程的准确度越高。

也可以对同一试样用其他可靠的分析方法进行测定，或由不同的人进行试验，对照其结果，达到检查系统误差存在的目的。

（2）空白试验。空白试验用于检验和消除试剂误差。例如，测定试样中的 Cl^- 含量时就经常要做空白试验，也就是在实验中用蒸馏水代替试样，而其余条件均与正常测定相同。此时若仍能测得 Cl^- 含量，则表明蒸馏水或其他试剂中可能也会有 Cl^-，于是应将此空白值从试样的测定结果中扣除以消除试剂误差的影响。

（3）校准仪器。标准仪器是为了消除仪器误差。例如，对天平、砝码、移液管、容量瓶和滴定管等计量仪器都应定期进行校准。

（4）减小随机误差。在消除系统误差的前提下，平行测定次数越多，平均值越接近标准值。因此，可以采取“适当增加平行测定次数，取平均”的方法来减少随机误差。在一般分析化学中，对同一试样，通常要求平行测定 3~4 次；当对分析结果准确度要求较高时，可平行测定 10 次左右。

3.3 随机误差的分布规律

扫一扫

3.3.1 随机误差（偶然误差）服从正态分布

如测定次数较多，在系统误差已经排除的情况下，随机误差的分布也有一定的规律，如以横坐标表示随机误差的值，纵坐标表示误差出现的概率大小，当测定次数无限多时，则随机误差正态分布曲线，如图 3-2 所示。

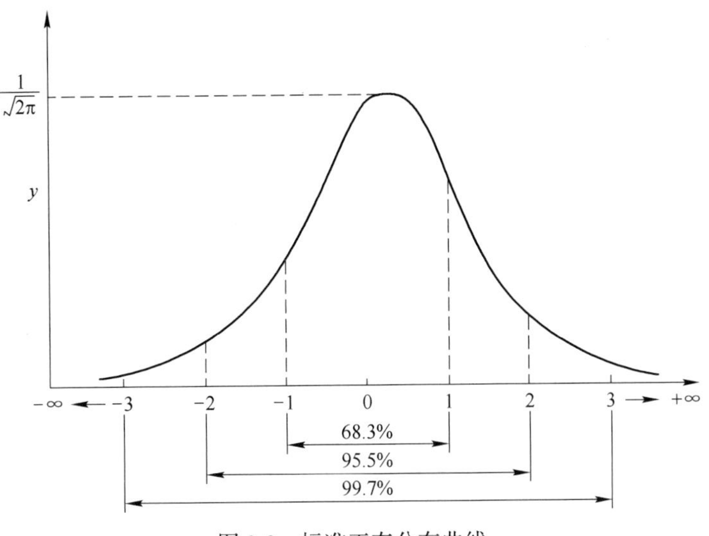

图 3-2 标准正态分布曲线

$$u = \frac{x - \mu}{\sigma} \tag{3-17}$$

随机误差分布具有以下性质：

（1）对称性。大小相近的正误差和负误差出现的概率相等，误差分布曲线是对称的。

（2）单峰性。小误差出现的概率大，大误差出现的概率小，很大误差出现的概率非常小。误差分布曲线只有一个峰值，误差有明显的集中趋势。

（3）有界性。仅仅由于偶然误差造成的误差不可能很大，即大误差出现的概率很小。如果发现误差很大的测定值出现，往往是由于其他过失误差造成，此时，对这种数据应作相应的处理。

（4）抵偿性。误差的算术平均值的极限为零。

$$\lim_{n \to \infty} \sum_{i=1}^{n} \frac{d_{\mathrm{i}}}{n} = 0 \tag{3-18}$$

对标准正态分布曲线，如把曲线的横坐标从 $-\infty \sim +\infty$ 之间所包围的面积（代表所有随机误差出现的概率的总和）定为 100%，则通过计算发现误差范围与出现的概率有表 3-3 和图 3-2 所示关系。

表 3-3 误差在某些区间出现的概率

$x-\mu$	μ	概率
$[-\sigma, +\sigma]$	$[-1, +1]$	68.3%
$[-1.96\sigma, +1.96\sigma]$	$[-1.96, +1.96]$	95%
$[-2\sigma, +2\sigma]$	$[-2, +2]$	95.5%
$[-3\sigma, +3\sigma]$	$[-3, +3]$	99.7%

测定值或误差出现的概率称为置信度或置信水平（confidence level），图 3-2 中 68.3%、95.5%、99.7%即为置信度，其意义可以理解为某一定范围的测定值（或误差值）出现的概率。$\mu \pm \sigma$、$\mu \pm 2\sigma$、$\mu \pm 3\sigma$ 等称为置信区间（confidence interval），其意义为真实值在指定概率下分布在某一个区间。置信度选得高，置信区间就宽。

3.3.2 有限次测定中随机分布服从 t 分布

在分析测试中，测定次数是有限的，一般平行测定 3~5 次，无法计算总体标准差 σ 和总体平均值 μ，而有限次测定的随机误差并不完全服从正态分布，而是服从类似于正态分布的 t 分布，t 分布是由英国统计学家与化学家 W. S. Gosset 提出，以 Student 的笔名发表的，称为置信因子。t 的定义与 $u = \frac{x - \mu}{\sigma}$ 一致，只是用样本标准偏差 s 代替总体标准偏差 σ，即

$$t = \frac{\bar{x} - \mu}{s}\sqrt{n} \tag{3-19}$$

分布曲线如图 3-3 所示。

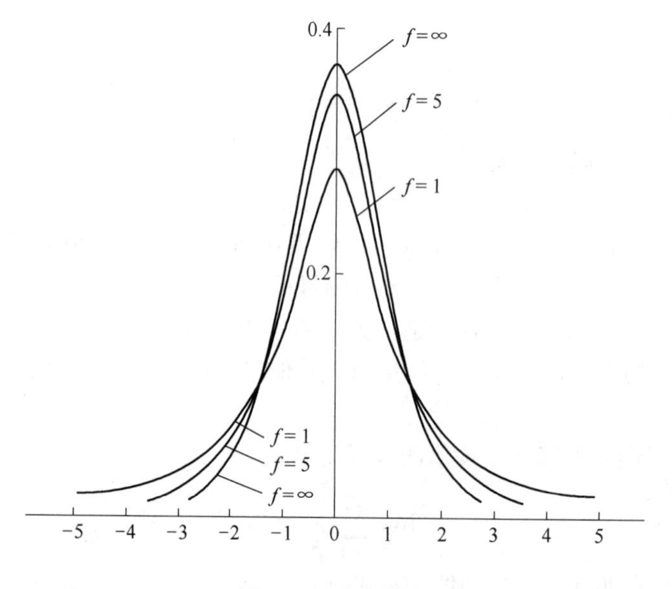

图 3-3 t 分布曲线

由图 3-3 可见，t 分布曲线与正态分布曲线相似，t 分布曲线随自由度 $f(f=n-1)$ 而变，当 $f>20$ 时，二者很近似，当 $f \to \infty$ 时，二者更一致了。t 分布在分析化学中应用很多，将在后面的有关内容中讨论。

在实际工作中为了检测仪器或分析方法是否存在较大的系统误差，可分析一个标准试样。利用 t 检验法比较分析结果的平均值与标准试样的标准值之间是否存在显著性差异，进行判断，也可衍生出

$$t = \frac{|\bar{x} - \mu|}{s}\sqrt{n} \tag{3-20}$$

t 值与置信度和测定值的次数有关，其值可由表 3-4 查得。

表 3-4　t 值表

测定次数	置信度		
	90%	95%	99%
2	6.314	12.706	63.657
3	2.920	4.303	9.925
4	2.353	3.182	5.841
5	2.132	2.776	4.604
6	2.015	2.571	4.032
7	1.943	2.447	3.707
8	1.895	2.365	3.500
9	1.860	2.306	3.355
10	1.833	2.262	3.250
11	1.812	2.228	3.169
21	1.725	2.086	2.846
∞	1.645	1.960	2.576

按式（3-20）计算出一定置信度条件下的 t 值，将所得的 t 值与表 3-4 中查到的 t 值比较，若 $t>t_{表}$，则存在显著性差异，说明测量仪器或分析方法存在问题；若 $t<t_{表}$，则不存在显著性差异，说明测量仪器或分析方法准确。由式（3-20）亦可推得：

$$\mu = \bar{x} \pm \frac{ts}{\sqrt{n}} \tag{3-21}$$

置信区间的宽窄与置信度、测定值的精密度和测定次数有关，当测定值精密度越高（s 值越小），测定次数越多（n 值越大）时，置信区间越窄，即平均值越接近真值，平均值越可靠。

式（3-21）的意义：在一定置信度下（如 95%），真值（总体平均值）将在测定平均值 $\bar{x}$ 附近的一个区间（即在 $\bar{x} - \frac{ts}{\sqrt{n}} \sim \bar{x} + \frac{ts}{\sqrt{n}}$ 之间）存在，把握程度为 95%。

式（3-21）常作为分析结果的表达式。$\frac{ts}{\sqrt{n}}$ 表示不确定度。

置信度选择越高，置信区间越宽，其区间包括真值的可能性也就越大，在分析化学中，一般将置信度定为 95%或 90%。

例 3-5　测定 SiO_2 的质量分数，得到下列数据（%）：28.62、28.59、28.51、28.48、28.52、28.63。求平均值、标准偏差及置信度分别为 95%和 90%时平均值的置信区间。

解：

$$\bar{x} = \frac{28.62 + 28.59 + 28.51 + 28.48 + 28.52 + 28.63}{6}\% = 28.56\%$$

$$s = \sqrt{\frac{0.06^2 + 0.03^2 + 0.05^2 + 0.08^2 + 0.04^2 + 0.07^2}{6-1}}\% = 0.06\%$$

查表3-4，置信度为90%，$n=6$ 时，$t=2.015$，因此

$$\mu = \left(28.56 \pm \frac{2.015 \times 0.06}{\sqrt{6}}\right)\% = (28.56 \pm 0.05)\%$$

同理，对于置信度为95%，可得

$$\mu = \left(28.56 \pm \frac{2.571 \times 0.06}{\sqrt{6}}\right)\% = (28.56 \pm 0.08)\%$$

上述计算说明，若平均值的置信区间取(28.56 ±0.05)%，则真值在其中出现的概率为90%，而若使真值出现的概率提高为95%，则其平均值的置信区间将扩大为(28.56 ±0.08)%。

扫一扫

3.4 分析结果的数据处理

在消除了系统误差对分析结果存在的影响后，所得的结果还存在着偶然误差。偶然误差的存在又符合统计规律，所以对于一些精确度不明的可疑值，可采用狄克松（Dixon）检验法（Q 值检验法）和格鲁布斯（Grubbs）检验法进行取舍，然后计算出数据的算术平均偏差和标准偏差，求出一定置信度时平均值的置信区间。

3.4.1 可疑值的取舍

3.4.1.1 格鲁布斯（Grubbs）检验法

首先将测定值由小到大排列，$x_1<x_2<\cdots<x_n$，其中 x_1 或 x_n 可疑，需要进行判断，算出 n 个测定值的平均值 $\bar{x}$ 及标准偏差 s。

若 x_1 为可疑值，则

$$G_{计算} = \frac{\bar{x} - x_1}{s} \tag{3-22}$$

若 x_n 为可疑值，则

$$G_{计算} = \frac{x_n - \bar{x}}{s} \tag{3-23}$$

得出的 $G_{计算}$ 值若大于表中临界值，$G_{计算} > G_{表}$（对应于某一置信度），则应弃去可疑值，反之则保留。$G_{表}$ 见表3-5。

表3-5 G 值表

测定次数 n	置信度（P）		
	95%	97.5%	99%
3	1.15	1.15	1.15
4	1.46	1.48	1.49

续表 3-5

测定次数 n	置信度（P）		
	95%	97.5%	99%
5	1.67	1.71	1.75
6	1.82	1.89	1.94
7	1.94	2.02	2.10
8	2.03	2.13	2.22
9	2.11	2.21	2.32
10	2.18	2.29	2.41
11	2.23	2.36	2.48
12	2.29	2.41	2.55
13	2.33	2.46	2.61
14	2.37	2.51	2.66
15	2.41	2.55	2.71
20	2.56	2.71	2.88

此法计算过程中，应用了平均值及标准偏差 s，故判断的准确性较高。缺点是需要计算 $\bar{x}$ 及 s，步骤稍复杂。

3.4.1.2　Q 检验法

Q 检验法适用于一组测量值的一致性检验和剔除离群值，该法对最小可疑值和最大可疑值进行检验的公式因样本容量（n）不同而异，如果测定次数在 10 次以内，使用 Q 值法比较简便。检验方法如下：将测定值由小到大排列，$x_1 < x_2 < \cdots < x_n$，其中，x_1 或 x_n 可疑。

当 x_1 可疑时，用

$$Q_{计算} = \frac{x_2 - x_1}{x_n - x_1} \tag{3-24}$$

当 x_n 可疑时，用

$$Q_{计算} = \frac{x_n - x_{n-1}}{x_n - x_1} \tag{3-25}$$

算出 Q 值。式中 $x_n - x_1$ 称为极差。

若 $Q_{计算} > Q_{0.90表}$，则弃去可疑值；反之则保留。$Q_{0.90}$ 表示置信度选 90%，$Q_{表}$的数据见表 3-6。

表 3-6　Q 值

测定次数 n	$Q_{0.90}$	$Q_{0.95}$	$Q_{0.99}$
3	0.94	0.98	0.99
4	0.76	0.85	0.93

续表 3-6

测定次数 n	$Q_{0.90}$	$Q_{0.95}$	$Q_{0.99}$
5	0.64	0.73	0.82
6	0.56	0.64	0.74
7	0.51	0.59	0.68
8	0.47	0.54	0.63
9	0.44	0.51	0.60
10	0.41	0.48	0.57

例 3-6 试对以下 7 个数据进行 Q 检验，置信度 90%：5.12、6.82、6.12、6.32、6.22、6.32、6.02。

解：对上述数据按从小到大排序：5.12<6.02<6.12<6.22<6.32=6.32<6.82，其中 5.12 或 6.82 可疑。

当 5.12 可疑时，

$$Q_{计算} = \frac{x_2 - x_1}{x_n - x_1} = \frac{6.02 - 5.12}{6.82 - 5.12} = 0.53$$

查表 $n=7$，$Q_{0.90}=0.51$，$Q_{计算} > Q_{(0.90,\ n=7)}$，故可疑值 5.12 舍弃。

同理，当 6.82 可疑时，

$$Q_{计算} = \frac{x_n - x_{n-1}}{x_n - x_1} = \frac{6.82 - 6.32}{6.82 - 6.02} = 0.625$$

查表 $n=6$，$Q_{0.90}=0.56$，$Q_{计算} > Q_{(0.90,\ n=6)}$，故可疑值 6.82 舍弃。

Q 值法由于不用平均值 $\bar{x}$ 及标准偏差 s，故使用起来比较方便。但是，Q 值法在统计上有可能保留离群较远的值，判断可疑值用 Grubbs 法更好。

3.4.2 平均值与标准值的比较（检查方法的准确度）

为了检验一个分析方法是否可靠，是否有足够的准确度，常用已知含量的标准试样进行试验，用 t 检验法将测定的平均值与已知值（标样值）比较，按式（3-20）计算 t 值。

若 $t_{计算} > t_{表}$，则 $\bar{x}$ 与已知值有显著差别，表明被检验的方法存在系统误差；若 $t_{计算} \leqslant t_{表}$，则 $\bar{x}$ 与已知值之间的差异可认为是偶然误差引起的正常差异。

例 3-7 一种新方法用来测定试样含铜量，用含量为 11.7mg/kg 的标准试样进行 5 次测定，所得数据为 10.9、11.8、10.9、10.3、10.0，判断该方法是否可行，是否存在系统误差。

解：计算平均值 $\bar{x}=10.8$，标准偏差 $s=0.7$。

$$t = \frac{|\bar{x} - \mu|}{s}\sqrt{n} = \frac{|10.8 - 11.7|}{0.7} \times \sqrt{5} = 2.87$$

查表 3-4，$t_{(0.95,\ n=5)} = 2.776$，因此

$$t_{计算} > t_{表}$$

说明该方法存在系统误差，结果偏低。

3.4.3 两个平均值的比较

当需要对两个分析人员测定相同试样所得结果进行评价，或需对两种方法进行比较，检查两种方法是否存在显著性差异，即是否有系统误差存在，以便于选择更快、更准确、成本更低的一种方法时，可选用 t 检验法进行判断，此法可信度较高。

判断两个平均值是否有显著性差异时，首先要求这两个平均值的精密度没有大的差别，为此可采用 F 检验法进行判断。

F 检验又称方差比检验：

$$F=\frac{s_{大}^2}{s_{小}^2} \tag{3-26}$$

$s_{大}$ 和 $s_{小}$ 分别代表两组数据中标准偏差大的数值和小的数值，若 $F_{计算}<F_{表}$（表3-7），再继续用 t 检验判断 $\overline{x_1}$ 与 $\overline{x_2}$ 是否有显著性差异；若 $F_{计算}>F_{表}$，则认为他们之间存在显著性差异（置信度为95%）。

表3-7 置信度95%时的 *F* 值

$f_{s_{小}}$ \ $f_{s_{大}}$	2	3	4	5	6	7	8	9	10	∞
2	19.00	19.16	19.25	19.30	19.33	19.36	19.37	19.38	19.39	19.50
3	9.55	9.28	9.12	9.01	8.94	8.88	8.84	8.81	8.78	8.53
4	6.94	6.59	6.39	6.26	6.16	6.09	6.04	6.00	5.96	5.63
5	5.79	5.41	5.19	5.05	4.95	4.88	4.82	4.77	4.74	4.36
6	5.14	4.76	4.53	4.39	4.28	4.21	4.15	4.10	4.06	3.67
7	4.74	4.35	4.12	3.97	3.87	3.79	3.73	3.68	3.63	3.23
8	4.46	4.07	3.84	3.69	3.58	3.50	3.44	3.39	3.34	2.93
9	4.26	3.86	3.63	3.48	3.37	3.29	3.23	3.18	3.13	2.71
10	4.10	3.71	3.48	3.33	3.22	3.14	3.07	3.02	2.97	2.54
∞	3.00	2.60	2.37	2.21	2.10	2.01	1.94	1.88	1.83	1.00

注：$f_{s_{大}}$—方差大的数据的自由度；$f_{s_{小}}$—方差小的数据的自由度（$f=n-1$）。

例3-8 甲、乙二人对同一试样不同方法进行测定，得两组测定值如下：

甲：1.26 1.25 1.22

乙：1.35 1.31 1.33 1.34

两种方法间有无显著性差异？

解： $n_{甲}=3$，$\bar{x}_{甲}=1.24$，$s_{甲}=0.021$；$n_{乙}=4$，$\bar{x}_{乙}=1.33$，$s_{乙}=0.017$。

$$F=\frac{s_{大}^2}{s_{小}^2}=\frac{0.021^2}{0.017^2}=1.53$$

查表3-7，F 值为9.55，说明两种方法的精密度无显著性差异。进一步用 t 公式进行计算。

$$t = \frac{|\overline{x_1} - \overline{x_2}|}{s_{合}} \sqrt{\frac{n_1 n_2}{n_1 + n_2}}$$

式中
$$s_{合} = \sqrt{\frac{s_1^2(n_1 - 1) + s_2^2(n_2 - 1)}{(n_1 - 1) + (n_2 - 1)}}$$

代入数据，得
$$s_{合} = \sqrt{\frac{0.021^2 \times (3 - 1) + 0.017^2 \times (4 - 1)}{(3 - 1) + (4 - 1)}} = 0.019$$

则
$$t = \frac{|1.24 - 1.33|}{0.019} \times \sqrt{\frac{3 \times 4}{3 + 4}} = 6.20$$

因为$f = n_1 + n_2 - 2 = 3 + 4 - 2 = 5$，则$n = 6$，置信度取95%，查表3-4，得$t_{表} = 2.571$。由于$t > t_{表}$，表明两人采用的不同方法间存在显著性差异。

本例中两种方法所得平均值的差为

$$|\overline{x_1} - \overline{x_2}| = 0.09$$

其中包含了系统误差和随机误差。根据t分布规律，随机误差允许最大值为

$$|\overline{x_1} - \overline{x_2}| = t_{表}\, s_{合} \sqrt{\frac{n_1 + n_2}{n_1 \times n_2}} = 2.571 \times 0.019 \times \sqrt{\frac{3 + 4}{3 \times 4}} \approx 0.04$$

说明可能有 0.05 的值由系统误差产生。

3.5 有效数字及其运算规则

3.5.1 有效数字

为了得到可靠的分析结果，不仅要准确地进行测量，而且还要正确地表示或记录测量结果。所记录的数据不但要正确表示出测量结果的数值，而且要如实地反映出测量的精确程度。所谓有效数字，就是测量中实际能够测到的数字，它是测定结果的大小及精度的真实记录。因此测量结果必须用有效数字来表示。有效数字通常保留的最后一位数字是不确定的，称为可疑数字，其余各位数字是确定的。例如，用分析天平准确称取了 1.5g 物质，应记为 1.5000g，即有 5 位有效数字。因为分析天平的精度为±0.0001g，数据 1.5000 中除了最后一位的“0”不确定外，其余 4 个数字都是确定的。而如果在普通托盘天平上称取了 1.5g 物质，则应记为 1.5g，只有 2 位有效数字。因为托盘天平的精度为±0.1g，数据 1.5 中小数点后第一位的数字“5”已不可靠，故不能随意在其后面加“0”。可见，按照有效数字的表示规则，既不能把分析天平测得的 1.5000g 表示为 1.5g，也不能把托盘天平测得的 1.5g 表示成 1.5000g。只有这样，才能从所记录的数据中体现或表现出实际的测量精度乃至所使用的测量仪器。对于有效数字的最后 1 位可疑数字，通常理解为它可能有正负 1 个单位的绝对误差。

可以用下面的几个例子，说明如何计算有效数字的位数：

0.2640　　10.56%　　4 位有效数字

542　　2.03×10^{-6}　　3 位有效数字

0.0050　　2.2×10^5　　2位有效数字

1.0100　　5位有效数字

pH值为2.05　pM＝10.02　K_{sp}＝5.0×10^{-13}　　2位有效数字

要注意的是，在一个数据中，数字"0"是否为有效数字取决于它在整个数据中所起的作用和所处的位置。比如0.2640，小数点前面的"0"只起定位作用，仅与所采用的单位有关，而与测量的精度无关，因此就不是有效数字。而最后一位的"0"则表示测量精度所能达到的位数，因而是有效数字，不可随意略去。所以，0.2640有4位有效数字，0.0050有2位有效数字。

由此可见，有效数字的位数不能也不会因为单位的改变而增减。因为不管单位如何改变，测量的精度是一定的。整数末尾的"0"，其意义往往不明确，如96800，最末两位的"0"究竟是仅仅起定位作用还是同时也反映了测量精度，在这里无法区别，因而它的有效数字可能是5位，也可能是4位或3位。为避免混乱，在记录时应当根据测量精度将结果写成科学计数法的形式：9.6800×10^4（5位），9.680×10^4（4位），或9.68×10^4（3位）。

分析化学中经常遇到pH值、pM、lg$K$等对数值，它们的有效数字位数仅仅取决于其小数点后数字的位数。因为其整数部分实际上只起定位作用，故不能作为有效数字。例如pH值为12.00，有效数字是2位而不是4位，因为它实际反映的是［H^+］＝1.0×10^{-12}mol/L，pH值整数部分的12只表示［H^+］的乘幂是10的负12次方，只是起到定位作用。

3.5.2 数字的修约规则

分析测试结果一般由测得的某些物理量进行计算，结果的有效数字位数必须能正确表达实验的准确度。运算过程及最终结果都需要对数据进行修约，即舍去多余的数字，以避免不必要的烦琐计算。舍去多余数字的办法，可以归纳为"四舍六入五留双"，即当多余尾数≤4时舍去尾数，≥6时进位。尾数正好是5时分两种情况，若5后数字不为0，一律进位；5后无数或为0，采用5前是奇数则将5进位，5前是偶数则把5舍弃，简称"奇进偶舍"。数据修约规则可参阅GB 8170—1987。

例3-9 将下面数据修约为四位有效数字。

解：

0.136249 → 0.1362

1.2056 → 1.206

11.155 → 11.16

100.4500 → 100.4

210.650 → 210.6

另外修约数字时要一次修约到所需要位数，不能连续多次的修约，例如，将17.46修约到两位有效数字，必须将其一次修约到17，而不能连续修约为：17.46→17.5→18。

3.5.3 有效数字的计算规则

不仅由测量直接得到的原始数据的记录要如实反映出测量的精确程度，而且根据原始数据进行计算间接得到的结果，也应该如实反映出测量可能达到的精度。原始数据的测量精度决定了计算结果的精度，计算处理本身是无法提高结果的精确程度的。为此，在有效数字的计算中必须遵守一定规则。

3.5.3.1 加减法

运算结果的有效数字位数取决于这些数据中绝对误差最大者。如 0.0121、25.64、1.05782 三数相加，其中 25.64 的绝对误差为±0.01，是最大者（按最后一位数字为可疑数字），故按小数点后保留两位结果为

$$0.01+25.64+1.06=26.71$$

3.5.3.2 乘除法

运算结果的有效数字位数取决于这些数据中相对误差最大者。如 $\frac{0.0325\times5.104\times60.094}{139.56}$ 中 0.0325 的相对误差最大，其值为 $\frac{\pm0.0001}{0.0325}\times100\%\approx0.3\%$，故结果只能保留三位有效数字，为 0.0714，决不能记作 0.07143。

运算时，先修约再运算，或最后再修约，两种情况下得到的结果数值有时不一样。为避免出现此情况，既能提高运算速度，而又不使修约误差积累，可采用在运算过程中将参与运算的各数的有效数字位数修约到比该数应有的有效数字位数多一位（这多取的数字称为安全数字），然后再进行运算。

如上例 $\frac{0.0325\times5.104\times60.094}{139.56}$ 先修约再运算，即 $\frac{0.0325\times5.10\times60.1}{140}$ 运算后再修约，结果为 0.071154，修约为 0.0712，两者不完全一样，如采用安全数字，本例中各数取四位有效数字，最后结果修约到三位，即先修约成 $\frac{0.0325\times5.104\times60.09}{139.6}=0.07140$，修约为 0.0714。

这是目前大家常采用的，使用安全数字的方法。

在表示分析结果时，组分含量≥10%时，用四位有效数字，含量 1%~10%时用三位有效数字，表示误差大小时有效数字常取一位，最多取两位。

习 题

3-1 某含 Cl^- 试样中含有 0.10% Br^-，用 $AgNO_3$ 进行滴定时，Br^- 与 Cl^- 同时被滴定，若全部以 Cl^- 计算，则结果为 20.0%。求称取的试样为下列质量时，Cl^- 分析结果的绝对误差及相对误差：（1）0.1000g，（2）0.5000g，（3）1.000g。

3-2 某试样中含有约 5%的 S，将 S 氧化为 SO_4^{2-}，然后沉淀为 $BaSO_4$。若要求在一台灵敏度为 0.1mg 的天平上称量 $BaSO_4$ 的质量时可疑值不超过 0.1mg，问必须称取试样多少克？

3-3 某试样经分析测得含锰质量分数（%）为 41.24、41.27、41.23、41.26。求分析结果的平均偏差、标准偏差和变异系数。

3-4 测定黄铁矿中硫的质量分数，六次测定结果为 30.48%、30.42%、30.59%、30.51%、30.56%、30.49%。计算标准偏差 s 及置信度为 95%时的置信区间。

3-5 采用已经确定标准偏差为 0.041%的分析氯化物的方法，重复三次测定某含氯试样，测得结果的平均值为 21.46%，计算置信为 90%时平均值的置信区间。

3-6 对某铁矿中铁的质量分数测定 10 次，得到下列结果（%）：15.48、15.51、15.52、15.52、15.53、15.53、15.54、15.56、15.56、15.65。以 Q 检验法判断在置信度为 90%时有无可疑值需舍去。若

有，请指出。

3-7 测定碳的相对原子质量所得数据：12.0080、12.0095、12.0099、12.0101、12.0102、12.0106、12.0111、12.0113、12.0118、12.0120。计算该组数据的平均值、标准偏差、相对标准偏差、平均值的标准偏差和置信度为99%时的置信区间。

3-8 铁矿石标准试样中铁质量分数的标准值为54.46%，某分析人员分析4次，平均值为54.26%，标准偏差为0.05%，问在置信度为95%时，分析结果是否存在系统误差。

3-9 下列两组实验数据的精密度有无显著性差异（置信度为95%）：

数据1：9.56，9.49，9.62，9.51，9.58，9.63；

数据2：9.33，9.51，9.49，9.51，9.56，9.40。

3-10 下列数据中包含几位有效数字：

（1）0.0035；（2）100.200；（3）1.08×10^{-5}；（4）pH=12.56；（5）圆周率π；（6）1/2。

3-11 按有效数字运算规则，计算下列各式：

（1）19.469+1.537−0.0386+2.54；

（2）3.6×0.0323×20.59×2.12345；

（3）$\dfrac{45.00\times(24.00-1.32)\times0.1245}{1.0000\times1000}$；

（4）pH值为2.10，求$[H^+]$。

3-12 甲、乙两人分析同一试样中某成分的含量，两人所得数据（%）如下：

甲	7.38	7.62	7.46	7.38	7.53	7.47
乙	7.47	7.38	7.47	7.50	7.45	7.50

（1）试计算每组数据的平均值、平均偏差$\bar{d}$、标准偏差s和置信度为99%时的置信区间；

（2）用F检验法和t检验法判断两人的分析结果在置信度为95%时是否存在显著性差异。

4 滴定分析

4.1 滴定分析概述

滴定分析法是化学分析法中的重要分析方法之一。

化学定量分析方法的基本依据是被测组分和所加的化学试剂能发生有确定计量关系的化学反应，通过该化学反应实现测定该组分含量的目的。其化学反应可以示意为：

$$\underset{(被测组分)}{X} + \underset{(试剂)}{R} = \underset{(产物)}{P}$$

根据所加试剂（R）的浓度和体积求算出被测组分（X）的含量，这类方法就是滴定分析法（titrimetry），又称容量分析法（volumetry）。在滴定分析中用来和被测组分发生反应的已知准确浓度的试剂溶液，称为标准滴定溶液（standard solution）。将标准滴定溶液通过滴定管计量并滴加到被测试液的过程，称为滴定（titration）。此时被滴的试液称为被滴定液（简称滴定液），所滴加的标准滴定溶液称为滴定剂。在滴定分析中，按滴定反应的化学计量关系恰好反应完全时的化学平衡点称为化学计量点（stoichiometric point，以 sp 表示），简称计量点。当滴定到达计量点时，往往没有外观特征可被察觉，因此在实际滴定中，一般都需借助指示剂的颜色变化来判断滴定是否达到了计量点，以便终止滴定。指示剂的变色点称为滴定终点（end point，以 ep 表示）。滴定终点与计量点不一定恰好一致，由此产生的误差叫做终点误差（end point error）。所以，滴定分析法也可以简述为加入标准溶液的物质的量与待测组分的物质的量符合反应式的化学计量关系，然后根据标准溶液的浓度和消耗的体积，计算出待测组分的含量的分析方法。

4.2 滴定分析法的分类与滴定反应的条件

根据滴定时利用的化学反应类型不同，滴定分析法一般可分成下列四种：

（1）酸碱滴定法（又称中和法）。这是以质子传递反应为基础的一种滴定分析法，可以用来测定酸、碱，其反应实质可表示为

$$H^+ + B^- = HB$$

（2）沉淀滴定法（又称容量沉淀法）。以沉淀反应为基础的一种滴定分析法，可用以对 Ag^+、CN^-、SCN^-及卤素等离子进行测定。如以 $AgNO_3$ 配制成标准溶液，滴定 Cl^-，其反应为

$$Ag^+ + Cl^- = AgCl\downarrow$$

（3）配位滴定法（又称络合滴定法）。以配位反应为基础的一种滴定分析法，可用以

对金属离子进行测定，如用 EDTA 作配位剂，有

$$M^{3+} + Y^{4-} \longrightarrow MY^-$$

式中，M^{3+}表示三价金属离子，Y^{4-}表示 EDTA 的阴离子。

（4）氧化还原滴定法。这是以氧化还原反应为基础的一种滴定分析法，可用以测定具有氧化还原性质的物质及某些不具有氧化还原性质的物质。如以 $KMnO_4$ 配制成标准溶液，滴定 Fe^{2+}，其反应如下：

$$MnO_4^- + 5Fe^{2+} + 8H^+ \longrightarrow Mn^{2+} + 5Fe^{3+} + 4H_2O$$

各种方法都有其优点和局限性，同一种物质可以选用不同的方法来测定。应根据试样组成，被测物质的性质、含量和对分析结果准确度的要求加以选择。滴定分析法适于百分含量在 1%以上各物质的测定，有时也可以测定微量组分。

滴定分析法对化学反应具有以下要求：

（1）反应必须定量完全。在计量点时反应的完全程度一般应在 99.9% 以上并且无副反应发生。这是定量计算的基础。

（2）被测物质与标准溶液之间的反应能以确定的化学反应方程式表述，即反应物间有着确定的计量关系。

（3）反应必须迅速，滴定反应要求在瞬间完成，对于速度较慢的反应，有时可通过加热或加入催化剂等办法来加快反应速度。

（4）要有简便可靠的方法确定滴定的终点。

对某一被测组分，如果找不到符合上述四项要求的滴定反应方式实现滴定分析，遇到这种情况时，可采用下述几种方法进行滴定。

（1）返滴定。某些化学反应虽可进行完全但反应速率较慢，故不宜应用于直接滴定，但却可用来进行返滴定。返滴定亦称回滴法，是先准确加入过量的一种标准溶液，使之与被测组分充分反应，待反应完成后，再以另一种标准溶液滴定反应后剩余的前一种标准溶液。根据所消耗的两种标准溶液的物质的量，可推算出被测组分的含量，因此返滴定法又称剩余量滴定法。

例如，用 HCl 标准溶液不能直接滴定固体 $CaCO_3$，因为 $CaCO_3$ 要边溶解边反应，速率较慢，滴定到达计量点时，反应不能及时进行完全，但可采用返滴定。即先加入一定量过量的 HCl 标准溶液，并加热以加速反应的进行，待反应完全后，用 NaOH 标准溶液滴定剩余的 HCl。根据初始所加的 HCl 和返滴定时所消耗的 NaOH 的物质的量之差即可求算出 $CaCO_3$ 的含量，从而达到用酸碱滴定法测定 $CaCO_3$ 的目的。

（2）置换滴定。被测物质所参加的测定反应如不按一定的反应式进行，或没有确定的计量关系，伴有副反应时，则不能用直接滴定法测定。此时可以加入适当的试剂与待测组分定量反应，生成另一种可滴定的物质，再利用标准溶液滴定反应产物，然后由滴定剂的消耗量、反应生成的物质与待测组分等物质的量的关系计算出待测组分的含量，这种滴定方式称为置换滴定法。

例如，$Na_2S_2O_3$ 不能直接滴定 $K_2Cr_2O_7$，因为它们之间所发生的氧化还原反应比较复杂，产物有多种，二者没有确定的计量关系。但是可在酸性条件下先向 $K_2Cr_2O_7$ 溶液中加入过量的 KI，使之发生反应后产生与 $K_2Cr_2O_7$ 有一定计量关系的 I_2，再用 $Na_2S_2O_3$ 标准溶液滴定生成的 I_2，从而间接求算出 $K_2Cr_2O_7$ 的含量。其反应式为

$$Cr_2O_7^{2-} + 6I^- + 14H^+ \longrightarrow 2Cr^{3+} + 3I_2 + 7H_2O$$

$$I_2 + 2S_2O_3^{2-} \longrightarrow 2I^- + S_4O_6^{2-}$$

(3) 间接滴定。间接滴定法是滴定分析的一种，某些待测组分不能直接与滴定剂反应，但可通过其他的化学反应，间接测定其含量。对于不能直接与滴定剂反应的某些物质，可预先通过其他反应使其转变成能与滴定剂定量反应的产物，从而间接测定，这种滴定方式称为间接滴定。

例如，Ca^{2+}在溶液中不可能与其他试剂发生氧化还原反应，故无法用氧化还原滴定法进行直接滴定或返滴定。但Ca^{2+}可与$C_2O_4^{2-}$定量形成CaC_2O_4沉淀。于是可将Ca^{2+}转化为CaC_2O_4沉淀，经过滤洗净后，溶解于H_2SO_4溶液中，再用$KMnO_4$标准溶液滴定CaC_2O_4溶解所产生的$H_2C_2O_4$，从而达到间接测定Ca^{2+}的目的。其反应式为

$$Ca_2 + C_2O_4^{2-} \longrightarrow CaC_2O_4$$

$$CaC_2O_4 + 2H^+ \longrightarrow Ca^{2+} + H_2C_2O_4$$

$$2MnO_4^- + 5H_2C_2O_4 + 6H^+ \longrightarrow 2Mn^{2+} + 10CO_2 + 8H_2O$$

当直接滴定找不到适宜的确定滴定终点的方法或被测组分不够稳定时，亦可设法应用返滴定、置换滴定或间接滴定的方式进行测定。

4.3 滴定分析的标准溶液配制

在滴定分析中，不论采用何种滴定方式，都需要使用标准溶液，即已知准确浓度的溶液，否则就无法进行准确的计量。通常要求标准溶液的浓度准确到4位有效数字。配制标准溶液有直接和间接两种方法。

4.3.1 直接法

准确称取一定量试剂，溶解后配成一定准确体积的溶液，根据所称取试剂的质量和溶液的体积即可计算出该标准溶液的准确浓度。这种使用试剂直接配制标准溶液的方法，称为直接法。能应用直接法配制标准溶液的试剂，称为基准物质或基准物。它们必须符合以下条件：

(1) 物质的组成应与它的化学式完全相符。若含结晶水，其含量也应与化学式相符。

(2) 纯净，纯度应高于99.9%。其杂质含量应少到滴定分析所允许的误差限度以下。一般选用基准试剂或优级试剂。

(3) 在一般情况下，其物理性质和化学性质应非常稳定，如不挥发、不吸湿、不变质。

(4) 摩尔质量较大，这样可以降低称量误差。

常用的基准物质有纯金属和纯化合物。如Ag、Cu、Zn、Ge、Al、Cd、Fe和$K_2Cr_2O_7$、Na_2CO_3、邻苯二甲酸氢钾、硼砂等。它们的质量分数一般在99%以上，甚至可达99.99%以上。

4.3.2 间接法

有许多试剂由于不易提纯和保存，或组成并不恒定，故不能用直接法制作标准溶液。

这种情况下可先以这类试剂配制成一种近似于所需浓度的溶液，然后以基准物质通过滴定来确定它的准确浓度，这一处理过程称为标定，故间接法又称为标定法。

例如，固体 NaOH 试剂极易吸收空气中的 CO_2 和水分，因此不能作基准物质，不能用直接法配制 NaOH 标准溶液，而只能采用间接法。即先粗略配成近似于所需浓度的 NaOH 溶液，同时准确称取一定量的基准物质如邻苯二甲酸氢钾（$KHC_8H_4O_4$），溶解后再用 NaOH 溶液滴定 $KHC_8H_4O_4$，根据标定时所消耗的 NaOH 溶液的准确体积和 $KHC_8H_4O_4$ 的质量，即可间接计算出 NaOH 溶液的准确浓度。

此外也可应用已知准确浓度的 HCl 标准溶液进行滴定，确定所配制 NaOH 溶液的准确浓度。这种处理方法叫做比较法。采用标定法和比较法所测浓度结果的差值，与两种测定方法结果平均值之比，不得超过 0.1%。

4.4 标准溶液浓度表示法

标准溶液的浓度通常用物质的量浓度表示，物质的量浓度（简称浓度），是指单位体积溶液所含溶质的物质的量（n），如 B 物质的浓度以符号 c_B 表示，即

$$c_B = \frac{n_B}{V} = \frac{m_B}{M_B V} \tag{4-1}$$

式中，V 为溶液的体积，浓度的常用单位为 mol/L；m_B 是物质 B 的质量，常用单位为 g；M_B是物质 B 的摩尔质量，其国际单位 SI 是 g/mol。

4.4.1 滴定度

滴定度（titre）是指每毫升标准溶液相当被测物质的质量（g 或 mg），以符号 $T_{B/A}$表示。即被测组分 B 的质量 m_B与标准溶液 A 的体积 V_A之比，作为标准溶液组成的标度，标为滴定度

$$T_{B/A} = m_B/V_A \tag{4-2}$$

通常 m_B以克为单位，V_A以毫升为单位，即表明 1mL 标准溶液相当于被测组分的质量为多少克。

例如，用 $AgNO_3$ 标准溶液滴定电解食盐水中的 Cl^-时，当 $AgNO_3$ 标准溶液对 Cl^-的滴定度为 $T_{Cl^-/AgNO_3} = 0.003545$g/mL，若某次滴定中消耗的该标准溶液为 21.50mL，可即刻求出在所测电解食盐水中含 Cl^-的质量为

$$m_{Cl^-} = 0.003545\text{g/mL} \times 21.50\text{mL} = 0.07622\text{g}$$

若称取试样的质量为 m，测得被测组分的质量为 m_B，则被测组分在试样中的质量分数 w_B 为

$$w_B = V_A T_{B/A}/m \tag{4-3}$$

4.4.2 滴定剂与被滴物质之间的计量关系

设滴定剂 A 与被滴物质 B 有下列反应

$$a\text{A} + b\text{B} = c\text{C} + d\text{D}$$

即 a mol 的 A 物质与 b mol 的 B 物质发生的定量化学反应达到化学计量点时，生成

c mol 的 C 物质和 d mol 的 D 物质。此时，滴定剂 A 的物质的量 n_A 与被滴定组分 B 的物质的量 n_B 的化学计量数比为 $n_A : n_B = a : b$，则有：

$$n_B = \frac{b}{a} n_A = \frac{b}{a} c_A V_A \tag{4-4}$$

被测组分 B 的质量 m_B 应为其物质的量 n_B 与其摩尔质量 M_B 的乘积，即

$$m_B = n_B M_B = \frac{b}{a} c_A V_A M_B \tag{4-5}$$

例如，用 Na_2CO_3 作基准物标定 HCl 溶液的浓度时，其反应式为

$$Na_2CO_3 + 2HCl \xlongequal{\quad} 2NaCl + H_2CO_3$$

故有：$n_{HCl} = 2n_{Na_2CO_3}$。

4.5 滴定分析结果的计算

滴定分析就是用标准溶液去滴定被测物质的溶液，按照反应物之间是按化学计量关系相互作用的原理，当滴定到计量点，化学方程式中各物质的系数比就是反应中各物质相互作用的物质的量之比。且滴定分析法中还要涉及一系列的计算问题，如标准溶液的配制和标定、标准溶液和被测物质间的计算关系，以及测定结果的计算等。

A 标准溶液的配制（直接法）、稀释与增浓

设待测物 A 的溶液体积为 V_A(mL)，浓度为 c_A(mol/L)，滴定剂 B 溶液消耗的体积为 V_B(mL)，浓度为 c_B(mol/L)，A 的质量为 m_A(g)，A 的摩尔质量为 M_A(g/mol)，则有

$$c_A V_A = c_B V_B \quad 或 \quad m_B = c_B V_B M_B / 1000 \tag{4-6}$$

例 4-1 配制 100.0mL 浓度为 0.100mol/L 的 $K_2Cr_2O_7$ 标准溶液，应称取基准物质 $K_2Cr_2O_7$ 多少克？

解：

$$m_{K_2Cr_2O_7} = \frac{c_{K_2Cr_2O_7} V_{K_2Cr_2O_7} M_{K_2Cr_2O_7}}{1000}$$

$$c_{K_2Cr_2O_7} = 0.100 \text{mol/L}$$

$$V_{K_2Cr_2O_7} = 100.0 \text{mL}$$

$$M_{K_2Cr_2O_7} = 294.18 \text{g/mol}$$

故

$$m_{K_2Cr_2O_7} = \frac{0.100 \times 100.0 \times 294.18}{1000} \text{g} = 2.942 \text{g}$$

B 标定溶液浓度的有关计算

基本公式：

$$m_A / M_A = (b/a) c_B V_B \tag{4-7}$$

例 4-2 称取基准物质 KHP 0.5125g，标定所配制的浓度约为 0.1mol/L 的 NaOH 溶液，此时消耗 NaOH 溶液为 25.00mL，求 NaOH 标准溶液的准确浓度。

解： 滴定反应为

$$OH^- + HP^- \xlongequal{\quad} P^{2-} + H_2O$$

依据式（4-7）

$$m_{KHP} = (a/b) c_{NaOH} V_{NaOH} M_{KHP}$$

$$m_{KHP} = 0.5125\text{g},\ a/b = 1,\ V_{NaOH} = 25.00\text{mL},\ M_{KHP} = 204.22\text{g/mol}$$

故有

$$c_{NaOH} = \frac{0.5125\text{g}}{204.22\text{g/mol} \times 25.00\text{mL}} = 0.1004\text{mol/L}$$

例 4-3 称取基准物质草酸（$C_2H_2O_4 \cdot 2H_2O$）0.3802g，溶于水，用 NaOH 溶液滴定至终点时，消耗 NaOH 溶液 24.50mL，计算 NaOH 标准溶液的准确浓度。

解： 滴定反应为

$$2OH^- + H_2C_2O_4 = C_2O_4^{2-} + 2H_2O$$

依据式（4-7）

$$c_{NaOH} = \frac{m_{C_2H_2O_4 \cdot 2H_2O}}{M_{C_2H_2O_4 \cdot 2H_2O} V_{NaOH}} \cdot \frac{b}{a}$$

$$m_{C_2H_2O_4 \cdot 2H_2O} = 0.3802\text{g}$$

$$M_{C_2H_2O_4 \cdot 2H_2O} = 126.07\text{g/mol}$$

$$b/a = 2$$

$$V_{NaOH} = 24.50\text{mL}$$

故

$$c_{NaOH} = \frac{0.3802\text{g} \times 2}{126.07\text{g/mol} \times 24.50\text{mL}} = 0.2462\text{mol/L}$$

例 4-4 准确吸取 20.00mL、0.05040mol/L 的 H_2SO_4 标准溶液，移入 500.0mL 容量瓶中，以水定容稀释成 500.0mL 溶液，求稀释后 H_2SO_4 标准溶液的浓度。

解： 稀释前标准溶液的浓度和所取用的体积分别以 c_1(mol/L) 和 V_1(mL) 表示；稀释后的浓度和体积以 c_2(mol/L) 和 V_2(mL) 表示。由于稀释前后在溶液中所含溶质的物质的量是相同的，于是

$$c_1 V_1 = c_2 V_2$$

$$c_1 = 0.05040\text{mol/L}$$

$$V_1 = 20.00\text{mL}$$

$$V_2 = 500.0\text{mL}$$

故

$$c_2 = \frac{0.05040\text{mol/L} \times 20.00\text{mL}}{500.0\text{mL}} = 0.002016\text{mol/L}$$

例 4-5 量取粗配的 H_2SO_4 溶液 25.00mL，以 0.1004mol/L 的 NaOH 标准溶液比较法进行标定，需消耗 22.50mL NaOH 溶液，求 H_2SO_4 标准溶液的准确浓度。

解： 滴定反应为

$$H_2SO_4 + 2OH^- = SO_4^{2-} + 2H_2O$$

依据

$$n_{H_2SO_4} : n_{NaOH} = 1 : 2$$

$$n_{H_2SO_4} = \frac{1}{2} n_{NaOH}$$

$$n_{H_2SO_4} = c_{H_2SO_4} V_{H_2SO_4}$$

$$n_{NaOH} = c_{NaOH} V_{NaOH}$$

$$c_{H_2SO_4} = \frac{c_{NaOH} V_{NaOH}}{2 V_{H_2SO_4}}$$

$$c_{NaOH} = 0.1004\text{mol/L}$$
$$V_{NaOH} = 22.50\text{mL}$$
$$V_{H_2SO_4} = 25.00\text{mL}$$

得
$$c_{H_2SO_4} = \frac{0.1004\text{mol/L} \times 22.50\text{mL}}{2 \times 25.00\text{mL}} = 0.04518\text{mol/L}$$

C 物质的量浓度与滴定度间的换算

滴定度是指每毫升标准溶液所含溶质的质量，所以 $T_A \times 1000$ 为 1L 标准溶液中所含溶质 A 的质量（m_A），此值再除以溶质 A 的摩尔质量 M_A 即得物质的量浓度。即

$$T_A = \frac{c_A M_A}{1000} \tag{4-8}$$

例 4-6 Na_2CO_3 可用 HCl 标准溶液进行滴定以测得含量，其滴定反应为

$$2H^+ + CO_3^{2-} = H_2O + CO_2\uparrow$$

如果滴定剂 HCl 溶液的浓度为 0.1000mol/L，算出 HCl 标准溶液以 $T_{Na_2CO_3 \cdot HCl}$ 表示的滴定度。

解： 据式（4-5）

$$m_{Na_2CO_3} = \frac{b}{a} c_{HCl} V_{HCl} M_{Na_2CO_3}$$
$$c_{HCl} = 0.1000\text{mol/L}$$
$$M_{Na_2CO_3} = 105.99\text{g/mol}$$
$$\frac{b}{a} = \frac{1}{2}$$

根据滴定度的定义，所消耗 HCl 溶液的体积为

$$V_{HCl} = 1.000\text{mL}$$

于是
$$m_{Na_2CO_3} = \frac{0.1000\text{mol/L} \times 105.99\text{g/mol} \times 1.000\text{mL}}{2} = 0.005300\text{g}$$

即 1mL HCl 滴定剂相当于 0.005300g Na_2CO_3，故滴定度为

$$T_{Na_2CO_3 \cdot HCl} = 0.005300\text{g/mL}$$

D 被测物质的质量和质量分数的计算

被测组分的质量可按式（4-7）计算。在实践中，若称取试样的质量为 m_a(g)，则被测组分 A 的质量分数 w_A 为

$$w_A = \frac{m_A}{m_a} \tag{4-9}$$

由式（4-7）和式（4-9）得

$$w_A = \frac{b}{a} \cdot \frac{c_B V_B M_A}{m_a} \tag{4-10}$$

例 4-7 采用氧化还原滴定法测定铁矿石的铁的含量，称取试样 0.3143g，溶于 HCl 溶液后，以 $SnCl_2$ 将试样中的 Fe^{3+} 完全还原成 Fe^{2+}，再以 0.02000mol/L $K_2Cr_2O_7$ 标准溶液滴定。滴至终点时，消耗滴定剂 21.30mL。计算试样中以 Fe 或 Fe_2O_3 为被测组分化学表示形式的质量分数。

解：有关滴定计量的化学反应为

$$Cr_2O_7^{2-} + 6Fe^{2+} + 14H^+ \xlongequal{} 2Cr^{3+} + 6Fe^{3+} + 7H_2O$$

$$n_{Fe^{2+}} : n_{Cr_2O_7^{2-}} = b : a = 6$$

$$c_{Cr_2O_7^{2-}} = 0.0200\text{mol/L}$$

$$V_{Cr_2O_7^{2-}} = 21.30\text{mL}$$

$$M_{Fe} = 55.85\text{g/mol}$$

$$m = 0.3143\text{g}$$

$$\begin{aligned} w_{Fe} &= \frac{b \times c_{Cr_2O_7^{2-}} \times V_{Cr_2O_7^{2-}} \times M_{Fe}}{a \times m} \times 100\% \\ &= \frac{6 \times 0.02000\text{mol/L} \times 21.30\text{mL} \times 55.85\text{g/mol}}{0.3143\text{g}} \times 100\% \\ &= 45.42\% \end{aligned}$$

$$n_{Fe_2O_3} = 2n_{Fe}$$

$$n_{Cr_2O_7^{2-}} : n_{Fe_2O_3} = 6 : 2 = 3$$

$$M_{Fe_2O_3} = 159.7\text{g/mol}$$

因此

$$\begin{aligned} w_{Fe_2O_3} &= \frac{m_{Fe_2O_3}}{m} \times 100\% \\ &= \frac{3 \times 0.02000\text{mol/L} \times 21.30\text{mL} \times 159.7\text{g/mol}}{0.3143\text{g}} \times 100\% \\ &= 64.94\% \end{aligned}$$

例 4-8 称取 $CaCO_3$ 试样 0.5000g，然后准确加入 50.00mL 0.2284mol/L 的 HCl 标准溶液，缓慢加热使 $CaCO_3$ 与 HCl 作用完全并冷却后，再以 0.2307mol/L NaOH 标准溶液滴定反应后剩余的 HCl 标准溶液，结果消耗 NaOH 标准溶液 6.20mL，求试样中 $CaCO_3$ 的质量分数。

解：有关的反应为

$$2H^+ + CaCO_3 \xlongequal{} Ca^{2+} + H_2O + CO_2\uparrow$$

$$OH^- + H^+ \xlongequal{} H_2O$$

在测定中与 $CaCO_3$ 发生酸碱反应所消耗 HCl 的物质的量 n_{HCl} 为

$$n_{HCl} = c_{HCl}V_{HCl} - c_{NaOH}V_{NaOH}$$

$$n_{CaCO_3} : n_{HCl} = b : a = 1 : 2$$

据

$$w_{CaCO_3} = \frac{(c_{HCl}V_{HCl} - c_{NaOH}V_{NaOH})M_{CaCO_3}}{2m}$$

$$c_{HCl} = 0.2284\text{mol/L}$$

$$V_{HCl} = 50.00\text{mL}$$

$$c_{NaOH} = 0.2307\text{mol/L}$$

$$V_{NaOH} = 6.20\text{mL}$$

$$M_{CaCO_3} = 100.09\text{g/mol}$$
$$m = 0.5000\text{g}$$

得

$$w_{CaCO_3} = \frac{(0.2284\text{mol/L} \times 50.00\text{mL} - 0.2307\text{mol/L} \times 6.20\text{mL}) \times 100.09\text{g/mol}}{2 \times 0.5000\text{g}} \times 100\%$$
$$= 99.99\%$$

例 4-9 准确吸取某可溶性钙盐溶液 25.00mL，加入适当过量的 $Na_2C_2O_4$ 溶液，使所含 Ca^{2+}完全以 CaC_2O_4 形式沉淀，将沉淀过滤洗净，再以 6mol/L H_2SO_4 溶液将沉淀完全溶解。此时以 0.1000mol/L $KMnO_4$ 标准溶液滴定 CaC_2O_4 溶解时所产生的 $H_2C_2O_4$，滴定至终点时，消耗 $KMnO_4$ 标准溶液 24.00mL。求钙盐试样中 Ca^{2+}的浓度。

解：有关的反应为

沉淀

$$Ca^{2+} + C_2O_4^{2-} \xlongequal{} CaC_2O_4 \downarrow$$

溶解

$$CaC_2O_4 + 2H^+ \xlongequal{} Ca^{2+} + H_2C_2O_4$$

滴定

$$2MnO_4^- + 5H_2C_2O_4 + 6H^+ \xlongequal{} 2Mn^{2+} + 10CO_2 \uparrow + 8H_2O$$

于是

$$n_{Ca^{2+}} = n_{C_2O_4^{2-}} = n_{H_2C_2O_4} = \frac{5}{2} n_{MnO_4^-}$$

即

$$n_{Ca^{2+}} = \frac{5}{2}(c_{MnO_4^-} \cdot V_{MnO_4^-})$$
$$c_{MnO_4^-} = 0.1000\text{mol/L}$$
$$V_{MnO_4^-} = 24.00\text{mL}$$
$$n_{Ca^{2+}} = \frac{5 \times 0.1000\text{mol/L} \times 24.00\text{mL}}{2} = 6.000\text{mmol}$$

依据物质的量浓度的定义

$$c_{Ca^{2+}} = n_{Ca^{2+}}/V_{Ca^{2+}}$$
$$V_{Ca^{2+}} = 25.00\text{mL}$$

有

$$c_{Ca^{2+}} = \frac{6.000\text{mmol}}{25.00\text{mL}} = 0.2400\text{mol/L}$$

思考题

4-1 解释下列名词：滴定分析法、滴定、标准溶液（滴定剂）、标定、化学计量点、滴定终点、滴定误差、指示剂、基准物质。

4-2 能用于滴定分析的化学反应必须符合哪些条件？

4-3 基准试剂（1）$H_2C_2O_4 \cdot 2H_2O$ 因保存不当而部分分化；（2）Na_2CO_3 因吸潮带有少量湿存水。用（1）标定 NaOH［或用（2）标定 HCl］溶液的浓度时，结果是偏高还是偏低？用此 NaOH（HCl）溶液测定某有机酸（有机碱）的摩尔质量时结果偏低还是偏高？

4-4 下列各分析纯物质，可用什么方法将它们配制成标准溶液？H_2SO_4、KOH、邻苯二甲酸氢钾、无水碳酸钠。

4-5 表示标准溶液浓度的方法有几种，各有何优缺点？

4-6 基准物条件之一是要具有较大的摩尔质量，对这个条件如何理解？

4-7 分析纯的 NaCl 试剂，如不做任何处理，用它标定 $AgNO_3$ 溶液的浓度时，结果偏高。为什么？

4-8 滴定度的表示方法 $T_{B/A}$ 的意义如何？滴定度与物质的量浓度如何换算？试举例说明。

习　题

4-1 已知浓氨水密度为 0.89g/mL，其中含氨 29%，如欲配制 500.0mL 浓度为 2.0mol/L 的氨水溶液，应取这种浓氨水多少毫升？

4-2 现有 0.0982mol/L H_2SO_4 溶液 1000mL，预使其浓度增至 0.1000mol/L，问需要加多少毫升 0.2000mol/L H_2SO_4 溶液？

4-3 计算密度为 1.05g/mL 的冰醋酸（含 HOAc 99.6%）的浓度，欲配置 0.10mol/L 的 HOAc 溶液 500mL，应取冰醋酸多少毫升？

4-4 有一 NaOH 溶液，其浓度为 0.5450mol/L，取该溶液 100.0mL，需加水多少毫升方能配成 0.5000mol/L 的溶液？

4-5 欲配置 0.2000mol/L NaOH 溶液，现有 0.0800mol/L NaOH 溶液 500.0mL，应再加入 0.5000mol/L NaOH 溶液多少毫升？

4-6 已知海水的平均密度为 1.02g/mL，若其中 Mg^{2+} 的含量为 0.115%，求每升海水中所含 Mg^{2+} 的物质的量及其浓度 $c_{Mg^{2+}}$。取海水 2.50mL，以蒸馏水稀释至 250.0mL，计算该溶液中 Mg^{2+} 的质量浓度（mg/L）。

4-7 中和下列酸溶液，需要多少毫升 0.2150mol/L NaOH 溶液？

（1）22.53mL 0.1250mol/L H_2SO_4 溶液；（2）20.52mL 0.2040mol/L HCl 溶液。

4-8 用同一种 $KMnO_4$ 标准溶液分别滴定体积相等的 $FeSO_4$ 和 $H_2C_2O_4$ 溶液，消耗的 $KMnO_4$ 标准溶液体积相等，试说明 $FeSO_4$ 和 $H_2C_2O_4$ 两溶液的浓度比例 $c_{FeSO_4} : c_{H_2C_2O_4}$ 为多少？

4-9 高温水解法将铀盐中的氟以 HF 的形式蒸馏出来，收集后以 $Th(NO_3)_4$ 溶液滴定其中的 F^-，反应为

$$Th^{4+} + 4F^- = ThF_4 \downarrow$$

设称取铀盐试样 1.037g，消耗 0.1000mol/L $Th(NO_3)_4$ 溶液 3.14mL，计算试样中氟的质量分数。

4-10 假如有一邻苯二甲酸氢钾试样，其中邻苯二甲酸氢钾含量约为 90%，余为不与碱作用的杂质，今用酸碱滴定法测定其含量。若采用浓度为 1.000mol/L 的 NaOH 标准溶液滴定，欲控制滴定时碱溶液体积在 25mL 左右，则：

（1）需称取上述试样多少克？

（2）以浓度为 0.0100mol/L 的碱溶液代替 1.000mol/L 的碱溶液滴定，重复上述计算。

（3）通过上述（1）（2）计算结果，说明为什么在滴定分析中常采用的滴定剂浓度为 0.1～0.2mol/L。

4-11 计算下列溶液的滴定度，以 g/mL 表示：

（1）以 0.2015mol/L HCl 溶液，用来测定 Na_2CO_3、NH_3；

（2）以 0.1896mol/L NaOH 溶液，用来测定 HNO_3、CH_3COOH。

4-12 计算 0.01135mol/L HCl 溶液对 CaO 的滴定度。

4-13 预配置 250mL 下列溶液，它们对于 HNO_2 的滴定度均为 4.00mg HNO_2/mL，问各需称多少克？
(1) KOH；(2) $KMnO_4$。

4-14 有一 $KMnO_4$ 标准溶液，已知其浓度为 0.02010mol/L，求其 $T_{Fe/KMnO_4}$ 和 $T_{Fe_2O_3/KMnO_4}$。如果称取试样 0.2718g，溶解后将溶液中的 Fe^{3+} 还原成 Fe^{2+}，然后用 $KMnO_4$ 标准溶液滴定，用去 26.30mL，求试样中 Fe、Fe_2O_3 的质量分数。

4-15 在 1L 0.2000mol/L HCl 溶液中，需加入多少毫升水，才能使稀释后的 HCl 溶液对 CaO 的滴定度
$MnO_2 + 4Cl^- + 4H^+ \rightleftharpoons MnCl_2 + 2H_2O + Cl_2\uparrow$　$Fe_2O_3 + 8Cl^- + 6H^+ \rightleftharpoons 2FeCl^- + 3H_2O$
0.005000g/mL?

4-16 将 30.0mL 的 0.150mol/L HCl 溶液和 20.0mL 的 0.150mol/L $Ba(OH)_2$ 溶液混合，所得溶液是酸性、中性，还是碱性？计算反应后过量反应物的浓度。

4-17 滴定 0.1600g 草酸试样，用去 0.1100mol/L NaOH 溶液 22.90mL，试求草酸试样中 $H_2C_2O_4$ 的质量分数。

4-18 将 0.5500g 不纯的 $CaCO_3$ 试样溶于 25.00mL 0.5020mol/L 的 HCl 溶液中，煮沸除去 CO_2，过量的 HCl 用 NaOH 溶液返滴定，耗去 4.20mL，若用 NaOH 溶液直接滴定 20.00mL HCl 溶液，消耗 20.67mL，试计算试样中 $CaCO_3$ 的质量分数为多少。

4-19 在 500mL 溶液中含有 9.12g $K_4Fe(CN)_6$，计算该溶液浓度及在以下反应中对 Zn^{2+} 的滴定度：

$$3Zn^{2+} + 2[Fe(CN)_6] + 2K^+ = K_2Zn_3[Fe(CN)_6]_2$$

5 酸碱滴定法

酸碱反应的滴定分析方法称作酸碱滴定法（acid-base titrimetry），也称为中和滴定法（neutralization titrimetry）。酸碱滴定法的理论基础是酸碱平衡理论；酸碱平衡是溶液平衡的主要内容，是研究和处理溶液中各类平衡的基础。

5.1 溶液中酸碱平衡的理论基础

扫一扫

在无机化学中学过的酸碱理论包括：

（1）阿累尼乌斯（S. A. Arrhenius）的电离理论；（2）富兰克林（E. C. Flanklin）的溶剂理论；（3）布朗斯特德（J. N. Bronsted）和劳莱（T. M. Lowry）的质子理论；（4）路易斯（G. N. Lewis）的电子理论；（5）软硬酸碱理论等。

根据酸碱电离理论（阿累尼乌斯），电解质在水溶液离解时生成的阳离子全部是 H^+ 的是酸，电解质在水溶液离解时生成的阴离子全部是 OH^- 的是碱。但该理论具有局限性，只适应水溶液，不适应非水溶液，也难以解释一些现象，如：（1）在没有水存在时，也能发生酸碱反应。氯化氢气体和氨气在都未电离情况下发生反应能生成氯化铵。（2）碳酸钠在水溶液中并不电离出氢氧根离子，但却显碱性。要解决这些难点，必须使酸碱概念脱离溶剂而单独存在，因此在 1923 年丹麦的布朗斯特德（J. N. Bronsted）和英国的劳莱（T. M. Lowry）提出了酸碱质子理论。分析化学中主要应用酸碱质子理论。

5.1.1 酸碱质子理论

根据布朗斯特德酸碱质子理论，凡是能给出质子 H^+ 的物质是酸；凡是能接受质子的物质是碱。如以 HB 作为酸的化学式代表符号，则

$$\underset{\text{酸}}{HB} \rightleftharpoons H^+ + \underset{\text{碱}}{B^-}$$

酸 HB 给出一个质子而形成碱 B^-，碱 B^- 获得一个质子便成为酸 HB，此时碱 B^- 称为酸 HB 的共轭碱，酸 HB 称为碱 B^- 的共轭酸；这样一对酸碱称为共轭酸碱对，可以 HB/B^- 为表示符号。可见，酸碱的概念既互有联系又是相对的。关于共轭酸碱对还可再举数例如下：

共轭酸 质子 共轭碱	共轭酸碱对
$H_2SO_4 \rightleftharpoons H^+ + HSO_4^-$	H_2SO_4/HSO_4^-
$HSO_4^- \rightleftharpoons H^+ + SO_4^{2-}$	HSO_4^-/SO_4^{2-}
$NH_4^+ \rightleftharpoons H^+ + NH_3$	NH_4^+/NH_3
$Fe(H_2O)_6^{3+} \rightleftharpoons H^+ + [Fe(H_2O)_5OH]^{2+}$	$Fe(H_2O)_6^{3+}/[Fe(H_2O)_5OH]^{2+}$

可见酸碱既可以是阳离子、阴离子，也可以是中性分子。有些物质既可以给出质子，

又能够接受质子，称为酸碱两性物质，如 HSO_4^-、$[Fe(H_2O)_5OH]^{2+}$ 等。酸碱反应的实质是质子的转移。酸 HB 要转化为共轭碱 B^-，所给出的质子必须转移到另一种能接受质子的物质上，在溶液中实际上没有独立的氢离子，只可能在一个共轭酸碱对的酸和另一个共轭酸碱对的碱之间有质子的转移。因此，酸碱反应是两个共轭酸碱对共同作用的结果。例如：

$$H_2O \rightleftharpoons H^+ + OH^-$$

$$HClO_4 \rightleftharpoons H^+ + ClO_4^-$$

$$HSO_4^- \rightleftharpoons H^+ + SO_4^{2-}$$

$$NH_4^+ \rightleftharpoons H^+ + NH_3$$

$$H_2PO_4^- \rightleftharpoons H^+ + HPO_4^{2-}$$

$$HPO_4^{2-} \rightleftharpoons H^+ + PO_4^{3-}$$

人们通常说的盐的水解过程，实质也是质子的转移过程。它们和酸碱解离过程在本质上是相同的，例如：

$$HAc + H_2O \rightleftharpoons H_3O^+ + Ac^- \quad \text{解离}$$

$$NH_3 + H_2O \rightleftharpoons NH_4^+ + OH^- \quad \text{解离}$$

$$Ac^- + H_2O \rightleftharpoons HAc + OH^- \quad \text{水解}$$

$$NH_4^+ + H_2O \rightleftharpoons H_3O^+ + NH_3 \quad \text{水解}$$

上述后两个反应式也可分别看作 HAc 的共轭碱 Ac^-的离解反应和 NH_3 的共轭酸 NH_4^+ 的离解反应。总之各种酸碱反应过程都是质子转移过程。

5.1.2 酸碱的解离常数

酸碱的强度通常是指其水溶液所表现的酸碱性的强弱。在水溶液中，酸的强度取决于它将质子给予水分子的能力，给出质子的能力越强，酸性就越强；反之就越弱。同样，碱的强度取决于它从水分子中夺取质子的能力，接受质子的能力越强，碱性就越强。例如 H_2SO_4，它的共轭碱 HSO_4^- 是弱碱；又如 NH_4^+ 是弱酸，则其共轭碱 NH_3 是较强的碱。这种给出和获得质子能力的大小，具体表现在它们的解离常数上。可以通过酸碱的离解常数 K_a 和 K_b 的大小定量说明它们的强弱程度。酸的解离常数以 K_a 表示，碱的解离常数以 K_b 表示。K_a 和 K_b 亦称共轭酸碱对在溶剂（水）中的酸常数和碱常数。在酸碱滴定反应中常以 K_t 表示酸碱反应常数。

水是两性物质，在水溶液中存在水分子之间质子的自传递反应，其平衡常数定义为水质子自传递常数，通常用 K_w 表示。一定条件下，K_w 数值受温度影响，并随温度的升高而递增。在 25℃时，$K_w = 1.0 \times 10^{-14}$ 。

例如，强碱滴定强酸：

$$H^+ + OH^- = H_2O$$

$$K_t = \frac{1}{[H^+][OH^-]} = 10^{14.00} = K_w^{-1}$$

强碱滴定某弱酸 HA：

$$HA + OH^- \rightleftharpoons A^- + H_2O$$

$$K_t = \frac{[A^-]}{[HA][OH^-]} = K_b^{-1} = \frac{K_a}{K_w}$$

强酸滴定弱碱 A^-：

$$H^+ + A^- \rightleftharpoons HA$$

$$K_t = \frac{[HA]}{[H^+][A^-]} = K_a^{-1} = \frac{K_b}{K_w}$$

可以根据 K_a 和 K_b 的大小判断酸碱的强弱。例如

$$HAc + H_2O \rightleftharpoons H_3O^+ + Ac^- \qquad K_a = 10^{-4.76}$$

$$NH_4^+ + H_2O \rightleftharpoons H_3O^+ + NH_3 \qquad K_a = 10^{-9.25}$$

$$HS^- + H_2O \rightleftharpoons H_3O^+ + S^{2-} \qquad K_a = 10^{-13.92}$$

这三种酸的强弱顺序：$HAc > NH_4^+ > HS^-$ 。

又如：

$$Ac^- + H_2O \rightleftharpoons OH^- + HAc \qquad K_b = 10^{-9.24}$$

$$NH_3 + H_2O \rightleftharpoons OH^- + NH_4^+ \qquad K_b = 10^{-4.75}$$

$$S^{2-} + H_2O \rightleftharpoons OH^- + HS^- \qquad K_b = 10^{-0.08}$$

这三种碱的强弱顺序：$S^{2-} > NH_3 > Ac^-$ 。

由此可见，对于任何一种酸，如果它本身的酸性越强，其 K_a 就越大，则其共轭碱的碱性就越弱，即其共轭碱的 K_b 越小。这就定量说明了酸越强，其共轭碱越弱；反之，酸越弱，它的共轭碱越强的规律。

例 5-1 已知 NH_3 的解离反应为

$$NH_3 + H_2O \rightleftharpoons OH^- + NH_4^+ \qquad K_b = 1.8 \times 10^{-5}$$

求 NH_3 的共轭酸的解离常数 K_a 。

解：NH_3 的共轭酸为 NH_4^+，它的解离反应为

$$NH_4^+ + H_2O \rightleftharpoons H_3O^+ + NH_3$$

$$K_a = \frac{K_w}{K_b} = \frac{1.0 \times 10^{-14}}{1.8 \times 10^{-5}} = 5.6 \times 10^{-10}$$

对于多元酸，要注意 K_a 和 K_b 的关系，如三元酸 H_3A 在水溶液中：

$$H_3A + H_2O \xrightleftharpoons{K_{a_1}} H_3O^+ + H_2A^- \qquad H_2A^- + H_2O \xrightleftharpoons{K_{b_3}} H_3A + OH^-$$

$$H_2A^- + H_2O \xrightleftharpoons{K_{a_2}} H_3O^+ + HA^{2-} \qquad HA^{2-} + H_2O \xrightleftharpoons{K_{b_2}} H_2A^- + OH^-$$

$$HA^{2-} + H_2O \xrightleftharpoons{K_{a_3}} H_3O^+ + A^{3-} \qquad A^{3-} + H_2O \xrightleftharpoons{K_{b_1}} HA^{2-} + OH^-$$

则

$$K_{a_1} \cdot K_{b_3} = K_{a_2} \cdot K_{b_2} = K_{a_3} \cdot K_{b_1} = [H^+][OH^-] = K_w$$

例 5-2 计算 HS^-的 K_b 值。

解：HS^-为两性物质，K_b 是它作为碱时的解离常数，即

$$HS^- + H_2O \rightleftharpoons H_2S + OH^-$$

其共轭酸为 H_2S，HS^- 的 K_b 值可由 H_2S 的 K_{a_1} 求得。已知 H_2S 的 $K_{a_1} = 1.3 \times 10^{-7}$，则

$$K_{b_2} = \frac{K_w}{K_{a_1}} = \frac{1.0 \times 10^{-14}}{1.3 \times 10^{-7}} = 7.7 \times 10^{-8}$$

例 5-3 求 CO_3^{2-} 二元碱常数 K_{b_1}、K_{b_2}（查得：$K_{a_1} = 10^{-6.37}$，$K_{a_2} = 10^{-10.32}$）。

解：

由
$$H_2CO_3 \underset{K_{b_2}}{\overset{K_{a_1}}{\rightleftharpoons}} HCO_3^- \underset{K_{b_1}}{\overset{K_{a_2}}{\rightleftharpoons}} CO_3^{2-}$$

得
$$K_{b_2} = \frac{K_w}{K_{a_1}} = \frac{10^{-14}}{10^{-6.37}} = 10^{-7.63}$$

$$K_{b_1} = \frac{K_w}{K_{a_2}} = \frac{10^{-14}}{10^{-10.32}} = 10^{-3.68}$$

例 5-4 求 PO_4^{3-} 的各级常数。已知：$K_{a_1} = 10^{-2.16}$，$K_{a_2} = 10^{-7.21}$，$K_{a_3} = 10^{-12.32}$。

解：

由
$$H_3PO_4 \underset{K_{b_3}}{\overset{K_{a_1}}{\rightleftharpoons}} H_2PO_4^- \underset{K_{b_2}}{\overset{K_{a_2}}{\rightleftharpoons}} HPO_4^{2-} \underset{K_{b_1}}{\overset{K_{a_3}}{\rightleftharpoons}} PO_4^{3-}$$

得
$$K_{b_3} = \frac{K_w}{K_{a_1}} = \frac{10^{-14}}{10^{-2.16}} = 10^{-11.84}$$

$$K_{b_2} = \frac{K_w}{K_{a_2}} = \frac{10^{-14}}{10^{-7.21}} = 10^{-6.79}$$

$$K_{b_1} = \frac{K_w}{K_{a_3}} = \frac{10^{-14}}{10^{-12.32}} = 10^{-1.68}$$

例 5-5 计算 $HC_2O_4^-$ 的 K_b（已知：$K_{a_1} = 10^{-1.22}$）。

解：

由
$$HC_2O_4^- + H_2O \underset{K_{a_1}}{\overset{K_{b_2}}{\rightleftharpoons}} H_2C_2O_4 + OH^-$$

得
$$K_b = K_{b_2} = \frac{K_w}{K_{a_1}} = \frac{10^{-14}}{10^{-1.22}} = 10^{-12.78}$$

例 5-6 $H_2PO_4^-$ 的酸性强，还是碱性强？

解：

当呈酸性时： $H_2PO_4^- \rightleftharpoons HPO_4^{2-} + H^+$ $\quad K_{a_2}(K_a) = 10^{-7.21}$

当呈碱性时： $H_2PO_4^- + H^+ \rightleftharpoons H_3PO_4$ $\quad K_{b_3}(K_b) = 10^{-11.84}$

$K_a > K_b$，所以它的酸性强于碱性。

共轭酸碱的强度相互制约。三元酸存在三个共轭酸碱对，故有：

$$K_{a_1} \cdot K_{b_3} = K_{a_2} \cdot K_{b_2} = K_{a_3} \cdot K_{b_1} = K_w$$

二元酸存在两个共轭酸碱对，故有：

$$K_{a_1} \cdot K_{b_2} = K_{a_2} \cdot K_{b_1} = K_w$$

5.2 不同 pH 值溶液中酸碱存在形式的分布情况

扫一扫

酸碱平衡中通常同时存在多种酸碱组分，这些组分的浓度随溶液中 H^+ 浓度的改变而变化。

（1）平衡浓度：共轭酸碱处于平衡状态时的浓度，用[ ]表示。

（2）分析浓度：各种存在形式的平衡浓度的总和，用 c 表示，$c=[\ ]+[\ ]+\cdots$。

（3）分布系数：某种平衡浓度占总浓度的分数，用 δ 表示，$\delta=[\ ]/c$。也可以说溶液中某酸碱组分的平衡浓度占其总浓度的分数，称为分布系数，或称摩尔系数，通常以 δ_i 作为符号。对于酸碱，δ 的下标 i 表示该型体所含可解离的质子数。分布系数取决于该酸碱物质的性质和溶液 H^+ 浓度，而与其总浓度无关。分布分数能定量说明溶液中的各种酸碱组分的分布情况。

（4）分布曲线：分布系数与 pH 值之间的关系曲线。

5.2.1 一元弱酸溶液

例如，浓度为 c(mol/L) 的 HAc 溶液，溶质以 HAc 和 Ac^- 两种型体存在，其分布分数应以 δ_1 和 δ_0 表示，故

$$\delta_1=\delta_{HAc}=\frac{[HAc]}{c_{HAc}} \tag{5-1}$$

而 $c_{HAc}=[HAc]+[Ac^-]$；$K_a=\dfrac{[H^+][Ac^-]}{[HAc]}$，因而：

$$\delta_1=\frac{[HAc]}{[HAc]+[Ac^-]}=\frac{[H^+]}{[H^+]+K_a} \tag{5-2}$$

同理

$$\delta_0=\delta_{Ac^-}=\frac{[Ac^-]}{c_{HAc}}=\frac{K_a}{[H^+]+K_a} \tag{5-3}$$

显然 $$\delta_1+\delta_0=\frac{[HAc]}{c_{HAc}}+\frac{[Ac^-]}{c_{HAc}}=1$$

说明分布系数 δ 只与溶液酸度和 K_a 有关。

例 5-7 计算 pH 值为 5.00、4.00、8.00 时，HAc 和 Ac^- 的分布系数 δ。

解： 当 pH = 5.00 时，$K_a=1.8\times10^{-5}$，$[H^+]=10^{-5}$mol/L

$$\delta_{HAc}=\frac{[H^+]}{[H^+]+K_a}=\frac{10^{-5}}{10^{-5}+1.8\times10^{-5}}=0.36$$

$$\delta_{Ac^-}=1-0.36=0.64$$

同理，当 pH 值为 4.00 时，$\delta_{HAc}=0.85$，$\delta_{Ac^-}=0.15$。

当 pH 值为 8.00 时，$\delta_{HAc}=5.6\times10^{-4}$，$\delta_{Ac^-}=1-5.6\times10^{-4}\approx1$。

根据式（5-2）和式（5-3）可求算 HAc 溶液在不同 pH 值时各种型体的分布系数值，并绘制出 δ-pH 曲线，或称分布系数曲线，简称分布图（图 5-1）。

由图 5-1 可见，δ_1 随溶液 pH 的增大而减小，δ_0 随溶液 pH 值的升高而增大。δ_1 和 δ_0 两条分布分数曲线相交于 $\delta_1=\delta_0=0.5$ 处，此时 pH 值 $=pK_a$；当 pH 值 $<pK_a$，主要存在型体是 HAc；当 pH 值 $>pK_a$，主要存在型体是 Ac^-。当 pH 值 $\ll pK_a$ 时，$\delta_1\gg\delta_0$，溶液中 HAc 为主要存在形式；当 pH 值 $\gg pK_a$ 时，$\delta_0\gg\delta_1$，溶液中 Ac^- 为主要存在形式。按酸

碱质子概念，Ac^-是一元弱碱，在溶液中应以 Ac^- 和 HAc 两种型体存在。求算其 δ_1 和 δ_0 的公式与式（5-3）相同，所以一个共轭酸碱对的分布图是同一幅。因此，只讨论研究弱酸 HAc 的分布系数问题就可以了，不必再另外赘述弱碱的问题。例如，NH_4^+/NH_3 共轭酸碱对从作为弱酸来讨论 NH_4^+ 溶液的型体分布分数，或是作为弱碱溶液来讨论 NH_3 溶液的型体分布分数，是一码事。

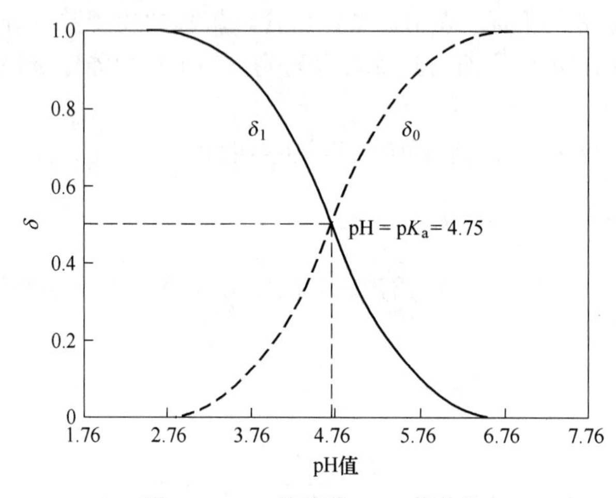

图 5-1　HAc 溶液的 δ-pH 值曲线

例 5-8　计算 pH 值为 10.00 时，0.1mol/L NH_3 溶液中的 $[NH_3]$ 和 $[NH_4^+]$ 值。

解：$K_a = 5.6 \times 10^{-10}$，$[H^+] = 10^{-10}$mol/L，

$$\delta_{NH_3} = \frac{[OH^-]}{[OH^-] + K_b} = \frac{K_a}{K_a + [H^+]} = \frac{5.6 \times 10^{-10}}{5.6 \times 10^{-10} + 10^{-10}} = 0.85$$

所以，$[NH_3] = \delta_{NH_3} c_{NH_3} = 0.85 \times 0.1\text{mol/L} = 0.085\text{mol/L}$。

$$\delta_{NH_4^+} = \frac{[H^+]}{K_a + [H^+]} = \frac{10^{-10}}{5.6 \times 10^{-10} + 10^{-10}} = 0.15$$

所以，$[NH_4^+] = \delta_{NH_4^+} c_{NH_4^+} = 0.15 \times 0.1\text{mol/L} = 0.015\text{mol/L}$。

5.2.2　二元弱酸溶液

例如，浓度为 c(mol/L) 的 $H_2C_2O_4$ 溶液，在溶液中有 $H_2C_2O_4$、$HC_2O_4^-$、$C_2O_4^{2-}$ 三种型体，其分布分数分别为 δ_2、δ_1 和 δ_0。由于：

$$H_2C_2O_4 \rightleftharpoons HC_2O_4^- + H^+$$

$$HC_2O_4^- \rightleftharpoons C_2O_4^{2-} + H^+$$

$$c_{H_2C_2O_4} = [H_2C_2O_4] + [HC_2O_4^-] + [C_2O_4^{2-}]$$

$$K_{a_1} = \frac{[H^+][HC_2O_4^-]}{[H_2C_2O_4]}$$

$$K_{a_2} = \frac{[H^+][C_2O_4^{2-}]}{[HC_2O_4^-]}$$

故：

$$\delta_2 = \frac{[H_2C_2O_4]}{c_{H_2C_2O_4}} = \frac{[H_2C_2O_4]}{[H_2C_2O_4] + [HC_2O_4^-] + [C_2O_4^{2-}]}$$

$$= \frac{1}{1 + \frac{[HC_2O_4^-]}{[H_2C_2O_4]} + \frac{[C_2O_4^{2-}]}{[H_2C_2O_4]}}$$

$$= \frac{1}{1 + \frac{K_{a_1}}{[H^+]} + \frac{K_{a_1}K_{a_2}}{[H^+]^2}}$$

$$= \frac{[H^+]^2}{[H^+]^2 + K_{a_1}[H^+] + K_{a_1}K_{a_2}} \tag{5-4}$$

同理可以求得

$$\delta_1 = \frac{[HC_2O_4^-]}{c_{H_2C_2O_4}} = \frac{K_{a_1}[H^+]}{[H^+]^2 + K_{a_1}[H^+] + K_{a_1}K_{a_2}} \tag{5-5}$$

$$\delta_0 = \frac{[C_2O_4^{2-}]}{c_{H_2C_2O_4}} = \frac{K_{a_1}K_{a_2}}{[H^+]^2 + K_{a_1}[H^+] + K_{a_1}K_{a_2}} \tag{5-6}$$

$$\delta_2 + \delta_1 + \delta_0 = 1$$

由式（5-4）、式（5-5）和式（5-6）可求算 $H_2C_2O_4$ 溶液的 δ_2、δ_1 和 δ_0 的数值，并绘制出 δ-pH 值曲线，如图 5-2 所示。由图 5-2 可见，pH 值小于 pK_{a_1} 时溶液中 $H_2C_2O_4$ 为主要型体；pH 值大于 pK_{a_2} 时，$C_2O_4^{2-}$ 为主要型体。pK_{a_1} < pH 值 < pK_{a_2} 时，主要是以 $HC_2O_4^-$ 型体存在；当 pH 值在 2.2 ~ 2.3 之间时，$H_2C_2O_4$、$HC_2O_4^-$ 和 $C_2O_4^{2-}$ 三种型体共存，所以 δ_1 最大也不能趋近于 1。

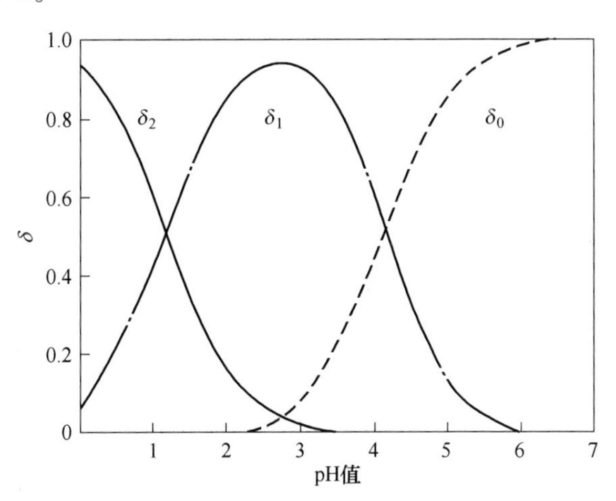

图 5-2 $H_2C_2O_4$ 溶液的 δ-pH 值曲线

例 5-9 计算 pH 值为 5.0 时，0.10mol/L 草酸溶液中 $C_2O_4^{2-}$ 的浓度。

解： $K_{a_1} = 5.9 \times 10^{-2}$，$K_{a_2} = 6.4 \times 10^{-5}$，$[H^+] = 10^{-5}$mol/L

$$\delta_0=\frac{[C_2O_4^{2-}]}{c_{H_2C_2O_4}}=\frac{K_{a_1}K_{a_2}}{[H^+]^2+K_{a_1}[H^+]+K_{a_1}K_{a_2}}$$

$$=\frac{5.9\times10^{-2}\times6.4\times10^{-5}}{(10^{-5})^2+5.9\times10^{-2}\times10^{-5}+5.9\times10^{-2}\times6.4\times10^{-5}}$$

$$=0.86$$

$$[C_2O_4^{2-}]=\delta_0 c_{H_2C_2O_4}=0.86\times0.10\text{mol/L}=0.086\text{mol/L}$$

5.2.3　三元弱酸溶液

如果是三元酸，如 H_3PO_3，则情况更复杂一些，但可采用同样的方法处理，得到各组分的分布分数为（图 5-3）：

$$\delta_3=\frac{[H_3PO_4]}{c_{H_3PO_4}}=\frac{[H^+]^3}{[H^+]^3+K_{a_1}[H^+]^2+K_{a_1}K_{a_2}[H^+]+K_{a_1}K_{a_2}K_{a_3}}\tag{5-7}$$

$$\delta_2=\frac{[H_2PO_4^-]}{c_{H_3PO_4}}=\frac{K_{a_1}[H^+]^2}{[H^+]^3+K_{a_1}[H^+]^2+K_{a_1}K_{a_2}[H^+]+K_{a_1}K_{a_2}K_{a_3}}\tag{5-8}$$

$$\delta_1=\frac{[HPO_4^{2-}]}{c_{H_3PO_4}}=\frac{K_{a_1}K_{a_2}[H^+]}{[H^+]^3+K_{a_1}[H^+]^2+K_{a_1}K_{a_2}[H^+]+K_{a_1}K_{a_2}K_{a_3}}\tag{5-9}$$

$$\delta_0=\frac{[PO_4^{3-}]}{c_{H_3PO_4}}=\frac{K_{a_1}K_{a_2}K_{a_3}}{[H^+]^3+K_{a_1}[H^+]^2+K_{a_1}K_{a_2}[H^+]+K_{a_1}K_{a_2}K_{a_3}}\tag{5-10}$$

$$\delta_3+\delta_2+\delta_1+\delta_0=1$$

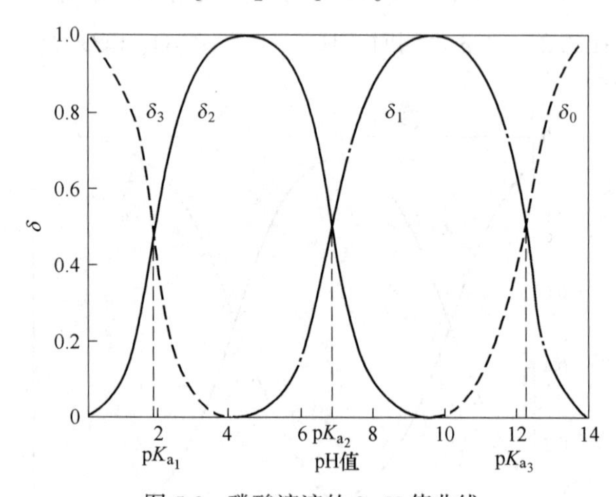

图 5-3　磷酸溶液的 δ-pH 值曲线

由于 H_3PO_3 的 $pK_{a_1}=2.12$，$pK_{a_2}=7.20$，$pK_{a_3}=12.36$，三者相差较大，各存在形式同时存在情况不如 $H_2C_2O_4$ 明显。当 pH 值不大于 pK_{a_1}，溶液以 H_3PO_4 为主；当 $pK_{a_1}\leqslant$pH 值$\leqslant pK_{a_2}$，溶液以 $H_2PO_4^-$ 为主；当 $pK_{a_2}\leqslant$pH 值$\leqslant pK_{a_3}$，溶液以 HPO_4^{2-} 为主；当 pH 值不小于 pK_{a_3}，溶液以 PO_4^{3-} 为主；当 pH 值为 4.7 时，$H_2PO_4^-$ 占 99.4%，可应用于分步滴定；当 pH 值为 9.8 时，HPO_4^{2-} 占 99.5%，可应用于分步滴定。

其他多元酸的分布分数可照此类推；至于碱的分布分数，可按类似方法处理。

例 5-10 将 20.00mL、0.1000mol/L 的 $H_2C_2O_4$ 溶液，加入与其等浓度和体积的 NaOH 溶液，当反应达平衡后，溶液的 pH 值为 2.94，求此时溶液中 $H_2C_2O_4$ 各种型体的平衡浓度。

解：$H_2C_2O_4$ 的 $pK_{a_1}=1.23$，$pK_{a_2}=4.19$，$[H^+]=10^{-2.94}$

加入等浓度和体积的 NaOH 溶液后：$c_{H_2C_2O_4}=0.05000\text{mol/L}$

因此：

$$[H_2C_2O_4]=\delta_2 c_{H_2C_2O_4}=\frac{[H^+]^2 c_{H_2C_2O_4}}{[H^+]^2+K_{a_1}[H^+]+K_{a_1}K_{a_2}}$$

$$=\frac{10^{-2.94\times 2}\times 0.05000}{10^{-2.94\times 2}+10^{-1.23-2.94}+10^{-1.23-4.19}}=9.06\times 10^{-4}\text{mol/L}$$

$$[HC_2O_4^-]=\delta_1 c_{H_2C_2O_4}=\frac{K_{a_1}[H^+]c_{H_2C_2O_4}}{[H^+]^2+K_{a_1}[H^+]+K_{a_1}K_{a_2}}$$

$$=\frac{10^{-1.23-2.94}\times 0.05000}{10^{-2.94\times 2}+10^{-1.23-2.94}+10^{-1.23-4.19}}=4.65\times 10^{-2}\text{mol/L}$$

$$[C_2O_4^{2-}]=\delta_0 c_{H_2C_2O_4}=\frac{K_{a_1}K_{a_2}c_{H_2C_2O_4}}{[H^+]^2+K_{a_1}[H^+]+K_{a_1}K_{a_2}}$$

$$=\frac{10^{-1.23-4.19}\times 0.05000}{10^{-2.94\times 2}+10^{-1.23-2.94}+10^{-1.23-4.19}}=2.61\times 10^{-3}\text{mol/L}$$

扫一扫

5.3 酸碱溶液 pH 值的计算

酸碱滴定中 $[H^+]$ 或 pH 值的计算非常重要。根据酸碱反应中实际存在的平衡关系，可推导出 $[H^+]$ 的计算式，在允许的计算误差范围内，进行合理的近似处理后可得到结果。

5.3.1 质子条件、物料平衡和电荷平衡

5.3.1.1 质子条件式

质子条件式（proton balance equation，PBE）的意思是根据酸碱质子理论，酸碱反应的实质是质子的转移，当酸碱反应达到平衡时，酸失去质子的数目必然与碱得到质子的数目相等，又称为质子平衡方程。

根据酸碱反应得失质子相等关系可以直接写出质子条件式。首先，从酸碱平衡系统中选取质子参考水准（又称为零水准），它们是溶液中大量存在并参与质子转移的物质，通常是起始酸碱组分，包括溶剂分子。其次，根据质子参考水准判断得失质子的产物及其得失质子的量。再次，强酸碱物质应在 PBE 中减去相应的浓度，得质子物质以浓度表示写左边，失质子产物写右边。最后，根据得失质子的量相等的原则，得质子产物的物质的量浓度之和等于失质子产物的物质的量浓度之和，写出质子条件式。注意，质子条件式中不

应出现质子参考水准本身和与质子转移无关的组分，对于得失质子产物在质子条件式中其浓度前应乘以相应的得失质子数。

书写质子条件式的方法有两种：其一是代数法，即由物料平衡式和电荷平衡式联立求解得出 PBE。其二是图示法，即由溶液中得失质子关系列出 PBE。

A 代数法

例如，写一元弱酸 HA 水溶液的质子条件式。

a 选零水准

溶液中大量存在并参与质子转移的物质是 HA 和 H_2O，选二者作为零水准。

b 写质子条件式

溶液中存在的反应有

$$HA + H_2O \rightleftharpoons H_3O^+ + A^-$$

$$H_2O + H_2O \rightleftharpoons H_3O^+ + OH^-$$

因此 H_3O^+为得质子产物，A^-、OH^-为失质子产物，得失质子数应当相等，故质子条件式为

$$[H_3O^+] = [A^-] + [OH^-] \tag{5-11}$$

式中，$[H_3O^+]$ 为 H_2O 得质子后的产物浓度；$[A^-]$ 和 $[OH^-]$ 分别是 HA 和 H_2O 失去质子后产物的浓度，若两端乘以溶液体积就表示得失质子的物质的量相等。因此，在选好零水准后，只要将所有得到质子后的产物写在等式的一端，所有失去质子后的产物写在另一端，就得到质子条件式。为简化起见，H_3O^+以 H^+表示。

要注意的是质子条件式中不能出现零水准物质、惰性物、无得失物质。在处理多元酸碱问题时，对得失质子数多于 1 个的产物要加上得失质子的数目作为平衡浓度前的系数。

B 图示法

该法直观，易为初学者掌握，故本节着重介绍如何应用图示法书写各类酸碱溶液的 PBE。

图示法直接书写 PBE 的方法要点如下：

(1) 选好质子参考水准（又称为零水准）。绘出示意图，将质子参考水准列入图中方框内。

(2) 以质子参考水准为准，列出得失质子后的产物及得失质子的数目。与质子参考水准相比，质子数多的就是得质子产物（标在示意图方框的左边，用箭头连接起来）；质子数少的就是失质子产物（标在示意图方框的右边，用箭头连接起来），在箭头上方标明各个质子参考水准转化为产物时得失质子的个数。

(3) 根据得失质子等衡原理，写出 PBE。所有能得质子后的产物写在左端，所有能失质子后的产物写在右端，再加上等号即得 PBE。正确的 PBE 中应不含有质子参考水准物质本身的有关项。处理多级离解关系的物质时，用得失质子的个数作为该物质平衡浓度前的系数。

5.3.1.2 各类溶液的质子条件式

A 一元弱酸溶液的质子条件

例 5-11 写出 NH_4Cl 溶液的 PBE。

解： 在 NH_4Cl 溶液中存在如下平衡：

$$NH_4Cl \rightleftharpoons NH_4^+ + Cl^-$$

$$NH_4^+ + H_2O \rightleftharpoons NH_3 + H_3O^+$$

$$H_2O \rightleftharpoons H^+ + OH^-$$

$$H_2O + H^+ \rightleftharpoons H_3O^+$$

选 NH_4^+、H_2O 为质子参考水准，Cl^- 虽然大量存在，但不参与质子传递，不能作为参考水准物质，故 NH_4Cl 可按一元弱酸处理，溶液中质子转移情况如下所示：

（得质子产物）（参考水准物质）（失质子产物）

$$NH_4^+ \xrightarrow{-H^+} NH_3$$

$$H_3O^+ \xleftarrow{+H^+} H_2O \xrightarrow{-H^+} OH^-$$

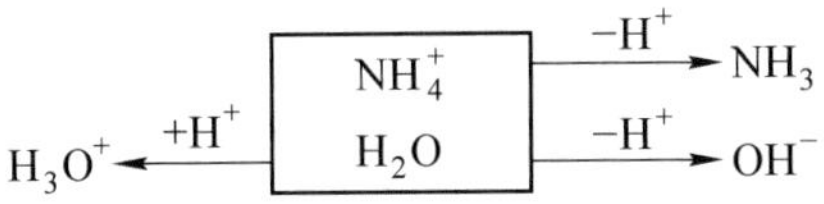

PBE 为：$$[H^+] = [NH_3] + [OH^-]$$

从上式可知，PBE 中各项既可以是带电荷的离子的平衡浓度（如 $[H^+]$ 和 $[OH^-]$），也可以是不带电荷的分子的平衡浓度（如 $[NH_3]$）。这就有别于电荷平衡式（不能含有不带电荷的分子的平衡浓度项）。

一元弱酸溶液的 PBE 中 $[H^+]$ 等于两项之和，一项是 H_2O 电离出等量的 H^+ 和 OH^-（用 $[OH^-]$ 表示），另一项是弱酸（HA 或 NH_3）电离出等量的 H^+ 和 A^- 或 NH_4^+（用 $[A^-]$ 或 $[NH_4^+]$ 表示）。

B　一元弱碱溶液的质子条件

例 5-12　写出 $NH_3 \cdot H_2O$ 溶液的 PBE。

解： 选 NH_3、H_2O 为参考水准，溶液中质子转移情况如下所示：

（得质子产物）　（参考水准物质）　（失质子产物）

$$NH_4^+ \xleftarrow{+H^+} NH_3$$

$$H_3O^+ \xleftarrow{+H^+} H_2O \xrightarrow{-H^+} OH^-$$

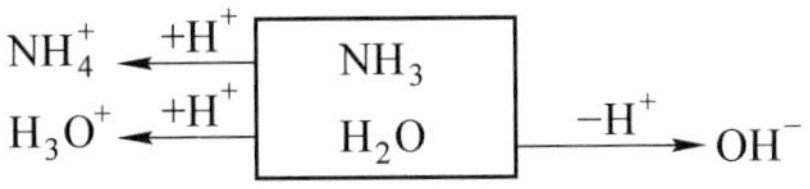

PBE 为：$$[H^+] + [NH_4^+] = [OH^-]$$

例 5-13　写出 NaA（A^- 代表 Ac^-、CN^- 等）溶液的 PBE。

解： 选 A^-、H_2O 为参考水准，Na^+ 虽然大量存在，但不参与质子传递，不能作为参考水准，故 NaA 可按一元弱碱处理，溶液中质子转移情况如下所示：

（得质子产物）　（参考水准物质）　（失质子产物）

$$HA \xleftarrow{+H^+} A^-$$

$$H_3O^+ \xleftarrow{+H^+} H_2O \xrightarrow{-H^+} OH^-$$

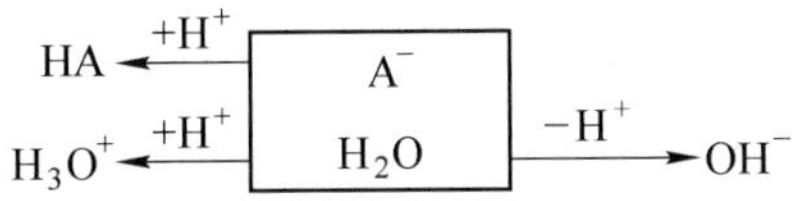

PBE 为：$$[H^+] + [HA] = [OH^-]$$

一元弱碱溶液的 PBE 中，$[OH^-]$ 等于两项之和：一项是 H_2O 电离出等量的 H^+ 和 OH^-（用 $[H^+]$ 表示），另一项是 NH_3 或 A^- 从 H_2O 获得质子后产生等量的 OH^- 和 NH_4^+ 或 HA（用 $[NH_4^+]$ 或 $[HA]$ 表示）。

C　多元弱酸溶液的质子条件

例 5-14　写出 H_3PO_4 溶液的 PBE。

解：选 H_3PO_4、H_2O 为参考水准，溶液中质子转移情况如下所示：

（得质子产物）　（参考水准物质）　（失质子产物）

$H_3O^+ \xleftarrow{+H^+}$ [H_3PO_4, H_2O] $\xrightarrow{-H^+} H_2PO_4^-$; $\xrightarrow{-2H^+} HPO_4^{2-}$; $\xrightarrow{-3H^+} PO_4^{3-}$; $\xrightarrow{-H^+} OH^-$

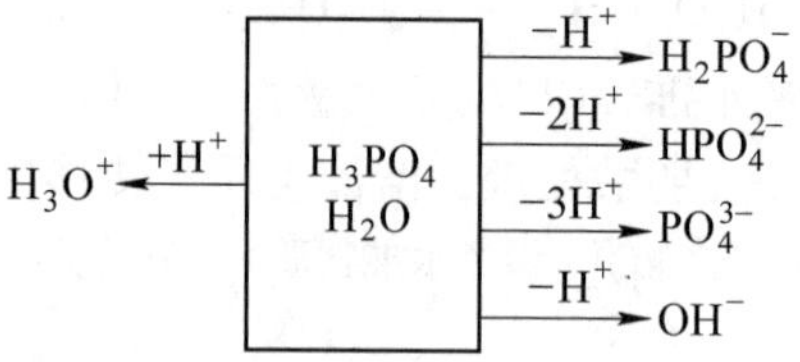

PBE 为：　$[H^+] = [H_2PO_4^-] + 2[HPO_4^{2-}] + 3[PO_4^{3-}] + [OH^-]$

在上列失质子产物中，HPO_4^{2-} 是 H_3PO_4 失去 2 个质子后的产物，PO_4^{3-} 是 H_3PO_4 失去 3 个质子后的产物，故在质子条件式中，$[HPO_4^{2-}]$ 和 $[PO_4^{3-}]$ 前必须分别乘以 H_3PO_4 失质子的个数 2 和 3，才能保持得失质子数是相等的。

D　多元弱碱溶液的质子条件

例 5-15　写出 Na_2A（A^{2-} 代表 S^{2-}、CO_3^{2-}、$C_2O_4^{2-}$）溶液的 PBE。

解：选 A^{2-}，H_2O 为参考水准，溶液中质子转移情况如下所示：

（得质子产物）　（参考水准物质）　（失质子产物）

$HA^- \xleftarrow{+H^+}$; $H_2A \xleftarrow{+2H^+}$; $H_3O^+ \xleftarrow{+H^+}$ [A^{2-}, H_2O] $\xrightarrow{-H^+} OH^-$

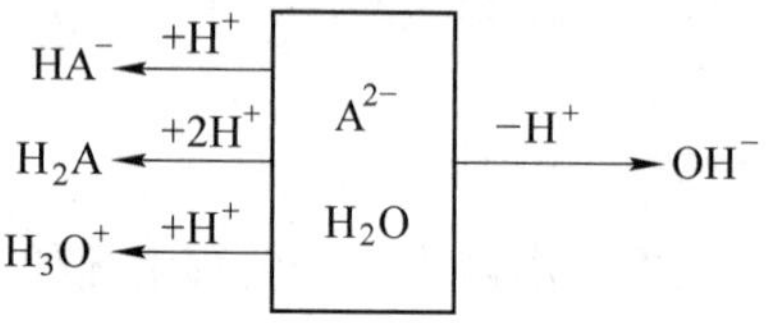

PBE 为：　$[H^+] + [HA^-] + 2[H_2A] = [OH^-]$

E　两性物质溶液的质子条件

a　多元酸的酸式盐

例 5-16　写出 NaHA（A^{2-}代表 S^{2-}、CO_3^{2-}、$C_2O_4^{2-}$）溶液的 PBF。

解：选 HA^-、H_2O 为参考水准，溶液中质子转移情况如下所示：

（得质子产物）　（参考水准物质）　（失质子产物）

$H_2A \xleftarrow{+H^+}$ [HA^-] $\xrightarrow{-H^+} A^{2-}$

$H_3O^+ \xleftarrow{+H^+}$ [H_2O] $\xrightarrow{-H^+} OH^-$

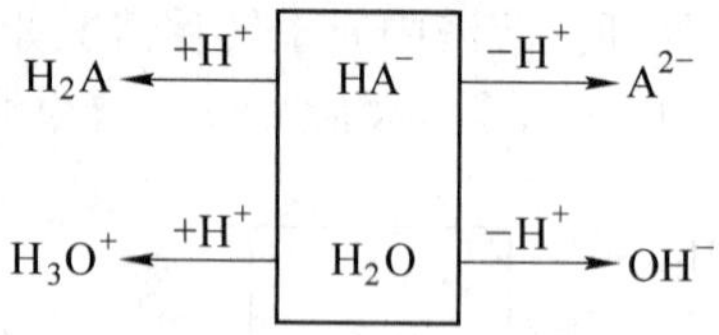

PBE 为：　$[H^+] + [H_2A] = [OH^-] + [A^{2-}]$

b　弱酸弱碱盐

例 5-17　写出 NH_4A（A^-代表 Ac^-、CN^-等）溶液的 PBE。

解：选 NH_4A、H_2O 为参考水准，溶液中质子转移情况如下所示：

（得质子产物）　（参考水准物质）　（失质子产物）

$HA \xleftarrow{+H^+}$ A^-

$NH_4^+ \xrightarrow{-H^+} NH_3$

$H_3O^+ \xleftarrow{+H^+} H_2O \xrightarrow{-H^+} OH^-$

PBE 为：$[H^+]+[HA]=[NH_3]+[OH^-]$

两性物质在溶液中既起酸的作用，又起碱的作用，其处理方法实际上是弱酸和弱碱的合并。在两性物质的 PBE 中，左端为原始酸碱组分和水得质子产物的平衡浓度之和，右端为原始酸碱组分和水失质子产物的平衡浓度之和。因此，PBE 反映了酸碱平衡体系中得失质子的严密的数量关系，它是处理酸碱平衡问题的依据。对于组成较为复杂的两性物质，其 PBE 也易用图示法写出。

例 5-18　写出 $NaNH_4HPO_4$ 溶液的 PBE。

解：选 NH_4^+、HPO_4^{2-}、H_2O 为参考水准，溶液中质子转移情况如下所示：

（得质子产物）　（参考水准物质）　（失质子产物）

$NH_4^+ \xrightarrow{-H^+} NH_3$

$H_2PO_4^- \xleftarrow{+H^+}$ $HPO_4^{2-} \xrightarrow{-H^+} PO_4^{3-}$

$H_3PO_4 \xleftarrow{+2H^+}$ HPO_4^{2-}

$H_3O^+ \xleftarrow{+H^+} H_2O \xrightarrow{-H^+} OH^-$

PBE 为：$[H^+]+[H_2PO_4^-]+2[H_3PO_4]=[NH_3]+[PO_4^{3-}]+[OH^-]$

F　强酸强碱溶液的质子条件

例 5-19　写出 HCl 溶液的 PBE。

解：$HCl \rightleftharpoons H^+ + Cl^-$　　（HCl 全部离解提供 H^+，$c_{HCl}=c_{Cl^-}=c_{H^+}$）

$H_2O \rightleftharpoons H^+ + OH^-$　　（H_2O 电离出等量的 H^+ 和 OH^-）

选 HCl、H_2O 为参考水准，溶液中质子转移情况如下所示：

（得质子产物）　（参考水准物质）　（失质子产物）

$HCl \xrightarrow{-H^+} Cl^-$

$H_3O^+ \xleftarrow{+H^+} H_2O \xrightarrow{-H^+} OH^-$

PBE 为：$[H^+]=[Cl^-]+[OH^-]$ 或 $[H^+]=c_{HCl}+[OH^-]$（溶液中总的 $[H^+]$ 来自 HCl 和 H_2O 的电离）。

例 5-20　写出 NaOH 溶液的 PBE。

解：$H_2O \rightleftharpoons H^+ + OH^-$　　（H_2O 电离出等量的 H^+ 和 OH^-）

$NaOH \rightleftharpoons Na^+ + OH^-$　　（NaOH 全部电离，也提供 OH^-）

选 NaOH、H_2O 为参考水准，PBE 为：

$$[H^+]=[OH^-]-c_{NaOH}$$

G　混合溶液的质子条件

下面将两弱酸、弱酸及其共轭碱、弱酸与强酸、弱碱与强碱等的质子条件式分列如下：

（1）两弱酸（HA-HB）溶液的PBE。

选HA、HB、H_2O为参考水准，则PBE为：

$$[H^+]=[A^-]+[B^-]+[OH^-] \tag{5-12}$$

（2）弱酸及其共轭碱（$HA-A^-$）溶液的PBE。

选HA、H_2O为参考水准，

$$HA \rightleftharpoons H^+ + A^- \quad (\text{HA 电离出等量的 } H^+ \text{和 } A^-)$$

$$H_2O \rightleftharpoons H^+ + OH^- \quad (H_2O\text{ 电离出等量的 } H^+ \text{和 } OH^-)$$

溶液中A^-还有一个来源，即溶液中原有的A^-（其值为c_{A^-}），故必从总的［A^-］中减去此c_{A^-}。

故PBE为：

$$[H^+]=[OH^-]+[A^-]-c_{A^-} \tag{5-13}$$

（3）弱酸与强酸（HA－HCl）溶液的PBE。

溶液中存在如下关系：

$$H_2O \rightleftharpoons H^+ + OH^- \quad (H_2O\text{ 电离出等量的 } H^+ \text{和 } OH^-)$$

$$HA \rightleftharpoons H^+ + A^- \quad (\text{HA 电离出等量的 } H^+ \text{和 } A^-)$$

$$HCl \rightleftharpoons H^+ + Cl^- \quad (\text{HCl 全部离解提供 } H^+)$$

故PBE为：

$$[H^+]=[OH^-]+[A^-]+c_{HCl} \tag{5-14}$$

（4）弱碱和强碱（B-NaOH）溶液的PBE。

溶液中存在如下关系：

$$H_2O \rightleftharpoons H^+ + OH^- \quad (H_2O\text{ 电离出等量的 } H^+ \text{和 } OH^-)$$

$$B+H_2O \rightleftharpoons BH^+ + OH^- \quad (\text{B 电离出等量的 } BH^+ \text{和 } OH^-)$$

$$NaOH \rightleftharpoons Na^+ + OH^- \quad (\text{NaOH 全部电离，也提供 } OH^-)$$

故PBE为：

$$[OH^-]=[H^+]+[BH^+]+c_{NaOH} \tag{5-15}$$

5.3.2　简单酸碱溶液pH值的计算

5.3.2.1　强酸、强碱溶液

以HX为强酸化学式的通式，其溶液的PBE为$[H^+]=[OH^-]+[X^-]$，设HX溶液的浓度为c_{HX}(mol/L)，则：

$$c_{HX}=[X^-], \qquad [OH^-]=\frac{K_w}{[H^+]}$$

代入质子条件式得：

$$[H^+]=\frac{K_w}{[H^+]}+c_{HX}$$

即

$$[H^+]^2-c_{HX}[H^+]-K_w=0$$

解得

$$[H^+]=\frac{c_{HX}+\sqrt{c_{HX}^2+4K_w}}{2} \tag{5-16}$$

式（5-16）完整地表述了溶液中 $[H^+]$ 与 HX 和 H_2O 的解离平衡关系，称之为求算该溶液 $[H^+]$ 的精确式。由其简化所得的计算式，称为近似式或最简式。

当强酸溶液的浓度稍大（$c \geqslant 5.0\times10^{-7}$ 或 $\geqslant 10^{-6}$mol/L）时，溶剂 H_2O 的解离（自递）反应受到抑制，可忽略不计，式（5-16）可简化为

$$[H^+]=c_{HX} \tag{5-17}$$

如果以 MOH 为强碱化学式的通式，则其溶液的 PBE 为：$[OH^-]=[H^+]+[M^+]$，设 MOH 溶液的浓度为 c_{MOH}(mol/L)，与前同理，可导出

$$[OH^-]=\frac{K_w}{[OH^-]}+c_{MOH}$$

即
$$[OH^-]^2-c_{MOH}[OH^-]-K_w=0$$

解得精确式：

$$[OH^-]=\frac{c_{MOH}+\sqrt{c_{MOH}^2+4K_w}}{2} \tag{5-18}$$

当 $c \geqslant 10^{-6}$ 时，最简式为

$$[OH^-]=c_{MOH} \tag{5-19}$$

计算强酸或强碱溶液的 $[H^+]$ 或 $[OH^-]$ 时，如允许最简式与精确式求算结果的相对误差<1%，可以 c_{HX}（或 c_{MOH}）$\geqslant 10^{-6}$mol/L 作为最简式的选用条件。

例 5-21 计算 1.0×10^{-3}mol/L HCl 溶液的 pH 值。

解： 当 $c=1.0\times10^{-3}$mol/L $>10^{-6}$mol/L 时，采用最简式（5-17）计算。

所以 $[H^+]=c_{HCl}=1.0\times10^{-3}$mol/L，故 pH 值为 3.00。

例 5-22 计算 1.0×10^{-7}mol/L HCl 溶液的 pH 值。

解： 当 $c=1.0\times10^{-7}$mol/L $<10^{-6}$mol/L 时，须采用精确式（5-16）计算。

$$[H^+]=\frac{c_{HX}+\sqrt{c_{HX}^2+4K_w}}{2}$$
$$=\frac{1.0\times10^{-7}+\sqrt{(1.0\times10^{-7})^2+4\times1.0\times10^{-14}}}{2}\text{mol/L}$$
$$=1.6\times10^{-7}\text{mol/L}$$

故 pH 值为 6.80。

例 5-23 两种溶液混合 pH 值计算，如滴定反应已知：$c_{HCl}=0.10$mol/L，$V_{HCl}=20.00$mL，求滴加 $c_{NaOH}=0.10$mol/L，$V_{NaOH}=5.00$mL 时溶液 pH 值。

解：

$$[H^+]=c_{HCl(剩)}=\frac{c_{HCl}V_{HCl}-c_{NaOH}V_{NaOH}}{V_{HCl}+V_{NaOH}}=\frac{0.10\times20.00-0.10\times5.00}{25.00}\text{mol/L}=0.06\text{mol/L}$$

故 pH 值为 1.22。

5.3.2.2 一元弱酸、一元弱碱溶液

对于一元弱酸 HB 溶液，其质子条件为：

$$[H^+]=[OH^-]+[B^-]$$

上式说明一元弱酸中的 H^+ 来自弱酸的离解（式中的 B^- 项）和水的质子自递反应（式中的 OH^- 项）。

将 $[OH^-]=\dfrac{K_w}{[H^+]}$ 和 $[B^-]=\dfrac{K_a[HB]}{[H^+]}$ 代入上述质子条件式中 $[H^+]=\dfrac{K_w}{[H^+]}+\dfrac{K_a[HB]}{[H^+]}$，整理后得精确式：

$$[H^+]=\sqrt{K_w+K_a[HB]} \tag{5-20}$$

在实际计算时，首先得知的是 HB 溶液的浓度。若 $cK_a \leqslant 10K_w$，$c \leqslant 105K_a$，设 HB 溶液的分析浓度为 c_{HB}(mol/L)，于是

$$[HB]=\frac{c_{HB}[H^+]}{[H^+]+K_a} \tag{5-21}$$

将式（5-21）代入式（5-20），展开整理得

$$[H^+]^3+K_a[H^+]^2-(c_{HB}K_a+K_w)[H^+]-K_aK_w=0 \tag{5-22}$$

这是计算一元弱酸溶液 $[H^+]$ 浓度的精确公式，若直接用代数法求解，数学处理十分麻烦，实际工作中也没有必要。当弱酸的浓度不是非常稀，酸的强度不是极弱，即 $cK_a \geqslant 10K_w$，$c \leqslant 105K_a$ 时，由 H_2O 解离（自递）反应所产生的 $[H^+]$ 可忽略不计，则式（5-20）可简化为 $[H^+]=\sqrt{K_a[HB]}$。根据解离平衡原理 $[HB]=c_{HB}-[H^+]$，代入整理可得：

$$[H^+]^2+K_a[H^+]-c_{HB}K_a=0$$

即

$$[H^+]=\frac{-K_a+\sqrt{K_a^2+4c_{HB}K_a}}{2}$$

可见近似式是个可方便求解的一元二次方程。

当 $cK_a \geqslant 10K_w$，$c \geqslant 105K_a$ 时，可以忽略 H_2O 解离，同时还可忽略 HB 在溶液中所解离的部分，即认为 $c_{HB}=[HB]$ 时，近似式尚可进一步简化为

$$[H^+]=\sqrt{c_{HB}K_a} \tag{5-23}$$

如果，以 B 为一元弱碱化学式的通式，则其溶液的质子条件为

$$[OH^-]=[H^+]+[HB^+]$$

设一元弱碱 B 溶液的浓度为 c_B(mol/L)，与前同理可以导出其溶液 $[OH^-]$ 的各类求算公式。

精确式
$$[OH^-]=\sqrt{K_w+K_b[B]} \tag{5-24}$$

近似式
$$[OH^-]=\sqrt{K_b[B]} \tag{5-25}$$

最简式
$$[OH^-]=\sqrt{c_BK_b} \tag{5-26}$$

依据分析化学的实际情况，可以 $c_{HB}K_a$（或 c_BK_b）$\geqslant 10K_w$ 作为选用近似式的判据之一。这一判据也符合浓度对数图解法和指数加、减法计算表，在求数值之和或差中，如主要项与次要项相比在数值上相差两个数量级，即可忽略次要项的近似计算处理原则。应用这一判据，近似式与精确式求算 $[H^+]$ 或 $[OH^-]$ 结果的相对误差小于1%。

选用最简式时，若以 c_{HB}/K_a（或 c_B/K_b）≥ 105 作为判据，则最简式与近似式求算 $[H^+]$ 或 $[OH^-]$ 的结果相对误差约为 5%。

例 5-24 计算 0.10mol/L 一氯乙酸（$CH_2ClCOOH$）溶液的 pH 值。

解：$CH_2ClCOOH$ 的 $pK_a = 2.86$

$$cK_a = 0.10 \times 10^{-2.86} = 10^{-3.86} \geqslant 10K_w$$

$$c/K_a = 0.10/10^{-2.86} = 10^{1.86} < 105$$

故须用近似式求算。

$$[H^+] = \frac{-K_a + \sqrt{K_a^2 + 4c_{HB}K_a}}{2} = \frac{-10^{-2.86} + \sqrt{10^{-5.72} + 4 \times 10^{-3.86}}}{2} = 10^{-1.96}\text{mol/L}$$

pH 值为 1.96。

例 5-25 计算 1.0×10^{-4}mol/L HCN 溶液的 pH 值。

解：HCN 的 $pK_a = 9.31$

$$cK_a = 1.0 \times 10^{-4.00} \times 10^{-9.31} = 10^{-13.31} < 10K_w$$

$$c/K_a = 1.0 \times 10^{-4.00}/10^{-9.31} = 10^{5.31} > 105$$

故不能忽略水的解离，但可忽略弱酸的解离部分，即不可忽略 K_w 项，但可以 c_{HCN} 代替 $[HCN]$。

据式（5-20）： $[H^+] = \sqrt{K_w + K_a[HB]}$

可视 $[HCN] = c_{HCN}$

则 $[H^+] = \sqrt{K_w + K_a c_{HCN}} = \sqrt{10^{-14.00} + 10^{-13.31}} = 10^{-6.61}\text{mol/L}$

pH 值为 6.61。

例 5-26 计算 1.0×10^{-4}mol/L 乙二胺的 pH 值（$K_b = 5.6 \times 10^{-4}$）。

解：

$$C_2H_5NH_2 + H_2O \rightleftharpoons C_2H_5NH_3^+ + OH^-$$

$$cK_b = 1.0 \times 10^{-4} \times 5.6 \times 10^{-4} = 5.6 \times 10^{-8} > 10K_w$$

$$c/K_b = 1.0 \times 10^{-4}/5.6 \times 10^{-4} = 0.18 < 105$$

故须用近似值求算：$[OH^-] = \sqrt{K_b[B]}$

根据解离平衡原理 $[B] = c_B - [OH^-]$，代入整理得：

$$[OH^-] = \frac{-K_b + \sqrt{K_b^2 + 4c_BK_b}}{2}$$

$$= \frac{-5.6 \times 10^{-4} + \sqrt{(5.6 \times 10^{-4})^2 + 4 \times 10^{-4} \times 5.6 \times 10^{-4}}}{2}$$

$$= 8.66 \times 10^{-5}\text{mol/L}$$

$$pOH = 4.06$$

所以 pH 值为 9.94。

例 5-27 计算 1.0×10^{-4}mol/L 的 H_3BO_3 溶液的 pH 值，已知 $pK_a = 9.24$。

解：

$$cK_a = 10^{-4} \times 10^{-9.24} = 5.8 \times 10^{-14} < 10K_w$$

$$c/K_a = 10^{-4}/10^{-9.24} = 10^{5.24} > 105$$

故不能忽略水的解离，而可忽略弱酸的解离部分，即不可忽略 K_w 项，但可以 $c_{H_3BO_3}$

代替 $[H_3BO_3]$。

据式（5-20） $[H^+]=\sqrt{K_w+K_a[HB]}$

则 $[H^+]=\sqrt{K_w+K_a c_{H_3BO_3}}=\sqrt{10^{-14.00}+10^{-4}\times 10^{-9.24}}=2.6\times 10^{-7}$mol/L

pH 值为 6.59。

如用最简式 $[H^+]=\sqrt{c_{HB}K_a}$ 计算，则

$$[H^+]=\sqrt{10^{-4}\times 10^{-9.24}}=2.4\times 10^{-7}\text{mol/L}$$

pH 值为 6.62。

用最简式和近似式计算分别计算时，所得的相对误差为-8%，因此在计算溶液的 pH 值时，选择合适的公式对结果至关重要。

例 5-28 将 0.2mol/L HAc 与 0.2mol/L NaOH 等体积混合后，求混合液的 pH 值（HAc 的 $K_a=1.8\times 10^{-5}$）。

解： 混合后为 0.1mol/L NaAc 溶液

$$K_b=K_w/K_a=1.00\times 10^{-14}/1.80\times 10^{-5}=5.56\times 10^{-10}$$

$$cK_b=0.1\times 5.56\times 10^{-10}=5.56\times 10^{-11}>10K_w$$

$$c/K_b=\frac{0.1}{5.56\times 10^{-10}}=1.8\times 10^{8}>105$$

故可采用最简式（5-26）计算，

$$[OH^-]=\sqrt{cK_b}=\sqrt{0.1\times 5.56\times 10^{-10}}=7.46\times 10^{-6}\text{mol/L}$$

$$pOH=5.13$$

pH 值为 14.00-5.13 = 8.87。

5.3.2.3 *多元弱酸弱碱溶液*

多元弱酸弱碱溶液中 H^+浓度计算方法和一元弱酸弱碱相似，由于多元酸碱在溶液中逐级解离，因此情况要复杂得多。以逐级解离常数为 K_{a_1} 和 K_{a_2} 的二元酸 H_2B 为例，设其浓度为 c_{H_2B}(mol/L)，则 H_2B 溶液的质子条件式为：

$$[H^+]=[OH^-]+[HB^-]+2[B^{2-}] \tag{5-27}$$

由于

$$[OH^-]=\frac{K_w}{[H^+]}$$

$$[HB^-]=\frac{K_{a_1}[H_2B]}{[H^+]}$$

$$[B^{2-}]=\frac{K_{a_1}K_{a_2}[H_2B]}{[H^+]^2}$$

代入式（5-27）中，整理得

$$[H^+]=\frac{K_w}{[H^+]}+\frac{K_{a_1}[H_2B]}{[H^+]}+\frac{2K_{a_1}K_{a_2}[H_2B]}{[H^+]^2} \tag{5-28}$$

由

$$[H_2B] = \frac{c[H^+]^2}{[H^+]^2 + K_{a_1}[H^+] + K_{a_1}K_{a_2}}$$

将其代入式（5-28）并展开整理得

$$[H^+]^4 + K_{a_1}[H^+]^3 - (cK_{a_1} - K_{a_1}K_{a_2} + K_w)[H^+]^2 - (2cK_{a_1}K_{a_2} + K_{a_1}K_w)[H^+] - K_{a_1}K_{a_2}K_w = 0$$

由此可见，其精确式是一元四次方程，用来求算 $[H^+]$ 在数学处理上是很复杂的，通常可根据一些具体情况进行简化处理。

一元酸溶液 $[H^+]$ 计算近似处理的核心问题为是否能忽略其第二级解离对 $[H^+]$ 的贡献，如果 $K_{a_1} > 100K_{a_2}$，$\Delta pK_a \geq 2$，则可按一元酸处理。

由于溶液为酸性，所以 $[OH^-]$ 可忽略不计

$$[H^+] = \frac{K_{a_1}[H_2B]}{[H^+]} + \frac{2K_{a_1}K_{a_2}[H_2B]}{[H^+]^2} = \frac{K_{a_1}[H_2B]}{[H^+]}\left(1 + \frac{2K_{a_2}}{[H^+]}\right)$$

当 $\frac{2K_{a_2}}{[H^+]} = \frac{2K_{a_2}}{\sqrt{K_{a_1}c}} < 0.05$ 时，$\frac{2K_{a_2}}{[H^+]}$ 这项可忽略，于是可简化成近似式为

$$[H^+] = \sqrt{K_{a_1}(c - [H^+])} \tag{5-29}$$

当 $cK_{a_1} \geq 10K_w$，$c > 105K_{a_1}$ 时，可得最简式

$$[H^+] = \sqrt{K_{a_1}c} \tag{5-30}$$

同理可得多元碱的近似式和最简式分别如下：

$$[OH^-] = \sqrt{K_{b_1}(c - [H^+])} \tag{5-31}$$

$$[OH^-] = \sqrt{K_{b_1}c} \tag{5-32}$$

根据计算，在通常情况下，使用近似公式相对于精确式所引起的计算 $[H^+]$ 的相对误差仅与 K_{a_1}/K_{a_2} 和 c/K_{a_2} 有关。若取不同的 K_{a_1}/K_{a_2} 和 c/K_{a_2} 计算，则相对误差不同；但只要 K_{a_1}/K_{a_2} 和 c/K_{a_2} 固定，相对误差即为定值，不随单个因素而改变。

如允许近似计算引起的相对误差小于 5%，则可以 $K_{a_1}/K_{a_2} \geq 100$ 和 $c/K_{a_2} \geq 105$ 两项共同作为可忽略二级解离的判据。

对于二元以上的多元酸一般可忽略其第三级和三级以上的解离对 $[H^+]$ 的贡献，而按二元酸处理；也可依据上述判据来断定能否进一步近似，作为一元酸来处理。

二元碱及二元以上的多元碱，可参照二元酸的办法推导和处理其溶液 $[OH^-]$ 的计算问题。当然其判据为 $K_{a_1}/K_{a_2} \geq 100$ 和 $c/K_{a_2} \geq 105$。

例 5-29 室温时，H_2CO_3 饱和溶液的浓度约为 0.040mol/L，计算溶液的 pH 值。

解：碳酸溶液中，存在如下平衡

$$H_2CO_3 \rightleftharpoons CO_2 + H_2O$$

$$K = \frac{[CO_2]}{[H_2CO_3]} = 3.8 \times 10^2\ (25℃)$$

由 K 值可知，水和 CO_2 是最主要的存在形式，占 99.7%以上，H_2CO_3 不到 0.3%，但通常用 H_2CO_3 表示这两种存在形式之和。

已知 $K_{a_1}=4.2\times10^{-7}$，$K_{a_2}=5.6\times10^{-11}$，因此 $[H_2CO_3]K_{a_1}\approx cK_{a_1}>10K_w$，$K_w$ 可忽略。而 $\frac{K_{a_2}}{\sqrt{cK_{a_1}}}=\frac{5.6\times10^{-11}}{\sqrt{0.04\times4.2\times10^{-7}}}<0.05$，$c/K_{a_1}=0.04/4.2\times10^{-7}=9.5\times10^4>105$，故采用式（5-30）计算得

$$[H^+]=\sqrt{cK_{a_1}}=\sqrt{0.04\times4.2\times10^{-7}}=1.3\times10^{-4}\text{mol/L}$$

pH 值为 3.89。

例 5-30 计算 0.100mol/L Na_2CO_3 溶液的 pH 值。

解： 已知 H_2CO_3 的 $K_{a_1}=4.2\times10^{-7}$，$K_{a_2}=5.6\times10^{-11}$。则

$$K_{b_1}=K_w/K_{a_2}=1.8\times10^{-4},\qquad K_{b_2}=K_w/K_{a_1}=2.3\times10^{-8}$$

又因为

$$cK_{b_1}>10K_w,\qquad 2\frac{K_{b_2}}{\sqrt{cK_{b_1}}}=\frac{2.3\times10^{-8}}{\sqrt{0.1\times1.8\times10^{-4}}}<0.05$$

$$c/K_{b_1}=0.1/1.8\times10^{-4}=5.6\times10^2>105$$

故可用最简式计算

$$[OH^-]=\sqrt{cK_{b_1}}=\sqrt{0.1\times1.8\times10^{-4}}=4.2\times10^{-3}\text{ mol/L}$$

$$pOH=2.38$$

pH 值为 14.00−2.38=11.62。

5.3.2.4 两性物质溶液

在溶液中既起酸的作用又可起碱的作用的两性物质，主要是由多元酸与强碱形成的酸式盐，或者是弱酸与弱碱形成的盐，如：$NaHCO_3$、K_2HPO_4、NaH_2PO_4、$(NH_4)_2CO_3$ 等，这类物质在水溶液中既可给出质子，显出酸性；又可接受质子，显出碱性，其酸碱平衡较为复杂，但在计算 $[H^+]$ 时可以从具体情况出发，作出合理简化处理，便于运算。

以 NaHB 为例，溶液中的质子转移反应有

$$HB^-\rightleftharpoons H^++B^{2-}$$

$$HB^-+H_2O\rightleftharpoons H_2B+OH^-$$

$$H_2O\rightleftharpoons H^++OH^-$$

质子条件式为

$$[H_2B]+[H^+]=[B^{2-}]+[OH^-]$$

由于

$$[OH^-]=\frac{K_w}{[H^+]}$$

$$[B^{2-}]=\frac{K_{a_2}[HB^-]}{[H^+]}$$

$$[H_2B]=\frac{[H^+][HB^-]}{K_{a_1}}$$

将各平衡关系式代入质子条件式中得

$$[H^+] = \frac{K_w}{[H^+]} + \frac{K_{a_2}[HB^-]}{[H^+]} - \frac{[H^+][HB^-]}{K_{a_1}}$$

整理得精确式为

$$[H^+] = \sqrt{\frac{K_{a_1}(K_w + [HB^-]K_{a_2})}{K_{a_1} + [HB^-]}} \tag{5-33}$$

可见其精确式也是一个求 $[H^+]$ 的一元高次方程，求解手续繁复。也可依据具体情况作近似处理。

当两性物质溶液的浓度不是很稀时（$c \geq 10^{-3}$mol/L），所形成两性物质的二元酸不是很强或者极弱时（$K_{a_1} = 10^{-2} \sim 10^{-3}$，$K_{a_1} \geq K_{a_2}$），一般可忽略 HB^-的酸式和碱式解离，可视 $[HB^-] = c$，则精确式可简化为下式：

$$[H^+] = \frac{K_w}{[H^+]} + \frac{cK_{a_2}}{[H^+]} - \frac{c[H^+]}{K_{a_1}}$$

展开整理得近似式：

$$[H^+] = \sqrt{\frac{K_{a_1}(K_w + cK_{a_2})}{K_{a_1} + c}} \tag{5-34}$$

如 $cK_{a_2} \geq 10K_w$，可忽略溶剂 H_2O 的解离，认为 $K_w + cK_{a_2} = cK_{a_2}$，则尚可进一步简化，得近似式（5-35），即

$$[H^+] = \sqrt{\frac{K_{a_1}K_{a_2}c}{K_{a_1} + c}} \tag{5-35}$$

此时，若 $c/K_{a_1} \geq 10$，又可进一步认为 $K_{a_1} + c = c$，于是更进一步简化为最简式：

$$[H^+] = \sqrt{\frac{K_{a_1}K_{a_2}c}{c}} = \sqrt{K_{a_1}K_{a_2}} \tag{5-36}$$

例 5-31 计算 1.0×10^{-2}mol/L NaH_2PO_4 溶液的 pH 值。

解：已知 $c = 1.0 \times 10^{-2}$mol/L，H_3PO_4 的 $K_{a_1} = 6.9 \times 10^{-3}$，$K_{a_2} = 6.2 \times 10^{-8}$，$K_{a_3} = 4.8 \times 10^{-13}$，由于

$$cK_{a_2} = 1.0 \times 10^{-2} \times 6.2 \times 10^{-8} = 6.2 \times 10^{-10} > 10K_w$$
$$c/K_{a_1} = 1.0 \times 10^{-2}/6.9 \times 10^{-3} = 1.45 < 10$$

所以可采用式（5-35）计算：

$$[H^+] = \sqrt{\frac{K_{a_1}K_{a_2}c}{K_{a_1} + c}} = \sqrt{\frac{1.0 \times 10^{-2} \times 6.9 \times 10^{-3} \times 6.2 \times 10^{-8}}{6.9 \times 10^{-3} + 1.0 \times 10^{-2}}} = 1.59 \times 10^{-5}\text{mol/L}$$

pH 值为 4.80。

例 5-32 计算 0.10mol/L $NaHCO_3$ 溶液 pH 值。

解：H_2CO_4 的 $K_{a_1} = 4.5 \times 10^{-7}$，$K_{a_2} = 4.7 \times 10^{-11}$，由于

$$cK_{a_2} = 0.1 \times 4.7 \times 10^{-11} = 4.7 \times 10^{-12} > 10K_w$$
$$c/K_{a_1} = 0.1/4.5 \times 10^{-7} = 2.2 \times 10^{5} > 10$$

因此可以忽略水的酸式和碱式解离，可用式（5-36）计算：

$$[H^+] = \sqrt{K_{a_1}K_{a_2}} = \sqrt{4.5 \times 10^{-7} \times 4.7 \times 10^{-11}} = 4.60 \times 10^{-9} \text{mol/L}$$

pH 值为 8.34。

5.4 酸碱滴定缓冲溶液

酸碱缓冲溶液一般是具有一定浓度的共轭酸碱对的溶液。当加入少量酸或碱，以及稍加稀释时，质子的转移反应达到平衡后，只是共轭酸碱对的酸与碱的相对浓度发生了微小的改变，致使溶液的 pH 值无显著变化。酸碱缓冲溶液一般是由浓度较大的弱酸及其共轭碱组成，如 $HAc\text{-}Ac^-$，$NH_4^+\text{-}NH_3$ 等。且浓度较大的强酸、强碱溶液也可以作为缓冲溶液。由于溶液中 H^+，或是 OH^-的浓度较大，增加少量的酸或是碱对溶液的 pH 值并无很大的影响。

5.4.1 缓冲溶液 pH 值的计算

例如，缓冲溶液是由弱酸 HB 和 NaB 组成的，溶液的物料平衡式和电荷平衡式分别如下。

物料平衡式：

$$[Na^+] = c_{B^-}$$

$$[HB] + [B^-] = c_{HB} + c_{B^-}$$

电荷平衡式：

$$[Na^+] + [H^+] = [B^-] + [OH^-]$$

由以上二式可得：

$$[B^-] = c_{B^-} + [H^+] - [OH^-]$$

$$[HB] = c_{HB} - [H^+] + [OH^-]$$

根据 HB 的解离平衡关系式可得精确式为

$$[H^+] = K_a \frac{[HB]}{[B^-]} = K_a \frac{c_{HB} - [H^+] + [OH^-]}{c_{B^-} + [H^+] - [OH^-]} \tag{5-37}$$

当溶液的 pH 值小于 6 时，$[H^+] \gg [OH^-]$，溶液呈酸性，可忽略 $[OH^-]$，可得近似式为

$$[H^+] = K_a \frac{c_{HB} - [H^+]}{c_{B^-} + [H^+]} \tag{5-38}$$

当溶液的 pH 值大于 8 时，$[OH^-] \gg [H^+]$，溶液呈碱性，可忽略 $[H^+]$，故可得近似式为

$$[H^+] = K_a \frac{c_{HB} + [OH^-]}{c_{B^-} - [OH^-]} \tag{5-39}$$

当 $c_{HB} \gg [OH^-] - [H^+]$，$c_{B^-} \gg [H^+] - [OH^-]$，可得最简式为

$$[H^+] = K_a \frac{c_{HB}}{c_{B^-}} \tag{5-40}$$

上式可改为：

pH 值为

$$pH = pK_a + \lg \frac{c_{B^-}}{c_{HB}} \tag{5-41}$$

这是计算缓冲溶液 H^+浓度的最简公式。当 c_{HB}、c_{B^-} 中某一浓度很小，或两者浓度都

很小时，不宜用最简式计算。

例 5-33 将 0.1mol/L HAc 溶液和 0.1mol/L NaAc 溶液等体积混合，求该混合液的 pH 值。已知 HAc 的 $pK_a = 4.74$。

解： 因为 c_{HAc} 远大于 $[OH^-]-[H^+]$，c_{NaAc} 远大于 $[H^+]-[OH^-]$，故可采用最简式计算。

pH 值为 $$pK_a + \lg\frac{c_{NaAc}}{c_{HAc}} = 4.74 + \lg\frac{0.1}{0.1} = 4.74$$

例 5-34 0.3mol/L 的吡啶和 0.10mol/L HCl 等体积混合是否为缓冲溶液?

解： $$C_5H_5N + HCl \rightleftharpoons C_5H_5NH^+ + Cl^-$$

等体积混合后，生成 $C_5H_5NH^+$ 的浓度：

$$c_{C_5H_5NH^+} = \frac{0.1}{2} = 0.05\text{mol/L}$$

则剩余的吡啶浓度为：

$$c_{C_5H_5N} = \frac{0.30 - 0.10}{2} = 0.10\text{mol/L}$$

吡啶的 $K_b = 1.7 \times 10^{-9}$，$K_a = K_w / K_b$，故吡啶与吡啶盐组成缓冲溶液，

pH 值为 $$pK_a + \lg\frac{c_{C_5H_5N}}{c_{C_5H_5NH^+}} = 14.00 - 8.77 + \lg\frac{0.10}{0.05} = 5.53$$

5.4.2 重要的缓冲溶液

在分析化学、生物化学和分子生物学等方面都需应用到缓冲溶液，因此合理地选择缓冲溶液具有重要意义。

5.4.2.1 缓冲溶液选择方法

（1）选择具有较大缓冲能力的缓冲溶液：根据要配制缓冲溶液的 pH 值，选择合适的弱酸或弱碱（$pK_a \approx$ pH 值）。对于一般弱酸及其共轭碱缓冲溶液有效缓冲范围为 pH 值为 $pK_a \pm 1$。

（2）缓冲容量与弱酸和共轭碱的浓度总浓度成正比，因此要选择配制缓冲溶液时，控制弱酸和共轭碱的浓度比接近 1∶1 且缓冲溶液的总浓度为 0.01~1.0mol/L。

（3）缓冲溶液的酸碱组不应对分析程序有副反应或其他影响。

5.4.2.2 常用的缓冲溶液

（1）弱酸及其共轭碱：HAc-NaAc；弱碱及其共轭酸：NH_3-NH_4Cl。

（2）两性物：$NaHCO_3$。

（3）强酸：HCl；强碱：NaOH。

表 5-1 为常用缓冲溶液。

表 5-1 常用缓冲溶液

缓冲溶液	共轭酸	共轭碱	pK_a
氨基乙酸-HCl	$^+NH_3CH_2COOH$	$^+NH_3CH_2COO^-$	2.35（pK_{a_1}）

续表 5-1

缓冲溶液	共轭酸	共轭碱	pK_a
一氯乙酸-NaOH	CHClCOOH	$CHClCOO^-$	2.86
甲酸-NaOH	HCOOH	$HCOO^-$	3.76
HAc-NaAc	HAc	Ac^-	4.74
六亚甲基四胺-HCl	$(CH_2)_6N_4H^+$	$(CH_2)_6N_4$	5.15
NaH_2PO_4-Na_2HPO_4	$H_2PO_4^-$	HPO_4^{2+}	7.20(pK_{a_2})
$Na_2B_4O_7$-HCl	H_3BO_3	$H_2BO_3^-$	9.24(pK_{a_1})
$Na_2B_4O_7$-NaOH	H_3BO_3	$H_2BO_3^-$	9.24(pK_{a_1})
NH_3-NH_4Cl	NH_4^+	NH_3	9.26
氨基乙酸-NaOH	$^+NH_3CH_2COO^-$	$NH_2CH_2COO^-$	9.60(pK_{a_2})
$NaHCO_3$-Na_2CO_3	HCO_3^-	CO_3^{2-}	10.25(pK_{a_2})
邻苯二甲酸氢钾-HCl	$C_6H_4(COOH)_2$（邻苯二甲酸，两个COOH）	$C_6H_4(COOH)(COO^-)$（COOH、COO^-）	2.95(pK_{a_1})

5.4.2.3　重要的标准缓冲溶液

用来较正 pH 计，它的 pH 值是在一定温度下通过实验获得的，大多数由两性物组成（如酒石酸氢钾），比值为 1∶5 和 5∶1；也有由共轭酸碱对配制而成的 $H_2PO_4^-$ ~ HPO_4^{2-}。

表 5-2 列出最常用的几种标准缓冲溶液，它们的 pH 值是经过准确的实验测得的。

表 5-2　pH 值标准溶液

pH 值标准溶液	pH 标准值（25℃）
饱和酒石酸氢钾（0.034mol/L）	3.56
0.05mol/L 邻苯二甲酸氢钾	4.01
0.025mol/L KH_2PO_4-0.025mol/L Na_2HPO_4	6.86
0.01mol/L 硼砂	9.18

表 5-3 总结了一元弱酸（碱），二元弱酸（碱）和两性物质的 pH 计算公式在允许误差为 5%范围内的使用条件，其中（a）为精确式，（b）为近似计算式，（c）为最简式。

表 5-3　几种酸溶液，两性物质溶液和缓冲溶液的 [H^+] 计算公式及其使用条件

	计算公式	使用条件（允许误差 5%）
一元弱酸	(a) $[H^+]=\sqrt{K_a[HA]+K_w}$ (b) $[H^+]=\sqrt{cK_a+K_w}$ $[H^+]=\frac{1}{2}(-K_a+\sqrt{K_a^2+4cK_a})$ (c) $[H^+]=\sqrt{cK_a}$	$c/K_a\geqslant105$ $cK_a\geqslant10K_w$ $\begin{cases}c/K_a\geqslant105\\cK_a\geqslant10K_w\end{cases}$

续表 5-3

	计算公式	使用条件（允许误差 5%）
两性物质	(a) $[H^+]=\sqrt{K_{a_1}(K_{a_2}[HA^-]+K_w)/(K_{a_1}+[HA^-])}$	
	(b) $[H^+]=\sqrt{cK_{a_1}K_{a_2}/(K_{a_1}+c)}$	$cK_{a_2}\geqslant 10K_w$
	(c) $[H^+]=\sqrt{K_{a_1}K_{a_2}}$	$\begin{cases}cK_{a_2}\geqslant 10K_w\\ c/K_{a_1}\geqslant 10\end{cases}$
二元弱酸	(a) $[H^+]=\dfrac{K_{a_1}[H_2A]}{[H^+]}+2K_{a_1}K_{a_2}\dfrac{[H_2A]}{[H^+]^2}$	
	(b) $[H^+]=\sqrt{K_{a_1}[H_2A]}$	$\begin{cases}cK_{a_1}\geqslant 10K_w\\ 2K_{a_2}/[H^+]\ll 1\end{cases}$
	(c) $[H^+]=\sqrt{cK_{a_1}}$	$\begin{cases}cK_{a_1}\geqslant 10K_w\\ c/K_{a_1}\geqslant 105\\ 2K_{a_2}/[H^+]\ll 1\end{cases}$
缓冲溶液	(a) $[H^+]=\dfrac{c_a-[H^+]+[OH^-]}{c_b+[H^+]-[OH^-]}K_a$	
	(b) $[H^+]=K_a(c_a-[H^+])/(c_b+[H^+])$	$[H^+]\gg[OH^-]$
	(c) $[H^+]=K_a c_a/c_b$	$\begin{cases}c_a\gg[OH^-]-[H^+]\\ c_b\gg[H^+]-[OH^-]\end{cases}$

5.5　酸碱指示剂

扫一扫

5.5.1　酸碱指示剂的原理

酸碱指示剂是用来判断酸碱滴定终点的一种物质，它能在计量点附近发生颜色变化而指示滴定终点。酸碱指示剂一般是有机弱酸或弱碱，当溶液的 pH 值改变时，指示剂由于结构的改变而发生颜色的改变。下面分别以酚酞和甲基橙为例来说明。

5.5.1.1　酚酞

酚酞是一种有机二元弱酸，是一种单色指示剂。它在水溶液中发生如下解离平衡：

$$\text{无色分子(酸性)} \underset{H^+}{\overset{OH^-}{\rightleftharpoons}} \text{无色离子(酸性)} \underset{H^+}{\overset{OH^-,\,-H_2O}{\rightleftharpoons}} \text{红色离子(醌式)(碱性)}$$

由上述平衡关系可以看出，在酸性溶液中酚酞以无色的酸色型存在；在碱性溶液中，以红色的碱色型存在。所以酚酞在 pH 值为 9.0 附近可指示溶液酸碱性的变化。像酚酞这种只有酸色型或碱色型单一颜色的指示剂称为单色指示剂。

5.5.1.2 甲基橙

甲基橙是一种有机弱碱，一种双色指示剂，它在水溶液中有如下平衡：

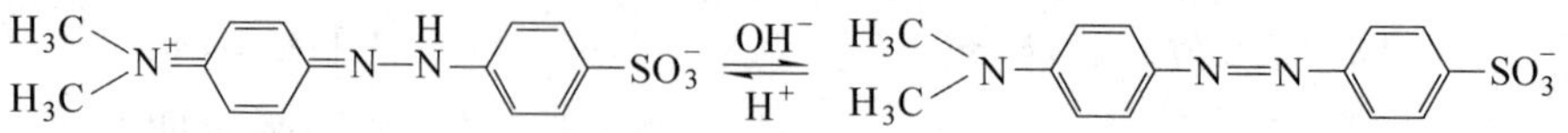

$$(H_3C)_2N^+{=}C_6H_4{=}N{-}NH{-}C_6H_4{-}SO_3^- \underset{H^+}{\overset{OH^-}{\rightleftharpoons}} (H_3C)_2N{-}C_6H_4{-}N{=}N{-}C_6H_4{-}SO_3^-$$

红色(酸色型)　　　　　　　　黄色(碱色型)

由上述平衡关系可以看出，增大溶液的酸性则平衡向左移动，甲基橙主要以红色（酸色型）存在，降低溶液的酸性则主要以黄色（碱色型）存在。所以加入这种指示剂的被滴定液，当在 pH 值为 3.4 附近发生变化时溶液将有红、黄两色的更迭，这时甲基橙便指示了溶液酸碱性的变迁。像甲基橙这类酸色型和碱色型均有颜色的指示剂，称为双色指示剂。

5.5.2 酸碱指示剂的变色范围

指示剂的变色范围是指指示剂由一种型体颜色转变为另一型体颜色时溶液参数变化的范围。这种借助其颜色变化来指示溶液 pH 值的物质称为酸碱指示剂。

以弱酸型指示剂为例，以 HIn 代表指示剂在溶液中酸式型体，In^-代表碱式型体。它在溶液中有如下解离平衡：

$$\underset{酸式}{HIn} \rightleftharpoons H^+ + \underset{碱式}{In^-}$$

指示剂常数 K_{HIn} 为

$$K_{HIn} = \frac{[H^+][In^-]}{[HIn]}$$

可将上式进一步改写为

$$\frac{K_{HIn}}{[H^+]} = \frac{[In^-]}{[HIn]}$$

式中，$\frac{[In^-]}{[HIn]}$ 的值决定了指示剂的颜色，该比值由指示剂常数 K_{HIn} 和溶液的酸度 $[H^+]$ 决定。由于在一定条件下 K_{HIn} 对某类指示剂为常数，故在此条件下指示剂的颜色由溶液中的 $[H^+]$ 决定。

当溶液的 $[H^+] = K_{HIn}$ 时，可得出 $[In^-] = [HIn]$，若以 pH 值来表示此时的酸度，则

$$\text{pH 值为 } pK_{HIn}$$

此时的 pH 值为该指示剂的理论变色点，溶液呈混合色。

当 $\frac{[In^-]}{[HIn]} \geqslant 10$ 时，指示剂呈碱式型体颜色

$$\text{pH 值不小于 } pK_{HIn} - 1$$

当 $\frac{[In^-]}{[HIn]} \leqslant 0.1$ 时，指示剂呈酸式型体颜色

$$\text{pH 值不大于 } pK_{HIn} + 1$$

由上可知，指示剂的变色范围为 $pK_{HIn} - 1 \leqslant$ pH 值 $\leqslant pK_{HIn} + 1$。将这一颜色变化范围

的 pH 值，即 pH 值为 $pK_{HIn} \pm 1$，称为指示剂理论变色范围。

在实际实验过程中，由于人对不同颜色的敏锐度不同，而且各指示剂的平衡常数不同，使其变色范围也不相同。实际观察到的指示剂变色范围与理论值存在差异，大多数指示剂存在 1~2 个 pH 值单位的变色范围，所以各书刊报道的变色范围也略有差异。如甲基橙 $pK_{HIn}=3.4$，经计算可推得理论变色范围为 pH 值为 2.4~4.4，实际测得变色范围 pH 值为 3.1~4.4。计算 pH 值为 3.1 和 4.4 时甲基橙 HIn^+ 和 In^- 的分布系数得出 pH 值为 3.1 时 $[HIn^+] \approx 2[In^-]$，表明酸型浓度比碱型大 2 倍时可使溶液变红；同理 pH 值为 4.4 时 $[HIn^+] \approx 0.1[In^-]$，表明碱型浓度比酸型大 10 倍时才能使溶液完全呈黄色。产生这种差异是由于人在辨别红色和黄色时，对红色更敏感，在判断时造成甲基橙的实际变色 pH 值变化范围变窄。表 5-4 中列出了几种常用酸碱指示剂的变色范围。

表 5-4 几种常用酸碱指示剂的变色范围（室温）

指示剂	变色范围（pH 值）	颜色变化	pK_{HIn}	浓 度	用量/滴·(10mL 试液)$^{-1}$
百里酚蓝	1.2~2.8	红~黄	1.7	1g/L 的 20%乙醇溶液	1~2
甲基黄	2.9~4.0	红~黄	3.3	1g/L 的 90%乙醇溶液	1
溴酚蓝	3.0~4.6	黄~紫	4.1	1g/L 的 20%乙醇溶液或其钠盐水溶液	1
甲基橙	3.1~4.4	红~黄	3.4	0.5g/L 的水溶液	1
溴甲酚绿	4.0~5.6	黄~蓝	4.9	1g/L 的 20%乙醇溶液或其钠盐水溶液	1~3
甲基红	4.4~6.2	红~黄	5.0	1g/L 的 60%乙醇溶液或其钠盐水溶液	1
溴百里酚蓝	6.2~7.6	黄~蓝	7.3	1g/L 的 20%乙醇溶液或其钠盐水溶液	1
中性红	6.8~8.0	红~黄橙	7.4	1g/L 的 60%乙醇溶液	1
苯酚红	6.8~8.4	黄~红	8.0	1g/L 的 60%乙醇溶液或其钠盐水溶液	1
百里酚蓝	8.0~9.6	黄~蓝	8.9	1g/L 的 20%乙醇溶液	1~4
酚酞	8.0~10.0	无~红	9.1	5g/L 的 90%乙醇溶液	1~3
百里酚酞	9.4~10.6	无~蓝	10.0	1g/L 的 90%乙醇溶液	1~2

5.5.3 混合指示剂

为使酸碱滴定分析实验达到预期的准确度，在滴定某些酸碱溶液时，往往会通过减小滴定终点 pH 值变化范围的方法来达到目的。一般的指示剂难以满足滴定精度的要求，混合指示剂能有效利用颜色之间的互补作用，将变色范围变窄，使滴定终点有敏锐的颜色变化，从而准确指示滴定终点。

根据混合指示剂利用颜色之间的互补作用原理，常用的配制方法有以下两类：

一类是将一种不随 pH 值变化而改变颜色的惰性染料与一种酸碱指示剂按一定比例混合得到的指示剂，如甲基橙与惰性染料靛蓝组成的混合指示剂，靛蓝（青蓝色）不随溶液 pH 值变化而改变颜色，只作为甲基橙变色的背景，在 pH 值不大于 3.1 时，甲基橙呈现的红色与靛蓝的青蓝色混合，使溶液呈紫色；在 pH 值不小于 4.4 时，甲基橙呈现的黄色与靛蓝的青蓝色混合，使溶液呈绿色；在 pH 值为 4.1 时，甲基橙呈现的橙色与靛蓝的青蓝色互补，使溶液近似变为无色（浅灰色）。因其中间色近似无色，使之变色较为敏锐，易于观察。

另一类混合指示剂是将两种或两种以上的酸碱指示剂按一定比例混合而成。两种指示剂的混合，使得指示剂的变色范围变窄，变色较为敏锐。如甲酚红（变色范围的 pH 值为 7.2~8.8，颜色由黄色到紫色）与百里酚蓝（变色范围的 pH 值为 8.0~9.6，颜色由黄色到蓝色）按 1∶3 比例混合，所得的混合指示剂的变色范围 pH 值为 8.2~8.4，颜色由粉红色到紫色，此时变色范围变窄，变色敏锐。常见的酸碱混合指示剂见表 5-5。

表 5-5 几种常用混合指示剂

指示剂溶液的组成	变色时 pH 值	颜色		备注
		酸色	碱色	
1 份 1g/L 甲基黄乙醇溶液 1 份 1g/L 亚甲基蓝乙醇溶液	3.25	蓝紫	绿	pH 值为 3.2，蓝紫色 pH 值为 3.4，绿色
1 份 1g/L 甲基橙水溶液 1 份 2.5g/L 靛蓝二磺酸钠水溶液	4.1	紫	绿	pH 值为 4.1，灰色
1 份 1g/L 溴甲酚绿钠水溶液 1 份 2g/L 甲基橙水溶液	4.3	橙	蓝绿	pH 值为 3.5，黄色 pH 值为 4.05，绿色 pH 值为 4.3，浅绿色
3 份 1g/L 溴甲酚绿乙醇溶液 1 份 2g/L 甲基红乙醇溶液	5.1	酒红	绿	pH 值为 5.1，灰色
1 份 1g/L 溴甲酚绿钠水溶液 1 份 1g/L 氯酚红钠盐水溶液	6.1	黄绿	蓝绿	pH 值为 5.4，蓝绿色 pH 值为 5.8，蓝色 pH 值为 6.0，蓝带紫 pH 值为 6.2，蓝紫
1 份 1g/L 中性红乙醇溶液 1 份 1g/L 亚甲基蓝乙醇溶液	7.0	紫蓝	蓝绿	pH 值为 7.0，紫蓝色
1 份 1g/L 甲酚红钠盐水溶液 3 份 1g/L 百里酚蓝钠盐水溶液	8.3	黄	紫	pH 值为 8.2，玫瑰红 pH 值为 8.4，清晰的紫色
1 份 1g/L 百里酚蓝 50%乙醇溶液 3 份 1g/L 酚酞 50%乙醇溶液	9.0	黄	紫	从黄到绿，再到紫色
1 份 1g/L 酚酞乙醇溶液 1 份 1g/L 百里酚酞乙醇溶液	9.9	无色	紫	pH 值为 9.6，玫瑰红色 pH 值为 10，紫色
2 份 1g/L 百里酚酞乙醇溶液 1 份 1g/L 茜素黄 R 乙醇溶液	10.2	黄	紫	

5.5.4 影响酸碱指示剂变色范围的主要因素

指示剂的变色是由于发生了化学反应，因此，影响化学反应进行的各种因素都会影响指示剂的变色范围。其中主要有指示剂的用量、溶液的离子强度、温度和溶剂等。

5.5.4.1 指示剂的用量

对于双色指示剂，因其变色范围仅取决于比值[In^-]/[HIn]，因而与指示剂的浓度无关。但指示剂的浓度过大，色调的变化不明显，并且指示剂本身也要消耗一些滴定剂，因而会带来误差。

对于单色指示剂，浓度的高低对其变色范围是有影响的。例如，酚酞指示剂的分析浓度为 c(mol/L)，其红色的碱色型将随着溶液 pH 值的增大而逐渐增加，当碱色型增加到某一最低浓度 c_0(mol/L)，即能被人们开始观察到溶液显浅红色（俗称酚红色）时，其 pH 值为

$$pK_a \lg \frac{c - c_0}{c_0}$$

其中，pK_a 是常数；c_0 可视为固定值，它是由人眼对浅红色的敏感程度决定的。于是 c 越大，变色点的 pH 值越小，c 的大小导致变色范围的改变，且其影响不可忽略。通常在 50~100mL 滴定液中，加入 2~3 滴 1g/L 酚酞溶液，当 pH 值约为 9 时，可观察到溶液呈浅红色。若在此滴定液中加入 15~20 滴 1g/L 酚酞溶液，则 pH 值约为 8 时就能观察到溶液变浅红色，表明降低了一个 pH 值单位，给滴定分析带来了误差。

由于指示剂的浓度对变色范围或观察效果有影响，故一般指示剂的用量都很少，通常使用的都是 1g/L 的溶液，用量比例为每 10mL 滴定液加 1 滴溶液。

5.5.4.2 溶液的离子强度

溶液的离子强度可使指示剂的解离常数发生变化，同时溶液中某些离子能吸收不同波长的光，也会影响指示剂颜色的深度，这些都使指示剂的变色范围发生移动。但对不同类型的指示剂这些影响的趋向和程度是不同的。例如，在水溶液中，离子强度由 0 增至 0.5mol/kg 时，甲基橙和甲基红的解离常数均无明显变化，而甲基黄的解离常数由 3.25 升至 3.34；溴甲酚绿由 4.90 降到 4.50。

5.5.4.3 温度

由于水的质子自传递常数和指示剂的解离常数受温度影响，因此在温度发生变化时，指示剂的变色范围也随之改变，温度增高，离解增强，灵敏度降低。温度变化对碱型指示剂影响更为明显。例如，甲基橙在 25℃ 下升至 100℃ 时，其变色范围由 3.1~4.4 变为 2.5~3.7；而溴百里酚蓝的 pH 值则由 6.0~7.6 变为 6.2~7.8。因此一般的酸碱滴定分析实验都在室温下进行，如遇特殊情况必须加热，也需将溶液冷却至室温后再进行酸碱滴定分析。

5.5.4.4 溶剂

由于不同溶剂的介电常数有差别，故会直接影响指示剂的解离，从而使指示剂的变色范围发生改变。例如，甲基橙在以水为介质时，其变色范围为 pH 值在 3.1~4.4 之间，而溶剂为 90%丙酮水溶液时，其变色范围的 pH 值为 1.0~2.7，溴甲酚绿变色的 pH 值由 3.0~4.6 变为 6.5~8.3。

5.5.4.5 滴定顺序

观察者的辨色敏锐度，以及终点 pH 值区域影响。例如，以甲基橙为指示剂，在酸滴定碱时，终点颜色由黄色转橙色，容易辨别；而用碱滴定酸时，溶液颜色由红色变橙色，不易辨别。

5.6 一元酸碱滴定

酸碱滴定法是指利用溶液酸碱反应进行滴定分析的滴定分析法，是将酸（碱）标准溶液滴加到碱（酸）液中，滴定的终点通常可以通过酸碱指示剂的颜色变化来确定。为选择合适的酸碱指示剂来指示终点，将滴定误差控制在合适的范围（±0.1%或±0.2%），就必须确定滴定过程中，尤其是化学计量点附近引起±0.1%或±0.2%的误差这段范围的溶液 pH 值变化情况。为此，可用滴定过程中滴定剂的用量（或中和百分数）作为横坐标，溶液的 pH 值变化值作为纵坐标，得到一条描述随滴定剂的加入而引起溶液 pH 值变化情况的曲线，这条曲线称为酸碱滴定曲线。下面分几种情况进行讨论。

5.6.1 强碱（酸）滴定强酸（碱）

强酸、强碱在水溶液中几乎完全离解，酸以 $[H^+]$ 形式存在，碱以 $[OH^-]$ 形式存在。这类滴定的基本反应为

$$H^+ + OH^- \rightleftharpoons H_2O$$

下面以 0.1000mol/L 氢氧化钠溶液滴定 20.00mL 0.1000mol/L 盐酸溶液为例，研究滴定过程中溶液 pH 值的变化。

（1）滴定开始前：溶液中仅存在体积为 20.00mL，浓度为 0.1000mol/L 的 HCl，所以溶液的 pH 值取决于溶液的原始浓度，即

$$[H^+] = 0.1000\text{mol/L}，\ \text{pH 值为 } 1.00$$

（2）滴定开始至化学计量点前：由于加入 NaOH，部分 HCl 被中和，组成 HCl+NaOH 溶液，其中的 Na^+、Cl^-对 pH 值无影响，溶液的 pH 值主要由溶液中剩余 HCl 的浓度决定，$[H^+]$ 的计算公式为

$$[H^+] = \frac{V_{HCl} - V_{NaOH}}{V_{HCl} + V_{NaOH}} \times c_{HCl}$$

例如，加入 18.00mL 溶液时，还剩 2.00mL HCl 溶液未被中和，根据 pH 值的计算公式可得此时溶液中 HCl 的浓度为

$$[H^+] = \frac{20.00 - 18.00}{20.00 + 18.00} \times 0.1000$$
$$= 5.26 \times 10^{-3}\text{mol/L}，\ \text{pH 值为 } 2.28$$

加入 19.98mL 溶液时，还剩 0.02mL HCl 溶液未被中和，此时溶液中 HCl 的浓度为

$$[H^+] = \frac{20.00 - 19.98}{20.00 + 19.98} \times 0.1000$$
$$= 5.00 \times 10^{-5}\text{mol/L}，\ \text{pH 值为 } 4.30$$

从滴定开始直到化学计量点前的各点都这样计算。

（3）化学计量点时：NaOH 和 HCl 恰好完全中和，生成 NaCl 溶液，此时溶液的 pH

值仅取决于水的解离。根据水的质子自传递常数知：

$$[H^+] = 1.0 \times 10^{-7.00} \text{mol/L}, \ \text{pH 值为 } 7.00$$

（4）化学计量点后：过了化学计量点，再加入 NaOH 溶液，构成 NaOH+NaCl 溶液，其 pH 值取决于过量的 NaOH，计算方法与强酸溶液中计算［H^+］的方法相类似。

$$[OH^-] = \frac{V_{NaOH} - V_{HCl}}{V_{HCl} + V_{NaOH}} \times c_{NaOH}$$

例如，滴加 NaOH 溶液为 20.02mL 时，此时根据过量的 NaOH 溶液，可以算出

$$[OH^-] = \frac{20.02 - 20.00}{20.02 + 20.00} \times 0.1000$$

$$= 5.0 \times 10^{-5} \text{mol/L}$$

$$\text{pOH} = 4.30, \qquad \text{pH 值为 } 9.70$$

化学计量点后都这样计算。

按上述方法，可计算出 NaOH 溶液滴定 HCl 溶液整个过程的 pH 值，把计算所得结果列于表 5-6 中。如果以 NaOH 溶液的加入量为横坐标，对应的溶液 pH 值为纵坐标，绘制关系曲线，则得如图 5-4 所示的滴定曲线。

从图 5-4 和表 5-6 中可以看出，滴定开始时，由于溶液中存在大量还未反应的 HCl，具有很大的缓冲容量，因此随着 NaOH 溶液的加入，pH 值变化幅度较小。当滴定反应不断进行时，溶液中未反应的 HCl 含量逐渐减少，同时也减小了其缓冲能力，增大了 pH 值的变化幅度。特别是当滴定反应接近化学计量点时，此时溶液中 HCl 已基本被反应，因此该阶段的 pH 值的变化幅度极大。从图 5-4 可以看出，从滴定开始到 NaOH 的加入量为 19.98mL 时，此时滴定反应已经进行了 99.9%，溶液中还剩 0.1%的 HCl 未被反应，产生的误差为-0.1%；继续加入一滴 NaOH 溶液，约 0.04mL，此时加入 NaOH 溶液的总量为 20.02mL，已使 HCl 反应完全，剩余 NaOH 的量所产生的误差为+0.1%。NaOH 溶液从 19.98mL 加到 20.02mL，其 pH 值从 4.31 突变到 9.70，使溶液由酸性转成碱性。通常把化学计量点前后滴定误差为±0.1%时滴定曲线近似为一段垂直的曲线，使溶液 pH 值急剧变化的现象称为“滴定突跃”。

表 5-6 用 0.1000mol/L NaOH 溶液滴定 20.00mL 0.1000mol/L HCl 溶液

加入 NaOH 溶液体积/mL	滴定分数/%	剩余 HCl 溶液体积 V/mL	过量 NaOH 溶液体积/mL	pH 值
		20.00		1.00
18.00	90.0	2.00		2.28
19.80	99.0	0.20		3.30
19.98	99.9	0.02		4.31 突跃范围
20.00	100.0	0.00		7.00
20.02	100.1		0.02	9.70
20.20	101.0		0.20	10.70

续表 5-6

加入 NaOH 溶液体积/mL	滴定分数/%	剩余 HCl 溶液体积 V/mL	过量 NaOH 溶液体积/mL	pH 值
22.00	110.0		2.00	11.70
40.00	200.0		20.00	12.50

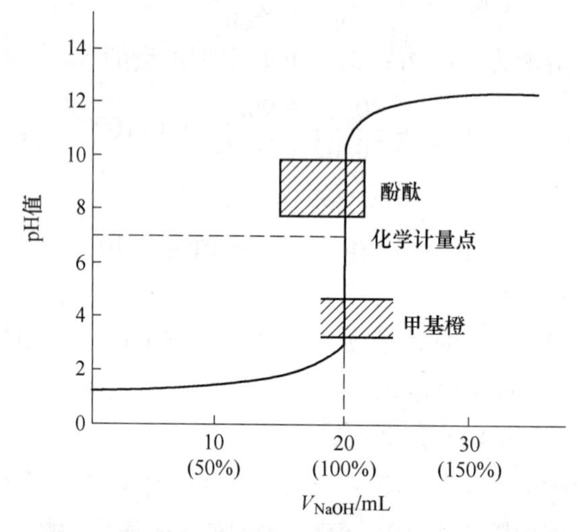

图 5-4 0.1000mol/L NaOH 滴定 20.00mL 0.1000mol/L HCl 的滴定曲线

根据滴定曲线上滴定突跃时近似垂直的 pH 值变化范围，可以选择适当的指示剂，并且可测得化学计量点时所需 NaOH 溶液的体积。显然，对于化学计量点附近变色的指示剂如溴百里酚蓝、苯酚红等，由于化学计量点正处于指示剂的变色范围内，故它们能正确指示终点的到达。实际上，凡是在滴定突跃范围内变色的指示剂都可以相当正确地指示终点，例如甲基橙、甲基红、酚酞等都可用作这类滴定的指示剂。

以上讨论的是 0.1000mol/L NaOH 溶液滴定 0.1000mol/L HCl 溶液的情况。如果溶液浓度改变，化学计量点时溶液的 pH 值依然是 7，但化学计量点附近的滴定突跃的大小却不相同。从图 5-5 可以清楚地看出来，酸碱溶液越浓，滴定曲线上化学计量点附近的滴定突跃越大，指示剂的选择也就越方便；溶液越稀，化学计量点附近的滴定突跃范围越小，指示剂的选择越受到限制。当用 0.01mol/L NaOH 溶液滴定 20.00mL 0.01mol/L HCl 溶液时，滴定突跃在 5.30~8.70，此时的滴定突跃范围较小，不适合用甲基橙指示终点，可以选择甲基红、酚酞作为指示剂来指示终点。若用 1.00mol/L NaOH 溶液滴定 20.00mL 1.00mol/L HCl 溶液，其滴定突跃范围在 3.30~10.70，此时甲基橙、甲基红和酚酞均可用来指示终点。

滴定中标准溶液浓度过大，则试剂用量太多；浓度过稀，则突跃不明显，选择指示剂较困难。因此，一般常用的标准溶液浓度在 0.01~1.00mol/L 范围为好。

5.6.2 强碱滴定弱酸

一元弱酸在水溶液中存在解离平衡。强碱滴定一元弱酸的基本反应为：

$$OH^- + HB \Longrightarrow H_2O + B^-$$

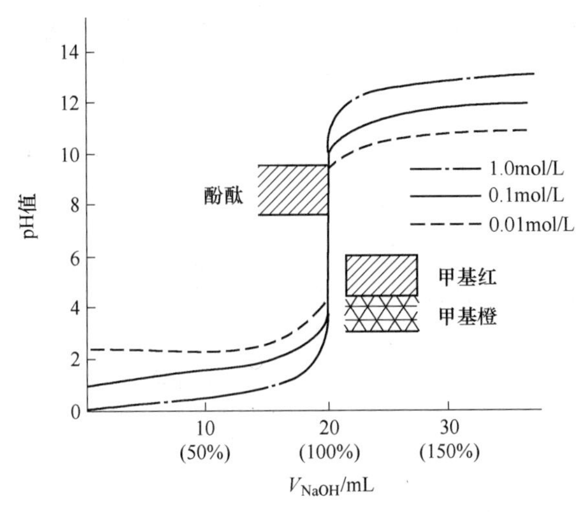

图 5-5 不同浓度 NaOH 溶液滴定不同浓度 HCl 溶液的滴定曲线

现以 0.1000mol/L NaOH 标准溶液滴定 20.00mL 0.1000mol/L HAc 标准溶液为例，讨论强碱滴定弱酸过程中溶液 pH 值的变化情况。

滴定反应为

$$OH^- + HAc \Longrightarrow H_2O + Ac^-$$

（1）滴定开始前：溶液组成为 20.00mL 0.1000mol/L HAc 溶液，溶液中 $[H^+]$ 主要来自于 HAc 的解离。由于 HAc 的浓度较大，HAc 解离常数 $K_a = 1.8 \times 10^{-5}$，$c/K_a > 105$，$cK_a > 10K_w$，故此时 pH 值可用弱酸计算公式中的最简式来计算

$$[H^+] = \sqrt{cK_a} = \sqrt{0.1000 \times 1.8 \times 10^{-5}} = 1.34 \times 10^{-3}\text{mol/L}$$

pH 值为 2.87

（2）滴定开始到化学计量点前：溶液中未反应的 HAc 和反应产生的共轭碱 Ac^- 组成 HAc-Ac^- 缓冲体系，溶液 pH 值按下式计算：

$$\text{pH 值为}\quad pK_a + \lg\frac{[Ac^-]}{[HAc]}$$

其中

$$[Ac^-] = \frac{c_{NaOH}V_{NaOH}}{V_{HAc} + V_{NaOH}}$$

$$[HAc] = \frac{c_{HAc}V_{HAc} - c_{NaOH}V_{NaOH}}{V_{HAc} + V_{NaOH}}$$

因为

$$c_{HAc} = c_{NaOH}$$

所以

$$\text{pH 值为}\quad pK_a + \lg\frac{V_{NaOH}}{V_{HAc} - V_{NaOH}}$$

当滴入 $V_{NaOH} = 18.00$mL 时，代入上式：

$$\text{pH 值为}\quad 4.74 + \lg\frac{18.00}{20.00 - 18.00} = 5.70$$

以同样方法计算出滴入 19.80mL、19.98mL 氢氧化钠溶液时，溶液 pH 值分别为 6.74、7.74。

（3）化学计量点时：即加入 NaOH 溶液体积为 20.00mL 时，HAc 全部与 NaOH 作用

生成共轭弱碱 NaAc，此时溶液的碱度主要由 Ac^- 的解离决定，其浓度 c_{Ac^-} = 0.0500mol/L。此时溶液的 pH 值可由弱酸计算公式得到，即

$$[OH^-] = \sqrt{cK_b} = \sqrt{\frac{cK_w}{K_a}} = \sqrt{\frac{0.0500 \times 10^{-14}}{1.8 \times 10^{-5}}} = 5.3 \times 10^{-6}\text{mol/L}$$

$$pOH = 5.28, \qquad pH \text{ 值为 } 8.72$$

（4）化学计量点后：溶液由滴定产物 NaAc 和过量的 NaOH 组成，由于过量的 NaOH 会削弱 Ac^-的离解，故此时溶液的碱度由过量的 NaOH 决定，溶液 pH 值的变化与强碱滴定强酸的情况相同。

当 NaOH 溶液的滴入量为 20.02mL 时，此时 NaOH 溶液过量 0.02mL，则

$$[OH^-] = \frac{0.1000 \times 0.02}{20.00 + 20.02} = 5.0 \times 10^{-5}\text{mol/L}$$

$$pOH = 4.30, \qquad pH \text{ 值为 } 9.70$$

按上述方法逐一计算滴定过程中溶液的 pH 值，结果列于表 5-7 中，并绘制滴定曲线（见图 5-6 中的曲线Ⅰ），图 5-6 中虚线为强碱滴定强酸曲线的化学计量点前的部分。

表 5-7　0.1000mol/L NaOH 溶液滴定 20.00mL 相同浓度 HAc 溶液 pH 值变化

加入 NaOH 溶液体积/mL	滴定分数/%	剩余 HAc 溶液体积/mL	过量 NaOH 溶液体积/mL	pH 值
0.00		20.00		2.87
10.00	50.0	10.00		4.74
18.00	90.0	2.00		5.70
19.80	99.0	0.20		6.74
19.98	99.9	0.02		7.74A 突跃范围
20.00	100.0	0.00		8.72
20.02	100.1		0.02	9.70B
20.20	101.0		0.20	10.70
22.00	110.0		2.00	11.70
40.00	200.0		20.00	12.50

将图 5-6 中的曲线Ⅰ与虚线进行比较可以看出，与同浓度强酸相比，弱酸由于部分解离，滴定前溶液中［H^+］较小，滴定曲线的起点 pH 值高。滴定开始后，由于酸碱中和生成的 Ac^-产生同离子效应并抑制 HAc 的解离，［H^+］较快降低，曲线斜率较大。但随着滴定反应的继续进行，Ac^-的浓度逐渐增大，形成的 HAc-Ac^-缓冲体系缓冲能力增强，减缓了 pH 值的增加速度。当滴定接近化学计量点时，由于溶液中还剩少量未反应的 HAc，溶液的缓冲能力逐渐减弱，故溶液 pH 值快速增大。在达到化学计量点附近出现较小范围的滴定突跃，当滴定误差由-0.1%变化到+0.1%时，溶液的 pH 值由 7.74 增至 9.70，相比于强碱滴定强酸时产生的滴定突跃范围 4.31～9.70 小很多，这是由滴定反应中的滴定常数相对较小引起的。由于强碱滴定弱酸时的产物是弱碱，因此到达化学计量点时 pH 值为 8.72，处于碱性区域，显然在选用指示剂时不能选酸性区域变色的指示剂，可选如酚酞、百里酚酞等碱性区域内变色的指示剂。

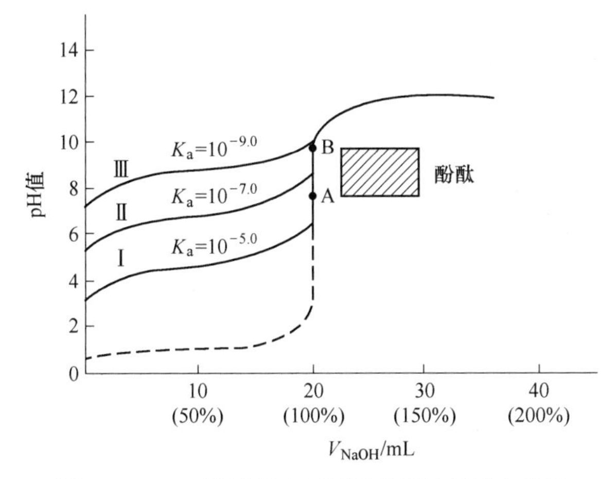

图 5-6 NaOH 溶液滴定不同弱酸溶液的滴定曲线

用 0.1000mol/L NaOH 溶液滴定不同强度等浓度的一元弱酸，由图 5-6 中的曲线可得，在一定浓度下，被滴定的酸解离常数 K_a 越小，则滴定到化学计量点时的溶液 pH 值越大，滴定突跃范围越小。如图 5-6 中的曲线Ⅱ所示，当 $K_a = 10^{-7.0}$ 时，溶液的滴定突跃变化范围约为 0.3 个 pH 值单位，刚好能准确滴定；而 $K_a = 10^{-9.0}$ 时，如图 5-6 中的曲线Ⅲ所示，溶液的滴定曲线无明显突跃，难以用指示剂指示终点。

由于化学计量点附近滴定突跃的大小，不仅和被测酸的 K_a 值有关，也和浓度有关，故用较浓的标准溶液滴定较浓的试液，可使滴定突跃适当增大，滴定终点较易判断。但这一途径也存在着一定的限度，对于 K_a 约为$10^{-9.0}$的酸，即使用 1mol/L 的标准碱也难以直接滴定。一般来讲，人们用肉眼观察溶液颜色变化存在一定的误差，因此要求滴定突跃范围至少大于 0.3 个 pH 值单位，实验证明若要满足以上要求，必须使弱酸溶液的浓度和弱酸的离解常数的乘积 $cK_a \geqslant 10^{-8}$，并且在此条件下产生的终点误差也在允许的±0.1%以内。综上所述，弱酸能被强碱溶液直接准确滴定的判据为：$cK_a \geqslant 10^{-8}$。

5.6.3 强酸滴定弱碱

以 HCl 溶液滴定 NH_3 水溶液为例，滴定反应为：

$$H^+ + NH_3 \xlongequal{} NH_4^+$$

这类滴定同 NaOH 溶液滴定 HAc 溶液十分相似，只是滴定过程中溶液 pH 值的变化由大到小，如图 5-7 所示，滴定曲线形状与强碱滴定弱酸的滴定曲线相反，化学计量点时生成物 NH_4^+ 为弱酸，化学计量点时 pH 值为 5.3，滴定的 pH 值突跃范围为 4.3~6.3，均位于酸性区域，故宜选用甲基橙等酸性区域变色的指示剂来指示终点。

与强碱滴定弱酸的情形相类似，弱碱被强酸直接准确滴定的判据为：

$$cK_b \geqslant 10^{-8}$$

在标定 HCl 溶液的浓度时，常常用硼砂（$Na_2B_4O_7 \cdot 10H_2O$）或 Na_2CO_3 作基准物，HCl 与它们的反应也属于强酸与弱碱的反应。

硼砂是由等比例的 NaH_2BO_3 与 H_3BO_3 混合后脱水所得，可视为 H_3BO_3 被 NaOH 中和了一半的产物。硼砂溶于水，发生下列反应：

$$B_4O_7^{2-} + 5H_2O \rightleftharpoons 2H_2BO_3^- + 2H_3BO_3$$

根据质子理论，所得的产物之一 $H_2BO_3^-$ 是弱酸 H_3BO_3 的共轭碱。

$$H_3BO_3 \rightleftharpoons H_2BO_3^- + H^+$$

已知 H_3BO_3 的 $pK_a = 9.24$，$H_2BO_3^-$ 的 $pK_b = 4.76$。显而易见，当硼砂溶液的浓度不是很稀时，$H_2BO_3^-$ 可以满足 $cK_b \geqslant 10^{-8}$ 的要求，就能用强酸（如 HCl）直接滴定 $H_2BO_3^-$，所以实践中常以硼砂为基准物标定 HCl 溶液。

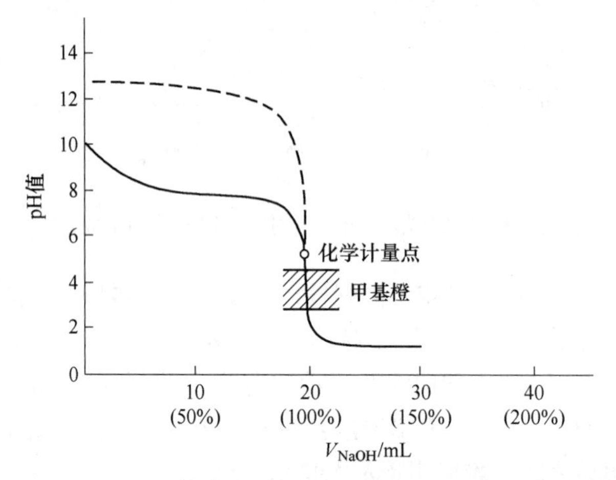

图 5-7　0.1000mol/L HCl 滴定 20.00mL 0.1000mol/L $NH_3 \cdot H_2O$ 的滴定曲线

例 5-35　计算 0.1000mol/L HCl 滴定 0.05000mol/L $Na_2B_4O_7$ 溶液时化学计量点的 pH 值，并选择指示剂。

解： 硼砂溶于水后生成 0.1000mol/L H_3BO_3 和 0.1000mol/L $H_2BO_3^-$，化学计量点时 $H_2BO_3^-$ 也被中和成 H_3BO_3，考虑到此时溶液已稀释 1 倍，因此溶液中 H_3BO_3 浓度仍为 0.1000mol/L。

$$[H^+] = \sqrt{cK_a} = \sqrt{0.1000 \times 10^{-9.24}} = 10^{-5.12}\text{mol/L}$$

故 pH 值为 5.12，应选用甲基红指示剂来指示终点。

例 5-36　0.1mol/L 的乙醇胺（$HO(CH_2)_2NH_2$）$K_b = 10^{-4.50}$，能否准确滴定？并选择指示剂。

解： 判断：$cK_b = 0.1 \times 10^{-4.50} = 10^{-5.50} > 10^{-8}$

符合弱碱被强酸直接准确滴定的判据，因此可用 HCl 滴定。

等浓度等体积滴：$A^- + H^+ \rightleftharpoons HA$

$$K_a = \frac{K_w}{K_b} = \frac{10^{-14.00}}{10^{-4.50}} = 10^{-9.50}$$

$$[H^+] = \sqrt{cK_a} = \sqrt{0.1 \times 10^{-9.50}} = 10^{-5.25}\text{mol/L}$$

pH 值为 5.25，可选用甲基红指示剂来指示终点。

例 5-37　0.1mol/L 邻苯二甲酸氢钾的 $K_{a_1} = 10^{-2.95}$；$K_{a_2} = 10^{-5.41}$，试问应选用何种滴定剂？计算到达化学计量点时溶液的 pH 值，该选何种指示剂指示终点？

解： 判断：两性物质

当碱：$K_b = K_{b_2} = K_w/K_{a_1} = 10^{-11.5}$；$cK_b < 10^{-8}$，因此不能选用 HCl 滴定。

当酸：$K_{a_2} = 10^{-5.41}$；$cK_{a_2} > 10^{-8}$，可选用 NaOH 滴定。

当化学计量点时生成二元弱酸

$$[OH^-] = \sqrt{\frac{cK_{b_1}}{2}} = 10^{-4.9}$$

可得 pH 值为 9.1，因此可选用酚酞指示剂来指示终点。

例 5-38 已知 0.1mol/L 的盐酸羟胺（$NH_2OH \cdot HCl$）的 $K_b = 10^{-8.04}$，试问能否用酸碱滴定法测其含量，若应选何种指示剂指示终点，并计算其 K_t 值。

解：因为 $K_a = \frac{K_w}{K_b} = 10^{-5.96}$，$cK_a > 10^{-8}$

符合弱酸被强碱直接准确滴定的判据，因此可用 NaOH 滴定

$$NH_2OH \cdot HCl + NaOH = NH_2OH + H_2O + NaCl$$

$$[OH^-] = \sqrt{\frac{cK_b}{2}} = 10^{-4.67}$$

可得 pH 值为 9.33，因此可选用酚酞指示剂来指示终点。

$$K_t = \frac{K_a}{K_w} = \frac{10^{-5.96}}{10^{-14.00}} = 10^{8.04}$$

对于稍强弱酸的共轭碱，如 NaAc、Ac^- 的 $pK_b = 9.26$，不能满足 $cK_b \geqslant 10^{-8}$ 的要求，因此不能用标准酸直接滴定，但是在要求准确度不是很高的工业分析中，可以采取一些措施设法进行测定。如测定 NaAc 溶液可选择较浓的滴定溶液（例如 1mol/L），并在滴定终点时用一对照溶液进行比较，使用该法可判断滴定终点，但终点误差相对较大。另外还可采用非水滴定法测定 NaAc。

5.7 多元酸、多元碱和混合碱的滴定

5.7.1 多元酸的分步滴定

能给出两个或两个以上质子的酸为多元酸，多元酸多数是弱酸，它们在水中分级解离，如 H_2B 分两步解离。用强碱滴定多元酸时，需讨论多元酸中所有的 H^+ 是否能全部被直接滴定；若能直接滴定，需考虑是否能分步滴定。

证明二元弱酸能否分步滴定可按下列原则大致判断：

（1）根据直接滴定的条件判断多元酸各步离解出来的 H^+ 能否被滴定。若 $cK_{a_1} \geqslant 10^{-8}$，$cK_{a_2} \geqslant 10^{-8}$，则此二元酸两步解离出来的 H^+ 均可被直接滴定；若 $cK_{a_1} \geqslant 10^{-8}$，$cK_{a_2} < 10^{-8}$，第一步解离出来的 H^+ 可被直接滴定，第二步离解出来的 H^+ 不能被直接滴定。三元酸以此类推。

（2）根据相邻两个解离常数的比值判断能否分步滴定。若分步滴定允许误差是 ±0.5%，选择指示剂的变色点正好是化学计量点，就要求化学计量点前后误差为 ±0.5% 时溶液约有 0.3 个 pH 值滴定突跃变化范围，这时要求 $K_{a_1}/K_{a_2} \geqslant 10^5$ 才能分步滴定。实际上

是通过判断 pH 值突跃个数来判断分步滴定的情况，即有 1 个 pH 值突跃就能进行一步滴定，有 2 个 pH 值突跃就能进行两步滴定，以此类推。

以二元酸为例讨论，在不同条件下判别是否能分步滴定。

如果 $cK_{a_1} \geqslant 10^{-8}$，$cK_{a_2} \geqslant 10^{-8}$ 且 $K_{a_1}/K_{a_2} \geqslant 10^5$，则形成 2 个 pH 值突跃，2 个 H^+能分别被直接滴定。

如果 $cK_{a_1} \geqslant 10^{-8}$，$cK_{a_2} < 10^{-8}$ 且 $K_{a_1}/K_{a_2} \geqslant 10^5$，形成 1 个 pH 值突跃，第一步离解出的 H^+能被直接滴定，第二步离解出来的 H^+不能被直接滴定，按第一化学计量点时的 pH 值选择指示剂；若 $K_{a_1}/K_{a_2} < 10^5$，即使 $cK_{a_1} \geqslant 10^{-8}$，第一步离解的 H^+也不能直接被滴定。因为 $cK_{a_2} < 10^{-8}$，第二化学计量点前后无 pH 值突跃，无法选择指示剂确定滴定终点，且影响第一步解离出来的 H^+的滴定。

如果 $cK_{a_1} \geqslant 10^{-8}$，$cK_{a_2} \geqslant 10^{-8}$，但 $K_{a_1}/K_{a_2} < 10^5$，分步解离的 2 个 H^+能被直接滴定，但第一化学计量点时的 pH 值突跃与第二化学计量点时的 pH 值突跃连在一起，形成一个突跃，只能进行一步滴定，应根据第二化学计量点的 pH 值突跃范围选择指示剂。其他多元酸以此类推。

例 5-39　用 0.1000mol/L NaOH 溶液滴定 0.1000mol/L H_3PO_4 溶液，H_3PO_4 的解离常数分别为 $K_{a_1} = 7.6 \times 10^{-3}$，$K_{a_2} = 6.3 \times 10^{-8}$，$K_{a_3} = 4.4 \times 10^{-13}$。

解：

$$cK_{a_1} > 10^{-8}, \qquad K_{a_1}/K_{a_2} \approx 10^5$$

所以第一级解离的 H^+能直接滴定，在第一化学计量点附近有滴定突跃。

$$cK_{a_2} \approx 10^{-8}, \qquad K_{a_2}/K_{a_3} \approx 10^5$$

因此也可认为第二级解离的 H^+仍能直接滴定。

$$cK_{a_3} < 10^{-8}$$

所以第三级离解的 H^+不能准确滴定。

滴定到第一化学计量点时，产物为 $H_2PO_4^-$，$c = 0.050$mol/L，由于 $cK_{a_2} > 10K_w$，pH 值可使用两性物质溶液近似式来计算，于是：

$$[H^+] = \sqrt{\frac{cK_{a_1}K_{a_2}}{c + K_{a_1}}} = \sqrt{\frac{0.050 \times 7.6 \times 10^{-3} \times 6.3 \times 10^{-8}}{0.050 + 7.6 \times 10^{-3}}} = 2.0 \times 10^{-5}\text{mol/L}$$

pH 值为 4.70

可选择甲基橙做指示剂，滴定至溶液呈黄色（pH 值为 4.4），终点误差在 －0.5% 之内。

滴定到第二化学计量点时，产物为 HPO_4^{2-}，$c = 0.033$mol/L，所以

$$[H^+] = \sqrt{\frac{K_{a_2}(cK_{a_3} + K_w)}{c + K_{a_2}}} = \sqrt{\frac{6.3 \times 10^{-8} \times (0.033 \times 4.4 \times 10^{-13} + 10^{-14})}{0.033 + 6.3 \times 10^{-8}}}$$
$$= 2.1 \times 10^{-10}\text{mol/L}$$

pH 值为 9.68。

若以酚酞为指示剂，终点出现过早，会产生较大的终点误差，可选用百里酚酞作指示剂或选用酚酞与百里酚酞的混合指示剂，变色点 pH 值为 9.9，终点变色明显。

由于 K_{a_3} 太小，第三化学计量点不能直接滴定得到，可以加入 $CaCl_2$ 溶液置换出 H^+，

再用 NaOH 溶液滴定，其化学反应式为：

$$2HPO_4^{2-} + 3Ca^{2+} = Ca_3(PO_4)_2\downarrow + 2H^+$$

0.1000mol/L NaOH 溶液滴定 0.1000mol/L H_3PO_4 溶液的滴定曲线如图 5-8 所示。

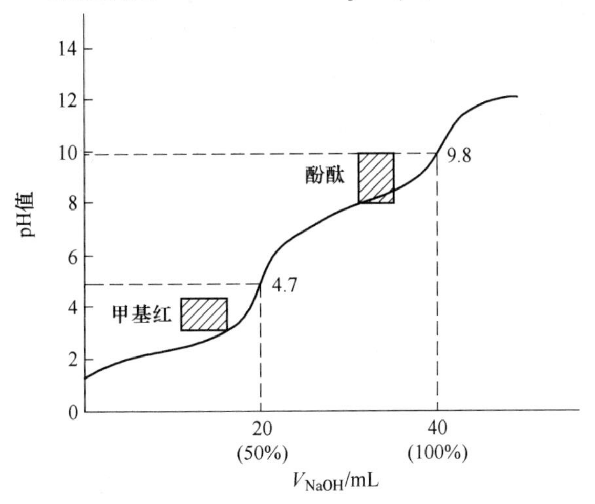

图 5-8 NaOH 溶液滴定 H_3PO_4 溶液的滴定曲线

5.7.2 多元碱的分步滴定

有关多元酸分步滴定的结论同样适用于多元碱，只需将 K_a 换成 K_b。

例 5-40 用 0.1000mol/L HCl 标准溶液滴定 0.1000mol/L Na_2CO_3 溶液，已知 H_2CO_3 的解离常数为 $K_{a_1} = 4.2 \times 10^{-7}$，$K_{a_2} = 5.6 \times 10^{-11}$。

解：Na_2CO_3 为二元碱，在水中存在二级解离：

$$CO_3^{2-} + H_2O \rightleftharpoons HCO_3^- + OH^-$$

$$K_{b_1} = \frac{K_w}{K_{a_2}} = \frac{10^{-14}}{5.6 \times 10^{-11}} = 1.8 \times 10^{-4}$$

$$HCO_3^- + H_2O \rightleftharpoons H_2CO_3 + OH^-$$

$$K_{b_2} = \frac{K_w}{K_{a_1}} = \frac{10^{-14}}{4.2 \times 10^{-7}} = 2.4 \times 10^{-8}$$

由于 $cK_{b_1} > 10^{-8}$，$cK_{b_2} \approx 10^{-8}$，$K_{b_1}/K_{b_2} \approx 10^4 < 10^5$，故滴定至第一化学计量点的准确度不会太高。

第一化学计量点时，产物为 HCO_3^-，pH 值可用两性物质溶液最简式计算，所以

$$[H^+] = \sqrt{K_{b_1}K_{b_2}} = \sqrt{1.8 \times 10^{-4} \times 2.4 \times 10^{-8}} = 2.08 \times 10^{-6}\text{mol/L}$$

化学计量点的 pH 值为 8.32。由于 $K_{b_1}/K_{b_2} \approx 10^4 < 10^5$，滴定到 HCO_3^- 这一步的准确度不高，可采用甲酚红和百里酚蓝混合指示剂（变色范围为 pH 值为 8.2~8.4，颜色由粉红色转变为紫色）来指示终点，并用相同浓度的 $NaHCO_3$ 作参比，结果误差约 0.5%。

第二化学计量点时，产物为饱和的 CO_2 水溶液，浓度约为 0.04mol/L，其 pH 值按下式计算：

$[H^+] = \sqrt{cK_a} = \sqrt{0.040 \times 4.2 \times 10^{-7}} = 1.3 \times 10^{-4} mol/L$，pH 值为 3.89

根据化学计量点时溶液的 pH 值可选甲基橙作指示剂。由于 K_{b_2} 不够大，第二化学计量点时 pH 值突跃较小，用甲基橙作指示剂终点变色不太明显。另外，CO_2 易形成过饱和溶液，酸度增大，使终点过早出现，所以在滴定接近终点时，应剧烈地摇动或加热，以加速 H_2CO_3 的分解，除去过量的 CO_2，待冷却后再滴定。

0.1000mol/L HCl 标准溶液滴定 0.1000mol/L Na_2CO_3 溶液的滴定曲线如图 5-9 所示。

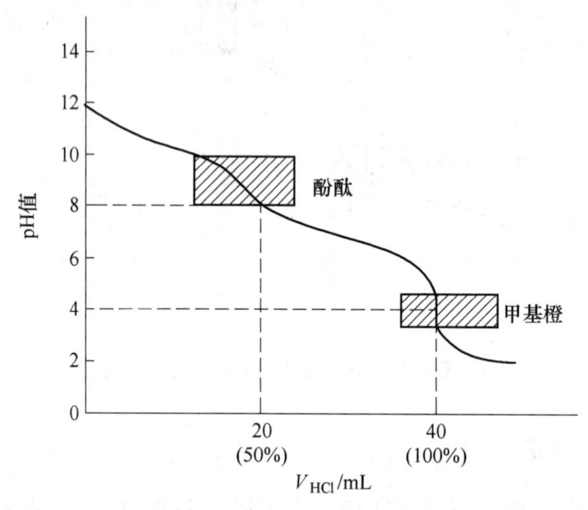

图 5-9 HCl 溶液滴定 Na_2CO_3 溶液的滴定曲线

5.7.3 混合酸（碱）的滴定

混合酸（碱）的滴定与多元酸（碱）的滴定条件类似。在考虑能否分步滴定时，除要看两种酸（碱）的强度，还要看两种酸（碱）的浓度。

（1）滴定可行性由滴定误差决定：若滴定允许误差在±0.5%之间，则 $cK_a \geqslant 10^{-8}$；若要求滴定允许误差在±1%之间，则需满足 $cK_a \geqslant 10^{-9}$。

（2）分步滴定的条件与两级常数之间的比值有关：设滴定终点的突跃范围为 0.3 个 pH 值，滴定终点的允许误差在±0.5%之间，若需满足分步滴定，则需满足下列条件：

1）强酸（碱）与弱酸（碱）混合：如 HCl-HAc($NaOH$-Na_3PO_4)，当 $c_1 = c_2$ 时，$c_{HCl}/K_a(c_{NaOH}/K_b) \geqslant 10^5$；当 $c_1 \neq c_2$ 时，$c_1^2/K_a(c_1^2/K_b) \geqslant 10^5$。

以 HCl-HAc 的强酸与弱酸混合液为例，由其质子条件式可知：

$$[H^+] = [Ac^-] + c_{HCl}$$

$$[H^+] = [Ac^-] + c_{HCl} = c_{HAc} \cdot \delta_{Ac^-} + c_{HCl} = c_{HAc} \cdot \frac{K_a}{[H^+] + K_a} + c_{HCl}$$

则得
$$[H^+] = \frac{c_{HCl} - K_a + \sqrt{(K_a - c_{HCl})^2 + 4K_a(c_{HAc} + c_{HCl})}}{2} \tag{5-42}$$

2）两种弱酸（碱）混合：当 $c_1 \neq c_2$ 时，$c_1K_{a_1}/c_2K_{a_2}(c_1K_{b_1}/c_2K_{b_2}) \geqslant 10^5$；当 $c_1 = c_2$

时，$K_{a_1}/K_{a_2}(K_{b_1}/K_{b_2}) \geqslant 10^5$。

例 5-41 计算 0.10mol/L HAc 和 1.0×10^{-3}mol/L HCl 混合液的 pH 值（$K_a=1.8\times10^{-5}$）。

解： 先按最简式求，$[H^+]=1.0\times10^{-3}$mol/L，代入

$$[Ac^-]=\frac{cK_a}{[H^+]+K_a}=\frac{0.10\times1.8\times10^{-5}}{1.0\times10^{-3}+1.8\times10^{-5}}=1.76\times10^{-3}\text{mol/L}$$

计算可得 $[Ac^-]>[H^+]$，因此不能忽略 HAc 离解出来的 H^+ 浓度。

采用式（5-42）计算得：

$$[H^+]=\frac{c_{HCl}-K_a+\sqrt{(K_a-c_{HCl})^2+4K_a(c_{HAc}+c_{HCl})}}{2}$$

$$=\frac{1.0\times10^{-3}-1.8\times10^{-5}+\sqrt{(1.8\times10^{-5}-1.0\times10^{-3})^2+4\times1.8\times10^{-5}\times(0.10+1.0\times10^{-3})}}{2}$$

$=1.93\times10^{-3}$mol/L，pH 值为 2.72

例 5-42 设计下面混合液的分析方案：浓度均为 0.1000mol/L 的 NaOH-$Na_2C_2O_4$ 混合溶液。

解： 该混合液为强碱-弱碱混合液

$$\frac{c_{NaOH}}{K_{b_1}}=\frac{0.1}{1.56\times10^{-8}}>10^5$$

$$cK_{b_1}<10^{-8}$$

用 HCl 滴定 NaOH 时 $Na_2C_2O_4$ 不干扰。到达化学计量点时，反应生成 NaOH、H_2O、$Na_2C_2O_4$。

$$[OH^-]=\sqrt{c_{C_2O_4^{2-}}K_{b_1}}=10^{-5.35}，\text{pH 值为 } 8.6$$

因此可选用酚酞指示剂来指示终点。

5.8 酸碱滴定法应用

5.8.1 酸碱标准溶液的配制

5.8.1.1 酸标准溶液的配制与标定

酸标准溶液一般为 HCl 溶液或 H_2SO_4 溶液，其中 HCl 溶液最为常用。但市售盐酸一般浓度不定或纯度不够，不能直接配制标准溶液，需要采用标定法配制。通常用于标定 HCl 溶液的基准物质是无水碳酸钠和硼砂。

采用无水碳酸钠 Na_2CO_3 标定 HCl 溶液，即

$$Na_2CO_3 + 2HCl = 2NaCl + CO_2\uparrow + H_2O$$

计量点时溶液的 pH 值约为 3.9，用甲基橙作为指示剂，终点颜色由黄色变为橙色。

可按下式计算 HCl 标准溶液的浓度：

$$c_{HCl} = \frac{2m_{Na_2CO_3}}{M_{Na_2CO_3}V_{HCl}}$$

采用硼砂（$Na_2B_4O_7 \cdot 10H_2O$）标定 HCl 溶液，即

$$Na_2B_4O_7 + 2HCl + 5H_2O = 4H_3BO_3 + 2NaCl$$

计量点时产物为 $H_3BO_3(K_a^{\ominus}(H_3BO_3) = 5.8 \times 10^{-10})$ 和 NaCl，溶液的 pH 值约为 5.3，可采用甲基红作为指示剂。HCl 标准溶液的浓度计算式为

$$c_{HCl} = \frac{2m_{Na_2B_4O_7 \cdot 10H_2O}}{M_{Na_2B_4O_7 \cdot 10H_2O}V_{HCl}}$$

5.8.1.2 碱标准溶液的配制与标定

碱标准溶液一般为 NaOH 溶液或 KOH 溶液，其中以 NaOH 溶液应用最多。NaOH 因吸湿和吸收 CO_2 等原因，不能直接配制标准溶液，也需要采用标定法配制。常用邻苯二甲酸氢钾或草酸标定 NaOH 溶液。

采用邻苯二甲酸氢钾（$KHC_8H_4O_4$）标定 NaOH 溶液，即

$$KHC_8H_4O_4 + NaOH = KNaC_8H_4O_4 + H_2O$$

终点产物为 $KNaC_8H_4O_4$，溶液的 pH 值约为 9.1，可选酚酞作指示剂。NaOH 溶液浓度可按下式计算

$$c_{NaOH} = \frac{m_{KHC_8H_4O_4}}{M_{KHC_8H_4O_4}V_{NaOH}}$$

采用草酸（$H_2C_2O_4 \cdot 2H_2O$）标定 NaOH 溶液，即

$$H_2C_2O_4 + 2NaOH = Na_2C_2O_4 + 2H_2O$$

终点产物为 $Na_2C_2O_4$，溶液的 pH 值约为 8.5，可选酚酞作指示剂。NaOH 溶液浓度可按下式计算：

$$c_{NaOH} = \frac{2m_{H_2C_2O_4 \cdot 2H_2O}}{M_{H_2C_2O_4 \cdot 2H_2O}V_{NaOH}}$$

5.8.2 酸碱滴定法的应用实例

5.8.2.1 食醋中总酸量的测定

食醋中主要含有醋酸 $K_a(HAc) = 1.8 \times 10^{-5}$、乳酸以及其他一些弱酸。用 NaOH 滴定时，只要符合 $cK_a \geq 10^{-8}$ 条件的酸均可被滴定，且共存的酸之间的 K_a 比值均小于 10^4。因此，实际测得的结果是食醋的总酸量，其分析结果用主要成分醋酸表示，总酸量通常用醋酸的质量浓度 ρ_{HAc} 表示，单位为 g/L。因其计量点 pH 值在碱性范围，测定时以酚酞作指示剂。样品颜色过深，妨碍终点颜色观察，可先用活性炭脱色。结果可按下式计算：

$$\rho_{HAc} = \frac{c_{NaOH}V_{NaOH}M_{HAc}}{V_{HAc}}$$

5.8.2.2 铵盐中氮含量的测定

测定铵盐中氨含量的方法有蒸馏法和甲醛法。

(1) 蒸馏法：试样与 NaOH 溶液共同煮沸，使 NH_4^+ 转化为 NH_3，经蒸馏装置分离出来，用过量的 HCl 标准溶液吸收，再用 NaOH 标准溶液返滴定过量的 HCl 标准溶液，以甲基红为指示剂。

$$NH_4^+ + OH^- \xrightleftharpoons{\text{加热}} NH_3\uparrow + H_2O$$

$$NH_3 + HCl \rightleftharpoons NH_4^+ + Cl^-$$

$$NaOH + HCl(\text{剩余}) \rightleftharpoons NaCl + H_2O$$

也可用硼酸 H_3BO_3 吸收蒸馏出的 NH_3，反应如下：

$$NH_3 + H_3BO_3 = NH_4H_2BO_3$$

$NH_4H_2BO_3$ 为两性物质，NH_4^+ 的酸性很弱，$K_a(NH_4^+) = 5.6 \times 10^{-10}$；$H_2BO_3^-$ 的碱性较强，$K_a(H_2BO_3^-) = 1.7 \times 10^{-5}$，可用 HCl 标准溶液滴定，即

$$HCl + H_2BO_3^- = H_3BO_3 + Cl^-$$

计量点的产物为 NH_4Cl 和 H_3BO_3 的混合溶液，pH 值约为 5.1，可选甲基红作为指示剂，间接测定 NH_3 的含量。用 H_3BO_3 吸收的优点是只需一种标准溶液即可，过量的 H_3BO_3 会干扰滴定，它的浓度和体积无需准确，只要用量足够即可，但温度不宜过高，否则易使氨气逸出。

(2) 甲醛法：该方法适用于 NH_4Cl、$(NH_4)_2SO_4$ 和 NH_4NO_3 等铵的强酸盐的测定。NH_4^+ 和甲醛 HCHO 定量反应生成质子化的六亚甲基四胺和 H^+。

$$4NH_4^+ + 6HCHO = (CH_2)_6N_4H^+ + 3H^+ + 6H_2O$$

用 NaOH 标准溶液滴定，可同时滴定一元弱酸 $(CH_2)_6N_4H^+$ ($K_a = 7.1 \times 10^{-6}$) 和强酸 H^+混合物，计量点产物为 $(CH_2)_6N_4$ 一元弱碱 ($K_b = 1.7 \times 10^{-9}$) 溶液，溶液的 pH 值约为 8.7，可选酚酞作指示剂。此法简单，准确度可满足一般分析工作的要求。氮的质量分数可按下式计算：

$$w_N = \frac{c_{NaOH}V_{NaOH}M_N}{m} \times 100\%$$

5.8.2.3 有机物中氮含量的测定

有机物如谷物、乳品、蛋白质、合机肥料、土壤以及生物碱等的氮含量常采用凯氏定氮法测定。将试样与浓硫酸混合共沸，并加入 $CuSO_4$ 作为催化剂，使其消化分解，有机物中碳、氢、氮分别被氧化为 CO_2、H_2O 和 NH_4^+，然后用蒸馏法测定氮含量。

5.8.2.4 混合碱的滴定

混合碱的测定是指用 HCl 标准溶液直接测定 NaOH、$NaHCO_3$、Na_2CO_3 以及 NaOH 和 $NaHCO_3$ 混合溶液、$NaHCO_3$ 与 Na_2CO_3 混合溶液。混合碱的测定通常采用氯化钡法和双指示剂法。

(1) 氯化钡法：此法主要用于 NaOH 与 Na_2CO_3 混合物的测定。准确称取一定量的试样，溶解后取 2 份等体积的试样溶液。一份以甲基橙为指示剂，用 HCl 标准溶液滴定，反应的基本计量关系如下：

$$NaOH + HCl \xlongequal{} NaCl + H_2O$$

$$Na_2CO_3 + 2HCl \xlongequal{} 2NaCl + CO_2 + H_2O$$

终点的颜色变为橙红色，消耗盐酸体积为 V_1。

另一份加入过量的 $BaCl_2$ 溶液，使 Na_2CO_3 完全转化为 $BaCO_3$ 沉淀，相关反应如下：

$$Na_2CO_3 + BaCl_2 \xlongequal{} BaCO_3\downarrow + 2NaCl$$

然后以酚酞为指示剂，用 HCl 标准溶液滴定试样中的 NaOH，滴至溶液红色恰好消失即为终点，消耗盐酸体积为 V_2。从消耗 HCl 的体积 V_1 和 V_2 计算出 NaOH 与 Na_2CO_3 的含量，计算关系式如下：

$$w_{NaOH} = \frac{c_{HCl}V_2M_{NaOH}}{m} \times 100\%$$

$$w_{Na_2CO_3} = \frac{c_{HCl}(V_1 - V_2)M_{Na_2CO_3}}{2m} \times 100\%$$

（2）双指示剂法：采用双指示剂测定碱样或混合碱，是指使用两种指示剂，用 HCl 标准溶液进行连续滴定。分别指示两个终点，根据两个终点所消耗的盐酸的体积判断碱样的组成，并计算各组分的含量。

具体方法如下：先以酚酞为指示剂，用 HCl 标准溶液滴定至红色刚消失，记下用去 HCl 标准溶液的体积 V_1；再在此溶液中加入甲基橙，继续用 HCl 标准溶液滴定至橙红色，记下用去 HCl 标准溶液的体积 V_2。此方法中，最关键的一个组分是 Na_2CO_3，第一计量点，即酚酞变色点，Na_2CO_3 转化为 $NaHCO_3$；第二计量点，即甲基橙变色点，$NaHCO_3$ 转化为 CO_2 和 H_2O。在酚酞变色之前，$NaHCO_3$ 与 HCl 反应，此前 NaOH 已完全被中和。因此，根据酚酞以及甲基橙变色时分别消耗 HCl 的体积可以判断碱样的组成，以及计算各组分的含量。

当 $V_1 > 0$，$V_2 = 0$ 时，表明溶液中只有 NaOH，则组分含量为

$$w_{NaOH} = \frac{c_{HCl}V_1M_{NaOH}}{m} \times 100\%$$

当 $V_1 = 0$，$V_2 > 0$ 时，表明溶液中只有 $NaHCO_3$，则组分含量为

$$w_{NaHCO_3} = \frac{c_{HCl}V_2M_{NaHCO_3}}{m} \times 100\%$$

当 V_1、$V_2 > 0$ 且 $V_1 = V_2$ 时，表明溶液中只有 Na_2CO_3，则组分含量为

$$w_{Na_2CO_3} = \frac{c_{HCl}V_1M_{Na_2CO_3}}{m} \times 100\%$$

当 $V_1 > V_2 > 0$ 时，表明溶液中存在 NaOH 和 Na_2CO_3，各组分含量为

$$w_{NaOH} = \frac{c_{HCl}(V_1 - V_2)M_{NaOH}}{m} \times 100\%$$

$$w_{Na_2CO_3} = \frac{c_{HCl}V_2M_{Na_2CO_3}}{m} \times 100\%$$

当 $V_2 > V_1 > 0$ 时，表明溶液中存在 $NaHCO_3$ 和 Na_2CO_3，各组分含量为

$$w_{Na_2CO_3} = \frac{c_{HCl}V_1M_{Na_2CO_3}}{m} \times 100\%$$

$$w_{NaHCO_3} = \frac{c_{HCl}(V_2 - V_1)M_{NaHCO_3}}{m} \times 100\%$$

5.8.2.5 极弱酸（碱）的测定

对于一些极弱的酸碱，既可利用其生成稳定的配合物使弱酸强化，也可以利用氧化还原法，使弱酸转变为强酸；此外，还可以在浓盐体系或非水介质中对极弱酸碱进行测定。例如，硼酸为极弱酸（$pK_a = 9.24$），它在水溶液中的解离为

$$B(OH)_3 + 2H_2O \longequal H_3O^+ + B(OH)_4^-$$

故不能用 NaOH 进行准确滴定。如果向硼酸溶液中加入一些甘露醇，硼酸将按下式生成配合物：

$$2\begin{array}{c} H \\ | \\ R-C-OH \\ | \\ R-C-OH \\ | \\ H \end{array} + H_3BO_3 = H\left[\begin{array}{ccccc} H & & & & H \\ | & & & & | \\ R-C-O & & & & O-C-R \\ | & \diagdown & B & \diagup & | \\ R-C-O & \diagup & & \diagdown & O-C-R \\ | & & & & | \\ H & & & & H \end{array}\right] + 3H_2O$$

该络合物的酸性很强（$pK_a = 4.26$），可用 NaOH 标准溶液准确滴定。

5.8.2.6 氟硅酸钾法测定硅

测定硅酸盐中二氧化硅的质量分数，除常用重量分析法外，也可用氟硅酸钾法。具体方法如下：试样用 KOH 熔融，使其转化为可溶性硅酸盐。如 K_2SiO_3 等，硅酸钾在钾盐存在下与 HF 作用或在强酸溶液中加 KF（注意 HF 有剧毒，必须在通风橱中操作），转化成微溶的氟硅酸钾 K_2SiF_6。其反应

$$K_2SiO_3 + 6HF = K_2SiF_6\downarrow + 3H_2O$$

由于沉淀的溶解度较大，还需加入固体 KCl 以降低其溶解度，过滤并用氯化钾-乙醇溶液洗涤沉淀，将沉淀放入原烧杯中，加入氯化钾-乙醇溶液，以 NaOH 标准溶液中和游离酸至酚酞变红，再加入沸水，使氟硅酸钾水解而释放出 HF，最后 NaOH 用标准溶液滴定释放出的 HF，以求得试样中 SiO_2 的含量。其反应

$$K_2SiF_6 + 3H_2O \xlongequal{\text{加热}} 4HF + 2KF + H_2SiO_3$$

$$NaOH + HF = NaF + H_2O$$

由反应式可知，试样中 SiO_2 质量分数为

$$w_{SiO_2} = \frac{c_{NaOH}V_{NaOH}M_{SiO_2}}{4m} \times 100\%$$

例 5-43 称取混合碱（Na_2CO_3 和 NaOH 或 Na_2CO_3 和 $NaHCO_3$ 的混合物）试样 1.2000g 溶于水，再用 0.5000mol/L HCl 溶液滴定至酚酞褪色，用去 15.00mL。然后加入甲基橙，继续滴加 HCl 溶液呈橙色，又用去 22.00mL。试样中含有何种组分？其质量分数各为多少？（已知 NaOH、Na_2CO_3、$NaHCO_3$ 的分子量为 40.00、106.0、84.00）

解：当滴定至酚酞褪色时，NaOH 已完全中和。Na_2CO_3 只作用到 $NaHCO_3$，仅获得 1 个质子：

$$Na_2CO_3 + HCl = NaHCO_3 + NaCl$$

再用甲基橙作指示剂继续变色时，由 Na_2CO_3 转化而来的 $NaHCO_3$ 又获得 1 个质子，成为 H_2CO_3。

$$NaHCO_3 + HCl \xlongequal{} H_2CO_3 + NaCl$$

当 NaOH 全部中和时，Na_2CO_3 只反应到 $NaHCO_3$，即第一化学计量点，此时酚酞发生变化，由红色变成无色。

分析如下，并设 HCl 溶液滴定至酚酞褪色所耗的体积记为 V_1，滴定至甲基橙变橙色所耗的体积记为 V_2：当 $V_1 > 0$，$V_2 = 0$ 时，表明溶液中只有 NaOH；当 $V_1 = 0$，$V_2 > 0$ 时，表明溶液中只有 $NaHCO_3$；当 V_1、$V_2 > 0$ 且 $V_1 = V_2$ 时，表明溶液中只有 Na_2CO_3；当 $V_1 > V_2 > 0$ 时，表明溶液中存在 NaOH 和 Na_2CO_3；当 $V_2 > V_1 > 0$ 时，表明溶液中存在 $NaHCO_3$ 和 Na_2CO_3。由以上分析可知，混合碱中含有 $NaHCO_3$ 和 Na_2CO_3。故各组分含量为

$$\begin{aligned} w_{Na_2CO_3} &= \frac{c_{HCl}V_1M_{Na_2CO_3}}{m} \times 100\% \\ &= \frac{0.5000 \times 15.00 \times 10^{-3} \times 106.0}{1.2000} \times 100\% \\ &= 66.25\% \\ w_{NaHCO_3} &= \frac{c_{HCl}(V_2 - V_1)M_{NaHCO_3}}{m} \times 100\% \\ &= \frac{0.5000 \times (22.00 - 15.00) \times 10^{-3} \times 84.0}{1.2000} \times 100\% \\ &= 24.50\% \end{aligned}$$

所以混合碱中含有的 $NaHCO_3$ 和 Na_2CO_3 含量分别为 24.50% 和 66.25%。

例 5-44 用间接法测定（NH_4Cl 等）铵盐含氮量：NH_4^+ 的 K_a 较小，$cK_a < 10^{-8}$。

解：（1）蒸馏法：（选用过量 H_2SO_4 标准溶液滴定 NaOH 标准溶液）

$$2NH_4^+ + NaOH + H_2SO_4(\text{剩余}) \xrightarrow{\text{加热}} 2NH_3\uparrow + Na_2SO_4 + 2H_2O$$

用硼酸 H_3BO_3 吸收蒸馏出的 NH_3

$$2NH_3 + 4H_3BO_3 \xlongequal{} (NH_4)_2B_4O_7 + 5H_2O$$

H_3BO_3 的 $cK_a < 10^{-8}$，过量不干扰；$cK_b > 10^{-8}$，可用 HCl 滴定 $B(OH)_4^-$，pH 值为 5.4，可用溴甲酚绿指示剂指示终点。（或用 HCl 吸收，过量的 HCl 用 NaOH 滴定，pH 值约为 5.1，可选甲基红作为指示剂）

$$n_{HCl} = n_{NH_3} = n_{NH_4^+} = n_{N_{\text{未知}}}$$

$$w_N = \frac{(c_{HCl}V_{HCl} - c_{NaOH}V_{NaOH})M_N}{m} \times 100\%$$

（2）甲醛法：NH_4^+ 和甲醛反应生成质子化的六亚甲基四胺和 H^+。

$$4NH_4^+ + 6HCHO \xlongequal{} (CH_2)_6N_4H^+ + 3H^+ + 6H_2O$$

用 NaOH 标准溶液滴定，滴定一元弱酸 $(CH_2)_6N_4H^+$（$K_a = 7.1\times10^{-6}$）和强酸 H^+ 混合物。

$$(CH_2)_6N_4H^+ + 3H^+ + 4OH^- \xlongequal{} (CH_2)_6N_4 + 4H_2O$$

计量点产物为 $(CH_2)_6N_4$（$K_b = 1.7 \times 10^{-9}$）溶液，溶液的 pH 值约为 8.7，可选酚酞作指示剂。

$$n_{NH_4^+} = n_{N_{未知}} = n_{NaOH}$$

$$w_N = \frac{c_{NaOH} \times V_{NaOH} \times M_N}{m} \times 100\%$$

例 5-45　欲配制 100mL pH 值为 2.00 的 $NaHSO_4$ 溶液，需多少克硫酸氢钠?

解： $pK_{a_2} = 2.0$，$M_{NaHSO_4} = 120.0$，$c/K_a < 10^2$

$$[H^+] = \sqrt{K_{a_2}(c - [H^+])}$$

代入数据可得 $c = 1.98 \times 10^{-2}$mol/L，则需硫酸氢钠

$$m_{NaHSO_4} = cVM_{NaHSO_4} = 1.98 \times 10^{-2} \times 0.1 \times 120.0 = 0.2376g$$

例 5-46　用返滴定法测定磷。

解： 用磷钼黄沉淀法测定：先将含磷试样预处理使磷转化为磷酸，在硝酸介质中加钼酸铵，生成黄色磷钼酸铵沉淀。沉淀过滤洗涤后用过量 NaOH 标准溶液溶解。

$$PO_4^{3-} + 12MoO_4^{2-} + 2NH_4^+ + 25H^+ \Longrightarrow (NH_4)_2H[PMo_{12}O_{40}] \cdot H_2O \downarrow + 11H_2O$$

$$(NH_4)_2H[PMo_{12}O_{40}] \cdot H_2O + 27OH^- \Longrightarrow PO_4^{3-} + 12MoO_4^{2-} + 2NH_3 + 16H_2O$$

用酚酞作指示剂，HNO_3 标准溶液返滴剩余的 NaOH 标准溶液至酚酞刚好褪色，pH 值为 8.0，反应如下

$$OH^- + H^+ \rightleftharpoons H_2O$$

$$PO_4^{3-} + H^+ \rightleftharpoons HPO_4^{2-}$$

$$NH_3 + H^+ \rightleftharpoons NH_4^+$$

$$\frac{n_{NaOH}}{27} - \frac{n_{PO_4^{3-}} + n_{NH_3}}{3} = 24n_P$$

$$w_P = \frac{(c_{NaOH}V_{NaOH} - c_{HNO_3}V_{HNO_3}) \times M_P}{24m} \times 100\%$$

例 5-47　用 0.05000mol/L 的 NaOH 滴定 0.02000mol/L 的 H_3PO_4 31.25mL，消耗 V_{NaOH} =25.00mL，求 NaOH 与 H_3PO_4 间物质的量之比。

解： 测定过程中反应式如下

$$2NaOH + H_3PO_4 \Longrightarrow Na_2HPO_4 + 2H_2O$$

由 $n = cV$ 可知

$$n_{NaOH} = 0.05000 \times 25.00 \times 10^{-3} = 1.25 \times 10^{-3}mol$$

$$n_{H_3PO_4} = 0.02000 \times 31.25 \times 10^{-3} = 6.25 \times 10^{-4}mol$$

所以

$$n_{NaOH} : n_{H_3PO_4} = 2 : 1$$

例 5-48　称取一元弱酸 HA 1.2500g，溶解定容为 50.00mL，用 0.09000mol/L 的 NaOH 滴定至计量点时，消耗 41.20mL，已知当滴入 8.24mL 时，pH 值为 4.30，求 M_{HA} 和 pK_a 的值。

解：

$$M_{HA} = \frac{m_{HA}}{c_{NaOH}V_{NaOH}} = \frac{1.2500g}{0.09000 \times 41.20 \times 10^{-3}} = 337.1g/mol$$

pH 值为 4.30　$pK_a + \lg\frac{c_b}{c_a} = pK_a + \lg\frac{0.0900 \times 8.24}{0.0900 \times 41.20 - 0.0900 \times 8.24}$

故：

$$pK_a = 4.90$$

综上所述：

$$M_{HA} = 337.1\text{g/mol}$$

$$pK_a = 4.90$$

例 5-49 在 0.1000mol/L 的 HCl 中，加入总碱度为 0.1000mol/L 的 NaOH（有 2%生成碳酸盐）至 pH 值为 7.00 时，计算终点误差。

解：因为 1mol NaOH 相当于 0.5mol 碳酸盐，故 NaOH 中含

$$c_{CO_3^{2-}} = 2\% \times \frac{1}{2} \times 0.1000 = 1.0 \times 10^{-3}\text{mol/L}$$

滴定至 pH 值为 7.00 时，由于体积稀释，故

$$c_{CO_3^{2-}} = 0.5 \times 1.0 \times 10^{-3} = 5 \times 10^{-4}\text{mol/L}$$

$$E_t = \frac{[H^+]_{ep} - [HCO_3^-]_{ep}}{c_{NaOH}^{ep}} \times 100\% = \frac{10^{-7.0} - c \cdot \delta_{HCO_3^-}}{0.05} \times 100\%$$

$$= \frac{10^{-7.0} - 5 \times 10^{-4} \times \dfrac{[H^+]K_{a_1}}{[H^+]^2 + [H^+]K_{a_1} + K_{a_1}K_{a_2}}}{c_{NaOH}^{ep}} \times 100\%$$

$$= \frac{10^{-7.0} - 5 \times 10^{-4} \times \dfrac{10^{-7.0-6.38}}{10^{-7.0\times2} + 10^{-7.0-6.38} + 10^{-6.38-10.25}}}{0.05} \times 100\%$$

$$= 0.81\%$$

例 5-50 用 0.2000mol/L NaOH 滴定 0.2000mol/L HCl 与 0.02000mol/L HAC 的混合液中的 HCl。问：

（1）化学计量点时的 pH 值为多少？

（2）化学计量点前后 0.1%时的 pH 值为多少？

（3）若滴定甲基橙变色（pH 值为 4.0）为终点，终点误差为多少？

解：（1）到达化学计量点时：$c_{HAc} = \dfrac{0.0200}{2} = 0.0100\text{mol/L}$

NaOH 与 HCl 反应至化学计量点时 $[H^+]_{sp} = 10^{-7.0}\text{mol/L}$，可忽略不计。

判断：$c/K_a > 105$，$cK_a > 10K_w$，故用最简式：

$$[H^+] = \sqrt{c_{HAc}K_a} = \sqrt{0.01 \times 1.8 \times 10^{-5}} = 4.2 \times 10^{-4}\text{mol/L}$$

pH 值为 3.37

（2）化学计量点前 -0.1% 的组成为 0.01mol/L HAc 与 $\dfrac{0.2\times0.1\%}{2} = 1.0\times10^{-4}$ mol/L 的 HCl。

PBE：$[H^+] = [Ac^-] + [OH^-] + c_{HCl}$，其中 $[OH^-]$ 可忽略。

$$[H^+] = [Ac^-] + c_{HCl} = c_{HAc}\delta_{HAc} + c_{HCl}$$

$$= c_{HAc}\frac{K_a}{[H^+]+K_a}+c_{HCl}$$

$$= 0.01\times\frac{1.8\times10^{-5}}{[H^+]+1.8\times10^{-5}}+1.0\times10^{-4}$$

$$[H^+]=4.61\times10^{-4}mol/L$$

pH 值为 3.33。

化学计量点后+0.1%的组成为 0.01mol/L HAc 与 $\frac{0.2\times0.1\%}{2}=1.0\times10^{-4}$mol/L 的 NaAc。此时不可忽略 $[H^+]$，故近似式

$$[H^+]=K_a\frac{c_{HAc}-[H^+]}{c_{Ac^-}+[H^+]}$$

$$=10^{-4.74}\times\frac{10^{-2}-[H^+]}{10^{-4}+[H^+]}$$

$$=10^{-3.45}$$

pH 值为 3.45。

（3）pH 值为 4.0 时：过量 NaOH 为 $[OH^-]=[Ac^-]-[H^+]$，与化学计量点时的误差为：

$$E_t=\frac{c_{HAc}\cdot\delta_{HAc}-[H^+]}{c_{NaOH}/2}\times100\%$$

$$=\frac{[Ac^-]-[H^+]}{c_{sp}}\times100\%$$

$$=\frac{\frac{c_{HAc}K_a}{[H^+]+K_a}-1.0\times10^{-4}}{0.02/2}\times100\%$$

$$=\frac{\frac{0.01\times1.8\times10^{-5}}{10^{-4.0}+1.8\times10^{-5}}}{0.01}\times100\%$$

$$=1.4\%$$

习　题

5-1 写出下列物质水溶液的质子条件：

（1）$Na_2C_2O_4$　（2）Na_3PO_4　（3）H_3AsO_4　（4）NH_4HCO_3

（5）$NH_4H_2PO_4$　（6）NaH_2PO_4　（7）H_2SO_4 + HCOOH

5-2 计算下列溶液的 pH 值：

（1）0.0500mol/L NaAc　（2）1.0×10^{-7}mol/L HI　（3）0.10mol/L H_2SO_4

（4）0.1mol/L H_2O_2　（5）0.10mol/L Na_2S

（6）0.05mol/L $CH_3CH_2NH_3^+$+0.05mol/L NH_4Cl

5-3 写出下列各酸的酸度常数 K_a 及各共轭碱的 K_b 值：

(1) H_3PO_4 (2) $H_2C_2O_4$ (3) NH_4^+ (4) 苯甲酸 (5) 吡啶

5-4 计算下列酸溶液中某些存在形式的平衡浓度:

(1) pH 值为 1.00, 0.10mol/L H_2S 溶液中的 $[H_2S]$、$[HS^-]$、$[S^{2-}]$;

(2) pH 值为 10, 0.010mol/L H_3PO_4 溶液中的 $[H_2PO_4^-]$、$[HPO_4^{2-}]$、$[PO_4^{3-}]$;

(3) 0.1mol/L KCN 在 pH 值为 8.00 和 12.00 溶液中的 $[CN^-]$。

5-5 试计算 50mL 0.10mol/L H_3PO_4 与 50mL 0.10mol/L NaOH 混合后溶液的 pH 值。

5-6 欲配制 pH 值为 10.00 的缓冲溶液 1L, 用 15mol/L 氨水 350mL, 需加入 NH_4Cl 多少克?

5-7 配制氨基乙酸总浓度为 0.100mol/L 的缓冲溶液(pH 值为 2.00)100mL, 需称取氨基乙酸多少克? 需加入 1.0mol/L 强酸多少毫升?

5-8 用丙酸(HP)和丙酸钠(NaP)配制缓冲溶液, 当其总浓度为 0.100mol/L 时, 溶液的 pH 值为 6.00, 计算缓冲溶液中的[HP][NaP]。

5-9 10mL 含 0.55mol/L HCOONa 和 2.5×10^{-4}mol/L $Na_2C_2O_4$ 的溶液与 15mL 0.20mol/L HCl 相混合, 计算 $[C_2O_4^{2-}]$。

5-10 下列酸或碱能否直接准确进行酸碱滴定?

(1) 0.1mol/L 盐酸羟胺($K_a = 10^{-5.96}$);

(2) 1mol/L NaAc($K_b = 10^{-9.26}$)。

5-11 下列酸或碱能否准确进行分步滴定?

(1) 0.1moL/L 酒石酸;

(2) 0.1mol/L H_2SO_4 + 0.1mol/L H_3BO_3。

5-12 下列酸碱及其混合物能否直接用酸碱滴定法测定含量, 如能, 是用酸还是用碱标准溶液滴定? 应选择何指示剂? (浓度均为 0.1mol/L)

(1) NaOH + $(CH_2)_6N_4$;

(2) Na_2HPO_4。

5-13 对下列混合溶液进行酸碱滴定时, 在滴定曲线上可能出现几个突跃?

(1) HCl + $H_2C_2O_4$;

(2) NaOH + Na_3PO_4。

5-14 用 0.2000mol/L HCl 溶液滴定 0.2000mol/L 一元弱碱 B($pK_b = 6.0$), 计算化学计量点前后 0.1%的 pH 值, 若所用溶液的浓度都是 0.0200mol/L, 结果又如何?

5-15 今有工业硼砂 1.000g, 用 0.2000mol/L HCl 25.00mL 中和至化学计量点, 试计算试样中的 $[Na_2B_4O_7 \cdot 10H_2O]$、$[Na_2B_4O_7]$ 和 [B]。

5-16 钢样 1.000g, 溶解后, 将其中的磷沉淀为磷钼酸铵, 用 0.1000mol/L NaOH 40.00mL 溶解沉淀, 过量的 NaOH 用 0.2000mol/L HNO_3 17.50mL 滴定至酚酞褪色, 计算钢中[P]、$[P_2O_5]$。

5-17 用 0.1000mol/L NaOH 滴定 0.1000mol/L H_3PO_4 至第一化学计量点, 如果终点 pH 值较计量点的高 0.5pH 值单位, 计算终点误差。

5-18 已知某一溶液可能是 HCl, 或 H_3PO_4, 或 NaH_2PO_4, 或由它们的混合物组成, 现用 c mol/L NaOH 溶液滴定此溶液。用甲基橙作指示剂时需要 A(mL), 另取同量的试液, 用酚酞作指示剂, 需要 B(mL), 指出下列三种情况溶液各为何物组成, 并简述其原理。

(1) $B > A$, 但 $B < 2A$; (2) $B > 2A$; (3) $B = 2A$。

5-19 将 2.500g 纯度为 95.00%的 $CaCO_3$ 溶解于 45.56mL HCl 标准溶液中, 煮沸除去 CO_2, 过量 HCl 用 NaOH 标准溶液滴定时, 消耗 2.25mL, 在标定时已知 46.46mL HCl 可中和 43.33mL NaOH。计算 HCl 和 NaOH 标准溶液的物质的量浓度。

5-20 用 0.1000mol/L NaOH 滴定 0.1000mol/L HAc 滴定至 pH 值为 6.0 时为终点, 计算终点误差。

5-21 用吸收了 CO_2 的 NaOH 标准溶液滴定酸性物质含量时，对分析结果可能引起怎样的误差？

（1）以甲醛法滴定 NH_4^+；

（2）滴定 $NaHSO_4$（以甲基橙为指示剂）；

（3）测定 $H_2C_2O_4$ 的式量；

（4）测定 HCl 和 HAc 混合溶液中的 HCl。

5-22 有一 Na_2CO_3 与 $NaHCO_3$ 的混合物 0.3729g，用 0.1348mol/L HCl 标准溶液滴定，用酚酞指示终点时耗去 21.36mL。试求当以甲基橙指示终点时，将需要多少毫升上述浓度的 HCl 标准溶液？

5-23 称取混合碱试样 0.9476g，加酚酞指示剂，用 0.2785mol/L HCl 标准溶液滴定至终点，耗去酸溶液 34.12mL，再加甲基橙指示剂，滴定至终点，又耗去酸 23.66mL。求试样中各组分的质量分数。

6　配位滴定法

配位滴定法是以配位反应为基础的滴定分析方法。配位反应广泛地应用于分析化学的各种分离和测定中。配位反应所涉及的平衡关系比较复杂，为能定量地处理各种因素对配位平衡的影响，引入了副反应系数的概念，并导出了条件稳定常数。这种简便处理平衡的方法，也适用于其他复杂平衡体系。因此，本章也是分析化学的重要基础。

6.1　概　　述

6.1.1　配位反应的普遍性

严格地说，简单离子只有在高温时的气相中才会稳定存在。在溶液中，由于溶剂化作用，一般不存在独立的简单离子。例如，Cu^{2+}在水中形成$[Cu(H_2O)_4]^{2+}$络离子。以M^{n+}作为金属离子的代表符号，则在水溶液M^{n+}均以$M(H_2O)_m^{n+}$络离子形式存在。于是在水溶液中金属离子与其他配位体所发生的配位反应，实际是配位体与溶剂分子间的交换。如以L为其他配位体的代表符号，则

$$M(H_2O)_m^{n+} + L \rightleftharpoons [M(H_2O)_{m-1}L]^{n+} + H_2O$$

$$[M(H_2O)_{m-1} + L]^{n+} + L \rightleftharpoons [M(H_2O)_{m-2}L_2]^{n+} + H_2O$$

这种交换反应可进行到$[ML_m]^{n+}$。为简便起见，这种配位体的交换反应通常以如下简化方式表示。

$$M^{n+} + L \rightleftharpoons ML^{n+}$$

$$ML^{n+} + L \rightleftharpoons ML_2^{n+}$$

酸是碱的质子化产物。因此，也可把碱看作是配位体，它与氢离子结合形成的氢配合物就是酸。在处理配位平衡问题时，常把酸碱反应以形成配合物反应的方式表示。即

$$H^+ + L \rightleftharpoons HL^+$$

在此讨论由于氢离子的存在影响配位反应，易于理解。

在配位反应中提供配位原子的物质，称为配位剂。配位剂可分为无机配位剂和有机配位剂两种。

无机配位剂一般只含有一个配位原子，它可与金属离子形成多级配合物，是逐级形成的。这类配合物多数不稳定，且配合物的逐级形成常数比较接近，所以其逐级配位反应都进行得不够完全，难以得到某一固定组成的产物，也无恒定化学计量关系，除Ag^+与CN^-和Hg^{2+}与Cl^-的配位反应外，均不宜用于配位滴定。

有机配位剂中常含有两个及两个以上的配位原子，它与金属离子配位时形成具有环状结构的螯合物，不仅稳定性高，且一般只形成一种型体配合物，这类配位反应很适宜于配位滴定。目前广泛用作配位滴定剂的是分子中含有氨氮和羧氧配位原子的氨基多元羧酸，

统称为氨羧配位剂。其中应用最普遍的是乙二胺四乙酸。

6.1.2 乙二胺四乙酸的分析特性

6.1.2.1 一般物理化学性质

乙二胺四乙酸（ethylene diamine tetraacetic acid）简称EDTA，其结构式为：

$$\begin{array}{ccccc} HOOCH_2C & & H\ \ H & & CH_2COOH \\ & \diagdown & |\quad | & \diagup & \\ & N & -C-C- & N & \\ & \diagup & |\quad | & \diagdown & \\ HOOCH_2C & & H\ \ H & & CH_2COOH \end{array}$$

EDTA的中性分子是四元酸，化学式的代表符号为 H_4Y 。它在水中的溶解度较小（在22℃时，每100mL水溶解EDTA约0.02g）。市售的试剂是其二钠盐（$Na_2H_2Y \cdot 2H_2O$），也简称为EDTA或EDTA二钠盐。EDTA二钠盐在22℃下的溶解度为100mL水溶解EDTA二钠盐约11.1g，其浓度约为0.3mol/L。0.01mol/L EDTA溶液的pH值约为4.8。在水溶液中，EDTA分子中两个羧基上的 H^+ 会转移到氮原子上，形成双偶极离子。在强酸性溶液中，H_4Y 的两个羧酸根可再接受质子，当完全质子化后，形成 H_6Y^{2+}，相当于六元酸。其各级解离平衡常数为：

$$H_6Y^{2+} \rightleftharpoons H^+ + H_5Y^+, \qquad K_{a_1} = 10^{-0.9}$$
$$H_5Y^+ \rightleftharpoons H^+ + H_4Y, \qquad K_{a_2} = 10^{-1.6}$$
$$H_4Y \rightleftharpoons H^+ + H_3Y^-, \qquad K_{a_3} = 10^{-2.0}$$
$$H_3Y^- \rightleftharpoons H^+ + H_2Y^{2-}, \qquad K_{a_4} = 10^{-2.67}$$
$$H_2Y^{2-} \rightleftharpoons H^+ + HY^{3-}, \qquad K_{a_5} = 10^{-6.16}$$
$$HY^{3-} \rightleftharpoons H^+ + Y^{4-}, \qquad K_{a_6} = 10^{-10.26}$$

在溶液中EDTA可以 H_6Y^{2+}、H_5Y^+、H_4Y、H_3Y^-、H_2Y^{2-}、HY^{3-}、Y^{4-} 七种型体存在。以上可看出，EDTA中各种型体间的浓度比例取决于溶液中的pH值。若溶液酸度增大，pH值减小，平衡向左移动；反之，若溶液酸度减小，pH值增大，平衡向右移动。其各种型体的分布分数与pH值之间的关系曲线如图6-1所示。

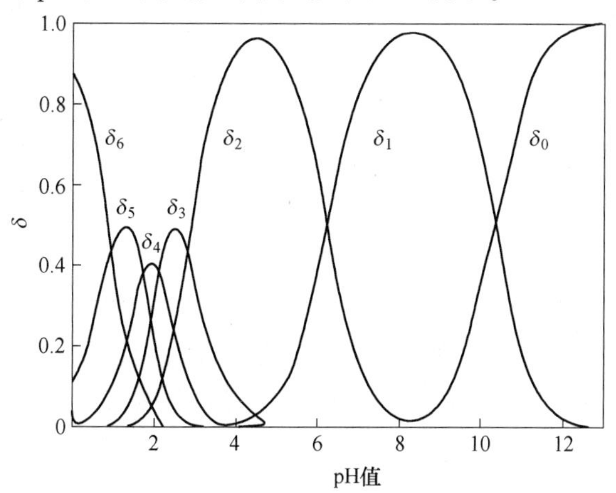

图6-1　EDTA各种型体的分布曲线

（图中 $\delta_0 \sim \delta_6$ 分别表示 $Y^{4-} \sim H_6Y^{2+}$ 的分布分数）

由图 6-1 可见，在 pH 值小于 1 的强酸性溶液中，EDTA 主要以 H_6Y^{2+} 型体存在；在 pH 值在 1~1.6 的溶液中，主要以 H_5Y^+ 型体存在；在 pH 值在 1.6~2.0 的溶液中，主要以 H_4Y 型体存在；在 pH 值在 2.0~2.75 的溶液中，主要以 H_3Y^- 型体存在；在 pH 值在 2.75~6.16 的溶液中，主要以 H_2Y^{2-} 型体存在；在 pH 值在 6.16~10.26 的溶液中，主要以 HY^{3-}型体存在；在 pH 值大于 10.34 时，主要以 Y^{4-}存在。

6.1.2.2 EDTA 与金属离子配位作用的一些特点

EDTA 分子结构中有 6 个可与金属离子形成配位键的原子（其中 2 个氨基氮和 4 个羧基氧，他们都有孤对电子，与金属离子形成配位键），因而，一个金属离子只需一个 EDTA 分子就可形成配位数为 4 或 6 的稳定配合物。EDTA 与金属离子的配位反应具有以下几方面的特点：

（1）具有广泛的配位性能，几乎能与所有金属离子形成易溶性配合物，并且反应速度大多较快。这为在配位滴定中广泛应用提供了可能，但同时也造成它与不同金属离子发生配位作用的选择性较差。因此，设法提高选择性就成为应用 EDTA 进行配位滴定中一个很重要的问题。

（2）形成配合物的稳定性较高。由于 EDTA 分子中 6 个配位原子与金属离子配位后可形成 5 个五元环（图 6-2），所以生成的配合物是螯合物，非常稳定，滴定反应进行的完全程度高，其滴定反应常数较大。常见金属离子与 EDTA 形成配合物的形成常数值见表 6-1（为简便起见，通常均以 Y 表示 EDTA，以 MY 表示金属离子与 EDTA 的配合物，其稳定常数 $K_{稳}$或 K_{MY}在不致发生混淆的情况下，略去离子的电荷。本书以下也采用这种简化办法）。

表 6-1 金属离子-EDTA 配位物稳定常数（20℃，I=0.1mol/kg）

M	K_{MY}	$\lg K_{KY}$	M	K_{MY}	$\lg K_{KY}$
Ag^+	2.1×10^7	7.32	Zn^{2+}	3.2×10^{16}	16.50
Mg^{2+}	4.9×10^8	8.69	Cd^{2+}	2.9×10^{16}	16.46
Ca^{2+}	5.0×10^{10}	10.70	Hg^{2+}	6.3×10^{21}	21.80
Sr^{2+}	4.3×10^8	8.63	Pb^{2+}	1.1×10^{18}	18.04
Ba^{2+}	5.8×10^7	7.76	Al^{3+}	1.3×10^{16}	16.13
Mn^{2+}	6.2×10^{13}	13.79	Cr^{3+}	1×10^{23}	23.0
Fe^{2+}	2.1×10^{14}	14.33	Fe^{3+}	1×10^{25}	25.1
Co^{2+}	2.0×10^{16}	16.31	V^{3+}	8×10^{25}	25.9
Ni^{2+}	4.2×10^{18}	18.62	Bi^{3+}	8.7×10^{27}	27.94
Cu^{2+}	6.3×10^{18}	18.80	Th^{4+}	2×10^{23}	23.2

（3）大多形成配位比为 1∶1 的配位物，便于定量计算。以 M^{n+} 代表金属离子，在不同 pH 条件下，EDTA 与金属离子的配位反应可以用如下通式表示：

$$M^{n+} + H_jY^{j-4} \rightleftharpoons MY^{n-4} + jH^+$$

由此可见，不论是几价金属离子与任何型体的 EDTA 反应，当浓度较稀时，均形成以 1∶1 配位的单个金属离子为中心体的 MY^{n-4} 配位物。

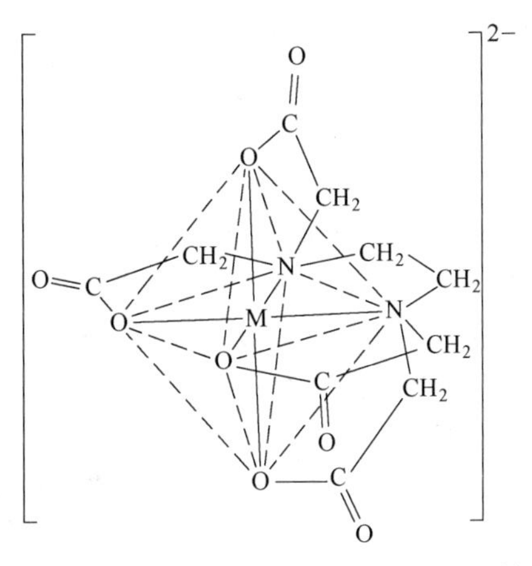

图 6-2　二价金属离子-EDTA 配位物的八面体结构

(4) 与无色的金属离子生成无色配位物，有利于用指示剂确定滴定终点。与有色金属离子形成的配合物颜色更深，见表 6-2。

表 6-2　配合物的颜色

CuY^{2-}	NiY^{2-}	CoY^{-}	MnY^{2-}	CrY^{-}	FeY^{-}
深蓝	蓝	紫红	紫红	深紫	黄

当滴定这些金属离子时，应控制其浓度不宜过大，以免应用指示剂确定终点时发生困难。

6.2 配 位 平 衡

扫一扫

6.2.1 配合物的稳定常数

对于金属离子（M）与配位剂（L）的反应，只形成 1∶1 型配合物时，其反应方程式为

$$M + L \rightleftharpoons ML$$

当上述配合物形成反应达到平衡时，其反应平衡常数称为配合物形成常数，或简称为形成常数。如以 K^0 为其热力学形成常数（活度形成常数）的表示符号，则

$$K^0 = \frac{\alpha_{ML}}{\alpha_M \alpha_L}$$

同其他活度常数一样，K^0 在温度一定时是常数。K^0 越大，所形成的配合物越稳定，所以形成常数也称为稳定常数。因为配合物形成反应的逆反应也就是配合物的解离反应，所以配合物形成常数的倒数即配合物的解离常数，也称配合物的不稳定常数。

以 K 为配合物浓度形成常数的符号，则

$$K = \frac{[ML]}{[M][L]}$$

于是

$$K = \frac{\gamma_M \gamma_L}{\gamma_{ML}} K^0$$

中性分子的活度系数可视为1，故

$$K = \gamma_M \gamma_L K^0$$

由此可见，只有在温度和溶液的离子强度都一定时，K才是常数。当体系的离子强度在0.1~0.5mol/kg之间时，体系中各种型体的活度系数变化很小。因此，一般文献提供的配合物稳定常数，多是离子强度为0.1mol/kg或0.5mol/kg时的浓度稳定常数。如果在配合物形成反应中有H^+或OH^-参与，所列的K则为以活度表示H^+或OH^-组分，以浓度表示其他生成物和反应物浓度的混合稳定常数。

由于配位反应体系一般离子强度均较大，故在采用浓度稳定常数或混合稳定常数进行理论计算时，能与实验结果符合得较好。本书也按惯例在讨论和处理配位平衡时均忽略离子强度的影响，不加区分地采用浓度常数和混合常数值，并统一简称为稳定常数。

当金属离子与配位剂L能形成ML_n型配合物时，其配位反应是逐级进行的，以K_1，K_2，…，K_n表示逐级稳定常数（也称为逐级形成常数），则：

$$M + L \rightleftharpoons ML, \qquad K_1 = \frac{[ML]}{[M][L]}$$

$$ML + L \rightleftharpoons ML_2, \qquad K_2 = \frac{[ML_2]}{[ML][L]}$$

$$\vdots$$

$$ML_{n-1} + L \rightleftharpoons ML_n, \qquad K_n = \frac{[ML_n]}{[ML_{n-1}][L]}$$

ML_n配合物的解离反应也是逐级进行的，以K_d作为配合物的解离常数符号，于是

$$K_{d_1} = \frac{[ML_{n-1}][L]}{[ML_n]} = \frac{1}{K_n}$$

$$K_{d_2} = \frac{[ML_{n-2}][L]}{[ML_{n-1}]} = \frac{1}{K_{n-1}}$$

$$\vdots$$

$$K_{d_n} = \frac{[M][L]}{[ML]} = \frac{1}{K_1}$$

由此可见，ML_n型配合物的形成常数与解离常数的相互对应关系是：第一级稳定常数为第n级解离常数的倒数；第n级稳定常数则为其第一级解离常数的倒数，其余可类推。

通过各级稳定常数表达式的逐级取代，可知当M与L进行配位时，体系中所形成各级配合物的平衡浓度：

$$[ML] = K_1[M][L]$$

$$[ML_2] = K_1 K_2[M][L]^2$$

$$\vdots$$

$$[ML_n] = K_1 K_2 \cdots K_n [M][L]^n$$

6.2.2 累积稳定常数

配合物形成常数的渐次乘积，称为配合物累积稳定常数，以β为表示符号，则

$$\beta_1 = \frac{[ML]}{[M][L]} = K_1$$

$$\beta_2 = \frac{[ML_2]}{[M][L]^2} = K_1K_2$$

$$\vdots$$

$$\beta_n = \frac{[ML_n]}{[M][L]^n} = K_1K_2\cdots K_n$$

配合物的各级累积稳定常数即各级配合物总的形成常数。β_n 即 ML_n配合物的总形成常数。引入累积稳定常数这一概念，是为使配位平衡的计算和表示方式得到简化。于是 M-L 配合物各种型体的平衡浓度可表示为：

$$[ML] = \beta_1[M][L]$$

$$[ML_2] = \beta_2[M][L]^2$$

$$\vdots$$

$$[ML_n] = \beta_n[M][L]^n$$

6.2.3 溶液中各级配合物的分布分数

当金属离子与配位剂作用能逐级形成 1∶n 型配合物时，溶液中存在的金属离子某种型体的平衡浓度与溶液中金属离子分析浓度的比值，称为各级配合物的分布分数，或称摩尔分数。与酸碱溶液相似，也以 δ_i 为其表示符号，此处脚注 i 表示该型体所含配位体物质的量与金属离子物质的量的比值（n_L/n_M）。当溶液中金属离子的分析浓度为 c_M（mol/L）时，

$$\begin{aligned} c_M &= [M] + [ML] + [ML_2] + \cdots + [ML_n] \\ &= [M] + \beta_1[M][L] + \beta_2[M][L]^2 + \cdots + \beta_n[M][L]^n \\ &= [M](1 + \beta_1[L] + \beta_2[L]^2 + \cdots + \beta_n[L]^n) \end{aligned}$$

于是

$$\begin{aligned} \delta_0 = \frac{[M]}{c_M} &= \frac{[M]}{[M](1 + \beta_1[L] + \beta_2[L]^2 + \cdots + \beta_n[L]^n)} \\ &= \frac{1}{1 + \beta_1[L] + \beta_2[L]^2 + \cdots + \beta_n[L]^n} \end{aligned}$$

$$\delta_1 = \frac{[ML]}{c_M} = \frac{\beta_1[L]}{1 + \beta_1[L] + \beta_2[L]^2 + \cdots + \beta_n[L]^n}$$

$$\vdots$$

$$\delta_n = \frac{[ML_n]}{c_M} = \frac{\beta_n[L]^n}{1+\beta_1[L]+\beta_2[L]^2+\cdots+\beta_n[L]^n}$$

由此可见，配合物的 δ_i 仅是［L］的函数。

例 6-1　在 Cu（Ⅱ）-NH_3 配合物溶液中，当氨的平衡浓度为 $[NH_3] = 1.00 \times 10^{-3}$mol/L 时，求算溶质各种型体的 δ_i。

解： 在 Cu(Ⅱ)-NH_3 配位物的 $\lg\beta_1 \sim \lg\beta_4$ 分别为 4.13、7.61、10.48、12.59（即 $\lg K_1 = 4.13$，$\lg K_2 = 3.48$，$\lg K_3 = 2.87$，$\lg K_4 = 2.11$）。

$$c_{Cu} = [Cu](1+\beta_1[NH_3]+\beta_2[NH_3]^2+\beta_3[NH_3]^3+\beta_4[NH_3]^4)$$
$$= [Cu](1+10^{4.13}\times10^{-3.00}+10^{7.61}\times10^{-6.00}+10^{10.48}\times10^{-9.00}+10^{12.59}\times10^{-12.00})$$
$$= 10^{1.95}[Cu]$$

$$\delta_0 = \frac{1}{1+\beta_1[NH_3]+\beta_2[NH_3]^2+\beta_3[NH_3]^3+\beta_4[NH_3]^4} = \frac{1}{10^{1.95}} = 0.0112$$

$$\delta_1 = \frac{\beta_1[NH_3]}{1+\beta_1[NH_3]+\beta_2[NH_3]^2+\beta_3[NH_3]^3+\beta_4[NH_3]^4} = \frac{10^{4.13}\times1.00\times10^{-3}}{10^{1.95}} = 0.1513$$

$$\delta_2 = \frac{\beta_2[NH_3]^2}{1+\beta_1[NH_3]+\beta_2[NH_3]^2+\beta_3[NH_3]^3+\beta_4[NH_3]^4} = \frac{10^{7.61}\times1.00\times10^{-3\times2}}{10^{1.95}} = 0.4571$$

$$\delta_3 = \frac{\beta_3[NH_3]^3}{1+\beta_1[NH_3]+\beta_2[NH_3]^2+\beta_3[NH_3]^3+\beta_4[NH_3]^4} = \frac{10^{10.48}\times1.00\times10^{-3\times3}}{10^{1.95}} = 0.3388$$

$$\delta_4 = \frac{\beta_4[NH_3]^4}{1+\beta_1[NH_3]+\beta_2[NH_3]^2+\beta_3[NH_3]^3+\beta_4[NH_3]^4} = \frac{10^{12.59}\times1.00\times10^{-3\times4}}{10^{1.95}} = 0.0437$$

当［L］不同时，可求得一系列 δ_i，并以 lg[L] 为横坐标，δ_i 值为纵坐标作图，绘得 Cu(Ⅱ)-NH_3 配位物的分布曲线图，如图 6-3 所示。

由图 6-3 可见，随着［NH_3］的增大，Cu^{2+}与 NH_3 逐级生成 1∶1~1∶4 型 Cu(Ⅱ)-NH_3 配合物。与酸碱分布图相似，以其 lg[NH_3] 与各级形成常数的负对数（pK_1，…，

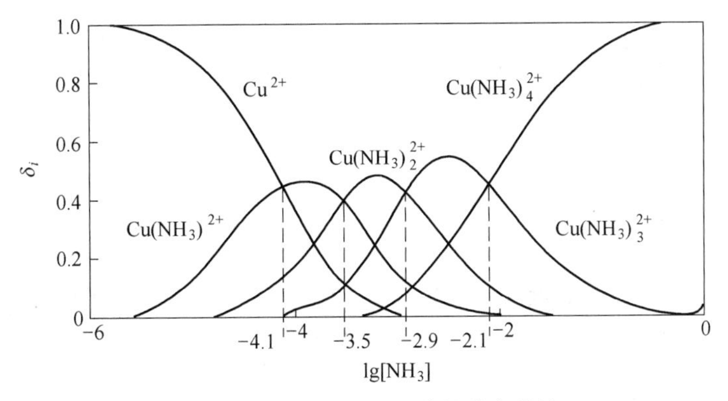

图 6-3　Cu(Ⅱ)-NH_3 配位物分布曲线

pK_n）相等时为界，分为各种型体占优势的区域。由于 Cu(Ⅱ)-NH_3 配合物的各相邻的逐级形成常数值相近，当［NH_3］在相当大的范围变化时，都有几种配合物型体同时存在，因此，不能以 NH_3 水溶液为滴定剂滴定 Cu^{2+}。金属离子与无机配位剂形成配合物时，大多如此，但 Hg(Ⅱ)-Cl^- 配合物是个例外，其 $\lg\beta_1$ ~ $\lg\beta_4$ 分别为 6.74、13.22、14.07、15.07。即 $\lg K_1=6.74$，$\lg K_2=6.48$，$\lg K_3=1.85$，$\lg K_4=1.00$，其中，$\lg K_2$ 与 $\lg K_3$ 有较大差别。同例 6-1 计算后可得图 6-4，当 lg[Cl^-] 在−5~−3 之间时，$\delta_2\approx1$，故可以 Hg^{2+} 滴定 Cl^-，其滴定产物为 $HgCl_2$，此即滴定 Cl^- 的汞量法。

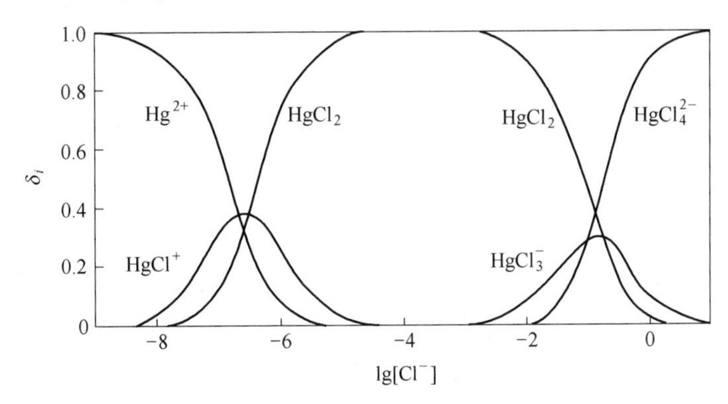

图 6-4　Hg(Ⅱ)-Cl^- 配位物分布曲线

在实际实验中，大多可知配位剂的分析浓度 c_L，而不是［L］。如果配位平衡体系中 c_L 远大于 c_M，则可忽略与金属离子配位所消耗配位剂的量，认为［L］≈ c_L，做近似计算，也完全能满足实用的要求。

6.2.4　配位反应的副反应及副反应系数

在化学反应中，通常把应用或考察的主体反应称为主反应；而其他相伴发生的能影响主反应中反应物或生成物平衡浓度的各种反应，统称为副反应。在配位滴定中，主反应是被测金属离子（M）与滴定剂 EDTA（Y）的配位反应。同时，由于还存在为提高配位滴定的准确度和选择性而加入的缓冲溶液、掩蔽剂以及其他干扰离子，还可能发生下列反应方程式所表示的各种重要副反应：

```
              M        +        Y         ⇌          MY          ┐ 主反应
        OH⁻ ↙   ↘ L       H⁺ ↙   ↘ N           H⁺ ↙   ↘ OH⁻      │
        M(OH)    ML        HY      NY          MHY     MOHY      ┘ 副反应
          ⋮       ⋮         ⋮
        M(OH)n   MLn       H6Y
     羟基配位  辅助配位  酸效应  干扰离子            混合配位
       效应      效应              效应                效应
```

上述各种副反应的发生都将影响主反应进行的完全程度。其中 M 和 L 所发生的任何副反应均使主反应的反应平衡向左移动，而 MY 所发生的副反应则有利于主反应的反应平衡向右移动。

在强酸性（pH 值小于 3）或强碱性（pH 值大于 11）条件下，由 MY 发生副反应所形成的酸式配合物（MHY）或碱式配合物（MOHY）与 MY 相比较大多不稳定（表 6-3）。因此，在一般讨论配位平衡时，均将其忽略不计。于是，当溶液中各种反应均达到平衡时，以 [M′] 和 [Y′] 分别表示尚未参加主反应的 M 和 Y 两种组分的总浓度，则其物料平衡式为：

$$c_M = [M'] + [MY]$$
$$c_Y = [Y'] + [MY]$$

表 6-3 一些 MY 的酸式或碱式配合物的 lg*K*

M	Al^{3+}	Ca^{2+}	Cu^{2+}	Fe^{2+}	Mg^{2+}	Zn^{2+}
$\lg K_{MHY}$	2.5	3.1	3.0	1.4	3.9	3.0
$\lg K_{MOHY}$	8.1		2.5	6.5		

6.2.4.1 配位剂的副反应系数

A 酸效应系数

当金属离子（M）与 EDTA（Y）进行配位反应时，体系中如有 H^+存在，则 Y 可被进一步质子化，发生 Y 与 H^+的副反应，使 [Y] 降低，影响主反应进行的程度。假如只考虑由于 H^+的存在所发生的副反应，称为酸效应，表征这种副反应进行程度的副反应系数则称为酸效应系数，以 $\alpha_{Y(H)}$ 为符号。其下标 Y(H) 表示该副反应系数为配位剂 Y 只与 H^+发生副反应的酸效应系数。

$$\alpha_{Y(H)} = \frac{[Y']}{[Y]}$$

由于 Y 与 H^+所发生的副反应可产生 HY，H_2Y，…，H_6Y 等一系列副反应产物，于是未与金属离子发生配位反应的配位剂总浓度为：

$$[Y'] = [Y] + [HY] + [H_2Y] + \cdots + [H_6Y]$$

Y 的质子化产物可以看作是氢配合物，并可将其各级质子化产物的解离常数换算成形成常数。即

$$K_{a_1} = \frac{[H^+][H_5Y^+]}{[H_6Y^{2+}]} = \frac{1}{K_6}$$

$$K_{a_2}=\frac{[H^+][H_4Y]}{[H_5Y^+]}=\frac{1}{K_5}$$

$$K_{a_3}=\frac{[H^+][H_3Y^-]}{[H_4Y]}=\frac{1}{K_4}$$

$$K_{a_4}=\frac{[H^+][H_2Y^{2-}]}{[H_3Y^-]}=\frac{1}{K_3}$$

$$K_{a_5}=\frac{[H^+][HY^{3-}]}{[H_2Y^{2-}]}=\frac{1}{K_2}$$

$$K_{a_6}=\frac{[H^+][HY^{4-}]}{[HY^{3-}]}=\frac{1}{K_1}$$

于是

$$\beta_1=K_1=\frac{1}{K_{a_6}}$$

$$\beta_2=K_1K_2=\frac{1}{K_{a_6}K_{a_5}}$$

$$\vdots$$

$$\beta_6=K_1K_2\cdots K_6=\frac{1}{K_{a_6}K_{a_5}\cdots K_{a_1}}$$

则:

$$\begin{aligned}[Y'] &= [Y]+\beta_1[Y][H]+\beta_2[Y][H]^2+\beta_3[Y][H]^3+\beta_4[Y][H]^4+\\ &\quad \beta_5[Y][H]^5+\beta_6[Y][H]^6\\ &=[Y](1+\beta_1[H]+\beta_2[H]^2+\beta_3[H]^3+\beta_4[H]^4+\beta_5[H]^5+\beta_6[H]^6)\end{aligned} \quad (6\text{-}1)$$

由式（6-1）可知，$\alpha_{Y(H)}$ 的物理意义就是当反应达到平衡时，未参与主反应的配位剂的总浓度与此时尚以游离状态存在的配位剂（Y）的平衡浓度的比值。即未参加主反应配位剂的总浓度是其游离状态存在配位剂（Y）的平衡浓度的倍数。

当无副反应时

$$[Y']=[Y],\qquad \alpha_{Y(H)}=1$$

有副反应存在时

$$[Y']>[Y],\qquad \alpha_{Y(H)}>1$$

所以酸效应系数有意义的取值为 $\alpha_{Y(H)}>1$。无副反应只是反应中的一个特例。$\alpha_{Y(H)}$ 是定量表示 Y 的酸效应进行程度的参数。其他各种副反应系数的物理意义也与此相似。

同时，由式（6-1）还可了解到，$\alpha_{Y(H)}$ 仅是 [H] 的函数，酸性越大，酸效应的影响也就越大，$\alpha_{Y(H)}$ 也越大。

例 6-2 求算 pH 值为 5.00 时，EDTA 的 $\alpha_{Y(H)}$ 及 $\lg\alpha_{Y(H)}$。

解：由 EDTA 作为多元酸的各级解离常数换算成为氢配合物的逐级形成常数（K_1 ~ K_6），分别为 $10^{10.34}$、$10^{4.24}$、$10^{2.75}$、$10^{2.07}$、$10^{1.60}$、$10^{0.90}$，故其各级累积常数（β_1~β_6）分别为 $10^{10.34}$、$10^{16.58}$、$10^{19.33}$、$10^{21.40}$、$10^{23.00}$、$10^{23.90}$。

依据式（6-1），有

$$\begin{aligned}\alpha_{Y(H)} &= 1 + 10^{10.34} \times 10^{-5.00} + 10^{16.58} \times 10^{-10.00} + 10^{19.33} \times 10^{-15.00} + \\ &\quad 10^{21.40} \times 10^{-20.00} + 10^{23.00} \times 10^{-25.00} + 10^{23.90} \times 10^{-30.00} \\ &= 1 + 10^{5.34} + 10^{6.58} + 10^{4.33} + 10^{1.40} + 10^{-2.00} + 10^{-6.10} \\ &\approx 10^{5.34} + 10^{6.58} \\ &\approx 10^{6.60}\end{aligned}$$

$$\lg\alpha_{Y(H)} = 6.60$$

即此时未与金属离子 M 配位的 Y 的总浓度约为其游离存在 Y 的浓度 400 万倍。由于 α 在不同条件下变化幅度很大，故常以其对数（$\lg\alpha$）表示。

由上例计算中可见，虽然有些副反应系数计算式中包含许多项，但在一定条件下，一般只有 2~3 项是主要的，其他项均可略去。上例 pH 值为 5.00 时，$\alpha_{Y(H)}$ 仅取决于 $\beta_1[H]$ 和 $\beta_2[H]^2$ 两项，其余均可忽略不计。这也表明，此时酸效应产物主要是 HY 和 H_2Y。

在配位滴定中，各种配位剂（以 L 为通用符号）的酸效应系数是常用的重要数据。同时，由于副反应系数是计算得来的，且一定温度下，其 $\alpha_{Y(H)}$ 只取决于配位剂的本性和体系中［H］，故常将不同 pH 值时的 $\alpha_{L(H)}$ 计算出来列表备查或绘成 $\lg\alpha_{L(H)}$ -pH 值线图备用。不同 pH 值下的 $\lg\alpha_{Y(H)}$ 见表 6-4。

表 6-4 不同 pH 值时的 $\lg\alpha_{Y(H)}$

pH 值	$\lg\alpha_{Y(H)}$	pH 值	$\lg\alpha_{Y(H)}$	pH 值	$\lg\alpha_{Y(H)}$
0.0	23.64	3.8	8.85	7.5	2.78
0.4	21.32	4.0	8.44	8.0	2.27
0.8	19.08	4.4	7.64	8.5	1.77
1.0	18.01	4.8	6.84	9.0	1.28
1.4	16.02	5.0	6.45	9.5	0.83
1.8	14.27	5.4	5.69	10.0	0.45
2.0	13.51	5.8	4.98	11.0	0.07
2.4	12.19	6.0	4.65	12.0	0.01
2.8	11.09	6.4	4.06	13.0	0.00
3.0	10.60	6.8	3.55		
3.4	9.70	7.0	3.32		

B 其他金属离子配位效应系数

当金属离子 M 与配位剂 Y 发生配位反应时，如有其他金属离子 N 共存，则 Y 亦可与 N 发生副反应生成 NY 配合物。这类副反应通常称为配位效应，当只存在着 N 与 Y 的副反应时，其副反应系数称为配位效应系数，以 $\alpha_{Y(N)}$ 表示。

若只考虑 Y 与 N 发生副反应，由于 Y 与各种金属离子配位一般只形成 1∶1 配合物，则

$$[Y'] = [Y] + [NY] = [Y](1 + \beta_1[N])$$

$$\alpha_{Y(N)} = \frac{[Y']}{[Y]} = 1 + \beta_1[N] \tag{6-2}$$

式中，$\alpha_{Y(N)}$ 只是 [N] 的函数。

如果 Y 同时与 H 和 N 发生副反应，其总的副反应系数以 α_Y 表示。则

$$\alpha_Y = \frac{[Y']}{[Y]} = \frac{[Y] + [HY] + [H_2Y] + \cdots + [H_6Y] + [NY]}{[Y]}$$

$$= 1 + \frac{[H^+]}{K_{a_6}} + \frac{[H^+]^2}{K_{a_6}K_{a_5}} + \frac{[H^+]^3}{K_{a_6}K_{a_5}K_{a_4}} + \frac{[H^+]^4}{K_{a_6}K_{a_5}K_{a_4}K_{a_3}} + \frac{[H^+]^5}{K_{a_6}K_{a_5}K_{a_4}K_{a_3}K_{a_2}} + \frac{[H^+]^6}{K_{a_6}K_{a_5}K_{a_4}K_{a_3}K_{a_2}K_{a_1}} + K_{NY}[N]$$

于是，如果 Y 同时存在Ⅰ，Ⅱ，…，n 种副反应时，则其总的副反应系数应为

$$\alpha_Y = \alpha_{Y(\text{I}_1)} + \alpha_{Y(\text{II}_2)} + \cdots + \alpha_{Y(n)} - (n - 1) \tag{6-3}$$

6.2.4.2 金属离子的副反应系数

当金属离子与 EDTA 发生配位反应时，如有其他配位剂（L）存在，则金属离子（M）亦将与 L 配位剂发生副反应，这种副反应按其化学反应类型也称为配位效应。当只考虑 L 与 M 发生的副反应时，其副反应系数称为配位效应系数，以 $\alpha_{M(L)}$ 为表示符号。于是

$$\alpha_{M(L)} = \frac{[M']}{[M]} = \frac{[M] + [ML] + [ML_2] + \cdots + [ML_n]}{[M]} \tag{6-4}$$

由式（6-4）可见，$\alpha_{M(L)}$ 也仅是 [L] 的函数。

与滴定剂 Y 共存的 L 等配位剂，既可能是进行滴定时所需的缓冲剂，或为防止金属离子水解所加的辅助配位剂，也可能是为消除其他金属离子的干扰所加的掩蔽剂。

在高 pH 值下滴定时，金属离子还可能与溶液中的 OH^- 发生水解的副反应，称为水解效应，若仅考虑 OH^- 与 M 发生的副反应，可以 $\alpha_{M(OH)}$ 为其副反应系数符号。则

$$\alpha_{M(OH)} = \frac{[M']}{[M]} = \frac{[M] + [MOH] + [M(OH)_2 + \cdots + M(OH)_n]}{[M]}$$

$$= 1 + \beta_1[OH^-] + \beta_2[OH^-]^2 + \beta_3[OH^-]^3 + \cdots + \beta_n[OH^-]^n \tag{6-5}$$

式中，$\alpha_{M(OH)}$ 也仅是 $[OH^-]$ 的函数。pH 值越高，水解效应越大。

在实际情况下，金属离子往往会同时发生多种副反应，其总的副反应系数以 α_M 表示。例如金属离子 M 同时有Ⅰ，Ⅱ，…，n 种副反应时，则

$$\alpha_M = \alpha_{M(\text{I})} + \alpha_{M(\text{II})} + \cdots + \alpha_{M(n)} - (n - 1)$$

一些金属离子与某种配位剂或 OH^- 的副反应系数，也可计算出来列成表格或绘成曲线图备用。

例 6-3　当以 Y 滴定 Zn^{2+} 时，应用 NH_3-NH_4Cl 组成的缓冲溶液控制滴定液的酸度保持在 pH 值为 11.00，溶液中 $[NH_3]=0.1mol/L$，求算 $\lg\alpha_{Zn}$。

解：Zn(Ⅱ)-NH_3 配合物的 $\beta_1 \sim \beta_4$ 分别为 $10^{2.27}$、$10^{4.61}$、$10^{7.01}$、$10^{9.06}$，于是

$$\begin{aligned}\alpha_{Zn(NH_3)} &= 1 + 10^{2.27} \times 10^{-1} + 10^{4.61} \times 10^{-2} + 10^{7.01} \times 10^{-3} + 10^{9.06} \times 10^{-4} \\ &= 1 + 10^{1.27} + 10^{2.61} + 10^{4.01} + 10^{5.06} \\ &\approx 10^{4.01} + 10^{5.06} \\ &\approx 10^{5.10}\end{aligned}$$

查有关数据表得知

$$\lg\alpha_{Zn(OH)} = 5.40$$

故

$$\begin{aligned}\alpha_{Zn} &= \alpha_{Zn(NH_3)} + \alpha_{Zn(OH)} - 1 \\ &= 10^{5.10} + 10^{5.40} - 1 \\ &\approx 10^{5.60}\end{aligned}$$

$$\lg\alpha_{Zn} = 5.60$$

上例计算表明，对同一组分，当有许多副反应并存时，在一定条件下各种副反应对该组分影响的大小是不相同的，相对来说，有时某些副反应是可以忽略不计的。按数值比较，比最大项小两个数量级的各项均可略去。

在实际工作中，往往对引起某一组分产生副反应的配位剂或其他共存物的平衡浓度并不知道。但可应用溶液平衡知识从已知分析浓度近似求出其平衡浓度。例如，许多配位剂能进行质子化反应，则可应用由手册中查得的 $\alpha_{L(H)}$ 及已知的 c_L 求出 [L]。因有 M 与 Y 的主反应存在，故 M 与 L 发生副反应时所消耗的 L 可忽略不计，即可认为 $[L'] = c_L$，于是

$$[L] = \frac{[L']}{\alpha_{L(H)}} = \frac{c_L}{\alpha_{L(H)}}$$

由此便可由已知的 c_L 和 $\alpha_{L(H)}$ 近似求得 [L]。

此外，在配位滴定中滴定液的 pH 值都是加入缓冲剂控制的。因此，也可应用酸碱溶液分布分数公式得出已知溶液的 pH 值和该缓冲剂的分析浓度，求得该缓冲体系中产生配位效应组分的平衡浓度。

应用上述方法所得数据进行各种计算的结果能满足配位滴定实际工作的要求。

例 6-4　在 0.10mol/L 的 AlF_6^{3+} 溶液中，当 F^- 浓度为 $[F^-] = 0.010mol/L$ 时，求 $[Al^{3+}]$ 的值。

解：已知 AlF_6^{3+} 的 $\beta_1 \sim \beta_6$ 分别为 $10^{6.1}$、$10^{11.5}$、$10^{15.0}$、$10^{17.7}$、$10^{19.4}$、$10^{19.7}$，于是

$$\begin{aligned}[Al'] &= [Al^{3+}] + [AlF^{2+}] + [AlF_2^+] + [AlF_3] + [AlF_4^-] + [AlF_5^{2-}] + [AlF_6]^{3-} \\ &= c_{Al} = 0.10mol/L\end{aligned}$$

$$\alpha_{Al(F)} = 1 + \beta_1[F] + \beta_2[F]^2 + \cdots + \beta_6[F]^6 = 10^{9.93}$$

故

$$[Al^{3+}] = \frac{[Al']}{\alpha_{Al}} = \frac{c_{Al}}{\alpha_{Al(F)}} = \frac{0.10}{10^{9.93}} = 10^{-10.93}mol/L$$

6.2.5　配合物的条件稳定常数

若 M 与 Y 形成配合物时存在副反应，则 K_{MY} 的大小不能反映主反应进行的程度。因

为这时未参与主反应的 M 和 Y 的总浓度是［M′］和［Y′］，而不单单是各自游离存在的平衡浓度［M］和［Y］；其配合物的浓度也不仅是［MY］，还应包括 MY 发生副反应的产物在内的［MY′］。若以 K'_{MY} 表示有副反应存在时主反应的平衡常数，则其表达式应为

$$K'_{MY} = \frac{[MY']}{[M'][Y']}$$

而　　$[M'] = \alpha_M[M]$，　　$[Y'] = \alpha_Y[Y]$，　　$[MY'] = \alpha_{MY}[MY]$

于是　　$$K'_{MY} = \frac{\alpha_{MY}[MY]}{\alpha_M[M]\alpha_Y[Y]} = K_{MY}\frac{\alpha_{MY}}{\alpha_M\alpha_Y}$$

即　　$$\lg K'_{MY} = \lg K_{MY} - \lg\alpha_M - \lg\alpha_Y + \lg\alpha_{MY}$$

由于在一定反应条件下，主反应各种组分的副反应系数（α_{MY}、α_M、α_Y 等）均为定值，因此，K'_{MY} 在一定反应条件下是一个常数，为明确表示它是随反应条件而发生变化的，故称为条件稳定常数，或简称条件常数。

当金属离子发生副反应时，未与 EDTA 发生配位反应的金属离子的总浓度［M′］等于游离金属离子浓度［M］的 α_M 倍，相当于主反应常数 K_{MY} 缩小 α_{MY} 倍；滴定剂 Y 发生副反应使 K_{MY} 缩小了 α_Y 倍；而配位化合物发生副反应使 K_{MY} 增大 α_{MY} 倍。只有不发生副反应时，α 均为 1，此时 $K'_{MY} = K_{MY}$。如上所示，配合物的副反应系数对稳定常数的影响可忽略，因此条件稳定常数的对数形式可写成：

$$\lg K'_{MY} = \lg K_{MY} - \lg\alpha_M - \lg\alpha_Y \tag{6-6}$$

根据配位反应条件可计算副反应系数 α，从而计算出条件稳定常数 K'_{MY}。

例 6-5　计算 pH 值为 2.00 和 pH 值为 5.00 时的 $\lg K'_{ZnY}$ 值。

解：由表 6-1 已知 $\lg K_{ZnY} = 16.50$。

由表 6-4，当 pH 值为 2.0，$\lg\alpha_{Y(H)} = 13.51$，

$$\lg K'_{MY} = \lg K_{MY} - \lg\alpha_{Y(H)} = 16.50 - 13.51 = 2.99$$

当 pH 值为 5.0，$\lg\alpha_{Y(H)} = 6.45$，

$$\lg K'_{MY} = \lg K_{MY} - \lg\alpha_{Y(H)} = 16.50 - 6.45 = 10.05$$

例 6-6　pH 值为 4.0，$\lg K_{PbY} = 18.04$，$c_{H_2R} = 0.20$mol/L（H_2R 为酒石酸），$c_{Pb} = 2\times10^{-4}$mol/L，$K_{a_1} = 10^{-3.04}$，$K_{a_2} = 10^{-4.37}$，$\lg\alpha_{Y(H)} = 8.44$。酒石酸-Pb 配合物：$\lg\beta_1 = 3.78$，$\lg\beta_3 = 4.7$，求 $\lg K'_{PbY}$ 的值。

解：$[R^{2-}] = c_{H_2R}\delta = 0.20\dfrac{K_{a_1}K_{a_2}}{[H^+]^2 + K_{a_1}[H^+] + K_{a_1}K_{a_2}} = 0.20\times0.28 = 0.056$mol/L

$\alpha_{Pb} = 1 + \beta_1[R^{2-}] + \beta_3[R^{2-}]^3 = 1 + 10^{3.78}\times0.056 + 10^{4.7}\times0.056^3 = 10^{2.53}$

故：

$$\lg K'_{PbY} = 18.04 - \lg\alpha_{Pb} - \lg\alpha_Y = 7.07$$

6.3 配位滴定基本原理

配位滴定目前应用最多的滴定剂是 EDTA 等氨羧配位剂，故也称螯合滴定。除此之外，个别无机配位剂，如易溶汞盐、银盐和氰化物，也可用于配位滴定，称为汞量法和氰量法。

汞量法通常是以 $Hg(NO_3)_2$ 或 $Hg(ClO_4)_2$ 等为滴定剂，滴定 Cl^- 或 SCN^- 等，滴定时形成 $HgCl_2$ 和 $Hg(SCN)_2$ 等较稳定的配合物。

$$2Cl^- + Hg^{2+} \rightleftharpoons HgCl_2$$

$$2SCN^- + Hg^{2+} \rightleftharpoons Hg(SCN)_2$$

滴定时以二苯胺基脲作指示剂，过量的 Hg^{2+} 与指示剂形成蓝紫色配合物，使滴定液由无色变为蓝紫色以指示终点。

汞量法也可以 KSCN 溶液滴定 Hg^{2+}，此时选用 $NH_4Fe(SO_4)_2$ 为指示剂，过量的 SCN^- 与 Fe^{3+} 形成红色配合物指示终点。

氰量法是以 KCN 为滴定剂滴定 Co^{2+}、Ni^{2+} 等，滴定时形成相应的氰化物。

$$Co^{2+} + 5CN^- \rightleftharpoons Co(CN)_5^{3-}$$

$$Ni^{2+} + 4CN^- \rightleftharpoons Ni(CN)_4^{2-}$$

这类滴定用可溶性银盐为指示剂，稍过量的 CN^- 可与少量 Ag^+ 形成白色 AgCN 沉淀，以滴定液出现浑浊指示终点。因此，也可用 $AgNO_3$ 滴定 CN^-，其滴定反应为

$$Ag^+ + 2CN^- \rightleftharpoons Ag(CN)_2^-$$

稍过量的 Ag^+ 可与 $Ag(CN)_2^-$ 反应生成 AgCN 沉淀指示终点

$$Ag^+ + Ag(CN)_2^- \rightleftharpoons 2AgCN\downarrow$$

6.3.1 EDTA 滴定法的原理

6.3.1.1 滴定曲线方程

在一定反应条件下，以浓度为 c_Y(mol/L) 的配位剂 Y 滴定浓度为 c_M(mol/L)，体积为 V_M(mL) 的金属离子 M。当加入 Y 的体积为 V_Y(mL) 时，忽略滴定产物 MY 可能发生的副反应，根据配位平衡和物料平衡关系，可得

$$[M'] + [MY] = \frac{c_M V_M}{V_M + V_Y} \tag{6-7}$$

$$[Y'] + [MY] = \frac{c_Y V_Y}{V_M + V_Y} \tag{6-8}$$

滴定分数

$$\varphi = \frac{c_Y V_Y}{c_M V_M}$$

若以 r 表示被滴定金属离子与滴定剂的浓度比

$$r = \frac{c_M}{c_Y}$$

则

$$\varphi_r = \frac{V_Y}{V_M} \tag{6-9}$$

将式（6-9）代入式（6-7）、式（6-8），整理得

$$[M'] + [MY] = \frac{c_M}{1 + \varphi_r} \tag{6-10}$$

$$[Y'] + [MY] = \frac{c_M \varphi}{1 + \varphi_r} \tag{6-11}$$

而

$$K'_{MY} = \frac{[MY]}{[M'][Y']} \tag{6-12}$$

$$[Y'] = \frac{c_M \varphi}{(1 + \varphi_r)(1 + K'_{MY}[M'])} \tag{6-13}$$

将式（6-12）、式（6-13）代入式（6-10），整理得

$$\varphi = \frac{(1 + K'_{MY}[M'])(c_M - [M'])}{[M'](r + c_M K'_{MY} + rK'_{MY}[M'])} \tag{6-14}$$

式（6-14）即EDTA滴定金属离子的滴定曲线方程式，展开后为一个关于［M′］的二次方程：

$$(r\varphi + 1)K'_{MY}[M']^2 + (r\varphi + c_M K'_{MY}\varphi - c_M K'_{MY} + 1)[M'] - c_M = 0$$

在一定滴定条件下，c_M、K、r、φ 均为定值，于是［M′］仅是 K'_{MY} 的函数。给定一个［M′］即可由该式求得对应的 K'_{MY}，进而换算成 φ，得到一系列［M′］、φ 值，并绘出某一滴定条件下的 pM′-φ 滴定曲线。

现以0.0100mol/L EDTA标准溶液滴定20.00mL 0.0100mol/L的 Ca^{2+} 溶液为例说明滴定过程中pM的变化和滴定曲线的形状。由于 Ca^{2+} 既不易水解，也不与其他配位剂反应，因此在处理配位平衡过程中只需考虑EDTA的酸效应。已知 $K_{CaY} = 10^{10.69}$，pH值为12.0时，$\lg\alpha_{Y(H)} = 0.0$，则CaY的条件稳定常数为：$\lg K'_{CaY} = \lg K_{CaY} - \lg\alpha_{Y(H)} = 10.69 - 0 = 10.69$。

（1）滴定前：溶液中只有 Ca^{2+}，$[Ca^{2+}] = 0.0100$mol/L，所以pCa=2.00。

（2）滴定开始至化学计量点前：溶液中有剩余的金属离子 Ca^{2+} 和滴定产物CaY。由于 $\lg K'_{CaY}$ 较大，剩余的 Ca^{2+} 对CaY的解离起抑制作用，基本可忽略CaY的解离，因此可按剩余的金属离子［Ca^{2+}］浓度计算pCa值。

当滴入的EDTA溶液体积为19.98mL时

$$[Ca^{2+}] = \frac{c_{Ca}V_{Ca} - c_Y V_Y}{V_{Ca} - V_Y} = \frac{0.01 \times (20.00 - 19.98)}{20.00 + 19.98} = 5.0 \times 10^{-6}\text{mol/L}$$

$$\text{pCa} = -\lg[Ca^{2+}] = 5.3$$

在滴定十分接近化学计量点，剩余金属离子极少（$K'_{CaY} \leqslant 10^{10}$）时，在计算pCa值过程中应考虑CaY的解离。

（3）化学计量点时：Ca^{2+}与 EDTA 几乎全部形成 CaY。

$$[CaY] = 0.01 \times \frac{20.00}{20.00 + 20.00} = 5 \times 10^{-3} mol/L$$

因为 pH 值不小于 12.0，$\lg\alpha_{Y(H)} = 0.0$，所以 $[Y'] = [Y]$，同时 $[Ca^{2+}] = [Y']$，则

$$\frac{[CaY]}{[Ca^{2+}]^2} = K'_{CaY}$$

$$\frac{5 \times 10^{-3}}{[Ca^{2+}]^2} = 10^{10.69}$$

$$[Ca^{2+}] = 3.2 \times 10^{-7} mol/L$$

$$pCa = 6.49$$

由于在化学计量点（sp）时滴定反应已按计量关系完成，溶液中的 $[M']$ 来自配合物 MY 的解离，所以

$$[M']_{sp} = [Y']_{sp}$$

$$[MY]_{sp} = c_{M,sp} - [M']_{sp} \approx c_{M,sp} = \frac{c_M}{2}$$

式中，$c_{M,sp}$ 为按化学计量点的体积-浓度关系计算得到的 M 的分析浓度，因为滴定的浓度相等，所以 $c_{M,sp} = \frac{c_M}{2}$，到达化学计量点时的平衡关系式为

$$K'_{MY} = \frac{[MY]}{[M'][Y']} = \frac{c_{M,sp}}{[M']'_{sp}}$$

$$[M']_{sp} = \sqrt{\frac{c_{M,sp}}{K'_{MY}}}$$

$$pM'_{sp} = \frac{1}{2}(pc_{M,sp} + \lg K'_{MY}) \tag{6-15}$$

（4）化学计量点后：设加入 20.02mL EDTA 溶液，此时 EDTA 过量 0.02mL，则

$$[Y] = \frac{0.01 \times 0.02}{20.00 + 20.02} = 5 \times 10^{-6} mol/L$$

代入配位平衡关系式：

$$\frac{[CaY]}{[Ca^{2+}][Y]} = K'_{CaY}$$

$$\frac{5 \times 10^{-3}}{[Ca^{2+}] \times 5 \times 10^{-6}} = 10^{10.69}$$

$$[Ca^{2+}] = 10^{-7.69} mol/L$$

$$pCa = 7.69$$

根据计算得到的数据见表 6-5，绘制的滴定曲线如图 6-5 所示。

表 6-5 pH 值为 12.0 时，0.0100mol/L EDTA 溶液滴定 20.00mL 0.0100mol/L Ca^{2+} 溶液过程中 pCa 值的变化

加入 EDTA 溶液		剩余 Ca^{2+} 溶液体积 V/mL	过量 EDTA 溶液体积 V/mL	pCa
mL	%			
0.00	0.0	20.00		2.00
18.00	90.0	2.00		3.30
19.80	99.0	0.20		4.30
19.98	99.9	0.02		5.30
20.00	100.0	0.00		6.49
20.02	100.1		0.02	7.69

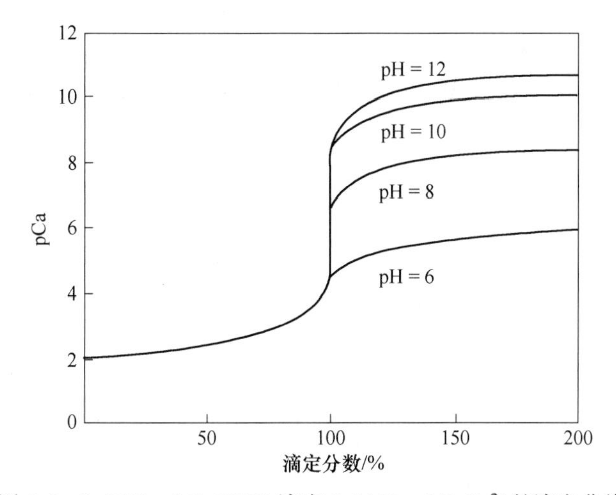

图 6-5 0.0100mol/L EDTA 滴定 0.0100mol/L Ca^{2+} 的滴定曲线

从图 6-5 用 0.0100mol/L EDTA 滴定 0.0100mol/L Ca^{2+} 的滴定曲线中可得出 pH 值越大，pCa 的突跃越大；反之，pH 值越小，pCa 的突跃越小。因此溶液 pH 值的选择在 EDTA 配位滴定中起到重要作用。

6.3.1.2 影响滴定突跃的主要因素

配合物的条件稳定常数和被滴定金属离子的浓度 c_M(r = 1) 是影响滴定突跃大小的主要因素。

图 6-6 所示为以 0.01mol/L Y 滴定 0.01mol/L M，如果其 lgK' 分别为 2，4，…，10，12 和 14，经计算绘制的滴定曲线。从中可看出配合物的条件稳定常数 K'_{MY} 影响滴定突跃，而 $\lg K'_{MY}$ 值受稳定常数 K_{MY} 、溶液酸度 $\alpha_{Y(H)}$、配位掩蔽剂及其他辅助配位剂配位作用的影响。$\lg K_{MY}$ 值越大，$\lg K'_{MY}$ 值相应增大，滴定突跃越大；滴定体系酸度越大，pH 值越小，$\lg\alpha_{Y(H)}$ 越大，$\lg K'_{MY}$ 值变小，使计量点后突跃变短；滴定过程中加入的掩蔽剂、缓冲溶液等辅助配位剂会使 $\lg\alpha_M$ 的值增大，$\lg K'_{MY}$ 变小，从而减小滴定突跃。

图 6-7 所示为当 $\lg K' = 10$，c_M 分别为 10^{-1} ~ 10^{-4}mol/L，$r = 1$ 时，用 EDTA 滴定不同

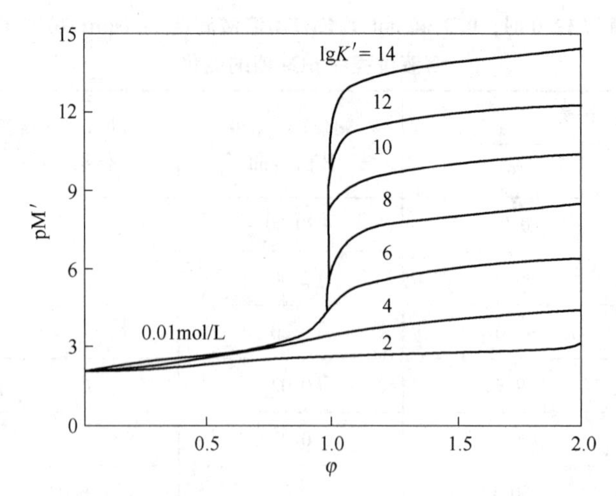

图 6-6 EDTA 滴定金属离子 M 时，不同的 $\lg K'_{MY}$ 的一组滴定曲线

浓度溶液的滴定曲线。由图可以看出当 K' 一定时，金属离子 c_M 越低，滴定曲线起点越高，则滴定突跃越小。当用指示剂目测终点时，要求 $\Delta pM > 0.2$；在 $c = 0.01mol/L$ 时，要求 $\lg K'_{MY} \geqslant 8$，即需满足 $\lg c \cdot K'_{MY} \geqslant 6$。

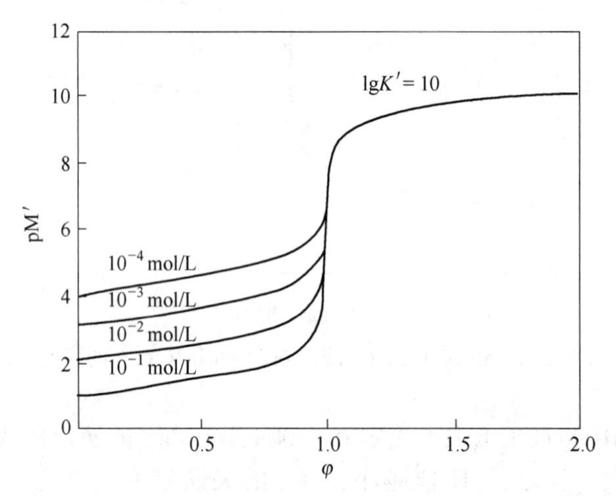

图 6-7 EDTA 滴定金属离子 M 时，不同 c_M 的一组滴定曲线

对于重金属离子，由于加入的碱性缓冲剂（如 NH_3 或 OH^-）产生配位或水解效应，使得 K'_{MY} 反而变小，从而使计量点附近发生的 pM′突跃又再变小，因此，借助提高 pH 值而增大滴定突跃的可能性只限制在较窄的范围内。滴定时滴定液和滴定剂的浓度较大，与酸碱滴定类似，计量点前后的滴定突跃就大，这也是各类滴定分析都具有的相似规律。

6.3.1.3 计量点 pM′的计算

对于 EDTA 配位滴定，由于在不同条件下，K'_{MY} 不同，不仅造成滴定突跃范围大小有差异，而且其计量点的[M′]([Y′])也不一样，因此，经常需要计算其 pM′以便妥善选用指示剂。由于计量点的 $\varphi_{sp} = 1$，故可由滴定曲线方程代入该滴定条件下的各项数值

（K'_{MY}、c_{Msp} 和 r）求出其［M′］，进而换算成 pM′。通常可依据其条件常数表达式作近似处理求得其 K'_{MY}，这样做不仅使计算简化，通常也能满足讨论配位滴定问题的需要。

达到计量点时，可认为被滴定的金属离子 M 完全形成了 MY，体系中没有多余的 M′或 Y′，全部 M′和 Y′都是由 MY 解离产生的，于是［MY′］=［MY］。通常当能实现配位滴定时，滴定产物（配合物）都比较稳定，即［M′］和［Y′］都很小，故可近似认为 $[MY]=c_{M_{sp}}-[M']\approx c_{M_{sp}}$，将其代入式 $K'_{MY}=\dfrac{[MY]}{[M'][Y']}$，并整理得：

$$[M']_{sp}=\sqrt{\frac{c_{M,sp}}{K'_{MY}}}$$

取对数形式为

$$pM'_{sp}=\frac{1}{2}(pc_{M,sp}+\lg K'_{MY}) \tag{6-16}$$

上式即配位反应到化学计量点时计算 pM′的公式。

例 6-7 在 pH 值为 10.00，含［NH_3］=0.20mol/L 条件下，以 2.0×10^{-2}mol/L EDTA 滴定相同浓度的 Cu^{2+}，求算其 pCu'_{sp}。

解：化学计量点时：$c_{Cu_{sp}}=\dfrac{1}{2}\times2.0\times10^{-2}=1.0\times10^{-2}$mol/L

$$[NH_3]_{sp}=\frac{1}{2}\times0.20=0.10\text{mol/L}$$

$$\begin{aligned}\alpha_{Cu(NH_3)}&=1+\beta_1[NH_3]+\beta_2[NH_3]^2+\beta_3[NH_3]^3+\beta_4[NH_3]^4\\&=1+10^{4.13}\times0.10+10^{7.61}\times0.10^2+10^{10.48}\times0.10^3+10^{12.59}\times0.10^4\\&\approx10^{8.62}\end{aligned}$$

当 pH 值为 10 时，$\lg\alpha_{Y(H)}=0.45$，$\alpha_{Cu(OH)}=10^{1.7}\ll10^{8.62}$，因此可以忽略 $\alpha_{Cu(OH)}$ 的数值，则 $\alpha_{Cu}\approx10^{8.62}$。所以：

$$\lg K'_{CuY}=\lg K_{CuY}-\lg\alpha_{Y(H)}-\lg\alpha_{Cu}=18.80-0.45-8.62=9.73$$

$$pCu'=\frac{1}{2}(pc_{Cu_{sp}}+\lg K'_{CuY})=\frac{1}{2}\times(2.00+9.73)=5.86$$

6.3.2 金属离子指示剂

在配位滴定中以指示剂确定滴定终点时，所使用的指示剂必须能与金属离子配位，并由于这种配位和解离作用而产生明显颜色改变，借以指示被滴定金属离子在计量点附近 pM′的变化。这种指示剂称为金属离子指示剂，简称金属指示剂。

金属指示剂可分为两类，其一是指示剂本身在不同 pH 值条件下具有明显的特征颜色，与金属离子配位后，又呈现出与其本身不同的另一种颜色，称为金属显色指示剂。其二是本身无色或颜色很浅，与金属离子反应后形成有色配合物，称为无色金属指示剂。在配位滴定中普遍使用的是金属显色指示剂，现对其作进一步讨论。

6.3.2.1 作用原理

金属指示剂与酸碱指示剂的作用原理是不同的。例如，以 EDTA 滴定 Mg、Zn 或 Cd 等金属离子时，通常所用的指示剂是铬黑 T（erichrome black T，以 EBT 为缩写符号），它是P,P′-二羟基偶氮类化合物，也是一个三元酸，第一级解离极容易，第二级和第三级解离则较难（$pK_{a_2}=6.3$，$pK_{a_3}=11.6$），并且能随溶液 pH 值变化显示不同的颜色，故具有作酸碱指示剂和金属指示剂的两种功能，其作用原理和化学反应如下。

作为酸碱指示剂：

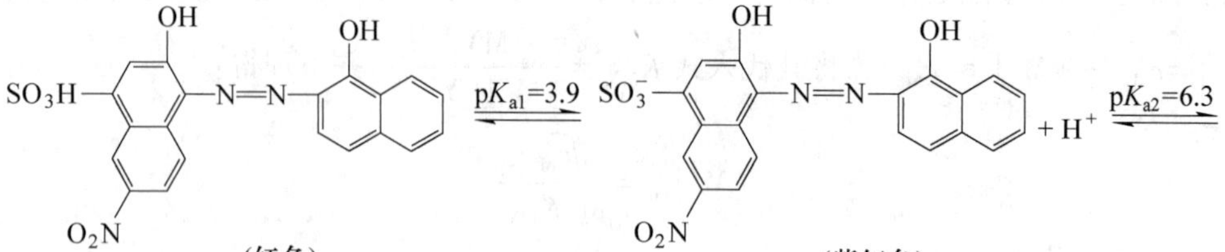

$pK_{a1}=3.9$　$pK_{a2}=6.3$

(红色)　(紫红色)

$pK_{a3}=11.6$

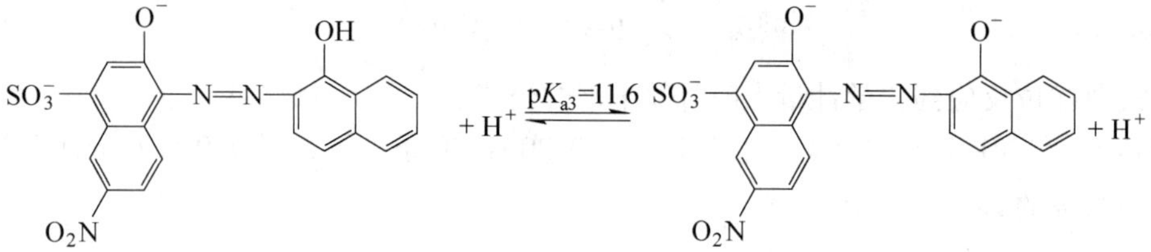

(蓝色)　(橙色)

如以 H_3In 作为 EBT 的化学式符号，则上述作为酸碱指示剂的反应可表示为

$$\underset{(\text{红色})}{H_3In} \underset{+H^+}{\overset{-H^+}{\rightleftharpoons}} \underset{(\text{紫红色})}{H_2In^-} \underset{+H^+}{\overset{-H^+}{\rightleftharpoons}} \underset{(\text{蓝色})}{HIn^{2-}} \underset{+H^+}{\overset{-H^+}{\rightleftharpoons}} \underset{(\text{橙色})}{In^{3-}}$$

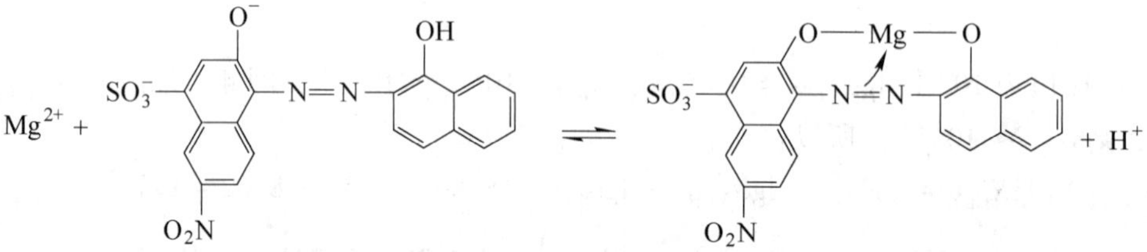

Mg^{2+} + … ⇌ … + H^+

(蓝色)　(红色)

当 EBT 在一定 pH 值条件下作为滴定 Mg 的金属指示剂时，则 EBT 首先与 Mg^{2+}形成配合物。

简化表示则为

$$\underset{}{Mg^{2+}} + \underset{(\text{蓝色})}{HIn^{2-}} \rightleftharpoons \underset{(\text{红色})}{MgIn^-} + H^+$$

于是，当滴定液中加入少量 EBT 指示剂，部分 Mg^{2+}与 HIn^{2-}形成 $MgIn^-$，使滴定液呈现红色。随着滴定剂 EDTA 的加入，大量游离的 Mg^{2+}逐渐与 EDTA 配位形成 MgY^{2-}。在计量点附近，［Mg^{2+}］降到很低，加入的 EDTA 置换出 $MgIn^-$中的 In^{3-}，继续形成 MgY^{2-}，使指示剂游离出来，发生如下的反应

$$\underset{(\text{红色})}{MgIn^-} + HY^{3-} \rightleftharpoons MgY^{2-} + \underset{(\text{蓝色})}{HIn^{2-}}$$

滴定液由红色变为蓝色，指示达到滴定终点。由于金属指示剂变色反应的实质是滴定

剂与指示剂在同金属离子形成配合物中的置换作用，故在讨论有关指示剂的一般规律时，不必考虑指示剂的具体型体，而以 In 和 MIn 作为指示剂及金属离子-指示剂配合物的代表符号，并可用如下简化方式表示这种置换反应：

$$MIn + Y \rightleftharpoons MY + In$$

本书以下在讨论有关问题中均按这一原则处理。

根据金属指示剂指示终点的作用原理，作为金属指示剂必须具备以下条件。

（1）MIn 与 In 的颜色应有明显的区别，终点颜色变化鲜明。例如，EBT 在不同 pH 值条件下呈现不同的颜色，当溶液 pH 值小于 6.4 时，是紫红色；pH 值大于 11.5 后，则为橙色，均与 Mg(Ⅱ)-EBT 配合物的红色相近。为使终点颜色变化明显，其适宜 pH 值范围应在 pH 值在 6.4~11.5 之间。而具体选择什么条件最好，尚需考虑在滴定时各种副反应对该体系的影响，再行确定。

（2）MIn 的稳定性要适当。MIn 的稳定性应比 MY 的稳定性低，否则，EDTA 不能在接近计量点时置换出 MIn 中的 In，不发生颜色变化，就失去了指示终点的作用，一般要求 $K'_{MY}/K'_{MIn} > 10^4$（个别 10^2）。但如果 MIn 的稳定性较 MY 过低，则终点会过早出现，而且变色不敏锐，影响滴定准确度。一般要求 $K'_{MIn} > 10^4$。这是配位滴定选择指示剂及滴定条件的一个重要原则。

（3）In 与 M 的反应必须进行迅速，并有良好的可逆性。一般要求 MIn 易溶于水，若生成胶体溶液或沉淀，在滴定至终点时，EDTA 与 MIn 间的置换反应速率缓慢，而使终点延长，变色不明显，出现僵化现象。通常可通过增大有关物质溶解度，加入适当有机溶剂、加热、振遥等方法来避免僵化现象。

6.3.2.2 指示剂理论变色点 pM_{ep} 值的计算

金属显色指示剂一般都是有机弱酸，易产生酸效应；当其与金属离子形成配合物时，金属离子也可产生各种副反应；在不考虑 MIn 的副反应时，则有如下的平衡关系：

$$\begin{array}{ccc} M & + \ In & \rightleftharpoons MIn \\ \vdots & \vdots & \vdots \\ ML_n & M(OH)_n & H_nIn \end{array}$$

于是 MIn 配合物的条件常数为

$$K'_{MIn} = \frac{[MIn]}{[M][In']} = \frac{[MIn]}{[M]\alpha_{In(H)}[In]} = \frac{K_{MIn}}{\alpha_{In(H)}} \tag{6-17}$$

取对数，得

$$\lg K'_{MIn} = pM + \lg\frac{[MIn]}{[In']} = \lg K_{MIn} - \lg\alpha_{In(H)}$$

当 [MIn] = [In′] 时，其 pM 值即为该溶液被滴定时金属指示剂的理论变色点（transition point），以 pM_{ep} 为符号，则

$$pM_{ep} = \lg K'_{MIn} = \lg K_{MIn} - \lg\alpha_{In(H)} \tag{6-18}$$

可见，金属显色指示剂的 pM_{ep} 可由 $\lg K'_{MIn}$ 或 $\lg K_{MIn}$ 及 $\lg\alpha_{In(H)}$ 求得。因此，金属指示剂的理论变色点并不像酸碱指示剂那样，有一个确定的数值，而是随着滴定条件的变化有所改变。

应当指出，以上所讨论的 pM_{ep} 的计算方法只限于 MIn 的配位比为 1 : 1。实际上 M 与

In 有时还会形成 1∶2 或 1∶3 的配合物，则其 pM_{ep} 的计算就很复杂；而且一般计算所需的常数也很缺乏，所以，手册中所给出的 pM_{ep} 多是由实验测得的实际变色点的数值。在实际应用中其理论值和实测值并不加以区分。

常用的金属指示剂及其可用于指示直接滴定的金属情况均列于表 6-6。

表 6-6 常用金属指示剂

指示剂	结构式	可用于指示剂直接滴定的金属（离子）	直接滴定时颜色变化
紫脲酸铵 (murexide. MX)	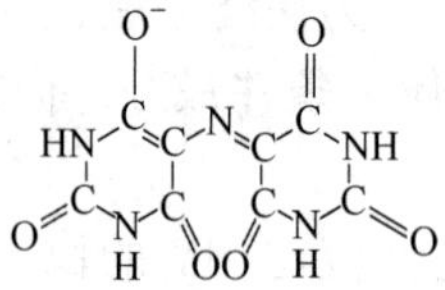	Ca(pH 值大于 10) Co(pH 值在 8~10) Ni(pH 值在 8.5~11.5) Cu(pH 值在 7~8)	红~紫 }黄~紫
铬黑 T (eriochrome black T. EBT 或 BT)	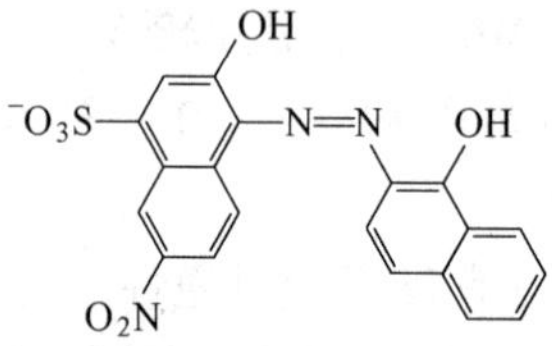	Mg(pH 值为 10) Ca(pH 值为 10) Zn(pH 值在 6.8~10) Cd(pH 值为 10) Mn(pH 值为 10) Pb(pH 值为 10) 稀土(pH 值为 10)	紫红~蓝
钙指示剂 (calconcarboxylic acid. NN)	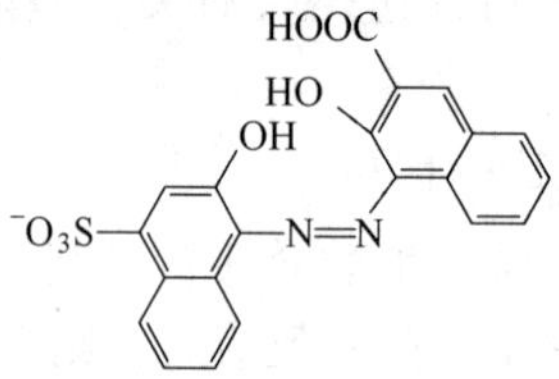	Ca(pH 值为 12) (Mg+Ca) 中的 Ca	红~蓝
1-(2-吡啶偶氮)-2-苯酚 (1-(2-pyridylazo)-2-naphthol. PAN)	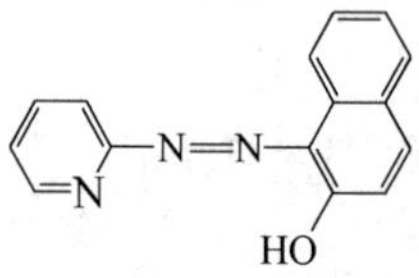	Zn(pH 值在 5~7) Cd(pH 值为 6) Cu(pH 值为 6) Bi(pH 值为 2.5) Th(pH 值在 2~3.5)	红~黄
4-(2-吡啶偶氮)间苯二酚 (4-(2-pyridylazo)-2-naphthol. PAR)	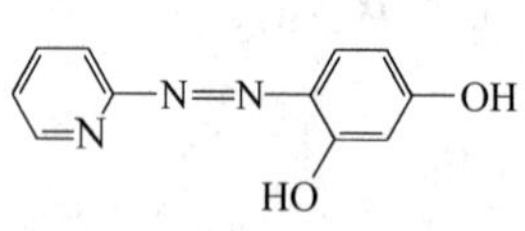	Cu(pH 值在 3~5) Zn(pH 值为 6) Pb(pH 值为 5) In(pH 值为 2.5)	红~黄
二甲酚橙 (xylenolorange. XO)	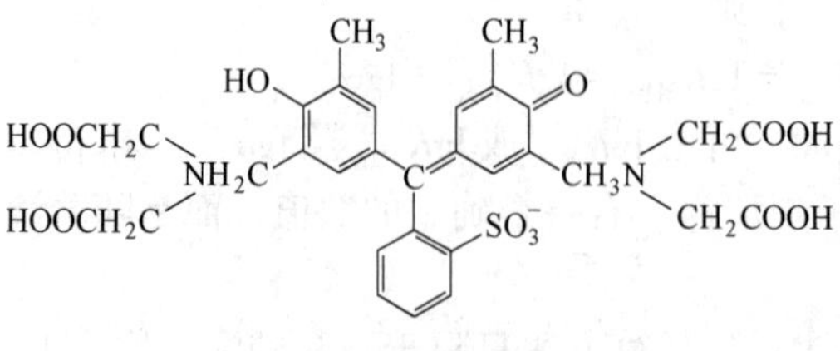	Bi(pH 值在 1~2) Cd(pH 值在 5~6) La(pH 值在 5~6) Pb(pH 值在 5~6) Zn(pH 值在 5~6) Th(pH 值在 1.6~3.5)	红~黄

续表 6-6

指示剂	结构式	可用于指示剂直接滴定的金属（离子）	直接滴定时颜色变化
甲基百里酚（methyl thymol blue. MTB）	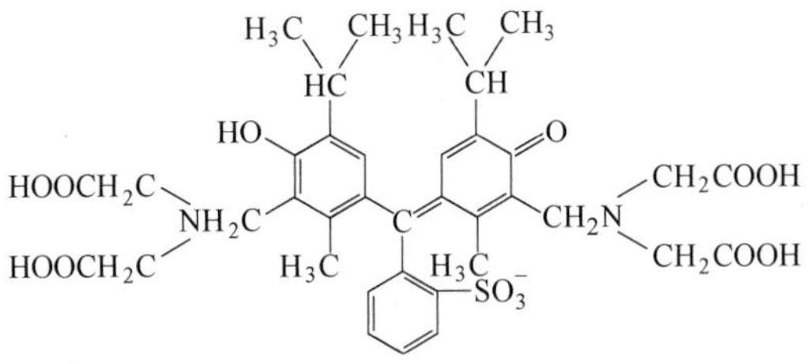	Ca(pH 值为 12) Mg(pH 值在 10~11.5) Bi(pH 值在 1~2) Cd(pH 值在 5~6) Pb(pH 值为 6) Zn(pH 值为 6) La(pH 值为 5) Th(pH 值在 1~3.5) Zr(pH 值在 0~2.3)	}蓝~灰 蓝~黄
邻苯二酚紫（pyiocatechol violet. PV）	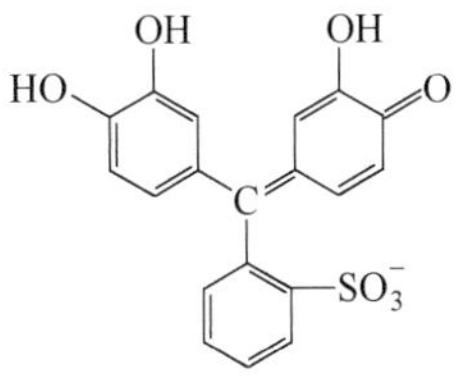	Cu(pH 值在 6~7) Pb(pH 值为 5.5) Cd(pH 值为 10) Mg(pH 值为 10) Zn(pH 值为 10) Co(pH 值在 8~9) Ni(pH 值在 8~9) Mn(pH 值约为 9)	}蓝~黄 蓝~紫

6.3.2.3　使用金属指示剂时可能存在的问题

（1）指示剂的封闭现象。在配位滴定中，有时虽已按 pM_{ep} 要求条件选用了适当的指示剂，但滴定达到计量点后，过量的 EDTA 仍不能置换出 MIn 配合物中的 In，致使在计量点附近并没有颜色变化，这种状况，称为指示剂的封闭现象。其原因可能是由于滴定液中有某种共存金属离子与指示剂形成了十分稳定的配合物，妨碍了正常指示终点的作用。例如，在 pH 值为 10，以 EBT 为指示剂滴定 Ca 和 Mg 的总量时，共存的 Al^{3+}、Fe^{3+}、Cu^{2+}、Co^{2+}、Ni^{2+}等离子会封闭 EBT，使终点无法确定。解除指示剂封闭现象的方法是加入适当的掩蔽剂，使干扰离子形成其他更稳定的配合物，从而不再与指示剂作用。在本例中可以三乙醇胺掩蔽 Al^{3+}；以 KCN 掩蔽 Cu^{2+}、Co^{2+}、Ni^{2+}；Fe^{3+} 可以被抗坏血酸还原后再与 KCN 形成 $Fe(CN)^{-}$加以掩蔽。如果干扰离子的含量较大，则应进行分离处理。

此外，也可能是由于被滴定金属离子与指示剂的配位反应可逆性较差造成的，此时则应更换指示剂。

（2）指示剂的僵化现象。有些 In 或 MIn 在水中的溶解度太小，使得滴定剂与 MIn 的置换反应进行缓慢，终点颜色变化拖长，这种现象叫做指示剂僵化。解决的办法是加入与水互溶的有机溶剂或加热以增大其溶解度。例如，用 PAN 作指示剂时，经常加入乙醇或在加热下滴定，以便消除指示剂僵化现象。

（3）指示剂的氧化变质。金属指示剂大多为含双键的有机化合物，易被日光、氧化剂、空气中的氧所分解，在水溶液中多不稳定，日久变质。所以有些指示剂需配成固体溶液（以 NaCl 或 KCl 作固体溶剂），以增强其稳定性。

6.3.2.4 指示剂的选择和终点误差

选择指示剂的原则是在一定条件下以 EDTA 滴定某种金属离子时，其 pM' 为一定值，可应用滴定曲线方程式或简化近似计算式（6-16）求得。如以指示剂检测滴定终点，在此条件下所选用指示剂的 pM_{ep} 也是一个确定值，可由式（6-18）计算或通过实测得知。与酸碱滴定相似，所选用指示剂的 pM_{ep} 应落在允许滴定误差所要求的突跃范围之内。

应该指出，由于金属指示剂的有关数据目前很不齐全，往往无法应用理论计算来加以判断，因而在配位滴定的实际工作中常以实验方法选定指示剂。

6.3.3 直接准确滴定的条件

与酸碱滴定类似，当采用金属指示剂检测配位滴定的终点时，由于人眼判断颜色变化一般总有±0.2pM 单位的不确定性，必然会造成终点观测误差。即使指示剂的变色点 pM'_{ep} 与计量点 pM'_{sp} 完全一致，使得终点误差为零，这种由于终点观测的不确定性造成的终点观测误差依然存在。若要求控制滴定分析误差在±0.1%之内，并规定终点观测的不确定性为±0.2pM 单位，计算结果表明，配位滴定突跃的大小仅与 $c_{M_{sp}}$ 和 K'_{MY} 的乘积有关，K'_{MY} 越大，滴定突跃就越大，则由此可用终点误差计算式判别为

$$c_{M_{sp}}K'_{MY} \geqslant \left(\frac{10^{0.2} - 10^{-0.2}}{0.001}\right)^2$$

$$\lg(c_{M_{sp}}K'_{MY}) \geqslant 6$$

这个判据不是绝对的、无条件的，如果允许滴定分析误差不同，或规定不同的终点颜色判断的不确定性，则该判据也将有所不同。

例 6-8 试判断可否在 pH 值为 5.0（以 HAc-NaAc 缓冲溶液控制 pH 值，$[Ac^-]=0.1mol/L$）或 pH 值为 10.0（以 NH_3-NH_4Cl 缓冲溶液控制 pH 值，$[NH_4^+]=0.1mol/L$）时，以 0.01mol/L 的 EDTA 直接滴定等浓度的 Ca^{2+} 或 Zn^{2+}。

解： 据表 6-1 查得 $\lg K_{CaY}=10.70$，$\lg K_{ZnY}=16.50$。

当 pH 值为 5.0 时，Ac^- 对 Ca^{2+} 和 Zn^{2+} 均产生配位效应，查表得 $\lg\alpha_{Ca(Ac)}=0.1$，$\lg\alpha_{Zn(Ac)}=0.5$。此时，OH^- 对 Ca^{2+} 和 Zn^{2+} 的水解效应均可忽略。EDTA 的酸效应系数为 $\lg\alpha_{Y(H)}=6.45$。于是

$$\lg K'_{CaY}=\lg K_{CaY}-\lg\alpha_{Y(H)}-\lg\alpha_{Ca(Ac)}=10.70-6.45-0.1=4.15$$

$$\lg K'_{ZnY}=\lg K_{ZnY}-\lg\alpha_{Y(H)}-\lg\alpha_{Zn(Ac)}=16.50-6.45-0.5=9.55$$

$$\lg(c_{Ca_{sp}}K'_{CaY})=\lg(10^{-2}\times10^{4.15})=2.15<6$$

$$\lg(c_{Zn_{sp}}K'_{ZnY})=\lg(10^{-2}\times10^{9.55})=7.55>6$$

故 pH 值为 5.0 时可以准确滴定 Zn^2 而不能准确滴定 Ca^{2+}。

当 pH 值为 10.0 时，NH_4^+ 只对 Zn^{2+} 产生配位效应，查表得 $\lg\alpha_{Zn(NH_3)}=4.7$；此时，OH^- 也只对 Zn^{2+} 有水解效应，查表得 $\lg\alpha_{Zn(OH)}=2.4$。此时，EDTA 的酸效应系数为 $\lg\alpha_{Y(H)}=0.45$。于是

$$\lg K'_{CaY}=\lg K_{CaY}-\lg\alpha_{Y(H)}=10.70-0.45=10.25$$

$$\lg(c_{Ca_{sp}}K'_{CaY})=\lg(10^{-2}\times10^{10.25})=8.25>6$$

$$\lg K'_{ZnY}=\lg K_{ZnY}-\lg\alpha_{Y(H)}-\lg\alpha_{Zn(NH_3)}-\lg\alpha_{Zn(OH)}=16.50-0.45-4.7-2.4=8.95$$

$$\lg(c_{Zn_{sp}}K'_{ZnY}) = \lg(10^{-2} \times 10^{8.95}) = 6.95 > 6$$

故 pH 值为 10.0 时 Ca^{2+}或 Zn^{2+}均可用 EDTA 直接准确滴定。

6.3.4 滴定 pH 条件的选择

在各种影响配位滴定的因素中，pH 值条件是最为重要的。一般来说，如果 pH 值太低，EDTA 的酸效应会很严重，将导致滴定突跃过小，无法准确滴定；而如果 pH 值太高，金属离子则可能产生氢氧化物沉淀，也使滴定无法进行。因此 pH 值的控制就成为配位滴定中特别要注意的问题。

以下讨论单一金属离子被 EDTA 进行配位滴定时最宜 pH 值范围和最佳 pH 值。

6.3.4.1 最高酸性（最低 pH 值）

有可能直接准确滴定某种金属离子的最大酸性条件，称为滴定该金属离子的最高允许酸性，简称最高酸性。

最高酸性（最低 pH 值）的概念是与直接准确滴定的概念联系在一起的。前已述及，某金属离子 M 只有当其能满足 $\lg(c_{M_{sp}}K'_{MY}) \geqslant 6$ 时，才有可能直接准确滴定。如果这时除 EDTA 的酸效应以外，不存在其他的副反应，则可据此判据直接导出滴定该金属离子的最高酸性条件。

例如，以 1.0×10^{-2}mol/L 的 EDTA 滴定相等浓度的 Zn^{2+}时，依据 $\lg(c_{M_{sp}}K'_{MY}) \geqslant 6$，要求 $\lg K'_{MY} \geqslant 8$。由于只存在 Y 的酸效应，则有

$$\lg K'_{ZnY} = \lg K_{ZnY} - \lg\alpha_{Y(H)} \geqslant 8$$

或

$$\lg\alpha_{Y(H)} \leqslant \lg K_{ZnY} - 8$$

查表 6-1 知，$\lg K_{ZnY} = 16.5$，即 $\lg\alpha_{Y(H)} \leqslant 8.5$。而 $\lg\alpha_{Y(H)}$ 又是 pH 值的函数，于是与此最大允许的 $\lg\alpha_{Y(H)}$ 相对应的 pH 值即为在此条件下滴定 Zn^{2+}的最高酸性。

查表 6-3 知，当 $\lg\alpha_{Y(H)} = 8.5$ 时，pH 值约为 4.0。如果酸性超过这一限度，即其 pH 值低于 4.0 时，$\lg\alpha_{Y(H)}$ 将增大而超过 8.5，$\lg K'_{ZnY}$ 就将小于 8，或 $\lg(c_{Zn_{sp}}K'_{ZnY})$ 就将小于 6，达不到准确滴定的要求。所以 pH 值为 4.0 就是滴定 Zn^{2+}的最高允许酸性（最低 pH 值）。

在配位滴定中，了解滴定各种金属离子的最高酸性对选择适宜 pH 值条件是有重要参考价值的。通常当 $c_{M_{sp}} = 0.01$mol/L 时，以 $\lg K_{MY}$ 和 $\lg\alpha_{Y(H)}$ 为横坐标，相对应的 pH 值为纵坐标绘制曲线，所得的曲线称为 EDTA 曲线、酸效应曲线或者林邦曲线（Ringbom）曲线，如图 6-8 所示。

由图 6-8 可见，当以 EDTA 滴定 Bi^{3+}时，由于滴定产物物 BiY 很稳定（$\lg K_{BiY} = 27.9$），故即使在较高的酸性（pH 值为 1.0）下也可准确滴定；而滴定 Mg^{2+}时，由于滴定产物 MgY 不稳定（$\lg K_{MgY} = 8.7$），故必须在弱碱性（pH 值为 10.0）条件下才能准确滴定。

6.3.4.2 最低酸性（最高 pH 值）

在配位滴定中。如果仅从 Y 的酸效应的角度考虑，则似乎酸性越低，$\lg\alpha_{Y(H)}$ 越大，滴定突跃也越大，对准确滴定越有利。但实际上，对多数金属离子来说，当酸性降低到一定水平之后，不仅金属离子本身的水解效应会突显，往往还会产生该金属离子的氢氧化物沉淀。由于在滴定过程中这种氢氧化物沉淀有时根本不可能再转化为 EDTA 的配合物，或

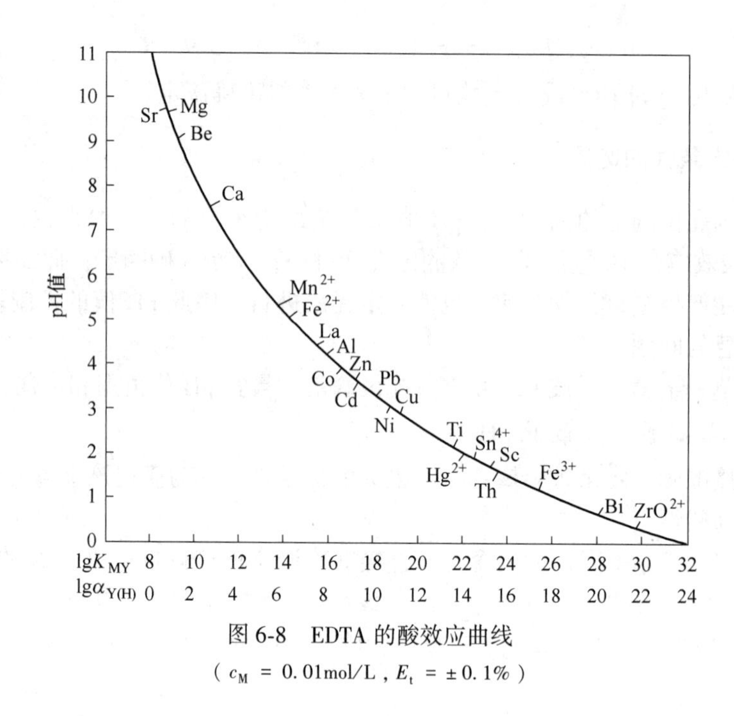

图 6-8　EDTA 的酸效应曲线

（c_M = 0.01mol/L，E_t = ±0.1%）

者虽然可以转化但转化的速率很小，必然严重影响滴定的准确度，因此在这样低的酸性条件下进行配位滴定是不可取的。由此又提出了配位滴定最低允许酸性的概念。通常把金属离子开始生成氢氧化物沉淀时的 pH 值称为最低酸性，它可由该金属离子氢氧化物沉淀的溶度积求得。

$$[OH^-] = \sqrt[n]{K_{sp}/c_M}$$

例如，求 EDTA 滴定 1.0×10^{-2}mol/L Zn^{2+}的最低酸性。已知 $K_{sp}(Zn(OH)_2) = 1.2\times10^{-17}$，于是

$$[OH^-] = \sqrt{K_{sp}(Zn(OH)_2)/c_{Zn^{2+}}} = \sqrt{\frac{1.2\times10^{-17}}{1.0\times10^{-2}}} = 10^{-7.5}\text{mol/L}$$

$$\text{pH 值为 } 14.00-7.5=6.5$$

即其最低酸性为 $[H^+]=10^{-6.5}$mol/L，或 pH 值为 6.5。

必须注意，滴定金属离子的最高酸性和最低酸性都是在一定假设条件下求得的，当条件不同时，其数值将相应地发生改变。

6.3.4.3　最佳酸度（最佳 pH 值）

通常将最高酸性和最低酸性之间的 pH 值范围称为对某金属离子进行配位滴定的适宜的酸性范围。但是，适宜的酸性范围只提供了准确滴定的可能性，当具体使用指示剂检测滴定终点时，由于指示剂和配位剂均存在着酸效应，其 pM'_{ep} 和 pM'_{sp} 都将随 pH 值的改变而变化。所以，在配位滴定中还有一个在适宜酸性范围内选择使滴定终点与计量点基本一致或使终点误差为最小的 pH 值条件的问题，这时的酸性则称为最佳酸性（最佳 pH 值）。

6.3.5　缓冲剂的重要作用

为保持所选定的最佳 pH 值条件和消除在滴定反应中可能导致 pH 值的变化，在配位

滴定中均加入一定缓冲剂以控制滴定液的 pH 值条件，所以缓冲剂是配位滴定中不可缺少的介质组成成分。通常为保持弱酸性（pH 值为 4～6）条件，多用 HAc-NaAc 或 $(CH_2)_6N_4$-HCl 等缓冲体系。当保持弱碱性（pH 值为 8～10）条件时，常以 $NH_3 \cdot H_2O$-NH_4Cl 为缓冲体系。如选用强酸性（pH 值为 1.0 时滴定 Bi^{3+}）或强碱性（pH 值为 13.0 时滴定 Ca^{2+}）条件滴定时，则以一定浓度的 HNO_3、H_2SO_4 或 NaOH、KOH 作为缓冲介质。在选用缓冲剂时，除按一般原则考虑缓冲剂可能起缓冲作用的 pH 值范围是否适当，同时还应考虑所用缓冲剂是否对被滴定的金属离子有配位效应，以及所产生的配位效应是否影响滴定的可行性。

扫一扫

6.4 混合金属离子的选择性滴定

实际分析对象常含有多种金属离子，而 EDTA 又具有广泛的配位性能，于是在配位滴定中就需要讨论当滴定某种金属离子时可否不受共存金属离子的干扰，实现选择性滴定，或能否对共存金属离子进行连续滴定的问题。

6.4.1 选择性滴定的条件

当滴定液中含有 M 和 N 两种金属离子时，其浓度分别为 c_M 和 c_N(mol/L) 且 $K_{MY} > K_{NY}$。在一定条件下，以 EDTA 标准溶液选择滴定金属离子 M。可将 N 与 Y 的配位作用视为 Y 的一种副反应，于是能够在 N 存在下选择性滴定 M 的条件仍旧归结为是否满足 $\lg(c_{M_{sp}} K'_{MY}) \geq 6$。只不过这里的 K'_{MY} 中不仅要考虑 Y 与 H^+ 的副反应，而且还要考虑 Y 与 N 的副反应，即

$$\alpha_Y = \alpha_{Y(H)} + \alpha_{Y(N)} - 1$$

6.4.1.1 溶液酸度较高时滴定 M

当溶液酸度较高时，EDTA 的酸效应加重，则 $\alpha_{Y(H)} \gg \alpha_{Y(N)}$，$\alpha_Y \approx \alpha_{Y(H)}$，即 N 对络合反应基本无影响。如 N 与指示剂不起反应，则它对 M 的络合滴定没有影响，与单独滴定 M 一样。

6.4.1.2 溶液酸度较低时滴定 M

当溶液酸度较低时，此时 N 与 Y 的副反应起主要作用，$\alpha_{Y(N)} \gg \alpha_{Y(H)}$，$\alpha_Y \approx \alpha_{Y(N)}$，可忽略 Y 的酸效应。当滴定 M 至计量点时，Y 主要与 M 配位，基本上未与 N 反应，可以近似认为 $[N] = c_{N,sp}$，于是

$$\alpha_Y = \alpha_{Y(N)} = 1 + [N]_{sp}K_{NY} \approx c_{N,sp}K_{NY}$$

$$K'_{MY} = \frac{[MY]}{[M][Y]\alpha_{Y(N)}} = \frac{K_{MY}}{\alpha_{Y(N)}} = \frac{K_{MY}}{K_{NY}c_{N,sp}}$$

将式 $K'_{MY} = \dfrac{K_{MY}}{K_{NY}c_{N,sp}}$ 两端同乘以 $c_{M,sp}$，并取对数，得

$$\lg(c_{M,sp}K'_{MY}) = \lg\frac{c_{M,sp}K_{MY}}{c_{N,sp}K_{NY}} = \lg_{MY} - \lg_{NY} + \lg\frac{c_{M,sp}}{c_{N,sp}}$$

令

$$\Delta \lg K = \lg_{MY} - \lg_{NY}$$

于是

$$\lg(c_{M,sp}K'_{MY}) = \Delta \lg K + \lg \frac{c_{M,sp}}{c_{N,sp}} \tag{6-19}$$

对于有干扰离子存在的配位滴定，一般允许有 0.5%的相对误差，用指示剂滴定终点至少应有 0.2pM 单位，根据林邦终点误差公式可得

$$\lg(c_{M_{sp}}K'_{MY}) \geqslant 5$$

而在被滴定液中 M 和 N 总浓度的比值是恒定的

$$\frac{c_{M,sp}}{c_{N,sp}} = \frac{c_M}{c_N}$$

故有

$$\lg(c_{M,sp}K'_{MY}) = \Delta \lg K + \lg \frac{c_{M,sp}}{c_{N,sp}} = \Delta \lg K + \lg \frac{c_M}{c_N} \geqslant 5 \tag{6-20}$$

式（6-20）即为能否在 N 存在下选择性滴定 M 的判据。当 $c_M = c_N$ 时

$$\Delta \lg K \geqslant 5$$

由式（6-19）和式（6-20）可见，当共存两种金属离子与滴定剂所形成的配合物的稳定性相差越大（即 $\Delta \lg K$ 越大），被滴定的金属离子 M 与共存离子 N 的浓度比 c_M/c_N 越大，则 $\lg(c_{M_{sp}}K'_{MY})$ 越大，选择性滴定 M 的可能性就越大。

在实现直接准确滴定金属离子 M 之后，是否可实现继续滴定金属离子 N，可再按滴定单一金属离子的一般方法进行判断。

应当指出的是，配位滴定所使用的金属指示剂也是一种能与某些金属离子发生配位作用的配位剂。所以在实际工作中，除考虑共存 N 离子与滴定剂的作用可产生的干扰外，还应考虑指示剂与共存离子 N 所产生的配位反应是否对指示剂有封闭作用。

6.4.2 实现选择性滴定的措施

通常可采用以下一些办法实现选择性滴定。

6.4.2.1 控制 pH 值条件

当滴定液中有两种金属离子共存时，若它们与 EDTA 所形成的配合物的稳定性有明显差异时，即满足 $\Delta \lg K \geqslant 5$，则可通过控制 pH 值的方法在较大的酸性下先滴定 MY 稳定性较大的 M 离子，再在较小的酸性下滴定 N 离子。这里也要考虑适宜酸性范围，其最高酸性与最低酸性的概念同单一离子滴定完全相同。

例如，在被滴定液中含有 Bi^{3+} 和 Pb^{2+} 两种离子，其浓度均为 0.01mol/L。当以相同浓度的 EDTA 滴定时，由于 $\lg K_{BiY} = 27.94$，$\lg K_{PbY} = 18.04$。$\Delta \lg K = 27.94 - 18.04 = 9.90 > 5$，所以滴定 Bi^{3+} 时 Pb^{2+} 不发生干扰。根据酸效应曲线和 Bi^{3+} 水解情况计算可得滴定 Bi^{3+} 的适宜酸度范围为 $0.7 < pH$ 值 < 2。通常在 pH 值为 1 时滴定 Bi^{3+}，此时 Pb^{2+} 不会与 EDTA 发生配位反应。

又如某溶液中含有浓度均为 0.01mol/L 的 Fe^{3+}、Al^{3+}、Ca^{2+} 和 Mg^{2+} 四种金属离子，能否控制溶液酸度来滴定 Fe^{3+}。查得 $\lg K_{FeY} = 25.1$、$\lg K_{AlY} = 16.1$、$\lg K_{CaY} = 10.69$、$\lg K_{MgY} = 8.69$。

在滴定 Fe^{3+} 时最可能发生干扰的是 Al^{3+}，则 $\Delta lgK = 25.1 - 16.1 = 9.0 > 5$，所以滴定 Fe^{3+} 时 Al^{3+} 不发生干扰。根据酸效应曲线和 Fe^{3+} 水解情况计算可得滴定 Fe^{3+} 的适宜酸度范围为 1.0<pH 值<2.2。查指示剂表选用适宜酸度范围在 1.5<pH 值<2.5 的磺基水杨酸作指示剂，在此 pH 值范围内滴定 Fe^{3+}，使溶液由红色转变为亮黄色为终点，Al^{3+}、Ca^{2+} 和 Mg^{2+} 均不干扰。

滴定 Fe^{3+} 后的溶液，因 AlY 和 CaY 的 $\Delta lgK > 5$，所以可以继续滴定 Al^{3+}，而 CaY 和 MgY 的 $\Delta lgK < 5$，因此不能直接进行分步滴定。

6.4.2.2 使用掩蔽剂

如果被测金属离子和共存离子与滴定剂所形成配合物的稳定性相差不大，甚至共存离子所形成的配合物更加稳定，即不满足 $\Delta lgK \geq 5$ 的条件，就不可能实现对被测离子的直接准确滴定。此时可采用加入只与共存离子发生作用的掩蔽剂，降低溶液中游离共存离子的平衡浓度的方法，以消除对被测离子滴定的干扰。按掩蔽剂与共存离子所发生反应类型的不同，可分为配位掩蔽法、沉淀掩蔽法和氧化还原掩蔽法，其中最常用的是配位掩蔽法。

(1) 配位掩蔽法是利用配位反应降低干扰物质浓度来消除干扰，减小 $\alpha_{Y(H)}$。配位掩蔽法选用的掩蔽剂与干扰离子形成的配合物要比 EDTA 与干扰离子形成的配合物稳定，且不影响终点判断；掩蔽剂与待测离子不发生配位反应；掩蔽剂 pH 值的适用范围与滴定的 pH 值范围一致。

常用的配位掩蔽剂见表 6-7。

表 6-7 常用的配位掩蔽剂

掩蔽剂	能掩蔽的金属离子	备注
KCN	Ag、Cd、Cu、Fe	控制 pH 值在 7 以上
NaCN	Co、Ni、Hg	不能在酸性条件下使用
三乙醇胺	Al、Fe、Mn、Ti	pH 值在 10 以上
二巯基丙醇	Hg、Pb、Cd、Zn、As、Sb、Bi、Sn	有与 CN^- 同等的掩蔽作用
Na_2S	Cd、Cu、Zn、Co、Ni、Hg	干扰离子量大时不能掩蔽
NH_4F	Al	生成氟配位盐化合物

例如，某一待测试液中含有 1.0×10^{-2} mol/L Zn^{2+} 和 1.0×10^{-2} mol/L Al^{3+}，以 1.0×10^{-2} mol/L EDTA 标准溶液滴定 Zn^{2+} 时，由于 $lgK_{ZnY} = 16.50$，$lgK_{AlY} = 16.30$，难以应用控制 pH 值实现对 Zn^{2+} 的选择性滴定。当使用 KF 掩蔽 Al^{3+}，并保持 $[F^-] = 0.2$ mol/L 时，即可在 pH 值为 5.5 时以 XO 为指示剂，实现对 Zn^{2+} 的选择性滴定。

以上讨论的是如何将共存离子掩蔽起来以实现对被测离子的选择性滴定。如果还要以配位滴定方法测定共存离子，则可在滴定完一种被测离子后，加入另一种试剂破坏掩蔽剂与共存离子所形成的配合物，使共存离子重新释放出来，再行滴定共存离子。这种破坏掩蔽的方法称为解蔽，所使用的试剂称为解蔽剂。

例如，欲以 EDTA 标准溶液连续滴定 Pb^{2+} 和 Zn^{2+} 两种离子共存的待测液，由于 lgK_{ZnY}

和 $\lg K_{PbY}$ 相近，即 $\Delta\lg K<5$，故无法以控制 pH 值的方法实现分别滴定。但可在氨性酒石酸溶液中以 KCN 掩蔽 Zn^{2+}，以 EBT 为指示剂用 EDTA 标准溶液滴定 Pb^{2+}，然后加入甲醛使 Zn^{2+} 解蔽：

$$4HCHO + Zn(CN)_4^{2-} + 4H_2O = Zn^{2+} + 4CNCH_2OH + 4OH^-$$

继续用 EDTA 标准溶液商定 Zn^{2+}。通过应用掩蔽和解蔽的方法实现连续滴定两种共存离子。

（2）沉淀掩蔽法是利用干扰离子与掩蔽离子形成沉淀（不分离沉淀）消除干扰的方法。如 Ca^{2+}、Mg^{2+} 的滴定，加入 NaOH 溶液，调 pH 值大于 12.0，Mg^{2+} 生成 $Mg(OH)_2$ 沉淀，使用钙指示剂以 EDTA 滴定 Ca^{2+}。

用于沉淀掩蔽法的沉淀剂应有选择地与干扰离子生成溶解度小、无色或浅色致密的、吸附作用小的沉淀。

常用的沉淀掩蔽剂见表 6-8。

表 6-8　常用的沉淀掩蔽剂

掩蔽剂	被掩蔽的离子	待测定离子	pH 值范围	指示剂
NH_4F	Ca^{2+}、Sr^{2+}、Ba^{2+}、Mg^{2+}、Ti^{4+}、Al^{3+}、稀土	Cd^{2+}、Zn^{2+}、Mn^{2+}（有还原剂存在下）	10	铬黑 T
NH_4F	Ca^{2+}、Sr^{2+}、Ba^{2+}、Mg^{2+}、Ti^{4+}、Al^{3+}、稀土	Cu^{2+}、Co^{2+}、Ni^{2+}	10	紫脲酸铵
K_2CrO_4	Ba^{2+}	Sr^{2+}	10	Mg-EDTA 铬黑 T
Na_2S 或铜试剂	微量重金属	Ca^{2+}、Mg^{2+}	10	铬黑 T
H_2SO_4	Pb^{2+}	Bi^{3+}	1	二甲酚橙
$K_4[Fe(CN)_6]$	微量 Zn^{2+}	Pb^{2+}	5~6	二甲酚橙

（3）氧化还原掩蔽法是利用氧化还原反应变更干扰离子价态以消除干扰的方法。例如，用 EDTA 滴定锆铁矿中的锆时，由于 Zr^{4+} 和 Fe^{3+} 与 EDTA 配合物的稳定系数相差不大（$\Delta\lg K = 29.9 - 25.1 = 4.8 < 5$），所以在对 Zr^{4+} 的滴定过程中 Fe^{3+} 会产生干扰，此时可加入抗坏血酸或盐酸羟胺将 Fe^{3+} 还原成 Fe^{2+}，而 Fe^{2+} 的 EDTA 配合物稳定常数相对前者较小（$\lg K_{FeY^{2-}} = 14.33$），因此可消除 Fe^{3+} 的干扰。

常用的还原剂有抗坏血酸、羟胺、硫脲、$Na_2S_2O_3$、KCN 等，其中有些氧化还原掩蔽剂也是配位剂。

（4）解蔽方法是使被掩蔽的离子从掩蔽体中释放出来的方法。将一些离子掩蔽，对某种离子进行滴定后，加入一种试剂（解蔽剂）将已被滴定剂或掩蔽剂络合的金属离子释放出来，再进行滴定称为解蔽。

例如，Al^{3+}、Ti^{4+} 共存时用 EDTA 分别滴定 Al^{3+} 和 Ti^{4+}。首先用 EDTA 将其络合生成 AlY 和 TiY；加入 NH_4F（或 NaF），使两者的 EDTA 都释放出来，如此可得 Al、Ti 总量；另取一份溶液，加入苦杏仁酸，则只能释放出 TiY 中的 EDTA，这样可测得 Ti 量。由 Al、Ti 总量中减去 Ti 量，即可得 Al 量。

6.4.2.3　选用适宜的配位剂进行滴定

EDTA 等氨羧配位剂虽然有与各种金属离子形成配合物的性质，但是它们与某种金属离子形成配合物的稳定性是有差异的，因此，应选用不同的氨羧配位剂作为滴定剂，以实现对某种金属离子的选择性滴定。

例如，乙二醇乙二醚二胺四乙酸简称 EGTA，其结构式为

$$
\begin{array}{l}
\qquad\qquad\qquad\qquad\qquad\qquad\quad\diagup CH_2-COOH \\
CH_2-O-CH_2-CH_2-\overset{+}{N}H \\
\mid \qquad\qquad\qquad\qquad\qquad\qquad\quad\diagdown CH_2-COO^- \\
\mid \qquad\qquad\qquad\qquad\qquad\qquad\quad\diagup CH_2-COOH \\
CH_2-O-CH_2-CH_2-\overset{+}{N}H \\
\qquad\qquad\qquad\qquad\qquad\qquad\quad\diagdown CH_2-COO^-
\end{array}
$$

Mg^{2+}、Ca^{2+}、Sr^{2+}、Ba^{2+}等金属离子与 EGTA 或 EDTA 所形成配合物的 $\lg K$ 见表 6-9。

表 6-9　EGTA 和 EDTA 与 Mg^{2+}、Ca^{2+}、Sr^{2+}、Ba^{2+}的 $\lg K$ 值

$\lg K$	Mg^{2+}	Ca^{2+}	Sr^{2+}	Ba^{2+}
$\lg K_{M\text{-}EGTA}$	5.2	11.0	8.5	8.4
$\lg K_{M\text{-}EDTA}$	8.7	10.7	8.6	7.8

可见，当 Ca^{2+}、Mg^{2+}共存时，由于它们与 EGTA 所形成的配合物的稳定性相差较大（$\Delta\lg K = 11.0 - 5.2 = 5.8$）。因此，在适当条件下以 EGTA 为滴定剂可以实现对 Ca^{2+}的选择性滴定。而使用 EDTA 为滴定剂只能滴定 Ca^{2+}和 Mg^{2+}的合量。

又如，乙二胺四丙酸简称 EDTP，其结构式为

$$
\begin{array}{l}
\qquad\qquad\quad\diagup CH_2CH_2COOH \\
CH_2-\overset{+}{N}H \\
\mid \qquad\qquad\quad\diagdown CH_2CH_2COO^- \\
\mid \qquad\qquad\quad\diagup CH_2CH_2COOH \\
CH_2-\overset{+}{N}H \\
\qquad\qquad\quad\diagdown CH_2CH_2COO^-
\end{array}
$$

它与常见金属离子形成的配合物稳定性均比相应的 EDTA 配合物低，但 Cu(Ⅱ)-EDTP 例外，稳定性仍较高。

Cu^{2+}、Zn^{2+}、Cd^{2+}、Mg^{2+}、Mn^{2+}等金属离子与 EDTP 或 EDTA 所形成配合物的 $\lg K$ 见表 6-10。

表 6-10　EDTP 和 EDTA 与 Cu^{2+}、Zn^{2+}、Cd^{2+}、Mg^{2+}、Mn^{2+}的 $\lg K$ 值

$\lg K$	Cu^{2+}	Zn^{2+}	Cd^{2+}	Mg^{2+}	Mn^{2+}
$\lg K_{M\text{-}EDTP}$	15.4	7.8	6.0	1.8	4.7
$\lg K_{M\text{-}EDTA}$	18.8	16.5	16.5	8.7	14.0

因此，在一定 pH 值条件下，用 EDTP 滴定 Cu^{2+}，则 Zn^{2+}、Cd^{2+}、Mn^{2+}和 Mg^{2+}共存时均不干扰。

另如，1,2-环己二胺四酸简称 CyDTA，亦称 DCTA，其结构式为

```
       CH2            + ╱CH2COOH
  H2C       CH—NH
                   ╲CH2COO⁻
  |         |      + ╱CH2COOH
  H2C       CH—NH
       CH2         ╲CH2COO⁻
```

CyDTA 与金属离子形成的配合物普遍比相应的 EDTA 配合物更稳定，见表 6-11。

表 6-11　CyDTA 和 EDTA 与 Mg^{2+}、Ca^{2+}、Al^{3+}、Fe^{3+}、Cu^{2+}、Zn^{2+}、Cd^{2+} 的 lg*K* 值

$\lg K$	Mg^{2+}	Ca^{2+}	Al^{3+}	Fe^{3+}	Cu^{2+}	Zn^{2+}	Cd^{2+}
$\lg K_{M\text{-}CyDTA}$	11.0	13.2	18.3	29.3	22.0	19.3	19.9
$\lg K_{M\text{-}EDTA}$	8.7	11.0	16.3	25.1	18.8	16.5	16.5

虽然 CyDTA 与金属离子的配位反应速度一般比较慢，但是它与 Al^{3+} 的配位反应速度却比 EDTA 大，所以 CyDTA 直接滴定 Al^{3+} 目前已被不少实验室所采用。

此外，尚可同时应用两种滴定剂分别对同一种混合金属离子溶液进行滴定，以达到分别测定两种金属离子的目的。

例如，三乙四胺六乙酸简称 TTHA，它共有 10 个配位原子，可与 Ga^{3+} 形成 2∶1 型配合物，与 In^{3+} 形成 1∶1 型配合物；但 EDTA 与这两种金属离子均只形成 1∶1 型配合物。若欲测定 Ga^{3+} 和 In^{3+} 的混合溶液中二者各自的含量，可分别取两份等量试液，分别用 TTHA 和 EDTA 标准溶液滴定，实现应用两种滴定剂联合测定镓和铟。根据 TTHA 与 EDTA 的浓度及所消耗的体积可分别求算 Ga^{3+} 和 In^{3+} 的含量。

$$c_{TTHA}V_{TTHA} = \frac{1}{2}n_{Ga^{3+}} + n_{In^{3+}}$$

$$c_{EDTA}V_{EDTA} = n_{Ga^{3+}} + n_{In^{3+}}$$

于是

$$n_{Ga^{3+}} = 2(c_{EDTA}V_{EDTA} - c_{TTHA}V_{TTHA})$$

$$n_{In^{3+}} = 2c_{TTHA}V_{TTHA} - c_{EDTA}V_{EDTA}$$

还应指出，在实际工作中如单独应用上述介绍的几类实现选择性滴定的办法仍难奏效时，也可相互联合使用以达到选择性滴定的目的。如果确实难以实现选择性滴定，则可采用分离处理除去干扰离子，然后以滴定单一金属离子的方式进行测定。

6.5　配位滴定的应用

配位滴定可采用的方式与酸碱滴定相似，是多种多样的。

6.5.1　直接滴定

凡单一金属离子与 EDTA 的反应能满足直接准确滴定要求的，均可采用直接滴定的方式进行测定。直接滴定具有方便、快速和引入误差较小等优点。如果同时有两种以上金属离子共存，如条件允许，亦可进行分别滴定或滴定总量。

例如，Ca^{2+}、Mg^{2+}经常共存，常需测定二者含量。测定 Ca^{2+}、Mg^{2+}的各种方法中，以配位滴定最为简便。测定的方法是在 pH 值为 10.0 的氨性缓冲溶液中以 EBT 为指示剂，用 EDTA 滴定。由于 CaY 与 MgY 的稳定性差别不大，不能选择性地滴定 Ca^{2+}，所以测得的是 Ca^{2+}和 Mg^{2+}的含量。为达到分别测定的目的，还需同时另取一份等量的试液，加入 NaOH 溶液调至 pH 值大于 12，此时 Mg^{2+}以 $Mg(OH)_2$ 沉淀形式被掩蔽，可用钙指示剂（NN）指示终点，用 EDTA 标准溶液滴定 Ca^{2+}，由前后两次滴定所需 EDTA 物质的量之差即可求算出 Mg^{2+}的含量。

当待测离子不与 EDTA 生成络合物或不稳定；待测离子与 EDTA 络合速度慢，易水解或封闭指示剂（如 Al^{3+}、Cr^{3+}）；缺少合适的指示剂（如 Ba^{2+}、Sr^{2+}）时则不能直接滴定。

表 6-12 列出部分金属离子常用的 EDTA 直接滴定法示例。

表 6-12 直接滴定法示例

金属离子	pH 值	介质	指示剂	终点颜色变化
Bi^{3+}	1	HNO_3	二甲酚橙	红到亮黄
Fe^{3+}	2	HCl	磺基水杨酸	紫红到黄
Cu^{2+}	3~10	HAc-NaAc	PAN/乙醇（80~90℃）	黄到紫红
Pb^{2+}、Zn^{2+}	5~6	$(CH_2)_6N_4$	二甲酚橙	紫红到黄
Mg^{2+}	10	NH_3-NH_4Cl	铬黑 T	酒红到蓝
Ca^{2+}	10~13	NaOH	钙指示剂	酒红到蓝

6.5.2 返滴定

当被测离子与滴定剂反应缓慢；被测离子在可滴定的 pH 值条件下会发生水解，但又找不到合适的辅助配位剂加以防止；或被测离子对可用的指示剂有封闭作用等情况，则需采用返滴定的方式进行测定。

例如，用 EDTA 滴定 Al^{3+}时，由于 Al^{3+}与 EDTA 反应缓慢，当酸性较低时 Al^{3+}水解生成一系列多核羟基配合物（如 $[Al_2(H_2O)_6(OH)_3]^{3+}$、$[Al_3(H_2O)_6(OH)_6]^{3+}$等），EDTA 与 Al 生成多核羟基配合物的反应更加缓慢，同时 Al^{3+}对 XO、EBT 等指示剂有封闭作用，因此通常采用返滴定法。即将含 Al^{3+}试液加入一定过量的 EDTA 标准溶液，调节 pH 值至 3.5，煮沸。由于溶液的酸性较高，且有过量 EDTA 存在，故可避免 Al^{3+}形成多核羟基配合物；通过煮沸可加速 Al^{3+}与 EDTA 的反应速度；然后将溶液放冷，调节 pH 值约为 5~6，再加入二甲酚橙指示剂，以 Zn^{2+}标准溶液滴定与 Al^{3+}反应完全后剩余的 EDTA。

用作返滴定的金属离子标准溶液，其金属离子与 EDTA 反应所形成的配合物必须有足够的稳定性，以保证测定的准确度。但不宜比待测金属离子与 EDTA 所形成的配合物稳定性高，否则在返滴定中将会把已配位的待测金属离子置换出来，使其测定结果偏低。由于 AlY 是形成速度很慢，其分解速度也慢的一种惰性配合物，所以虽然 $\lg K_{ZnY}=16.5$ 略大于 $\lg K_{AlY}=16.3$，在返滴定时 Zn^{2+}并不能将 AlY 中的 Al^{3+}置换出来。

6.5.3 间接滴定

有些金属离子的 EDTA 配合物不够稳定，一些非金属离子则不与 EDTA 形成配合物，对这些组分可通过间接滴定方式以配位滴定法进行测定。

例如，应用配位滴定法间接测定磷（或磷酸根）。磷酸根存在于矿石、土壤、肥料、煤和生物物质之中，经典的方法是将磷酸根沉淀成难溶的磷酸铵镁，用重量法测定。配位滴定法也是根据磷酸根能与锆、钍、铋、镁等金属离子形成难溶盐，而作间接测定。其具体方法是：利用 EDTA 和柠檬酸掩蔽二、三价的金属离子，在酸性条件下加入氯化镁，煮沸，滴加氨水至碱性，得到磷酸铵镁沉淀。

用 2%氨水洗净后，用热的 2mol/L HCl 溶解沉淀，加入过量 EDTA 标准溶液，调节酸性为 pH 值为 10.0，以 EBT 为指示剂，用 $MgCl_2$ 返滴定与磷酸铵镁中的镁反应后剩余的 EDTA，然后间接求出磷的含量。也可用 50%乙醇为介质，加入各种掩蔽剂后，加入过量 $MgCl_2$ 标准溶液，在不分离 $MgNH_4PO_4$ 沉淀的情况下，当 pH 值为 10.0 时以 EDTA 标准溶液滴定剩余的 Mg^{2+}，而间接求出磷的含量。

总之，配位滴定法也是一种可广泛应用的滴定分析方法。目前应用直接滴定或返滴定方式可测定的元素已近 50 种。应用间接滴定方式可测定的元素也有 26 种，如图 6-9 所示。

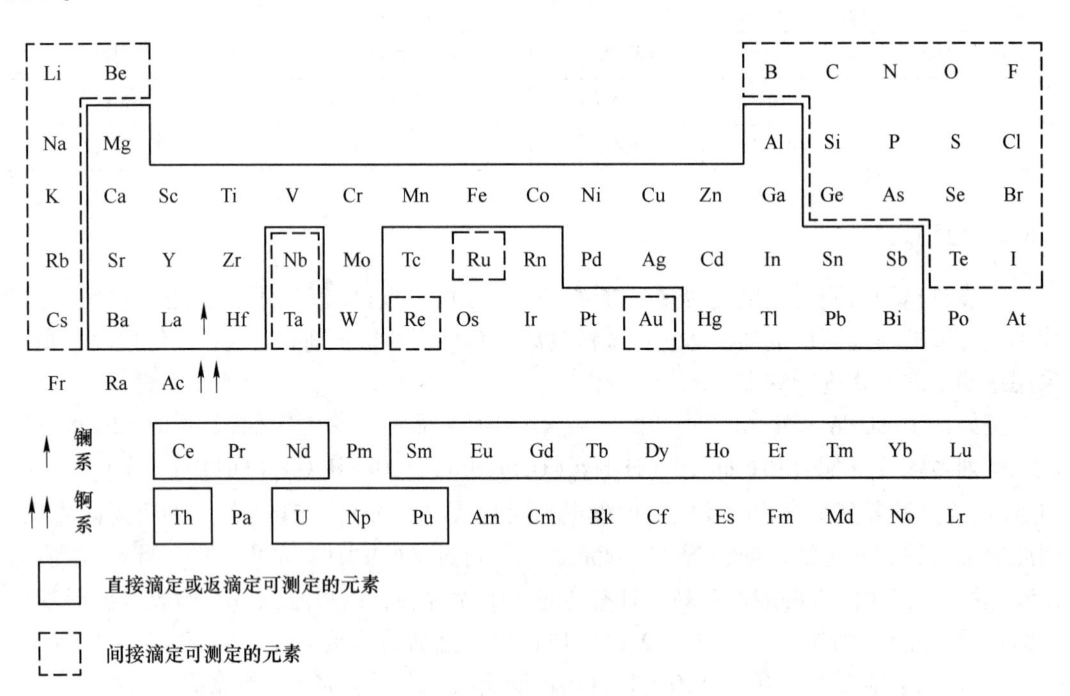

图 6-9　配位滴定可测定的元素

6.5.4 置换滴定

置换滴定是利用置换反应置换出相当量的金属离子或 EDTA，然后滴定。

6.5.4.1 置换出金属离子

若待测金属离子 M 与 EDTA 反应不完全或所形成的配合物不稳定时，可利用 M 置换出另一种配合物 NL 中等物质的量的 N，再用 EDTA 溶液滴定 N，从而求得 M 的含量：

$$M + NL \rightleftharpoons ML + N$$

$$N + Y \rightleftharpoons NY$$

例如，Ag^+与 EDTA 的配合物不稳定，不能用 EDTA 直接进行滴定。但在含 Ag^+的待测液中加入过量的 $Ni(CN)_4^{2-}$，则发生如下定量反应：

$$2Ag^+ + Ni(CN)_4^{2-} \rightleftharpoons 2Ag(CN)_2^- + Ni^{2+}$$

加氨水调节 pH 值为 8.0，采用紫脲酸铵为指示剂，以 EDTA 标准溶液滴定 Ni^{2+}，即可求得 Ag^+的含量。

6.5.4.2 置换 EDTA

把待测金属离子 M 和干扰离子全部用 EDTA 进行配合，并加入有高选择性的配合剂 L 来夺取 M，发生如下反应：

$$MY + L \rightleftharpoons ML + Y$$

再利用金属离子标准溶液滴定释放出的与 M 等物质的量的 EDTA，从而可测得 M 的质量。

例如，测白金中的 Sn 时，可加入过量的 EDTA 将溶液中可能存在的 Pb^{2+}、Zn^{2+}、Cd^{2+}、Bi^{3+}等与 Sn^{4+}进行配合。过量的 EDTA 用 Zn^{2+}标准溶液进行滴定，再加入 NH_4F 选择性地将 Sn^{4+}中的 EDTA 置换出来，用 Zn^{2+}标准溶液滴定置换出来的 EDTA，从而计算出 Sn^{4+}的含量。其中所发生的反应如下：

$$SnY + 6F^- \rightleftharpoons SnF_6^{2-} + Y^{4-}$$

$$Zn^{2+} + Y^{4-} \rightleftharpoons ZnY^{2-}$$

利用置换滴定方法亦可改善指示剂终点的敏锐性。如铬黑 T 与 Ca^{2+}显色的灵敏度较差，而与 Mg^{2+}反应有好的显色灵敏度。因此在 pH 值为 10 的溶液中用 EDTA 滴定 Ca^{2+}时，常在溶液中加入少量 MgY，发生如下反应：

$$MgY + Ca^{2+} \rightleftharpoons CaY + Mg^{2+}$$

被置换出来的 Mg^{2+}与铬黑 T 显深红色。当用 EDTA 滴定时，先与 Ca^{2+}配合，达到滴定终点时，EDTA 夺取 Mg-EBT 配合物中的 Mg^{2+}，形成 MgY，游离出指示剂而显蓝色，颜色变化明显。

思 考 题

6-1 配合物的稳定常数与条件稳定常数有什么不同，为什么要引用条件稳定常数？

6-2 配位滴定中，在什么情况下不能采用直接滴定方式，试举例说明。

6-3 EDTA 和金属离子形成的配合物有哪些特点？

6-4 配位滴定中什么是主反应？有哪些副反应？怎样衡量副反应的严重情况？

6-5 配位滴定中，金属离子能够被准确滴定的具体含义是什么？金属离子能被准确滴定的条件是什么？

习　题

6-1 配制 EDTA 的蒸馏水中含有少量 Ca^{2+}，今在 pH 值在 4~5 的介质中，用 Zn 作基准物标定 EDTA 浓度，再用于滴定 Fe^{3+}，其对 Fe^{3+}的滴定结果是否有影响，为什么？

6-2 分别含有 0.02mol/L 的 Zn、Cu、Cd、Sn、Ca 的五种溶液，在 pH 值为 3.5 时，哪些可以用 EDTA 准确滴定？哪些不能被 EDTA 滴定？为什么？

6-3 计算 pH 值为 1.0 和 pH 值为 2.0 时，草酸根的 $\lg\alpha_{C_2O_4^{2-}(H)}$。

6-4 含有 Zn^{2+}和 Al^{3+}的酸性缓冲溶液，欲在 pH 值为 5~5.5 的条件下，用 EDTA 标准溶液滴定其中的 Zn^{2+}，加入一定量六亚甲基四胺和 NH_4F 的作用是什么？

6-5 在分析测试中，消除干扰的主要方法有哪些？

6-6 计算 pH 值为 5.0，$[F^-]=0.10$mol/L 时，$\lg K'_{AlY}$。

6-7 计算 pH 值为 9.0，$[NH_3]=0.1$mol/L，$[CN]=1.0\times10^{-3}$mol/L 时 $\lg K'_{NiY}$。

6-8 2.0×10^{-2}mol/L Ca^{2+}溶液用相等浓度的 EDTA 标准溶液滴定，如滴定突跃要求≥0.4pM 单位，E_t≤0.1%，求算其滴定的最高酸性。

6-9 有一含 2.0×10^{-2}mol/L Pb^{2+}和 2.0×10^{-2}mol/L Al^{3+}的混合金属离子溶液，当其溶液 pH 值为 6.0 时，加入 acac（乙酰丙酮）掩蔽 Al^{3+}，并保持溶液中［acac］= 0.1mol/L，通过计算讨论在上述条件下，能否以 2.0×10^{-2}mol/L EDTA 标准溶液实现对 Pb^{2+}的选择性滴定？滴定时如选用 XO 为指示剂，其终点误差是多少？

6-10 用 0.010mol/L EDTA 滴定 20.00mL 0.01mol/L Ni^{2+}离子，在 pH 值为 10 的氨缓冲溶液中，使溶液中游离的氨浓度为 0.10mol/L。计算化学计量点时溶液中 pNi 和 pNi′值。［已知 $Ni(NH_3)_6^{2+}$ 各级累积稳定常数为 $\beta_1=10^{2.75}$, $\beta_2=10^{4.95}$, $\beta_3=10^{6.64}$, $\beta_4=10^{7.79}$, $\beta_5=10^{8.50}$, $\beta_6=10^{8.49}$，pH 值为 10 时，$\alpha_{Ni(OH)}=10^{0.7}$，$\lg\alpha_{Y(H)}=0.45$，$\lg K_{NiY}=18.67$］

6-11 分析含铅、铋和镉的合金试样时，称取试样 1.936g，溶于 HNO_3溶液后，用容量瓶配成 100.0mL 试液。吸取该试液 25.00mL，调至 pH 值为 1，以二甲酚橙为指示剂，用 0.02479mol/L EDTA 溶液滴定，消耗 25.67mL，然后加六亚甲基四胺缓冲溶液调节 pH 值为 5，继续用上述 EDTA 滴定，又消耗 EDTA24.76mL。加入邻二氮菲，置换出 EDTA 配合物中的 Cd^{2+}，然后用 0.02174mol/L $Pb(NO_3)_2$标准溶液滴定游离 EDTA，消耗 6.76mL。计算合金中铅、铋和镉的质量分数。（铅、铋、镉相对原子质量 207.2、209.0、112.4）

6-12 称取含有铁和铝的矿物试样 0.2000g，将其完全溶解后，将试液的酸性调至 pH 值为 2.0，并加热至约 50℃时，以磺基水杨酸为指示剂，用 0.02000mol/L EDTA 标准溶液滴定 Fe^{2+}消耗标准溶液为 18.16mL，再调试液至 pH 值为 3.5，加入上述 EDTA 标准溶液 25.00mL，并加热煮沸。当反应完全后，再调试液酸性至 pH 值为 4.5，以 PAN 为指示剂，趁热用 $CuSO_4$标准溶液（每 mL 含 $CuSO_4\cdot5H_2O$）返滴定，用去 8.12mL，计算试样中 Fe_2O_3和 Al_2O_3的质量分数。

6-13 测定锆英石中的 Zr 和 Fe 时，称取 1.000g 试样，以适当的方法制备成 200.0mL 试液。移取 50.00mL 试液，调至 pH 值为 0.8，加入盐酸羟基胺掩蔽 Fe^{3+}，以二甲酚橙为指示剂，用 1.000×10^{-2}mol/L EDTA 标准溶液滴定 Zr^{4+}，消耗滴定剂 10.00mL。然后，加入浓 HNO_3加热，使 Fe^{2+}氧化成 Fe^{3+}（进行解蔽），将试液再调至 pH 值接近 1.5，以磺基水杨酸作指示剂，用上述 EDTA 标准溶液滴定 Fe^{3+}，用去 20.00mL 标准溶液，计算试样中 ZrO_2和 Fe_2O_3的质量分数。

7 氧化还原滴定法

氧化还原滴定法是以氧化还原反应为基础的滴定分析方法，也是滴定分析中应用最广泛的方法之一。氧化还原滴定法能够直接或间接地测定很多无机和有机化合物。特别是许多有机化合物，它们大都具有氧化性或者还原性，因此原则上都能够用氧化还原滴定法测定其含量。

氧化还原反应的特点是：反应的机理比较复杂，通常伴有各种副反应，且反应速率一般较慢。这对滴定分析是不利的，有的甚至根本不适合于滴定分析。因此在考虑氧化还原反应时，不仅要从热力学的氧化还原平衡的角度来考虑反应的可能性，还要从动力学的反应机理和速率的角度来考虑反应的现实性。

在氧化还原滴定中，可以作为滴定剂的氧化剂或还原剂的种类较多，它们的反应条件又各不相同，氧化还原滴定法通常按照所采用的氧化剂或还原剂的种类进一步分类为高锰酸钾法、重铬酸钾法和碘量法等。因此在学习氧化还原滴定分析法时，不仅要掌握氧化还原平衡和氧化还原滴定的一般原理和方法，而且还要具体研究各种特殊的氧化还原滴定方法，掌握它们的特殊规律。

7.1 氧化还原平衡

扫一扫

7.1.1 条件电极电位

氧化剂的氧化能力和还原剂的还原能力的大小可以用相应电对的电极电位来衡量。若以 O_x 表示某一电对的氧化型，Red 表示其还原型，则电对的氧化还原半反应可以表示为

$$O_x + ne^- \rightleftharpoons Red$$

式中，n 为电子转移数，mol。

假设在一定条件下该电对的电极电位为 φ，当 φ 值较高时，说明氧化型 O_x 的氧化能力较强，而还原型 Red 的还原能力较弱；反之，当 φ 值较低时，说明 O_x 的氧化能力较弱，而 Red 的还原能力较强。从热力学角度看，一种氧化剂可以氧化电极电位比它更低的还原剂，而一种还原剂可以还原电极电位比它更高的氧化剂。所以，根据参加氧化还原反应的相关电对的电极电位，可以判断反应进行的方向。

对于可逆的氧化还原电对，其电极电位可用能斯特方程式求得。25℃时，能斯特方程式可表示为

$$\varphi_{O_x/Red} = \varphi^{\ominus}_{O_x/Red} + \frac{0.059}{n}\lg\frac{a_{O_x}}{a_{Red}} \tag{7-1}$$

式中，a_{O_x} 为氧化型活度；a_{Red} 为还原型活度；$\varphi^{\ominus}$是电对的标准电极电位。

标准电极电位指的是当氧化型活度 a_{O_x} 和还原型活度 a_{Red} 都为 1mol/L 时的电极电位，

其大小与电对本身的性质有关，在温度一定时为常数。部分氧化还原电对在18～25℃时的标准电极电位$\varphi^{\ominus}$列于附录G中。

氧化还原电对一般可分为可逆电对和不可逆电对两类。所谓可逆电对，指的是在氧化还原反应的任一瞬间都能迅速建立起氧化还原平衡的电对，如Fe^{3+}/Fe^{2+}、I_2/I^-、Ce^{4+}/Ce^{3+}等。可逆电对的实测电位与按能斯特方程计算出来的理论电位相差很小，比较一致。而不可逆电对在氧化还原反应的任一瞬间不能很快建立起氧化还原平衡，如MnO_4^-/Mn^{2+}、$Cr_2O_7^{2-}/Cr^{3+}$、O_2/H_2O_2、H_2O_2/H_2O等。不可逆电对的实测电位与理论电位相差较大，故能斯特方程只适用于可逆的氧化还原电对。但由于目前暂无其他简便地计算不可逆电对的理论方法，用能斯特方程式计算的电极电位对于不可逆电对而言仍有一定的参考价值，所以在本书中没有严格地去区分这两种电对，电极电位都是按照能斯特方程式进行计算。

通常，人们知道的是离子的浓度，而不是活度。若要用浓度替代活度，则需要引入活度系数；若有与氧化型或还原型有关的副反应，则还需要引入副反应系数。

例如，HCl溶液中Fe(Ⅲ)/Fe(Ⅱ)电对的电位计算。

氧化还原半反应为：

$$Fe^{3+} + e^- \rightleftharpoons Fe^{2+}$$

25℃时，其电极电位为

$$\varphi_{Fe(Ⅲ)/Fe(Ⅱ)} = \varphi^{\ominus}_{Fe(Ⅲ)/Fe(Ⅱ)} + \frac{0.059}{n}\lg\frac{a_{Fe(Ⅲ)}}{a_{Fe(Ⅱ)}} \tag{7-2}$$

引入活度系数γ：

$$\varphi_{Fe(Ⅲ)/Fe(Ⅱ)} = \varphi^{\ominus}_{Fe(Ⅲ)/Fe(Ⅱ)} + \frac{0.059}{n}\lg\frac{\gamma_{Fe(Ⅲ)}[Fe(Ⅲ)]}{\gamma_{Fe(Ⅱ)}[Fe(Ⅱ)]} \tag{7-3}$$

[Fe(Ⅲ)]和[Fe(Ⅱ)]为游离态的Fe^{3+}和Fe^{2+}的平衡浓度。但在HCl溶液中，除了Fe^{3+}型体外，Fe(Ⅲ)还以$FeOH^{2+}$、$FeCl^{2+}$、$FeCl_2^+$等型体存在；除了Fe^{2+}型体外，Fe(Ⅱ)还以$FeOH^+$、$FeCl^+$、$FeCl_2$等型体存在。$c_{Fe(Ⅲ)}$和$c_{Fe(Ⅱ)}$为Fe(Ⅲ)和Fe(Ⅱ)的总浓度，根据副反应系数α的定义，有

$$\alpha_{Fe(Ⅲ)} = \frac{c_{Fe(Ⅲ)}}{[Fe(Ⅲ)]},\qquad \alpha_{Fe(Ⅱ)} = \frac{c_{Fe(Ⅱ)}}{[Fe(Ⅱ)]} \tag{7-4}$$

得

$$[Fe(Ⅲ)] = \frac{c_{Fe(Ⅲ)}}{\alpha_{Fe(Ⅲ)}},\qquad [Fe(Ⅱ)] = \frac{c_{Fe(Ⅱ)}}{\alpha_{Fe(Ⅱ)}} \tag{7-5}$$

代入式（7-3），得

$$\varphi_{Fe(Ⅲ)/Fe(Ⅱ)} = \varphi^{\ominus}_{Fe(Ⅲ)/Fe(Ⅱ)} + \frac{0.059}{n}\lg\frac{\gamma_{Fe(Ⅲ)}\alpha_{Fe(Ⅱ)}c_{Fe(Ⅲ)}}{\gamma_{Fe(Ⅱ)}\alpha_{Fe(Ⅲ)}c_{Fe(Ⅱ)}} \tag{7-6}$$

在分析化学中，总浓度c是比较容易知道的，而γ和α是不易求取的，将它们并在一起后，上式可改写成：

$$\varphi_{Fe(Ⅲ)/Fe(Ⅱ)} = \varphi^{\ominus}_{Fe(Ⅲ)/Fe(Ⅱ)} + \frac{0.059}{n}\lg\frac{\gamma_{Fe(Ⅲ)}\alpha_{Fe(Ⅱ)}}{\gamma_{Fe(Ⅱ)}\alpha_{Fe(Ⅲ)}} + \frac{0.059}{n}\lg\frac{c_{Fe(Ⅲ)}}{c_{Fe(Ⅱ)}} \tag{7-7}$$

若将 $c_{Fe(III)} = c_{Fe(II)} = 1mol/L$（或 $c_{Fe(III)}/c_{Fe(II)} = 1$）时，铁电对在 1mol/L HCl 溶液中的实际电极电位定义为其在 1mol/L HCl 介质中的条件电位 $\varphi^{\ominus'}_{Fe(III)/Fe(II)}$，则当 $c_{Fe(III)} = c_{Fe(II)} = 1mol/L$（或 $c_{Fe(III)}/c_{Fe(II)} = 1$）时

$$\varphi_{Fe(III)/Fe(II)} = \varphi^{\ominus}_{Fe(III)/Fe(II)} + \frac{0.059}{n}\lg\frac{\gamma_{Fe(III)}\alpha_{Fe(II)}}{\gamma_{Fe(II)}\alpha_{Fe(III)}} = \varphi^{\ominus'}_{Fe(III)/Fe(II)} \tag{7-8}$$

式中，$\varphi^{\ominus'}_{Fe(III)/Fe(II)}$ 为条件电极电位。

在特定条件下，离子的活度系数 γ 和副反应系数 α 均为定值，因而 $\varphi^{\ominus'}_{Fe(III)/Fe(II)}$ 为常数，与条件有关。

于是 Fe(Ⅲ)/Fe(Ⅱ) 电对的能斯特方程可表示为

$$\varphi_{Fe(III)/Fe(II)} = \varphi^{\ominus'}_{Fe(III)/Fe(II)} + \frac{0.059}{n}\lg\frac{c_{Fe(III)}}{c_{Fe(II)}} \tag{7-9}$$

推广到一般情况，某氧化还原电对的条件电位 $\varphi^{\ominus'}_{O_x/Red}$ 指的是，在特定条件下，电对的氧化型和还原型的总浓度均为 1mol/L（或比值 $c_{O_x}/c_{Red} = 1$）时的实际电极电位。条件确定，$\varphi^{\ominus'}$ 是一定值。条件电极电位的能斯特方程可以表示为

$$\varphi_{O_x/Red} = \varphi^{\ominus'}_{O_x/Red} + \frac{0.059}{n}\lg\frac{c_{O_x}}{c_{Red}} \tag{7-10}$$

这里

$$\varphi^{\ominus'}_{O_x/Red} = \varphi^{\ominus}_{O_x/Red} + \frac{0.059}{n}\lg\frac{\gamma_{O_x}\alpha_{Red}}{\gamma_{Red}\alpha_{O_x}} \tag{7-11}$$

条件电极电位 $\varphi^{\ominus'}$ 与标准电极电位 $\varphi^{\ominus}$ 的关系类似于条件稳定常数 K' 与稳定常数 K 的关系。条件电极电位体现了离子强度和各种副反应影响的总结果，其大小反映了在外界因素影响下，氧化还原电对的实际氧化还原能力。因此用它来处理问题，既简便且与实际情况更为相符。

条件电极电位都是通过实验测得的，即将不易计算的 $\lg[\gamma_{O_x}\alpha_{Red}/(\gamma_{Red}\alpha_{O_x})]$ 放到 $\varphi^{\ominus'}_{O_x/Red}$ 之中用实验来解决。在附录中列出了部分氧化还原电对的条件电极电位。由于实际体系反应条件的复杂多样性，故数据目前较少。在处理氧化还原反应的电位计算时，应尽量采用条件电位，若无相同条件下的条件电极电位 $\varphi^{\ominus'}$，可以采用相近条件下的条电极电位 $\varphi^{\ominus'}$ 来代替。对于没有相应条件电极电位的氧化还原电对，则采用标准电极电位作近似计算。

例 7-1 计算 1mol/L HCl 溶液中，当 $c_{Ce(IV)} = 1.00 \times 10^{-2}mol/L$，$c_{Ce(III)} = 1.00 \times 10^{-3}mol/L$ 时 Ce(Ⅳ)/Ce(Ⅲ) 电对的电极电位。

解： 在 1mol/L HCl 介质中的 $\varphi^{\ominus'}_{Ce(IV)/Ce(III)} = 1.28V$，则

$$\begin{aligned}\varphi_{Ce(IV)/Ce(III)} &= \varphi^{\ominus'}_{Ce(IV)/Ce(III)} + \frac{0.059}{n}\lg\frac{c_{Ce(IV)}}{c_{Ce(III)}} \\ &= \left(1.28 + 0.059\lg\frac{1.00 \times 10^{-2}}{1.00 \times 10^{-3}}\right) \\ &= 1.34V\end{aligned}$$

例 7-2 计算在 2.5mol/L HCl 溶液中，用固体亚铁盐将 0.100mol/L $K_2Cr_2O_7$溶液还原至一半时溶液的电位。

解：0.100mol/L $K_2Cr_2O_7$ 溶液还原至一半时，

$$c_{Cr_2O_7^{2-}} = 0.5 \times 0.100 = 0.0500\text{mol/L}$$

$$c_{Cr^{3+}} = 2 \times 0.0500 = 0.100\text{mol/L}$$

溶液的电位就是 $Cr_2O_7^{2-}/Cr^{3+}$电对的电极电位，电极反应为

$$Cr_2O_7^{2-} + 14H^+ + 6e^- \rightleftharpoons 2Cr^{3+} + 7H_2O$$

附录 H 中没有 2.5mol/L HCl 介质中该电对的条件电位值，此时可采用条件相近的 3mol/L HCl 介质中的数值代替，$\varphi^{\ominus'}_{Cr_2O_7^{2-}/Cr^{3+}} = 1.08\text{V}$。

故

$$\begin{aligned}\varphi_{Cr_2O_7^{2-}/Cr^{3+}} &= \varphi^{\ominus'}_{Cr_2O_7^{2-}/Cr^{3+}} + \frac{0.059}{n}\lg\frac{c_{Cr_2O_7^{2-}}}{(c_{Cr^{3+}})^2} \\ &= \left(1.08 + 0.059\lg\frac{0.0500}{0.100^2}\right) \\ &= 1.09\text{V}\end{aligned}$$

注意，在能斯特方程的浓度项中没有包括 $[H^+]$，因为 $[H^+]$ 的影响已经包括在 $\varphi^{\ominus'}_{Cr_2O_7^{2-}/Cr^{3+}}$ 之中了。

7.1.2 影响电极电位的外界条件

同一电对的条件电位在不同条件下是不同的，影响条件电位的因素主要有离子强度和各种副反应，如沉淀的生成、配合物的形成和溶液的酸度等。虽然条件电极电位 $\varphi^{\ominus'}$ 一般是由实验直接测得的，但是在某些比较简单的情况下，在作了一些近似处理后，$\varphi^{\ominus'}$ 也可以由计算求得。通过这种计算可以更深刻地理解条件电位的意义和外界条件对电极电位的影响。

7.1.2.1 离子强度

在氧化还原反应中，溶液中的离子强度一般比较大，各离子的活度系数往往小于 1，其实际的条件电位与标准电极电位有较大差异。但由于活度系数往往不易计算，且各种副反应的影响远大于离子强度的影响，所以一般忽略离子强度的影响，近似地认为各型体的活度系数均为 1。

7.1.2.2 沉淀的生成

对于一个氧化还原电对，如果加入一种可以与氧化型或还原型生成沉淀的沉淀剂，将会导致氧化型或还原型浓度的改变，进而使其电极电位发生改变。影响结果为：氧化型生成沉淀将使电对的电位降低，还原型生成沉淀使电对的电位升高。例如，用碘量法测定 Cu^{2+}的含量是基于以下反应：

$$2Cu^{2+} + 4I^- = 2CuI\downarrow + I_2$$

$$\varphi^{\ominus}_{Cu^{2+}/Cu^+} = 0.16\text{V}, \qquad \varphi^{\ominus}_{I_2/I^-} = 0.54\text{V}$$

若从标准电极电位判断，似乎应当是 I_2氧化 Cu^+，而事实上却是 Cu^{2+}氧化 I^-，且反应进行很完全。原因就在于生成了溶解度很小的 CuI 沉淀，溶液中的 $[Cu^+]$ 变得很小，使

Cu^{2+}/Cu^{+}电对的电极电位显著提高，Cu^{2+}氧化能力增强。

例 7-3 计算在 $c_{KI}=1.00mol/L$ 条件下，Cu^{2+}/Cu^{+}电对的条件电位（忽略离子强度的影响）。已知 $\varphi^{\ominus}_{Cu^{2+}/Cu^{+}}=0.16V$，CuI 的 $K^{\ominus}_{sp}=1.27\times10^{-12}$。

解：

$$\begin{aligned}\varphi_{Cu^{2+}/Cu^{+}} &= \varphi^{\ominus}_{Cu^{2+}/Cu^{+}}+\frac{0.059}{n}\lg\frac{[Cu^{2+}]}{[Cu^{+}]}\\ &= \varphi^{\ominus}_{Cu^{2+}/Cu^{+}}+\frac{0.059}{n}\lg\frac{[Cu^{2+}][I^{-}]}{K^{\ominus}_{sp}}\\ &= \varphi^{\ominus}_{Cu^{2+}/Cu^{+}}+\frac{0.059}{n}\lg\frac{[I^{-}]}{K^{\ominus}_{sp}}+\frac{0.059}{n}\lg[Cu^{2+}]\end{aligned}$$

因 Cu^{2+}未发生副反应，故 $[Cu^{2+}]=c_{Cu^{2+}}$。当 $c_{Cu^{2+}}=1.00mol/L$ 时，体系的实际电位即为 Cu^{2+}/Cu^{+}电位对的条件电位：

$$\begin{aligned}\varphi^{\ominus'}_{Cu^{2+}/Cu^{+}} &= \varphi^{\ominus}_{Cu^{2+}/Cu^{+}}+\frac{0.059}{n}\lg\frac{[I^{-}]}{K^{\ominus}_{sp}}\\ &= \left(0.16+0.059\lg\frac{1}{1.27\times10^{-12}}\right)\\ &= 0.86\\ &= \varphi^{\ominus}_{Cu^{2+}/CuI}\end{aligned}$$

KI 溶液中，由于 Cu^{+}生成 CuI 沉淀，使得 $\varphi^{\ominus'}_{Cu^{2+}/Cu^{+}}>\varphi^{\ominus}_{I_2/I^{-}}$，故 Cu^{2+}可以氧化 I^{-}。

另外，由于 $[I^{-}]=1.0mol/L$，所以，上例中 Cu^{2+}/Cu^{+}电对的条件电位在数值上正好等于 Cu^{2+}/CuI 电对的标准电极电位，均为 0.86V。

7.1.2.3 配合物的形成

对于一个氧化还原电对，如果有能与氧化型或还原型生成配合物的配位剂存在，也会导致氧化型或还原型浓度的改变，从而使其电极电位发生改变。影响结果为：若氧化型生成的配合物更稳定，则使电对的电极电位降低；若还原型生成的配合物更稳定，则使电对的电极电位增加。有时配合物的形成甚至可以改变氧化还原反应的方向。例如，用碘量法测定 Cu^{2+}时，共存的 Fe^{3+}也能氧化 I^{-}，从而干扰 Cu^{2+}的测定。若加入 NaF，则 F^{-}与 Fe^{3+}形成稳定的配合物，降低了 Fe^{3+}/Fe^{2+}电对的电极电位，使 Fe^{3+}无法氧化 I^{-}，进而消除其干扰。

例 7-4 计算 pH=3.5，$c_{NaF}=0.10mol/L$ 时 Fe^{3+}/Fe^{2+}电对的条件电极电位。

解： 查附录 G 可知，$\varphi^{\ominus}_{Fe^{3+}/Fe^{2+}}=0.771V$，$FeF_3$配合物的 $\lg\beta_1\sim\lg\beta_3$分别为 5.2、9.2 和 11.9，HF 的 $pK_a=3.17$。

$$\begin{aligned}\varphi_{Fe^{3+}/Fe^{2+}} &= \varphi^{\ominus}_{Fe^{3+}/Fe^{2+}}+0.059\lg\frac{[Fe^{3+}]}{[Fe^{2+}]}\\ &= \varphi^{\ominus}_{Fe^{3+}/Fe^{2+}}+0.059\lg\frac{\alpha_{Fe^{2+}}c_{Fe^{3+}}}{\alpha_{Fe^{3+}}c_{Fe^{2+}}}\\ &= \varphi^{\ominus}_{Fe^{3+}/Fe^{2+}}+0.059\lg\frac{\alpha_{Fe^{2+}}}{\alpha_{Fe^{3+}}}+0.059\lg\frac{c_{Fe^{3+}}}{c_{Fe^{2+}}}\end{aligned}$$

$$\varphi^{\ominus'}_{Fe^{3+}/Fe^{2+}} = \varphi^{\ominus}_{Fe^{3+}/Fe^{2+}} + 0.059\lg\frac{\alpha_{Fe^{2+}}}{\alpha_{Fe^{3+}}}$$

当 pH 值为 3.5 时，

$$[F^-] = c_{F^-}\frac{K_a}{[H^+] + K_a} = 0.10 \times \frac{10^{-3.17}}{10^{-3.5} + 10^{-3.17}} = 10^{-1.17}\text{mol/L}$$

$$\begin{aligned}\alpha_{Fe^{3+}(F)} &= 1 + \beta_1[F^-] + \beta_2[F^-]^2 + \beta_3[F^-]^3\\ &= 1 + 10^{5.2-1.17} + 10^{9.2-2.34} + 10^{11.9-3.51}\\ &= 10^{8.40}\end{aligned}$$

Fe^{2+}无副反应

$$\alpha_{Fe^{2+}} = 1$$

故

$$\begin{aligned}\varphi^{\ominus'}_{Fe^{3+}/Fe^{2+}} &= \varphi^{\ominus}_{Fe^{3+}/Fe^{2+}} + 0.059\lg\frac{\alpha_{Fe^{2+}}}{\alpha_{Fe^{3+}}}\\ &= \left(0.771 + 0.059 \times \lg\frac{1}{10^{8.40}}\right)\\ &= 0.271\text{V}\end{aligned}$$

此时，$\varphi^{\ominus'}_{Fe^{3+}/Fe^{2+}} < \varphi^{\ominus}_{I_2/I^-}$，$Fe^{3+}$不能氧化 I^-，不干扰 Cu^{2+}的测定。

7.1.2.4 溶液的酸度

对有 H^+或 OH^-参与的氧化还原半反应，酸度将会直接影响其电极电位值。另外，若电对的氧化型或还原型是弱酸或弱碱，则溶液的酸度会影响其存在的型体，因而也将影响其电极电位的大小。例如，对于可逆反应

$$H_3AsO_4 + 2H^+ + 2I^- \rightleftharpoons HAsO_2 + I_2 + 2H_2O$$

$$\varphi^{\ominus}_{As(V)/As(III)} = 0.56\text{V}, \qquad \varphi^{\ominus}_{I_2/I^-} = 0.54\text{V}$$

两电对的电极电位相差不大。其中，I_2/I^-电对的电极电位与溶液的酸度基本无关，而 $H_3AsO_4/HAsO_2$电对的电位则受酸度的影响很大。因此该反应进行的方向也必然受到溶液酸度的很大影响。只有在强酸条件下，例如 $[H^+] = 1.0$mol/L 时，反应才向右进行；而酸度降低时反应将向左进行。在碘量法中，常利用此原理进行 As(Ⅲ) 的测定。

例 7-5 计算 pH 值为 8.00 时，$H_3AsO_4/HAsO_2$电对的条件电极电位。

解： 电对的氧化还原半反应为

$$H_3AsO_4 + 2H^+ + 2e^- \rightleftharpoons HAsO_2 + 2H_2O$$

已知，$\varphi^{\ominus}_{As(V)/As(III)} = 0.56$V，$H_3AsO_4$的 $pK_{a_1} = 2.26$，$pK_{a_2} = 6.77$，$pK_{a_3} = 11.29$，$HAsO_2$的 $pK_a = 9.2$。

$$\varphi_{H_3AsO_4/HAsO_2} = \varphi^{\ominus}_{H_3AsO_4/HAsO_2} + \frac{0.059}{2}\lg\frac{[H_3AsO_4][H]^2}{[HAsO_2]}$$

而

$$[H_3AsO_4] = c_{H_3AsO_4}\delta_{H_3AsO_4}$$
$$[HAsO_2] = c_{HAsO_2}\delta_{HAsO_2}$$

故

$$\varphi_{H_3AsO_4/HAsO_2} = \varphi^{\ominus}_{H_3AsO_4/HAsO_2} + \frac{0.059}{2}\lg\frac{\delta_{H_3AsO_4}[H]^2}{\delta_{HAsO_2}} + \frac{0.059}{2}\lg\frac{c_{H_3AsO_4}}{c_{HAsO_2}}$$

于是条件电极电位

$$\varphi^{\ominus'}_{H_3AsO_4/HAsO_2} = \varphi^{\ominus}_{H_3AsO_4/HAsO_2} + \frac{0.059}{2}\lg\frac{\delta_{H_3AsO_4}[H]^2}{\delta_{HAsO_2}}$$

当 pH 值为 8.00 时

$$\delta_{H_3AsO_4} = \frac{[H^+]^3}{[H^+]^3 + [H^+]^2K_{a_1} + [H^+]K_{a_1}K_{a_2} + K_{a_1}K_{a_2}K_{a_3}}$$

$$= \frac{10^{-24.00}}{10^{-24.00} + 10^{-16-2.26} + 10^{-8-2.26-6.77} + 10^{-2.26-6.77-11.29}}$$

$$= 10^{-7.0}$$

由于 $HAsO_2$是很弱的酸（$pK_a = 9.2$），故当 pH 值为 8 时，主要以 $HAsO_2$形式存在，$\delta_{HAsO_2} \approx 1$。

故

$$\varphi^{\ominus'}_{H_3AsO_4/HAsO_2} = \left(0.56 + \frac{0.059}{2} \times \lg10^{-7.0-16.00}\right) = -0.119V$$

7.1.3 氧化还原反应进行的程度

化学反应进行的程度可以用反应的平衡常数 K 的大小来衡量，而氧化还原反应的平衡常数 K 又可以用相关电对的标准电极电位或条件电极电位来求得。用条件电极电位求得的是条件平衡常数 K'，考虑了溶液中各种副反应的影响，更能反映在实际情况下反应进行的完全程度。

例如，对于氧化还原反应

$$aO_{x_1} + bRed_2 \rightleftharpoons aRed_1 + bO_{x_2}$$

条件平衡常数 K'为

$$K' = \frac{c^b_{O_{x_2}} c^a_{Red_1}}{c^a_{O_{x_1}} c^b_{Red_2}} \tag{7-12}$$

相关电对的电极反应和电极电位为

$$O_{x_1} + n_1e^- \rightleftharpoons Red_1, \qquad \varphi_1 = \varphi_1^{\ominus'} + \frac{0.059}{n_1}\lg\frac{c_{O_{x_1}}}{c_{Red_1}} \tag{7-13}$$

$$O_{x_2} + n_2e^- \rightleftharpoons Red_2, \qquad \varphi_2 = \varphi_2^{\ominus'} + \frac{0.059}{n_2}\lg\frac{c_{O_{x_2}}}{c_{Red_2}} \tag{7-14}$$

当反应达到平衡时，$\varphi_1 = \varphi_2$，于是

$$\varphi_1^{\ominus'} + \frac{0.059}{n_1}\lg\frac{c_{O_{x_1}}}{c_{Red_1}} = \varphi_2^{\ominus'} + \frac{0.059}{n_2}\lg\frac{c_{O_{x_2}}}{c_{Red_2}}$$

两边同乘以 n_1和 n_2的最小公倍数 n，则 $n_1 = \frac{n}{a}$，$n_2 = \frac{n}{b}$，经整理后得

$$\lg \frac{c_{\mathrm{O_{x_2}}}^{b} c_{\mathrm{Red_1}}^{a}}{c_{\mathrm{O_{x_1}}}^{a} c_{\mathrm{Red_2}}^{b}} = \lg K' = \frac{n(\varphi_1^{\ominus'} - \varphi_2^{\ominus'})}{0.059} = \frac{n\Delta\varphi^{\ominus'}}{0.059} \tag{7-15}$$

若采用的是标准电极电位，则有

$$\lg \frac{a_{\mathrm{O_{x_2}}}^{b} a_{\mathrm{Red_1}}^{a}}{a_{\mathrm{O_{x_1}}}^{a} a_{\mathrm{Red_2}}^{b}} = \lg K = \frac{n(\varphi_1^{\ominus} - \varphi_2^{\ominus})}{0.059} = \frac{n\Delta\varphi^{\ominus}}{0.059} \tag{7-16}$$

由式（7-15）和式（7-16）可知，两电对的电极电位差值越大，氧化还原反应的平衡常数也越大，反应进行的程度越完全。

若将上述氧化还原反应用于滴定分析，一般要求其完全程度在化学计量点时至少达到99.9%，即化学计量点时应有

$$\frac{c_{\mathrm{Red_1}}}{c_{\mathrm{O_{x_1}}}} = \frac{99.9\%}{0.1\%} \geqslant 10^3, \qquad \frac{c_{\mathrm{O_{x_2}}}}{c_{\mathrm{Red_2}}} = \frac{99.9\%}{0.1\%} \geqslant 10^3$$

此时

$$\lg K' = \lg \frac{c_{\mathrm{O_{x_2}}}^{b} c_{\mathrm{Red_1}}^{a}}{c_{\mathrm{O_{x_1}}}^{a} c_{\mathrm{Red_2}}^{b}} \geqslant \lg(10^{3a} \times 10^{3b}) = 3(a+b) \tag{7-17}$$

即

$$\frac{n(\varphi_1^{\ominus'} - \varphi_2^{\ominus'})}{0.059} = \frac{n\Delta\varphi^{\ominus'}}{0.059} \geqslant 3(a+b) \tag{7-18}$$

若：$n_1 = n_2 = 1$，则 $a = b = 1$，$n = 1$，代入上式，得

$$\lg K' \geqslant \lg(10^3 \times 10^3) = 6$$

$$\Delta\varphi^{\ominus'} \geqslant 6 \times 0.059 = 0.35\mathrm{V}$$

即只有当两电对的电位差 $\Delta\varphi^{\ominus'} \geqslant 0.4\mathrm{V}$，氧化还原反应才足够完全，才能用于滴定分析。

例 7-6　在 1mol/L $HClO_4$溶液中用 $KMnO_4$标准溶液滴定 Fe^{2+}溶液，计算体系的条件平衡常数，并求化学计量点时溶液中 $c_{\mathrm{Fe(III)}}$ 与 $c_{\mathrm{Fe(II)}}$ 之比。

解：在 1mol/L $HClO_4$溶液中有关电对的半反应及条件电位为

$$MnO_4^- + 8H^+ + 5e^- \rightleftharpoons Mn^{2+} + 4H_2O, \qquad \varphi^{\ominus'}_{MnO_4^-/Mn^{2+}} = 1.51\mathrm{V}$$

$$Fe^{3+} + e^- \rightleftharpoons Fe^{2+}, \qquad \varphi^{\ominus'}_{\mathrm{Fe(III)/Fe(II)}} = 0.771\mathrm{V}$$

滴定反应为

$$MnO_4^- + 8H^+ + 5Fe^{2+} \rightleftharpoons Mn^{2+} + 4H_2O + 5Fe^{3+}$$

两电对电子转移的最小公倍数 $n = 5$，则

$$\lg K' = \frac{n(\varphi^{\ominus'}_{MnO_4^-/Mn^{2+}} - \varphi^{\ominus'}_{\mathrm{Fe(III)/Fe(II)}})}{0.059} = \frac{5 \times (1.51 - 0.771)}{0.059} = 62.6$$

故

$$K' = 4.0 \times 10^{62}$$

在化学计量点时，有

$$c_{\mathrm{Fe(III)}} = 5c_{\mathrm{Mn(II)}}, \qquad c_{\mathrm{Fe(II)}} = 5c_{\mathrm{Mn(VII)}}$$

故

$$K' = \frac{c_{Mn(II)} c_{Fe(III)}^5}{c_{Mn(VII)} c_{Fe(II)}^5} = \frac{c_{Fe(III)}^6}{c_{Fe(II)}^6}$$

因此

$$\frac{c_{Fe(III)}}{c_{Fe(II)}} = \sqrt[6]{K'} = \sqrt[6]{4.0 \times 10^{62}} = 2.7 \times 10^{10}$$

7.2 氧化还原反应的速率

扫一扫

7.2.1 概述

在氧化还原反应中，根据电对的标准电极电位或条件电极电位的电位差，可以判断氧化还原反应进行的方向和限度，但并不能说明反应进行的速率。实际上，不同的氧化还原反应，其反应速率的差异是非常大的。与酸碱反应和配位反应相比，多数氧化还原反应的速率是比较慢的。

例如，以下几个电对

$$O_2 + 4H^+ + 4e^- \rightleftharpoons 2H_2O, \qquad \varphi^{\ominus} = 1.229V$$

$$Sn^{4+} + 2e^- \rightleftharpoons Sn^{2+}, \qquad \varphi^{\ominus} = 0.154V$$

$$Ce^{4+} + e^- \rightleftharpoons Ce^{3+}, \qquad \varphi^{\ominus} = 1.61V$$

从热力学角度来看 Ce^{4+}氧化 H_2O 的反应有可能进行，但从动力学角度来看，由于反应速率极慢，以至于实际上这个反应根本无法实现，故 Ce^{4+}可以在水中稳定存在。同样的原因，还原剂 Sn^{2+}在水溶液中也可以稳定一段时间。所以在氧化还原滴定中，我们不仅要从反应平衡的角度来考虑反应的可能性，还要从反应速率的角度来考虑反应的现实性。

氧化还原反应速率较慢的主要原因是其反应机理比较复杂，氧化剂和还原剂之间的电子转移往往遇到各种阻力。如溶剂分子和各种配位体的阻碍，物质间静电斥力的阻碍，以及由于价态变化引起的电子层结构改变造成的电子转移困难等。还有一些氧化还原反应，不仅有电子层结构的改变，甚至还引起有物质结构和组成的变化，例如 $Cr_2O_7^{2-}$ 被还原为 Cr^{3+}，MnO_4^- 被还原为 Mn^{2+}，由带负电荷的含氧酸根转变为带正电荷的水合离子，结构发生了很大的变化。这些都是导致反应速率变慢的重要因素。

另外，氧化还原反应一般是分多步完成的，在一系列分步反应中只要有一步进行得较慢就会影响总的反应速率。例如，H_2O_2氧化 I^-的反应式为

$$H_2O_2 + 2I^- + 2H^+ \rightleftharpoons I_2 + 2H_2O$$

研究结果表明，这个反应是分如下三步进行的：

(1) $H_2O_2 + I^- \rightleftharpoons IO^- + H_2O$ (慢)

(2) $IO^- + H^+ \rightleftharpoons HIO$ (快)

(3) $HIO + I^- + H^+ \rightleftharpoons I_2 + H_2O$ (快)

将上面 3 个反应式相加，即得到上述总反应式。反应速率最慢的第一步成为制约和决定整个反应速率的关键步骤。

反应速率慢的反应是不适用于滴定分析的，因此我们有必要考察那些影响反应速率的因素，以便在可能的情况下加快氧化还原反应的速率以利于滴定。

7.2.2 影响反应速率的因素

7.2.2.1 氧化剂和还原剂的性质

氧化剂和还原剂的性质是影响反应速率的主要因素。不同的氧化剂和还原剂，它们的反应速率相差可以很大，这与其电子结构、条件电位及反应历程有关，情况较为复杂。

7.2.2.2 反应物的浓度

根据质量作用定律，元反应的反应速率与反应物浓度的幂乘积成正比。由于氧化还原反应的反应机理比较复杂，所以不能简单地从总的反应式来定量判断反应物的浓度对反应速率的影响程度。但一般来说，反应物的浓度越高，反应的速率也越快。例如，用间接碘量法标定 $Na_2S_2O_3$溶液时，常采用$K_2Cr_2O_7$作为基准物质，在酸性溶液中与过量的 KI 反应定量析出 I_2：

$$Cr_2O_7^{2-} + 6I^- + 14H^+ \rightleftharpoons 2Cr^{3+} + 3I_2 + 7H_2O$$

此反应的速率较慢，而增大 I^-的浓度或提高溶液的酸度，都可以使反应速率加快，其中酸度的影响更大。可见，如果反应中有 H^+参加时，酸度也会影响反应速率。

7.2.2.3 温度

对于大多数反应来说，温度的升高可以使活化分子或活化离子在反应物中的比例提高，从而加快反应速率。通常温度每提高 10℃，反应速率增大 2~3 倍。例如，在酸性溶液中，$KMnO_4$滴定 $H_2C_2O_4$的反应为：

$$2MnO_4^- + 5C_2O_4^{2-} + 16H^+ \rightleftharpoons 2Mn^{2+} + 10CO_2 + 8H_2O$$

室温下，该反应的速率缓慢，加热后速率就会大为加快。但如果加热温度过高（>90℃），$H_2C_2O_4$又容易分解。所以，用 $KMnO_4$ 滴定 $H_2C_2O_4$ 时，通常将溶液加热至 75~85℃。

另外，加热并不适用于所有的体系。例如，有些物质（如 I_2）具有较大的挥发性，加热将会引起它们的挥发损失；有些物质（如 Sn^{2+}、Fe^{2+}）易与空气中的 O_2 反应，加热将会加速它们的氧化，从而引起较大误差，在这些情况下，就不宜采用升高温度的方法来提高反应速率，需要采用别的方法。

7.2.2.4 催化剂

使用催化剂是也分析化学中常用的改变反应速率的方法。催化剂的作用机理是以循环方式参加化学反应，改变反应历程，降低反应活化能，从而提高反应速率。具体到每一个催化反应，其机理都是非常复杂的。

例如，上述 MnO_4^- 与 $C_2O_4^{2-}$ 的反应，即使加热，该反应速率仍较慢。但若加入 Mn^{2+}，就能促使反应迅速进行。这里 Mn^{2+}就是催化剂，其催化机理可能为：

$$Mn(VII) + Mn(II) \longrightarrow Mn(VI) + Mn(III)$$

$$Mn(VI) + Mn(II) \longrightarrow 2Mn(IV)$$

$$Mn(IV) + Mn(II) \longrightarrow 2Mn(III)$$

生成的 Mn(Ⅲ) 又与 $C_2O_4^{2-}$ 反应生成一系列配合物，这些配合物又分解为 Mn(Ⅱ) 和 CO_2，最终，作为催化剂的 Mn^{2+} 又回复到原来的状态。

$$Mn(\text{Ⅲ}) + C_2O_4^{2-} \longrightarrow MnC_2O_4^+$$

$$MnC_2O_4^+ + Mn(\text{Ⅲ}) \longrightarrow Mn(\text{Ⅱ}) + CO_2\uparrow$$

总反应为： $$2MnO_4^- + 5C_2O_4^{2-} + 16H^+ \longrightarrow 2Mn^{2+} + 10CO_2 + 8H_2O$$

从上述总反应式中可知，Mn^{2+} 是该反应的生成物之一。这样即使不从外部加入催化剂 Mn^{2+}，Mn^{2+} 也可由反应自身产生。我们把这种生成物本身就起催化作用的反应称为自身催化或自动催化反应。自身催化作用的特点是，开始时由于没有催化剂存在，反应速率比较慢（称为诱导期）；随着反应的不断进行，作为催化剂的产物从无到有，浓度逐渐增高，反应速率也逐渐加快；达到峰值后，由于反应物逐渐被消耗，浓度越来越低，反应速率又逐渐降低。

7.2.2.5 诱导作用

由于一个反应的发生促进另一个反应进行的现象，称为诱导作用。例如，$KMnO_4$ 氧化 Cl^- 的反应速率很慢。但是当溶液中同时存在 Fe^{2+} 时，$KMnO_4$ 与 Fe^{2+} 的反应就可以加速 $KMnO_4$ 与 Cl^- 的反应。此时，前一种反应称为诱导反应，后一种被诱导的反应称为受诱反应。

$$MnO_4^- + 5Fe^{2+} + 8H^+ = Mn^{2+} + 5Fe^{3+} + 4H_2O \text{（诱导反应）}$$

$$2MnO_4^- + 10Cl^- + 16H^+ = 2Mn^{2+} + 5Cl_2 + 8H_2O \text{（受诱反应）}$$

这里 $KMnO_4$ 称为作用体，Fe^{2+} 称为诱导体，Cl^- 称为受诱体。

诱导作用和催化作用的不同之处在于，在催化作用中，催化剂参加反应后并不改变其原来的组成；但在诱导作用中，诱导体参加反应后转变为其他物质。

诱导作用的产生，可能与诱导反应的中间步骤中产生的不稳定中间体有关。这些不稳定中间体与受诱体相互作用，大大加快了受诱反应的速率。例如，在上例中，当 $KMnO_4$ 被 Fe^{2+} 还原时，经过一系列单电子转移的中间还原过程，产生了 Mn(Ⅵ)、Mn(Ⅴ)、Mn(Ⅳ) 和 Mn(Ⅲ) 等不稳定的中间价态离子。这些不稳定中间体再与 Cl^- 反应，加速了 Cl^- 的被氧化，引起诱导反应。

诱导作用在滴定分析中往往是有害的。例如，在酸性介质中用 $KMnO_4$ 滴定 Fe^{2+} 时，如果存在 Cl^-，则将由于诱导作用而引起较大的误差。所以，高锰酸钾法测铁不能在盐酸介质中进行。但若溶液中存在大量 Mn^{2+}，则可使 Mn(Ⅶ) 迅速地转变为 Mn(Ⅲ)，同时由于 Mn^{2+} 的大量存在，又降低了 Mn(Ⅲ)/Mn(Ⅱ) 电对的电极电位，从而使 Mn(Ⅲ) 只与 Fe^{2+} 起反应，而不与 Cl^- 起反应，防止 Cl^- 对 $KMnO_4$ 的还原作用。所以，只要在溶液中加入 $MnSO_4$-H_3PO_4-H_2SO_4 混合液，就能在稀盐酸溶液中用高锰酸钾法测铁了。

但诱导作用也可以化消极为积极因素。例如，Pb(Ⅱ) 被 Na_2SnO_2 还原为金属 Pb 的反应速率很慢，即使 Pb(Ⅱ) 的浓度很高也观察不到明显的黑色沉淀。但只要有微量的 Bi^{3+} 存在，Pb(Ⅱ) 将迅速被 Na_2SnO_2 还原，可立即观察到明显的黑色沉淀。利用这一诱导作用来鉴定 Bi^{3+}，比直接用 Na_2SnO_2 还原法鉴定 Bi^{3+} 要灵敏 250 倍。

7.3 氧化还原滴定曲线

在氧化还原滴定中，随着滴定剂的加入和氧化还原反应的进行，反应物体系中的氧化态和还原态的浓度比值逐渐改变，体系的电极电位也随之不断改变。氧化还原滴定曲线就是记录滴定过程中体系电极电位 φ 随滴定分数 Φ 变化的 φ-Φ 曲线。

氧化还原滴定曲线多是通过实验，根据实测数据绘制的，但也可以根据能斯特方程式从理论上进行计算。尤其是对于可逆的氧化还原体系，其理论计算的滴定曲线与实验测得的滴定曲线比较吻合。

7.3.1 滴定曲线的计算

以下以在 1mol/L H_2SO_4 介质中，用 0.1000mol/L 的 Ce^{4+} 标准溶液滴定 20.00mL 0.1000mol/L Fe^{2+}溶液为例进行说明。

滴定反应为

$$Ce^{4+} + Fe^{2+} = Ce^{3+} + Fe^{3+}$$

涉及电对为

$$Ce^{4+} + e^- \rightleftharpoons Ce^{3+},\ \varphi^{\ominus'}_{Ce^{4+}/Ce^{3+}} = 1.44V$$

$$Fe^{3+} + e^- \rightleftharpoons Fe^{2+},\ \varphi^{\ominus'}_{Fe^{3+}/Fe^{2+}} = 0.68V$$

滴定前，体系为 0.1000mol/L Fe^{2+}。因空气中 O_2 的氧化作用，溶液中必然存在极少量的 Fe^{3+}。但由于无法知道此时 Fe^{3+}的确切浓度，故无法计算体系的电极电位。

滴定一旦开始，体系中就会同时存在 Ce^{4+}/Ce^{3+}和 Fe^{3+}/Fe^{2+}两个电对，可以按照它们各自的能斯持方程计算体系的电极电位：

$$\varphi = \varphi^{\ominus'}_{Ce^{4+}/Ce^{3+}} + 0.059\lg\frac{c_{Ce^{4+}}}{c_{Ce^{3+}}} \tag{7-19}$$

$$\varphi = \varphi^{\ominus'}_{Fe^{3+}/Fe^{2+}} + 0.059\lg\frac{c_{Fe^{3+}}}{c_{Fe^{2+}}} \tag{7-20}$$

在滴定过程中的任一时刻，当体系达到平衡时，两电对的电极电位相等。因此滴定体系的电位不论按照上述哪一个公式进行计算，结果都是相同的。但也需要根据的具体情况，在不同的阶段选择便于计算的电对和公式。滴定过程中各阶段电极电位的计算如下。

（1）滴定开始到化学计量点前：此时，滴加的 Ce^{4+}几乎全部转化为 Ce^{3+}，平衡时剩余的 Ce^{4+}浓度极小，不易求得。故应利用 Fe^{3+}/Fe^{2+}电对来计算电极电位 φ 值。

例如，当滴入 Ce^{4+}溶液 19.98mL 时，滴定分数 Φ=19.98/20.00=0.999。

$$c_{Fe^{3+}} = \frac{0.1000 \times 19.98}{20.00 + 19.98} = c_{Ce^{3+}}$$

$$c_{Fe^{2+}} = \frac{0.1000 \times 0.02}{20.00 + 19.98}\text{mol/L}$$

$$\varphi = 0.68 + 0.059\lg\frac{19.98}{0.02} = 0.86V$$

（2）化学计量点时：此时滴定分数 $\Phi=1.000$。此时，Ce^{4+} 和 Fe^{2+} 都定量转化为 Ce^{3+} 和 Fe^{3+}，剩余未反应的 Ce^{4+} 和 Fe^{2+} 浓度都极小且不易求得。因此，无法单独用 Ce^{4+}/Ce^{3+} 电对或 Fe^{3+}/Fe^{2+} 电对来求得 φ 值，须可以将二者联系起来考虑。

$$\varphi_{sp} = \varphi^{\ominus'}_{Ce^{4+}/Ce^{3+}} + 0.059\lg\frac{c^{sp}_{Ce^{4+}}}{c^{sp}_{Ce^{3+}}}$$

$$\varphi_{sp} = \varphi^{\ominus'}_{Fe^{3+}/Fe^{2+}} + 0.059\lg\frac{c^{sp}_{Fe^{3+}}}{c^{sp}_{Fe^{2+}}}$$

将两式相加

$$2\varphi_{sp} = (\varphi^{\ominus'}_{Ce^{4+}/Ce^{3+}} + \varphi^{\ominus'}_{Fe^{3+}/Fe^{2+}}) + 0.059\lg\frac{c^{sp}_{Ce^{4+}}c^{sp}_{Fe^{3+}}}{c^{sp}_{Ce^{3+}}c^{sp}_{Fe^{2+}}}$$

在化学计量点时，依计量关系，两种产物的浓度是相等的，即

$$c^{sp}_{Ce^{3+}} = c^{sp}_{Fe^{3+}}$$

另一方面，由于 Ce^{4+} 和 Fe^{2+} 已全部转化为产物，溶液中存在的极少量 Ce^{4+} 和 Fe^{2+} 实际上是由产物发生逆反应转化而来的结果，因此二者的量也相等：

$$c^{sp}_{Ce^{4+}} = c^{sp}_{Fe^{2+}}$$

于是

$$\frac{c^{sp}_{Ce^{4+}}c^{sp}_{Fe^{3+}}}{c^{sp}_{Ce^{3+}}c^{sp}_{Fe^{2+}}} = 1$$

故

$$\varphi_{sp} = \frac{1}{2}(\varphi^{\ominus'}_{Ce^{4+}/Ce^{3+}} + \varphi^{\ominus'}_{Fe^{3+}/Fe^{2+}}) = \frac{1}{2}\times(1.44 + 0.68) = 1.06V$$

（3）化学计量点后：此时 Ce^{4+} 过量，溶液中的 Fe^{2+} 几乎全部被氧化成 Fe^{3+}，剩余的 Fe^{2+} 浓度极小，不易求得。故应利用 Ce^{4+}/Ce^{3+} 电对来计算 φ 值。

例如，当滴入 Ce^{4+} 溶液 20.02mL 时，滴定分数 $\Phi=1.001$，则

$$c_{Ce^{3+}} = \frac{0.1000\times 20.00}{20.00 + 20.02} = c_{Fe^{3+}}$$

$$c_{Ce^{4+}} = \frac{0.1000\times 0.02}{20.00 + 20.02}\text{mol/L}$$

$$\varphi = 1.44 + 0.059\lg\frac{0.02}{20.00} = 1.26V$$

不同滴定点的电极电位计算结果见表 7-1，绘制的滴定曲线如图 7-1 所示。

表 7-1　在 1mol/L H_2SO_4 介质中，以 0.1000mol/L 的 Ce^{4+} 溶液滴定 20.00mL 等浓度的 Fe^{2+} 溶液时体系电极电位变化情况（298K）

加入 Ce^{4+} 溶液的体积 V/mL	滴定分数 Φ	体系电极电位 φ/V
1.00	0.0500	0.60
2.00	0.1000	0.62
4.00	0.2000	0.64

续表 7-1

加入 Ce^{4+}溶液的体积 V/mL	滴定分数 Φ	体系电极电位 φ/V
8.00	0.4000	0.67
10.00	0.5000	0.68
12.00	0.6000	0.69
18.00	0.9000	0.74
19.80	0.9900	0.80
19.98	0.9990	0.86 突跃范围
20.00	1.0000	1.06 突跃范围
20.02	1.0010	1.26 突跃范围
22.00	1.1000	1.38
30.00	1.5000	1.42
40.00	2.0000	1.44

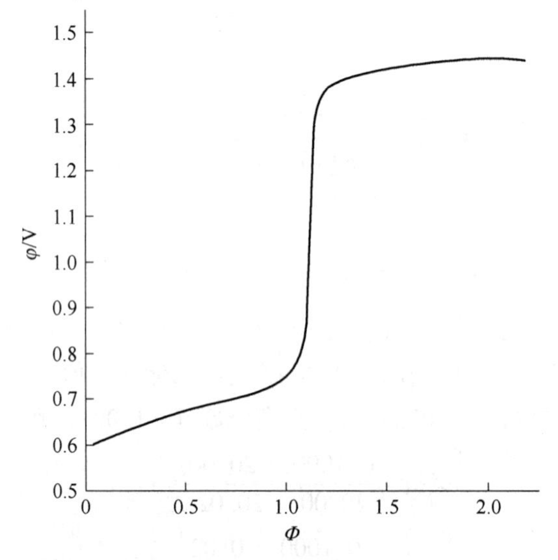

图 7-1 在 1mol/L H_2SO_4介质中，以 0.1000mol/L 的 Ce^{4+}溶液滴定 20.00mL 等浓度的 Fe^{2+}溶液时体系电极电位滴定曲线

由表 7-1 可知，滴定体系的突跃范围为 0.86～1.26V，$\varphi_{sp}=1.06$V 正好位于突跃范围的中点，滴定曲线在化学计量点前后是对称的。当滴定分数 $\Phi=0.500$ 时，体系的电位恰好等于 Fe^{3+}/Fe^{2+}电对的条件电极电位；而当滴定分数 $\Phi=2.000$ 时，体系的电位则等于 Ce^{4+}/Ce^{3+}电对的条件电极电位。显然，两电对的条件电极电位之差 $\Delta\varphi^{\ominus'}$ 越大，化学计量点附近的电位突跃也将越大。

应该指出的是，在此例中，由于两电对都是可逆电对，实际电极电位与能斯特方程相符，所以计算得到的滴定曲线与实测结果是一致的。

如果氧化还原体系涉及有不可逆电对，则情况将有所不同。例如，图 7-2 所示为在 1mol/L H_2SO_4介质中用 $KMnO_4$滴定 Fe^{2+}的滴定曲线。在化学计量点前，体系的电极电位

主要由可逆电对 Fe^{3+}/Fe^{2+} 所决定，故这部分实测滴定曲线与理论滴定曲线并无明显差别；但是在化学计量点后，由于体系的电极电位主要由不可逆电对 MnO_4^-/Mn^{2+} 所决定，故实测滴定曲线与理论滴定曲线有较明显的差别。

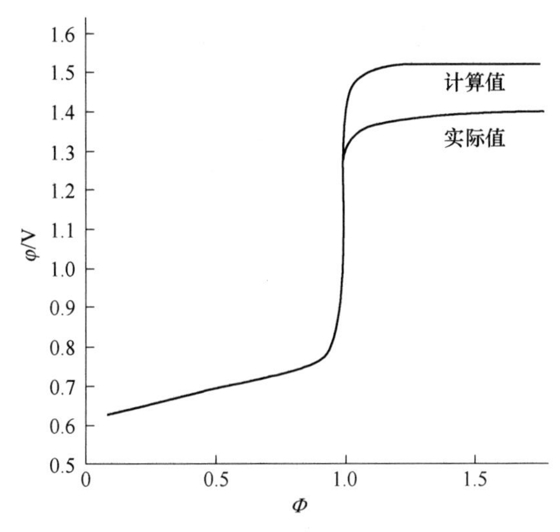

图 7-2 在 1mol/L H_2SO_4 介质中，以 0.1000mol/L 的 $KMnO_4$ 溶液滴定 20.00mL 等浓度的 Fe^{2+} 溶液时体系电极电位滴定曲线

7.3.2 化学计量点的电位计算

在氧化还原滴定曲线的计算中，最重要的是化学计量点电位 φ_{sp} 的计算。为此推导在一般情况下 φ_{sp} 的计算通式。

设在一定条件下用氧化剂 O_{x_1} 滴定还原剂 Red_2，滴定反应为

$$n_2 O_{x_1} + n_1 Red_2 \rightleftharpoons n_2 Red_1 + n_1 O_{x_2}$$

电极反应为

$$O_{x_1} + n_1 e^- \rightleftharpoons Red_1$$

$$O_{x_2} + n_2 e^- \rightleftharpoons Red_2$$

化学计量点时有

$$\varphi_{sp} = \varphi_1^{\ominus'} + \frac{0.059}{n_1} \lg \frac{c_{O_{x_1}}^{sp}}{c_{Red_1}^{sp}} \quad (7\text{-}21)$$

$$\varphi_{sp} = \varphi_2^{\ominus'} + \frac{0.059}{n_2} \lg \frac{c_{O_{x_2}}^{sp}}{c_{Red_2}^{sp}} \quad (7\text{-}22)$$

将式（7-21）乘以 n_1，式（7-22）乘以 n_2，两式相加，有：

$$(n_1 + n_2)\varphi_{sp} = (n_1\varphi_1^{\ominus'} + n_2\varphi_2^{\ominus'}) + 0.059 \lg \frac{c_{O_{x_1}}^{sp} c_{O_{x_2}}^{sp}}{c_{Red_1}^{sp} c_{Red_2}^{sp}}$$

按照滴定反应方程式，在滴定的任一时刻，若有 n_2(mol) 的 Red_1 产生，必同时产生 n_1(mol) 的 O_{x_2}，即

$$\frac{c_{Red_1}^{sp}}{c_{O_{x_2}}^{sp}} = \frac{n_2}{n_1}$$

在化学计量点时，全部 O_{x_1} 和 Red_2 都定量反应完毕，溶液中存在的极少量的 O_{x_1} 和 Red_2 实际上是产物发生逆反应的结果。因此，有 n_2(mol) 的 O_{x_1} 产生，必同时有 n_1(mol) 的 Red_2 产生，即

$$\frac{c_{O_{x_1}}^{sp}}{c_{Red_2}^{sp}} = \frac{n_2}{n_1}$$

于是

$$\frac{c_{O_{x_1}}^{sp} c_{O_{x_2}}^{sp}}{c_{Red_1}^{sp} c_{Red_2}^{sp}} = \frac{n_2 \times n_1}{n_1 \times n_2} = 1$$

故

$$\varphi_{sp} = \frac{n_1\varphi_1^{\ominus'} + n_2\varphi_2^{\ominus'}}{n_1 + n_2} \tag{7-23}$$

式（7-23）为化学计量点电位计算的通式。其中，n_1 和 n_2 分别为电对 1 和电对 2 的电子转移数。

若以化学计量点前后 0.1%误差时的电位变化作为突跃范围，则化学计量点前 0.1%时的电位为

$$\varphi_2 = \varphi_2^{\ominus'} + \frac{0.059}{n_2}\lg\frac{999}{1} = \varphi_2^{\ominus'} + \frac{0.059 \times 3}{n_2}$$

化学计量点后 0.1%时的电位为

$$\varphi_1 = \varphi_1^{\ominus'} + \frac{0.059}{n_1}\lg\frac{1}{1001} = \varphi_1^{\ominus'} - \frac{0.059 \times 3}{n_1}$$

滴定突跃范围为：

$$\left(\varphi_2^{\ominus'} + \frac{0.059 \times 3}{n_2}\right) \sim \left(\varphi_1^{\ominus'} - \frac{0.059 \times 3}{n_1}\right)\text{V} \tag{7-24}$$

由式（7-23）和式（7-24）可知，当 $n_1 = n_2$ 时，

$$\varphi_{sp} = \frac{\varphi_1^{\ominus'} + \varphi_2^{\ominus'}}{2} \tag{7-25}$$

此时化学计量点正好处于滴定突跃范围的中点，滴定曲线在化学计量点的前后是对称的。但如果 $n_1 \neq n_2$，则 φ_{sp}不处在滴定突跃范围的中点，而是偏向 n 值较大的电对的一方，且 n_1 和 n_2 相差越大，化学计量点偏向得越多。例如，在 1mol/L HCl 中以 Fe^{3+}滴定 Sn^{2+}，两电对的半反应为：

$$Fe^{3+} + e^- \rightleftharpoons Fe^{2+}, \quad \varphi_{Fe^{3+}/Fe^{2+}}^{\ominus'} = 0.771\text{V}, \quad n_1 = 1$$

$$Sn^{4+} + 2e^- = Sn^{2+}, \quad \varphi_{Sn^{4+}/Sn^{2+}}^{\ominus'} = 0.154\text{V}, \quad n_2 = 2$$

滴定反应为：

$$2Fe^{3+} + Sn^{2+} = 2Fe^{2+} + Sn^{4+}$$

计算得到的滴定突跃范围为 0.23～0.52V，$\varphi_{sp} = 0.33$V，化学计量点位置不在中点，而是偏下，处于滴定突跃的 1/3 处，靠近 Sn^{4+}/Sn^{2+}电对。

应当说明的是，氧化还原滴定曲线还可以用电位法（属于仪器分析法）测得。但这种方法通常是以滴定曲线的突跃范围中点作为滴定终点。因此，在 $n_1 \neq n_2$ 的情况下，滴定终点与化学计量点是不相符的。

还要注意的是，式（7-23）仅适用于参加滴定反应的两个电对都是对称电对的情况。所谓对称电对，指的是在电对的半反应方程式中，氧化型与还原型的系数相等的电对，如 Fe^{3+}/Fe^{2+}、MnO_4^-/Mn^{2+} 等。而对于 $Cr_2O_7^{2-}/Cr^{3+}$ 电对，其半反应为

$$Cr_2O_7^{2-} + 14H^+ + 6e^- \rightleftharpoons 2Cr^{3+} + 7H_2O$$

氧化型 $Cr_2O_7^{2-}$ 的系数为 1，还原型 Cr^{3+} 的系数为 2，二者不相等，故属于不对称电对。涉及不对称电对的氧化还原滴定，其化学计量点电位的计算较复杂，这里不作详细讨论，但其推导的基本思路是相同的。例如，在一定条件下以 $K_2Cr_2O_7$ 滴定 Fe^{2+} 时，其化学计量点电位的公式为：

$$\varphi_{sp} = \frac{6\varphi_{Cr}^{\ominus'} + 4\varphi_{Fe}^{\ominus'}}{7} + \frac{0.059}{7}\lg\frac{1}{2c_{Cr^{3+}}}$$

7.4 氧化还原滴定的指示剂

在氧化还原滴定中，除了可以用电位法确定终点外，还可以根据物质颜色的变化来指示滴定终点。在氧化还原滴定中常用的指示剂主要有以下几类。

7.4.1 氧化还原指示剂

氧化还原指示剂是一类本身具有氧化还原性质的有机试剂，其特点是氧化型与还原型具有不同的颜色。在滴定过程中，因为氧化还原作用，指示剂或者由氧化型转变为还原型，或者由还原型转变为氧化型，引起颜色改变，进而指示终点。

例如，二苯胺磺酸钠的还原型呈无色，氧化型为紫红色。用 $K_2Cr_2O_7$ 溶液滴定 Fe^{2+} 时，常用二苯胺磺酸钠作指示剂。化学计量点之前，二苯胺磺酸钠的颜色为无色（还原型）；化学计量点后，稍微过量的 $K_2Cr_2O_7$ 就能将指示剂氧化为紫红色（氧化型），指示终点到达。

若用 In_{O_x} 代表指示剂的氧化型，In_{Red} 代表指示剂的还原型，则氧化还原半反应为

$$In_{O_x} + ne^- \rightleftharpoons In_{Red}$$

电对的能斯特方程为

$$\varphi_{In_{O_x}/In_{Red}} = \varphi_{In_{O_x}/In_{Red}}^{\ominus'} + \frac{0.059}{n}\lg\frac{c_{In_{O_x}}}{c_{In_{Red}}} \tag{7-26}$$

式中，$\varphi_{In_{O_x}/In_{Red}}^{\ominus'}$ 为指示剂在一定条件下的条件电位。

在滴定过程中，当滴定体系的电极电位 φ 发生变化时，指示剂的氧化型与还原型的浓度比 $c_{In_{O_x}}/c_{In_{Red}}$ 也将随之变化。从理论上讲，当浓度比 $c_{In_{O_x}}/c_{In_{Red}} \geq 10$ 时，溶液呈现氧化型的颜色；当浓度比 $c_{In_{O_x}}/c_{In_{Red}} \leq 1/10$ 时，溶液呈现还原型的颜色。所以，氧化还原指示剂的理论变色范围为

$$\varphi^{\ominus'}_{In_{O_x}/In_{Red}} \pm \frac{0.059}{n}$$

而 $\varphi_{In_{O_x}/In_{Red}} = \varphi^{\ominus'}_{In_{O_x}/In_{Red}}$ 时，$c_{In_{O_x}}/c_{In_{Red}} = 1$，是氧化还原指示剂的理论变色点。

表 7-2 列出了一些常用的氧化还原指示剂及其条件电位和颜色变化。在选择指示剂时，应使其条件电极电位 $\varphi^{\ominus'}_{In_{O_x}/In_{Red}}$ 处于体系的滴定突跃范围之内，并尽量使之与化学计量点电位 φ_{sp} 一致，以减少终点误差。

表 7-2 常用的氧化还原指示剂

指示剂	$\varphi^{\ominus'}_{In_{O_x}/In_{Red}}(c_{H^+} = 1mol/L)$	颜色变化	
		氧化型	还原型
亚甲基蓝	0.36	蓝	无色
二苯胺	0.76	紫	无色
二苯胺磺酸钠	0.84	紫红	无色
邻苯胺基苯甲酸	0.89	紫红	无色
邻二氮菲-Fe(Ⅱ)	1.06	浅蓝	红
硝基邻二氮菲-Fe(Ⅱ)	1.25	浅蓝	紫红

例如，Ce^{4+}滴定 Fe^{2+} 体系，根据表 7-1 和图 7-1，滴定突跃为 0.86～1.26V，φ_{sp} = 1.06V。因此用邻二氮菲-Fe(Ⅱ) 作指示剂更为合适，终点时溶液由红色变为浅蓝色。邻二氮菲（$C_{12}H_8N_2$）亦称邻菲咯啉，可与 Fe^{2+}形成红色的 $Fe(C_{12}H_8N_2)_3^{2+}$ 络离子，但其氧化型 $Fe(C_{12}H_8N_2)_3^{3+}$ 仅显极浅的蓝色，半反应为

$$Fe(C_{12}H_8N_2)_3^{3+} + e^- \rightleftharpoons Fe(C_{12}H_8N_2)_3^{2+}$$

若用二苯胺磺酸钠作指示剂，滴定至溶液的颜色由无色变为紫红色，此时滴定终点为 0.84V，在突跃范围之外，将产生较大的负终点误差。为此，可加入适量 H_3PO_4，使之与 Fe^{3+}形成稳定的 $Fe(HPO_4)^+$配合物，从而降低 Fe^{3+}/Fe^{2+} 点对的电极电位，使突跃范围向下扩大，从而使滴定终点落入突跃范围之内。

由于氧化还原指示剂原则上对氧化还原滴定是普遍适用的，因此其应用比较广泛。

7.4.2 自身指示剂

在氧化还原滴定中，有些标准溶液或被滴定的物质本身有颜色，如果反应后变为无色或浅色物质，则滴定时无需另加指示剂，而可以利用物质本身的颜色变化来指示终点，这类物质被称为自身指示剂。

例如，在高锰酸钾法中，滴定剂 MnO_4^- 本身为紫红色，在酸性介质中其还原产物为无色的 Mn^{2+}，若用它来滴定无色或浅色的还原剂，那么在化学计量点前，整个溶液仍保持无色或浅色。但在计量点后，还原剂已全部反应完毕，稍微过量的 MnO_4^- 就可以使整个溶液呈现稳定的浅红色，从而指示终点。故 $KMnO_4$可作为自身指示剂。$KMnO_4$作为指示剂是相当灵敏的，当 MnO_4^- 的浓度为 2×10^{-6}mol/L 时，就能观察到溶液呈粉红色，故由于过量 $KMnO_4$所造成的误差通常可以忽略。

7.4.3 专属指示剂

这类指示剂的特点是，指示剂本身并没有氧化还原性质，但它能与滴定体系中的氧化剂或还原剂结合而产生特殊的颜色，因而可以用于指示滴定终点。

例如，可溶性淀粉溶液在氧化还原滴定中并不发生任何氧化还原反应，本身亦无色，但它能与 I_2 生成 I_2-淀粉深蓝色配合物。当 I_2 全部被还原为 I^- 时，蓝色消失；当 I^- 被氧化为 I_2 时，蓝色出现。因此，可溶性淀粉溶液是碘量法的专属指示剂。淀粉指示剂的灵敏度很高，当 I_2 浓度为 5×10^{-6}mol/L 时即可被检出。

又如，KSCN 可以作为 Fe^{3+} 滴定 Sn^{2+} 的专属指示剂。化学计量点后，Sn^{2+} 全部反应完毕，稍过量的 Fe^{3+} 即可与 SCN^- 结合，生成红色的 $Fe(SCN)_n^{3-n}$ 配合物，指示终点。

7.5 氧化还原滴定前的预处理

在氧化还原滴定之前，经常需要进行一些预先处理，以使待测组分处于一定价态。预处理通常是将待测组分氧化为高价态后，用还原剂滴定；或者是将待测组分还原为低价态后，用氧化剂滴定。这种滴定前使待测组分转化为一定价态的步骤称为预氧化或预还原。例如，钛铁矿矿石中的铁是以 Fe(Ⅲ) 和 Fe(Ⅱ) 两种价态存在的。若欲采用重铬酸钾法测其全铁含量，就必须在分解铁矿石的同时将全部 Fe^{3+} 还原为 Fe^{2+}，然后再用 $K_2Cr_2O_7$ 滴定。这就需要作预还原处理。

预处理所选用的预氧化剂或预还原剂必须符合下列条件：

(1) 反应的速率比较快。

(2) 能将待测组分全部氧化或还原为指定的价态。

(3) 应具有一定的选择性。例如，钛铁矿中含有相当量的 Ti^{4+}，当进行预还原处理时，如果用金属锌作为还原剂（$\varphi^{\ominus}_{Zn^{2+}/Zn}=-0.76V$），那么不仅溶液中的 Fe^{3+} 将被还原为 Fe^{2+}（$\varphi^{\ominus}_{Fe^{3+}/Fe^{2+}}=0.77V$），而且 Ti^{4+} 也将被还原为 Ti^{3+}（$\varphi^{\ominus}_{Ti^{4+}/Ti^{3+}}=0.10V$），被 $K_2Cr_2O_7$ 滴定，所以金属锌的选择性较差。如果选择 $SnCl_2$ 作为预还原剂（$\varphi^{\ominus}_{Sn^{4+}/Sn^{2+}}=0.15V$），它仅能使 Fe^{3+} 还原为 Fe^{2+}，而不会还原 Ti^{4+}，选择性较好。

(4) 过量的预氧化剂或预还原剂应易于除去。常用的去除方法有以下几种：

1) 加热分解。如 $(NH_4)_2S_2O_8$、H_2O_2 可借加热煮沸，分解除去。

2) 过滤。如 $NaBiO_3$、Zn 等难溶于水的物质，可借过滤除去。

3) 利用化学反应。如上述用 $SnCl_2$ 作为预还原剂处理钛铁矿的溶液，过量的 $SnCl_2$ 可利用 $HgCl_2$ 溶液除去，反应为：

$$SnCl_2 + 2HgCl_2 = SnCl_4 + Hg_2Cl_2\downarrow \text{（白色丝状）}$$

生成的 Hg_2Cl_2 沉淀不被一般的氧化剂氧化，所以不必过滤除去。但在还原时，要注意避免加入过多的 $SnCl_2$，否则 Hg_2Cl_2 会被进一步还原为 Hg，而 Hg 能与氧化剂 $K_2Cr_2O_7$ 作用，影响分析结果。

一些常用的预氧化剂和预还原剂分别见表 7-3 和表 7-4。

表 7-3 预处理常用的氧化剂

氧化剂	主要用途	反应条件	过量氧化剂除去的方法
$NaBiO_3$	$Mn^{2+} \longrightarrow MnO_4^-$ $Cr^{3+} \longrightarrow Cr_2O_7^{2-}$ $Ce^{3+} \longrightarrow Ce^{4+}$	HNO_3溶液中	因 $NaBiO_3$ 微溶于水，故过量的 $NaBiO_3$可借过滤而除去
$(NH_4)_2S_2O_8$	$Ce^{3+} \longrightarrow Ce^{4+}$ $VO^{2+} \longrightarrow VO_3^-$ $Cr^{3+} \longrightarrow Cr^{4+}$ $Mn^{2+} \longrightarrow MnO_4^-$	在 HNO_3 或 H_2SO_4 溶液中，有 H_3PO_4和催化剂 Ag^+存在	加热煮沸分解
H_2O_2	$Cr^{3+} \longrightarrow Cr^{4+}$ $Co^{2+} \longrightarrow Co^{3+}$ $Mn^{2+} \longrightarrow MnO_2$	NaOH 介质 HCO_3^- 介质 碱性介质	加热煮沸分解，加少量 Ni^{2+}或 I^- 作催化剂，加速 H_2O_2 分解
$HClO_4$	$Cr^{3+} \longrightarrow Cr_2O_7^{2-}$ $VO^{2+} \longrightarrow VO_3^-$ $I^- \longrightarrow IO_3^-$	浓 $HClO_4$加热	煮沸除去所生成的 Cl_2，放冷并冲稀，$HClO_4$即失去活性
KIO_4	$Mn^{2+} \longrightarrow MnO_4^-$	在酸性溶液中加热	加入 Hg^{2+} 与过量 KIO_4 生成 $Hg(IO_4)_2$沉淀，过滤除去
Na_2O_2	$Fe(CrO_2)_2 \longrightarrow CrO_4^{2-}$	熔融	在酸性溶液中煮沸

表 7-4 预处理常用的还原剂

还原剂	主要用途	反应条件	过量还原剂除去的方法
$SnCl_2$	$Fe^{3+} \longrightarrow Fe^{2+}$ Mo(Ⅵ) ⟶ Mo(Ⅴ) As(Ⅴ) ⟶ As(Ⅲ)	在 HCl 溶液中	加入过量的 $HgCl_2$
H_2S	$Fe^{3+} \longrightarrow Fe^{2+}$ $Ce^{4+} \longrightarrow Ce^{3+}$ $Cr_2O_7^{2-} \longrightarrow Cr^{3+}$ $MnO_4^- \longrightarrow Mn^{2+}$	强酸性溶液中	加热煮沸
SO_2	$Fe^{3+} \longrightarrow Fe^{2+}$ $AsO_4^{3-} \longrightarrow AsO_3^{3-}$ Sb(Ⅴ) ⟶ Sb(Ⅲ) V(Ⅵ) ⟶ V(Ⅴ) $Cu^{2+} \longrightarrow Cu^+$	H_2SO_4溶液中，SCN^-催化	CO_2 气流
$TiCl_3$或 $SnCl_2$-$TiCl_3$	$Fe^{3+} \longrightarrow Fe^{2+}$	在酸性溶液中	用水稀释，少量过量的即被 O_2 所氧化
联胺	As(Ⅴ) ⟶ As(Ⅲ) Sb(Ⅴ) ⟶ Sb(Ⅲ)		在浓 H_2SO_4溶液中煮沸
Al	Sn(Ⅳ) ⟶ Sn(Ⅱ) Ti(Ⅳ) ⟶ Ti(Ⅲ)	在 HCl 溶液中	过滤

除了在溶液中使用预还原剂进行待测试液的预还原处理外，另一种重要的预还原技术是将颗粒状的金属还原剂填充到玻璃柱内，以形成所谓的还原柱，再将待处理的试液从上至下流过还原柱，使试液中的待测组分被还原到指定价态。由于预还原剂是固定在还原柱中的，在预还原过程中不会随洗脱液进入洗液中，故不存在除去过量还原剂的问题。例如，试液中 Fe(Ⅲ) 的预还原处理，可将其硫酸溶液流过由表面覆盖着锌汞齐的锌粒填充的还原柱，此时所有的 Fe(Ⅲ) 将被还原为 Fe(Ⅱ)。用稀 H_2SO_4 冲洗还原柱后，Fe(Ⅱ) 将全部转移为洗脱液中；然后可用 $KMnO_4$ 或 $K_2Cr_2O_7$ 标准溶液滴定洗脱液中的 Fe(Ⅱ)。采用不同种类的金属还原剂作为填充材料可得到选择性不同的还原柱。常用的还原柱除锌汞齐还原柱外，还有金属铅还原柱和金属镉还原柱等。

另外，试样中的有机物对氧化还原滴定分析往往也有干扰。具有氧化或还原性质的或综合性质的有机物会使溶液的电位发生变化，因此必须除去试样中的有机物。除去有机物的常用方法主要有干法灰化和湿法灰化等。干法灰化是使用高温马弗炉或氧瓶燃烧法，使有机物氧化破坏。湿法灰化是使用氧化性酸，如 HNO_3、H_2SO_4、H_2O_2 或 $HClO_4$ 或它们的组合物，在它们的沸点时使有机物分解除去。

扫一扫

7.6 常用的氧化还原滴定方法

氧化还原滴定法一般是根据滴定剂的名称来命名的。氧化剂和还原剂都可以做滴定剂，但由于还原剂在空气中易被氧化，不容易保持稳定，因此实际应用中多采用氧化剂作滴定剂。常用的氧化剂及对应的氧化还原滴定法有高锰酸钾法、重铬酸钾法、碘量法、溴酸钾法、硫酸铈法等。每一种氧化还原滴定方法都有其各自的特点和应用范围，掌握常用的氧化还原滴定方法的特点、反应条件和实际用途是十分重要的。

7.6.1 高锰酸钾法

扫一扫

7.6.1.1 概述

$KMnO_4$ 是一种氧化剂，其氧化能力与溶液的酸度有关。比如，在强酸性溶液中，MnO_4^- 被还原为 Mn^{2+}，表现为强氧化剂：

$$MnO_4^- + 8H^+ + 5e^- \rightleftharpoons Mn^{2+} + 4H_2O, \qquad \varphi^\ominus = 1.51V$$

在中性或弱酸性溶液中，MnO_4^- 被还原为 MnO_2：

$$MnO_4^- + 2H_2O + 3e^- \rightleftharpoons MnO_2 + 4OH^-, \qquad \varphi^\ominus = 0.588V$$

在强碱性溶液中，MnO_4^- 被还原为 MnO_4^{2-}，表现为较弱的氧化剂：

$$MnO_4^- + e^- \rightleftharpoons MnO_4^{2-}, \qquad \varphi^\ominus = 0.564V$$

可见，在应用高锰酸钾法时，可以根据被测物质的性质等具体情况采用不同的酸度。同时也说明，在高锰酸钾法中必须严格控制反应的酸度条件，以保证滴定反应自始至终按照预期的确定反应式来进行。通常，高锰酸钾法主要在强酸性条件下应用，调控酸度所用的强酸一般为 H_2SO_4，而不用 HCl 和 HNO_3。因为 HCl 中的 Cl^- 有一定的还原性，可能被 MnO_4^- 氧化；而 HNO_3 又有一定的氧化性，可能氧化某些被测物质。但在碱性条件下，$KMnO_4$ 氧化有机物的反应速率比酸性条件下更快。在 NaOH 浓度大于 2mol/L 的碱溶液中，很多有机物能与 $KMnO_4$ 反应。

高锰酸钾法的优点是氧化能力强，应用广泛，可以直接或间接地测定许多无机化合物和有机化合物；且 $KMnO_4$本身具有鲜明的紫红色，可作为自身指示剂，在滴定无色或浅色的溶液时不需要外加指示剂。其缺点是，由于 $KMnO_4$氧化能力强，副反应和诱导反应多，干扰比较严重，因此必须控制好反应条件；$KMnO_4$试剂中常含有少量杂质，使其易与水和空气中的某些还原性物质起反应，因此 $KMnO_4$标准溶液不够稳定，标定后不宜长期使用。

7.6.1.2 $KMnO_4$标准溶液的配制和标定

市售 $KMnO_4$试剂中常含有少量的 MnO_2 和其他杂质，同时，蒸馏水中也含有少量有机物质，它们可与 MnO_4^- 发生反应生成 MnO_2，生成的 MnO_2 又进一步促进 $KMnO_4$溶液的分解。此外，光、热、酸、碱也能促进 $KMnO_4$溶液的分解。故 $KMnO_4$标准溶液不能用直接法配制，而应采用间接法，先配制后标定。

稳定 $KMnO_4$溶液的配制方法：称取稍多于理论量的 $KMnO_4$，溶于一定体积的蒸馏水中；将配好的 $KMnO_4$溶液加热至沸，并保持微沸 1h，然后放置一段时间，以使溶液中的还原性物质完全氧化。再用微孔玻璃漏斗过滤，除去析出的 MnO_2 等沉淀。将过滤后 $KMnO_4$的溶液储存在棕色瓶中，暗处保存，以防止光对 $KMnO_4$的催化分解。

标定 $KMnO_4$的基准物质可用 $H_2C_2O_4 \cdot H_2O$、$Na_2C_2O_4$、As_2O_3和纯铁丝等还原性物质。其中最常用的是 $Na_2C_2O_4$，因为它性质稳定，不含结晶水，易于提纯。在 H_2SO_4介质中，$Na_2C_2O_4$与 $KMnO_4$的反应为

$$2MnO_4^- + 5C_2O_4^{2-} + 16H^+ = 2Mn^{2+} + 10CO_2\uparrow + 8H_2O$$

为使该标定反应迅速、定量进行，滴定过程中应注意控制以下反应条件：

(1) 温度。通常用水浴加热将反应温度控制在 75~85℃。温度过低，该反应的速率较慢；但若温度高于 90℃，部分 $H_2C_2O_4$会发生分解：

$$H_2C_2O_4 = CO_2\uparrow + CO\uparrow + H_2O$$

(2) 酸度。一般在开始滴定时将［H^+］控制在 0.5~1mol/L，这样滴定终了时酸度约为 0.2~0.5mol/L。酸度过低，会有部分 MnO_4^- 还原为 MnO_2，反应不能按确定的反应式进行；酸度过高，会导致 $H_2C_2O_4$分解。

(3) 滴定速率。$KMnO_4$与 $H_2C_2O_4$的反应是自催化反应。开始滴定时，反应速率较慢，因此在开始阶段应保持较慢的滴定速率，否则，过快滴入的 $KMnO_4$来不及和 $H_2C_2O_4$反应而在热的酸性溶液中分解：

$$4MnO_4^- + 12H^+ = 4Mn^{2+} + 5O_2\uparrow + 6H_2O$$

但是随着滴定的进行，作为催化剂的反应产物 Mn^{2+}的浓度越来越大，将加快滴定反应的进行，故滴定的速率也可随之加快。

(4) 滴定终点。$KMnO_4$是自身指示剂，终点时溶液的颜色为粉红色。但溶液中的粉红色以不能持久，因为空气中的还原性气体和尘埃能与 $KMnO_4$缓慢反应，使粉色逐渐褪去。所以 $KMnO_4$滴定至溶液呈粉红色并在 30s 不褪色即可认定为终点。

7.6.1.3 应用示例

高锰酸钾法应用广泛，在应用高锰酸钾法时，可根据待测物质的性质，采用不同的滴定方法。许多还原性物质，如 Fe^{2+}、H_2O_2、As(Ⅲ)、Sb(Ⅲ)、$C_2O_4^{2-}$、Sn^{2+}和 NO_2^- 等，

可用 $KMnO_4$ 标准溶液直接滴定。有些氧化性的物质，如 MnO_2，不能被 $KMnO_4$ 溶液直接滴定，可采用返滴定法测定。某些非氧化还原性物质，如 Ca^{2+}，如果能与另一氧化剂或还原剂定量反应，那么可采用间接滴定法测定。以下为一些应用示例。

A H_2O_2 的测定

可用 $KMnO_4$ 标准溶液在酸性条件下直接滴定 H_2O_2 溶液，反应为

$$2MnO_4^- + 5H_2O_2 + 6H^+ = 2Mn^{2+} + 5O_2 + 8H_2O$$

此反应在室温下即可进行。滴定开始时反应速率较慢，随着 Mn^{2+} 的生产和增多而逐渐加快。也可以预先加入少量 Mn^{2+} 作为催化剂。

碱金属和碱土金属的过氧化物都可采用同样的方法测定。

B 软锰矿中 MnO_2 含量的测定

可利用 MnO_2 的氧化性，先加入一定量且过量的 $H_2C_2O_4 \cdot H_2O$ 或 $Na_2C_2O_4$，在 H_2SO_4 介质中加热分解矿样，直至所余残渣为近乎白色时为止，表明试样已分解完全，MnO_2 已全部还原为 Mn^{2+}：

$$MnO_2 + C_2O_4^{2-} + 4H^+ = Mn^{2+} + 2CO_2\uparrow + 2H_2O$$

再用 $KMnO_4$ 标准溶液趁热返滴定剩余的 $H_2C_2O_4 \cdot H_2O$ 或 $Na_2C_2O_4$。根据 $H_2C_2O_4 \cdot H_2O$ 或 $Na_2C_2O_4$ 的加入量与剩余量之差，可以求出软锰矿中 MnO_2 的含量。

此法也可用于测定其他一些氧化性物质（如 PbO_2）的含量。

C Ca^{2+} 的测定

Ca^{2+} 在水溶液中一般不表现为氧化还原性质，因此无法用高锰酸钾法进行直接滴定或返滴定。但可利用 Ca^{2+} 能生成草酸盐沉淀的性质，用高锰酸钾进行间接测定。先用 $C_2O_4^{2-}$ 将 Ca^{2+} 全部沉淀为 CaC_2O_4，沉淀经过滤、洗涤后溶于稀 H_2SO_4 中：

$$CaC_2O_4 + 2H^+ = Ca^{2+} + H_2C_2O_4$$

再用 $KMnO_4$ 标准溶液滴定生成的 $H_2C_2O_4$，从而间接求得 Ca^{2+} 的含量。

凡是能与 $C_2O_4^{2-}$ 定量生成沉淀的金属离子，只要它本身不与 $KMnO_4$ 反应，例如 Th^{4+} 和某些稀土离子等，都可用上述间接法测定。

D 某些有机化合物含量的测定

$KMnO_4$ 氧化某些有机化合物的反应在碱性溶液中比在酸性溶液中速率快，故常在碱性介质下采用高锰酸钾法测定有机化合物的含量。以甲醇的测定为例，将一定量过量的 $KMnO_4$ 的标准溶液加入待测的 CH_3OH 碱性试液中，反应为

$$6MnO_4^- + CH_3OH + 8OH^- = CO_3^{2-} + 6MnO_4^{2-} + 6H_2O$$

待反应完全后，将溶液酸化，MnO_4^{2-} 歧化为 MnO_4^- 和 MnO_2。再加入一定量过量的 $FeSO_4$ 标准溶液，将所有的高价锰都还原为 Mn^{2+}，最后以 $KMnO_4$ 标准溶液滴定剩余的 Fe^{2+}。根据两次所加入的 $KMnO_4$ 的量和 $FeSO_4$ 的加入量，以及各反应物之间的计量关系，即可求得试液中甲醇的含量。

此法还可测定甘油、甲酸、甲醛、酒石酸、柠檬酸、苯酚、水杨酸和葡萄糖等其他有机化合物的含量。

E　化学需氧量（COD）的测定

化学需氧量是一个量度水体受污染程度的重要指标，是水质分析的一项重要内容。它是指一定体积的水体中能被强氧化剂氧化的还原性物质的量，用氧化这些还原性物质所需消耗的 O_2 的量（以 mg/L 计）表示。由于废水中的还原性物质大部分是有机物，因此常将 COD 值作为水质是否受到有机物污染的依据。

COD 的测定通常采用高锰酸钾法和重铬酸钾法两种方法。利用高锰酸钾法测定化学需氧量时，采用的是返滴定法。在废水样中加入 H_2SO_4 及一定量的 $KMnO_4$ 标准溶液，置沸水浴中加热，使其中的还原物质充分被氧化。剩余的 $KMnO_4$ 溶液用一定量且过量的 $Na_2C_2O_4$ 还原，最后剩余的 $Na_2C_2O_4$ 再以 $KMnO_4$ 标准溶液返滴定。根据 $KMnO_4$ 标准溶液和 $Na_2C_2O_4$ 标准溶液的用量可求得废水中还原性物质消耗的 $KMnO_4$ 的量，并转化为 COD 值。相关反应为

$$4MnO_4^- + 5C + 12H^+ \longrightarrow 4Mn^{2+} + 5CO_2 + 6H_2O$$

$$2MnO_4^- + 5C_2O_4^{2-} + 16H^+ \longrightarrow 2Mn^{2+} + 10CO_2\uparrow + 8H_2O$$

该法适用于地表水、饮用水和生活污水中 COD 的测定。对于工业废水中 COD 的测定，要采用 $K_2Cr_2O_7$ 法。

7.6.2 重铬酸钾法

7.6.2.1　概述

$K_2Cr_2O_7$ 是一种常用的氧化剂，在酸性溶液中表现出相当强的氧化性，其半反应和标准电极电位为

$$Cr_2O_7^{2-} + 14H^+ + 6e^- \rightleftharpoons 2Cr^{3+} + 7H_2O, \qquad \varphi^{\ominus} = 1.33V$$

在酸性溶液中，其条件电极电位较标准电极电位小。例如，在 1mol/L 的 HCl 溶液中，$\varphi^{\ominus'} = 1.00V$；在 4mol/L 的 H_2SO_4 溶液中，$\varphi^{\ominus'} = 1.15V$。重铬酸钾法只能在酸性条件下使用，它的应用范围比高锰酸钾法窄。

重铬酸钾法具有如下特点：

（1）$K_2Cr_2O_7$ 容易纯制且很稳定，是基准物质，可以直接配制标准溶液，而不需要进行标定。

（2）$K_2Cr_2O_7$ 溶液非常稳定，在密闭容器中可以长期保存，而浓度不变。

（3）在 1mol/L HCl 溶液中的 $K_2Cr_2O_7$ 的条件电极电位 $\varphi^{\ominus'}_{Cr_2O_7^{2-}/Cr^{3+}} = 1.00V$，而 Cl_2/Cl^- 的条件电极电位 $\varphi^{\ominus'}_{Cl_2/Cl^-} = 1.358V$，故在通常情况下 $K_2Cr_2O_7$ 不与 Cl^- 反应。因此可在 HCl 溶液中进行滴定。

（4）虽然 $Cr_2O_7^{2-}$ 本身显橙色，但一方面此颜色不鲜明，指示的灵敏度差；另一方面其还原产物 Cr^{3+} 常呈绿色，对橙色有掩盖作用，所以不能采用自身指示剂的方法来指示终点，而需外加指示剂。通常采用二苯胺磺酸钠作指示剂。

重铬酸钾法最重要的应用是测定铁的含量，是铁矿石中全铁含量测定的标准方法。此外，通过 $Cr_2O_7^{2-}$ 与 Fe^{2+} 的反应，还可以测定其他氧化性或还原性物质的含量。例如，土壤中有机质的测定，可先用一定量过量的 $K_2Cr_2O_7$ 将有机质氧化，然后再以 Fe^{2+} 标准溶液返滴定剩余的 $K_2Cr_2O_7$。

7.6.2.2　应用示例

A　铁矿石中全铁量的测定

重铬酸钾法测铁，是基于下列反应进行：

$$6Fe^{2+} + Cr_2O_7^{2-} + 14H^+ \longrightarrow 6Fe^{3+} + 2Cr^{3+} + 7H_2O$$

一般采用浓盐酸加热溶解铁矿石试样，再趁热用 $SnCl_2$ 溶液将 Fe(Ⅲ) 全部还原为 Fe(Ⅱ)。过量的 $SnCl_2$ 溶液可用 $HgCl_2$ 氧化除去，然后在 H_2SO_4-H_3PO_4介质中，以二苯胺磺酸钠为指示剂，用 $K_2Cr_2O_7$标准溶液滴定 Fe(Ⅱ)。终点的颜色由绿色（Cr^{3+}的颜色）变为紫色或紫蓝色。加入 H_3PO_4的目的主要有两个：一是生成无色的 $Fe(HPO_4)^+$，可消除 $FeCl_3$的黄色影响，有利于终点颜色的观察；二是生成的配合物 $Fe(HPO_4)^+$，可降低 Fe^{3+}/Fe^{2+}电对的电位，减小终点误差。二苯胺磺酸钠指示剂的变色点为 0.84V，而根据表 7-1，滴定分数为 99.9%时，Fe^{3+}/Fe^{2+}电对的电位为 0.86V。显然，变色点在滴定突跃范围之外，滴定终点将提早到达。形成 Fe(Ⅲ) 配合物后，突跃范围向下扩大，二苯胺磺酸钠的变色点电位落入滴定的突跃范围之内，避免了指示剂被过早氧化。

上述方法简便快速准确，曾在生产中广泛应用。但由于在预还原中使用了含汞试剂，会造成环境污染。近年来，为了保护环境，提倡采用无汞测铁法，例如 $SnCl_2$-$TiCl_3$联合还原法。试样分解后，先用 $SnCl_2$ 将大部分 Fe(Ⅲ) 还原，再以钨酸钠为指示剂，用 $TiCl_3$还原剩余的 Fe(Ⅲ)，至蓝色的 W(Ⅴ)（俗称钨蓝）出现，即表明 Fe(Ⅲ) 已被全部还原为 Fe(Ⅱ)。滴加 $K_2Cr_2O_7$至蓝色刚好褪去，以除去微过量的 $TiCl_3$。最后，在 H_3PO_4存在下，以二苯胺磺酸钠为指示剂，用 $K_2Cr_2O_7$标准溶液滴定 Fe(Ⅱ)。

B　化学需氧量（COD_{Cr}）的测定

对于污染较严重的工业废水，通常采用 $K_2Cr_2O_7$ 法测定其化学需氧量，记作为 COD_{Cr}。方法的原理是，往水样中加入一定量且过量的 $K_2Cr_2O_7$溶液，在强酸介质下，以 Ag_2SO_4为催化剂，回流加热。待水样中还原性物质彻底与 $K_2Cr_2O_7$反应完全后，以邻二氮菲-Fe(Ⅱ)为指示剂，用 Fe^{2+}标准溶液返滴定过量的 $K_2Cr_2O_7$，根据所消耗的 $K_2Cr_2O_7$量换算出消耗氧的质量浓度，以 mg/L 表示，即为化学需氧量 COD_{Cr}。反应式可表示为

$$2Cr_2O_7^{2-} + 3C + 16H^+ \longrightarrow 4Cr^{3+} + 3CO_2 + 8H_2O$$

该式表明，2mol $Cr_2O_7^{2-}$ 与 3mol C 转移的电子数相当，而 3mol C 又与 3mol O_2转移的电子数相当。故

$$n_{O_2} = \frac{3}{2} n_{Cr_2O_7^{2-}}$$

7.6.3　碘量法

7.6.3.1　概述

碘量法是以 I_2 的氧化性和 I^-的还原性为基础的氧化还原滴定法，依据的半反应为：

$$I_3^- + 2e^- \rightleftharpoons 3I^-, \qquad \varphi^{\ominus} = 0.536V$$

式中，I_3^- 为 I_2 在 KI 溶液中的存在形式。由于固体的 I_2 在水中的溶解度很小（0.00133mol/L），故在实际应用时，通常将 I_2 溶解在 KI 溶液中，以增加其溶解性。

$$I_2 + I^- \rightleftharpoons 3I^-$$

为方便起见，I_3^- 一般仍写为 I_2。

由 I_2/I^- 电对的标准电极电位可知，I_2 是一种较弱的氧化剂，而 I^- 是一种中等强度的还原剂。据此，碘量法分为直接碘量法和间接碘量法，可分别用于还原性物质和氧化性物质的测定。

A 直接碘量法

直接碘量法是用 I_2 标准溶液直接滴定还原性物质的方法，又称碘滴定法。由于 I_2 是一种较弱的氧化剂，只能与较强的还原剂作用，如 S^{2-}、SO_3^{2-}、$S_2O_3^{2-}$、Sn(Ⅱ)、As(Ⅲ)、维生素 C 等。直接碘量法主要用于测定这类物质。例如，钢铁中硫的测定，试样在近 1300℃的燃烧管中通入 O_2 燃烧，使钢铁中的硫转化为 SO_2，用水吸收导出的 SO_2，再用 I_2 滴定。反应为

$$I_2 + SO_2 + 2H_2O = 2I^- + SO_4^{2-} + 4H^+$$

用淀粉作指示剂，终点非常明显。

直接碘量法需要在弱酸性或中性条件下进行，而不能在碱性条件下进行，因为在碱性条件下 I_2 会发生歧化反应：

$$3I_2 + 6OH^- = IO_3^- + 5I^- + 3H_2O$$

而在强酸条件下，不仅淀粉指示剂易发生水解和分解，且 I^- 易被水体中的溶解氧所氧化：

$$4I^- + O_2 + 4H^+ = 2I_2 + 2H_2O$$

因此直接碘量法也不宜在强酸性条件下进行。

由于 I_2 氧化能力不强，能被 I_2 氧化的物质有限，因此直接碘量法的应用较为有限。

B 间接碘量法

I^- 是一中等强度的还原剂，能与许多氧化性物质作用。但由于有关的化学反应速率较慢，同时也缺少合适的指示剂，因此不能用 I^- 直接滴定氧化剂。但在一定条件下，有些氧化性物质能与过量的 I^- 定量反应生成 I_2，然后就可以用 $Na_2S_2O_3$ 标准溶液滴定析出的 I_2，从而间接求得该氧化性物质的含量。这种方法称为间接碘量法。例如，在酸性溶液中，$KMnO_4$ 与过量的 KI 作用，析出 I_2：

$$2MnO_4^- + 10I^- + 16H^+ = 2Mn^{2+} + 5I_2 + 8H_2O$$

析出的 I_2 用 $Na_2S_2O_3$ 标准溶液滴定：

$$2S_2O_3^{2-} + I_2 = 2I^- + S_4O_6^{2-}$$

$KMnO_4$ 与 $Na_2S_2O_3$ 的计量关系为：

$$n_{MnO_4^-} = \frac{1}{5} n_{S_2O_3^{2-}}$$

间接碘量法可用于测定相当多的氧化性物质，如 ClO_3^-、ClO^-、$Cr_2O_7^{2-}$、CrO_4^{2-}、IO_3^-、BrO_3^-、MnO_4^-、MnO_2、NO_2^-、Cu^{2+} 和 H_2O_2 等，还能用于许多有机物的测定。凡能与过量 KI 作用定量析出 I_2 的氧化性物质以及能与过量 I_2 在碱性介质中作用的有机物，都可以用间接碘量法测定。

在间接碘量法中，为获取准确结果，应注意酸度的控制以及防止 I_2 挥发和 I^- 被氧化。

a 酸度的控制条件

间接碘量法的滴定反应一般应在中性或弱酸性条件下进行。因为在碱性条件下，I_2易歧化，同时 $S_2O_3^{2-}$ 将会被氧化为 SO_4^{2-}，影响滴定反应的定量关系，相关反应如下：

$$S_2O_3^{2-} + 4I_2 + 10OH^- \longrightarrow 8I^- + 2SO_4^{2-} + 5H_2O$$

而在强酸条件下，$S_2O_3^{2-}$ 易分解：

$$S_2O_3^{2-} + 2H^+ \longrightarrow S\downarrow + SO_2\uparrow + H_2O$$

但由于 $Na_2S_2O_3$与 I_2 的反应速率较此反应快，因此只要滴加 $Na_2S_2O_3$的速率不是太快，即使在较强的酸度下，仍可得到满意的结果。

b 防止 I_2 挥发可采取的措施

（1）加入过量的 KI 使之与 I_2 形成溶解度较大的 I_3^- 络离子。此外过量的 I^-还可提高淀粉指示剂的灵敏度。

（2）避免加热，使反应在室温下进行；另外温度升高也使淀粉指示剂的灵敏度降低。

（3）使用碘量瓶，同时滴定时避免剧烈摇动，滴定速度不宜太慢。

c 防止 I^-被空气中的 O_2 氧化的措施

（1）避光。光照能催化 I^-的氧化，所以应将反应置于暗处进行，滴定时亦应避免阳光直射，I_3^- 溶液应保存在棕色瓶中。

（2）溶液酸度不能过高。酸度过高会加速对 I^-的氧化，如反应需在较高的酸度下进行，则在滴定前应稀释溶液以降低酸度。

（3）析出 I_2 的反应完成后，应立即用 $Na_2S_2O_3$滴定，滴定速率也应适当加快。

碘量法的常用指示剂为淀粉溶液。在有少量 I^-存在下，I_2 与淀粉反应会形成蓝色吸附配合物，根据蓝色的出现或消失可指示终点。淀粉溶液应用新鲜配制的，若放置过久，则与 I_2 形成的配合物呈紫红色，而非蓝色。这种紫红色配合物褪色慢，终点不敏锐。

7.6.3.2 I_2 标准溶液的配制与标定

用升华法制得的纯碘，可以直接配制标准溶液。但由于碘的挥发性，通常采用间接法配制，用市售的纯碘，先配制一个近似浓度溶液，然后再进行标定。

配制 I_2 溶液时，应注意加入过量 KI，使之溶解。I_2 溶液应避免与橡胶等有机物接触，也要防止 I_2 溶液见光、遇热，否则浓度将发生变化。配好的 I_2 溶液用棕色瓶子盛装，置于暗处，密闭保存。

标定 I_2 溶液时，通常用已标定好的 $Na_2S_2O_3$溶液来标定，必要时也可用基准 As_2O_3（剧毒！）来标定。As_2O_3难溶于水，但溶于碱性溶液中：

$$As_2O_3 + 6OH^- \longrightarrow 2AsO_3^{3-} + 3H_2O$$

在微碱介质中，用 I_2 溶液滴定亚砷酸根离子，反应为：

$$AsO_3^{3-} + I_2 + 2OH^- \longrightarrow AsO_4^{3-} + H_2O + 2I^-$$

7.6.3.3 $Na_2S_2O_3$标准溶液的配制与标定

市售的硫代硫酸钠（$Na_2S_2O_3\cdot 5H_2O$）试剂通常含有少量杂质，且容易风化和潮解，不能作为基准物质，故 $Na_2S_2O_3$标准溶液只能用标定法配制。配好的 $Na_2S_2O_3$溶液也不是很稳定，容易分解，这主要是由于以下几种作用：

（1）细菌的作用。水中存在的细菌会消耗 $Na_2S_2O_3$ 中的硫，使 $Na_2S_2O_3$ 转变为 Na_2SO_3：

$$Na_2S_2O_3 \xrightarrow{\text{细菌}} Na_2SO_3 + S\downarrow$$

（2）水中 CO_2 的作用。水中溶解的 CO_2 所引起的溶液酸度的变化可导致 $Na_2S_2O_3$ 分解：

$$S_2O_3^{2-} + CO_2 + H_2O \xlongequal{\quad} S\downarrow + HSO_3^- + HCO_3^-$$

（3）空气中 O_2 的作用：

$$2S_2O_3^{2-} + O_2 \xlongequal{\quad} 2S\downarrow + 2SO_4^{2-}$$

此外，日光也会促进 $Na_2S_2O_3$ 的分解。

因此，配制 $Na_2S_2O_3$ 溶液时，需要用新煮沸并冷却的蒸馏水，以除去水中的 CO_2 和 O_2 并杀死细菌，同时加入少量 Na_2CO_3 使溶液呈弱碱性以抑制细菌的生长，并将溶液保存在棕色瓶中，置于暗处，待浓度稳定后进行标定。

$Na_2S_2O_3$ 溶液的标定，采用的是间接碘量法，标定常用的基准物质有 $K_2Cr_2O_7$、KIO_3 等。在酸性溶液中，$K_2Cr_2O_7$ 和 KIO_3 都能与过量的 KI 定量反应，析出 I_2：

$$Cr_2O_7^{2-} + 6I^- + 14H^+ \xlongequal{\quad} 2Cr^{3+} + 3I_2 + 7H_2O$$

$$IO_3^- + 5I^- + 6H^+ \xlongequal{\quad} 3I_2 + 3H_2O$$

析出的 I_2 用 $Na_2S_2O_3$ 溶液滴定，采用淀粉指示剂，滴至溶液的深蓝色褪去为终点。

7.6.3.4 应用示例

I_2/I^- 电对的可逆性好，副反应少，其电位在很大的范围内 pH（$pH<9$）不受酸度和其他配位剂的影响。碘量法采用淀粉指示剂，灵敏度甚高。由于这些优点，碘量法成为一种应用十分广泛的滴定分析方法。

A 铜合金中铜的测定——间接碘量法

将合金试样用 H_2O_2 和 HCl 分解：

$$Cu + 2HCl + H_2O_2 \xlongequal{\quad} CuCl_2 + 2H_2O$$

煮沸除尽过量的 H_2O_2，用 HAc-NaAc 缓冲体系调节溶液的酸度为 $pH=3\sim4$，再加入过量的 KI，析出 I_2：

$$2Cu^{2+} + 4I^- \xlongequal{\quad} 2CuI\downarrow + I_2$$

这里，I^- 既是还原剂，又是沉淀剂，还是配位剂（生成 I_3^-）。

生成的 I_2，用 $Na_2S_2O_3$ 标准溶液滴定，以淀粉为指示剂，滴至蓝色刚褪去为终点。在本方法中需要注意两点：

（1）间接碘量法中，淀粉指示剂应在接近终点时加入。过早加入，指示剂颜色变化会提前，影响终点颜色的判断，产生误差。

（2）由于 CuI 沉淀表面会强烈地吸附 I_2，使这部分 I_2 无法被 $Na_2S_2O_3$ 滴定，因而造成结果偏低。为此，可在临近终点时加入 KSCN，使 CuI 转化为溶解度更小的 CuSCN：

$$CuI\downarrow + SCN^- \xlongequal{\quad} CuSCN\downarrow + I^-$$

产生的 CuSCN 沉淀几乎不吸附 I_2，故可以减小误差。KSCN 也不能过早加入，否则 SCN^- 可能会被 I_2 氧化，使结果偏低：

$$I_2 + 2SCN^- = (SCN)_2 + 2I^-$$

试样中有 Fe^{3+}存在时，会干扰 Cu^{2+}的测定。因为 Fe^{3+}会氧化 I^-，

$$2Fe^{3+} + 2I^- = 2Fe^{2+} + I_2$$

可以通过加入掩蔽剂 NH_4HF_2，使 Fe^{3+}生成稳定的 FeF_6^{3-}，消除干扰。

为消除方法上的系统误差，在用碘量法测铜时，最好用纯铜来标定 $Na_2S_2O_3$溶液。

此法也适用于铜矿石、炉渣、电镀液和胆矾（$CuSO_4 \cdot 5H_2O$）等试样中铜的测定。

B　Ba^{2+}的测定——间接碘量法

Ba^{2+}在水溶液中一般不表现出氧化还原性质，但可利用与 CrO_4^{2-} 生成 $BaCrO_4$沉淀的性质，用间接碘量法测定其含量。

在 HAc-NaAc 缓冲溶液中，用过量 K_2CrO_4将 Ba^{2+}沉淀为 $BaCrO_4$。沉淀经过滤、洗涤后，用稀 HCl 溶解，并使 CrO_4^{2-} 转化为 $Cr_2O_7^{2-}$：

$$BaCrO_4 = Ba^{2+} + CrO_4^{2-}$$

$$2CrO_4^{2-} + 2H^+ = Cr_2O_7^{2-} + H_2O$$

再加入过量的 KI，使全部 $Cr_2O_7^{2-}$ 被还原，并生成与之计量相当的 I_2：

$$Cr_2O_7^{2-} + 6I^- + 14H^+ = 3I_2 + 2Cr^{3+} + 7H_2O$$

采用淀粉指示剂，以 $Na_2S_2O_3$标准溶液滴定生成的 I_2。根据相关反应式中所表达的各物质的计量关系，可以求出 Ba^{2+}的含量。Pb^{2+}亦可用类似方法加以测定。

C　S^{2-}或 H_2S 的测定——直接碘量法

对于溶液中的 S^{2-}或 H_2S 的测定，可调溶液至弱酸性，以淀粉为指示剂，用 I_2 标准溶液直接滴定 H_2S，从而求得试液中 S^{2-}或 H_2S 的含量，其反应式为：

$$I_2 + H_2S = S\downarrow + 2I^- + 2H^+$$

该滴定不能在碱性溶液中进行，否则 I_2 将发生歧化反应，且有部分 S^{2-}会被氧化为 SO_4^{2-}，其反应式为：

$$S^{2-} + 4I_2 + 8OH^- = SO_4^{2-} + 8I^- + 4H_2O$$

D　饮用水中余氯的测定——间接碘量法

在饮用水氯消毒中，以液氯（Cl_2）为消毒剂时，液氯与水中还原性物质或细菌等微生物作用之后，剩余在水中的氯量称为余氯。氯溶解于水中后，迅速水解成 HClO（次氯酸）和 ClO^-（次氯酸盐），其反应为：

$$Cl_2 + H_2O \rightleftharpoons HClO + Cl^- + H^+$$

$$HClO \rightleftharpoons H^+ + ClO^-$$

游离性余氯（或游离性有效氯）包括 HClO 和 ClO^-。一般在酸性溶液中，有效的氯主要以 HClO 型体存在；在碱性溶液中，则以 ClO^-型体存在。在通常的水处理条件下（25℃，pH 值约为 7），HClO 和 ClO^-两种型体同时存在。

水中余氯的测定可采用间接碘量法。在酸性溶液中，水中余氯与 KI 作用，释放出定量的 I_2，以淀粉为指示剂，用 $Na_2S_2O_3$标准溶液滴定至蓝色消失，即可求出水中的余氯。主要的反应如下：

$$HOCl + 2I^- + H^+ = I_2 + Cl^- + H_2O$$

$$2S_2O_3^{2-} + I_2 = 2I^- + S_4O_6^{2-}$$

我国饮用水的出厂水要求游离性余氯大于 0.30mg/L，管网水中游离性余氯大于 0.05mg/L。

E 有机物的测定——直接/间接碘量法

碘量法在有机分析中应用广泛，直接和间接碘量法均有运用。相对而言，间接碘量法的应用更为广泛些。

凡是能被 I_2 直接氧化的有机物，只要反应速度足够快，都可以用 I_2 标准溶液直接滴定。例如，抗坏血酸（维生素 C）、四乙基铅（$Pb(C_2H_5)_4$）、巯基乙酸、安乃近药物等。

凡是能与过量 I_2 在碱性介质中作用的有机物，都可以用间接碘量法测定。例如，葡萄糖、甲醛、丙酮、硫脲等。下面以葡萄糖为例，介绍其测定原理。

在葡萄糖溶液中，加碱使溶液呈碱性，再加入一定且过量的 I_2 标准溶液，待葡萄糖反应完全后，将溶液酸化，析出 I_2，用 $Na_2S_2O_3$ 标准溶液滴定之。此过程中发生的反应如下。

在碱性溶液中，I_2 歧化生成次碘酸根离子：

$$I_2 + 2OH^- = IO^- + I^- + H_2O$$

生成的 IO^- 氧化葡萄糖：

$$IO^- + C_6H_{12}O_6 = I^- + C_6H_{12}O_7$$

剩余的 IO^- 在碱性溶液中继续歧化：

$$3IO^- = IO_3^- + 2I^-$$

将溶液酸化后析出 I_2：

$$IO_3^- + 5I^- + 6H^+ = 3I_2 + 3H_2O$$

析出的 I_2 用 $Na_2S_2O_3$ 标准溶液滴定：

$$2S_2O_3^{2-} + I_2 = 2I^- + S_4O_6^{2-}$$

根据上述反应，可计算出葡萄糖的含量。

F 卡尔费休法测微量水——直接碘量法

1935 年卡尔·费休提出了用碘量法测定微量水分的方法。方法的基本原理为，I_2 将 SO_2 氧化 SO_3 时，需要定量的 H_2O 参与反应：

$$I_2 + SO_2 + 2H_2O \rightleftharpoons 2HI + H_2SO_4$$

该反应是可逆的，要使反应向右进行，需要加入适当的碱性物质，以中和反应生成的酸。实验证明，有机碱吡啶（C_5H_5N）满足此要求，反应为

$SO_2+I_2+H_2O+3$ N ⟶ 2 H—N—I + N—O_2S—O

反应生成两种产物，分别为氢碘酸吡啶和硫酸酐吡啶。但由于硫酸酐吡啶很不稳定，能与水发生副反应，消耗一部分水，产生干扰，为此，加入无水甲醇，使硫酸酐吡啶形成稳定的甲基硫酸氢吡啶。最终，滴定反应为

$$SO_2+I_2+H_2O+3\,C_5H_5N+CH_3OH \longrightarrow 2\,C_5H_5N^+(H)I^- + C_5H_5N^+(H)SO_4CH_3^-$$

滴定用的标准溶液是卡尔·费休试剂，也称卡氏试剂，是由 I_2、SO_2、无水吡啶、无水甲醇按一定比例配制而成。

卡氏试剂的颜色为 I_2 的棕色。与水作用时，棕色褪去；水滴定完全后，棕色出现，即到达滴定终点。

卡尔·费休法可以测定很多有机物或无机物中的水，已被列为许多物质中水分测定的标准方法。也可根据反应中生成或消耗的水分量，间接测定某些有机官能团。

7.6.4 其他方法

7.6.4.1 硫酸铈法

$Ce(SO_4)_2$ 是一种强氧化剂，其氧化还原半反应和标准电极电位为

$$Ce^{4+} + e^- \rightleftharpoons Ce^{3+}, \qquad \varphi^\ominus = 1.61V$$

由于酸度较低时 Ce^{4+}易水解，故硫酸铈法应在酸度较高的条件下使用。Ce^{4+}/Ce^{3+}电对的条件电位与酸的种类和浓度有关。在 1mol/L $HClO_4$溶液中，$\varphi^{\ominus\prime}=1.70V$；在 1mol/L HCl 溶液中，$\varphi^{\ominus\prime}=1.28V$；在 0.5mol/L H_2SO_4溶液中，$\varphi^{\ominus\prime}=1.44V$，介于 MnO_4^- 与 $Cr_2O_7^{2-}$ 之间。因为在 $HClO_4$中 Ce^{4+}不形成配合物，而在其他酸中，Ce^{4+}都有可能与相应的阴离子（如 Cl^-、SO_4^{2-} 等）形成配合物，所以在分析上，硫酸铈法在 $HClO_4$溶液中比 H_2SO_4中使用更为广泛。

能用高锰酸钾法测定的物质，一般也能用硫酸铈法测量。与高锰酸钾法相比，硫酸铈法的特点是：

(1) 可以用易纯制的固体试剂 $Ce(SO_4)_2 \cdot 2(NH_4)_2SO_4 \cdot 2H_2O$ 作为基准物质，直接配制标准溶液。

(2) $Ce(SO_4)_2$ 标准溶液的稳定性好，长时间放置后浓度不变，无需重新标定。

(3) 可在较高浓度的 HCl 介质中滴定还原性物质。如用 Ce^{4+}滴定 Fe^{2+}，虽然 Ce^{4+}也能氧化 Cl^-，但反应速率较慢；且滴定时 Ce^{4+}首先与 Fe^{2+}反应，达到化学计量点后才可能慢慢与 Cl^-反应，故 Cl^-的存在不影响滴定。

(4) Ce^{4+}还原为 Ce^{3+}是单电子转移，反应简单，不生成中间产物，副反应少。因此，在多种有机物存在的情况下，用 Ce^{4+}滴定 Fe^{2+}仍能得到良好结果。

(5) 在酸度低于 1mol/L 时，磷酸有干扰，能与 Ce^{4+}生成磷酸高铈沉淀。

(6) Ce^{4+}溶液为橙黄色，Ce^{3+}为无色，用 Ce^{4+}作滴定剂时，可用其自身作指示剂，但灵敏度低。由于 Ce^{4+}的橙黄色会随温度升高而加深，因此在热溶液中滴定时，终点颜色变化比较明显。实际，一般采用邻二氮菲-亚铁作指示剂，终点变色敏锐，效果更佳。

7.6.4.2 溴酸钾法

$KBrO_3$是一种强氧化剂，在酸性溶液中，其氧化还原半反应及标准电极电位为

$$BrO_3^- + 6H^+ + 6e^- \rightleftharpoons Br^- + 3H_2O, \qquad \varphi^\ominus = 1.44V$$

凡是能与 $KBrO_3$迅速反应的物质，如 As(Ⅲ)、Sb(Ⅲ)、Sn(Ⅱ)、Cu^+、Tl^+、联胺 NH_2NH_2 等，都可用 $KBrO_3$标准溶液直接滴定。

$$BrO_3^- + 3Sb^{3+} + 6H^+ \longrightarrow Sb^{5+} + Br^- + 3H_2O$$

在酸性溶液中，以甲基橙为指示剂，化学计量点时微过量的 $KBrO_3$ 可将甲基橙氧化而褪色，指示终点到达。但由于 $KBrO_3$ 与还原剂的反应大多很慢，所以 $KBrO_3$ 的直接滴定法实际应用不多。

实际应用较多的是将溴酸钾法和碘量法联合使用，称为间接溴酸钾法。这种方法是在酸性溶液中，用过量的 $KBrO_3$ 标准溶液与还原性物质反应完全后，再加入过量的 KI 还原剩余的 $KBrO_3$ 为 Br^-，析出 I_2，最后再用 $Na_2S_2O_3$ 标准溶液滴定 I_2。根据两种标准溶液的用量，即可算出还原性物质的含量。其反应为

$$BrO^-_{3(剩余)} + 6H^+ + 6I^-_{(过量)} = Br^- + 3I_2 + 3H_2O$$

$$2S_2O_3^{2-} + I_2 = 2I^- + S_4O_6^{2-}$$

还有一种常用做法，是将 $KBrO_3$ 标准溶液和过量 KBr 混合在一起作为标准溶液。$KBrO_3$-KBr 标准溶液很稳定，但在酸性溶液中，会生成定量的 Br_2：

$$BrO_3^- + 6H^+ + 5Br^- = 3Br_2 + 3H_2O$$

这样，$KBrO_3$-KBr 标准溶液就相当于 Br_2 标准溶液（Br_2 易挥发，不适用单独作滴定剂），能氧化还原性物质：

$$Br_2 + 2e^- \rightleftharpoons 2Br^-, \qquad \varphi^\ominus = 1.065V$$

过量的 Br_2 与还原性物质反应完全后，剩余的 Br_2 再用间接碘量法测出，差额便是还原性物质消耗的 Br_2 量。这种方法在有机物分析中应用较多，特别是利用 Br_2 的取代反应，可以测定许多芳香族化合物。

溴酸钾法主要用于测定苯酚。

在含苯酚的试液中加入一定量且过量的 $KBrO_3$-KBr 标准溶液，用 HCl 酸化后，生成游离的 Br_2，其中一部分 Br_2 与苯酚发生反应（溴化反应）：

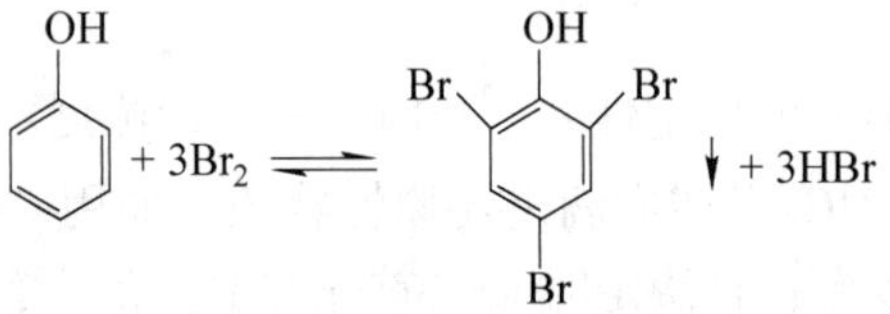

OH + $3Br_2$ ⇌ (OH, Br, Br, Br) ↓ + 3HBr

反应完成后，加入过量的 I^-，使之与剩余的 Br_2 作用，生成与其等量的 I_2：

$$Br_2 + 2I^- = 2Br^- + I_2$$

再用 $Na_2S_2O_3$ 标准溶液滴定析出的 I_2，即可间接求得试液中苯酚的含量。

用相同原理和方法还可测定甲酚、间苯二酚及苯胺等有机物。例如，8-羟基喹啉，它与 Br_2 的反应为：

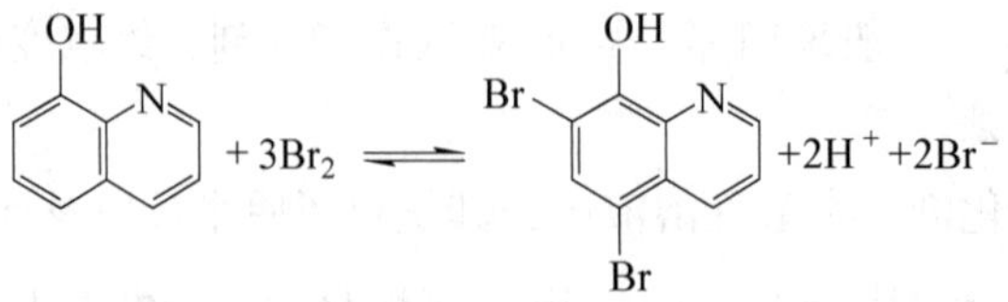

OH, N + $3Br_2$ ⇌ (OH, N, Br, Br) + $2H^+$ + $2Br^-$

因此，可用溴酸钾法测定 8-羟基喹啉的含量。同时，由于 8-羟基喹啉能定量沉淀许多金属离子，还可利用测定沉淀中 8-羟基喹啉的含量的方法，间接地测定多种金属离子。

含双键的有机化合物能与 Br_2 迅速发生加成反应，利用这一特性可测定有机化合物的不饱和度。例如，测定乙酸乙烯，其反应式为：

$$CH_3COOCH=CH_2 + Br_2 = CH_3COOCHBrCH_2Br$$

该法还能测定丙烯酸酯类等。但由于用 Br_2 处理多种不饱和化合物时常有副反应发生，因而会对一些简单的加成反应产生干扰。

溴酸钾很容易从水溶液中再结晶提纯，130℃烘干后，可直接配制标准溶液。

7.7 氧化还原滴定结果的计算

氧化还原滴定的计算，主要依据被测物与滴定剂间的化学计量关系，确定化学计量数（或物质的量之比），进而计算出被测物的含量。

例 7-7 用 25.00mL $KMnO_4$溶液恰能氧化一定量的 $KHC_2O_4 \cdot H_2O$，而同量的 $KHC_2O_4 \cdot H_2O$ 又恰能被 20.00mL 0.2000mol/L 的 KOH 溶液中和，求 $KMnO_4$溶液的浓度。

解：由氧化还原反应式：

$$2MnO_4^- + 5C_2O_4^{2-} + 16H^+ = 2Mn^{2+} + 10CO_2 + 8H_2O$$

其化学计量关系为：

$$n_{KMnO_4} = \frac{2}{5} n_{C_2O_4^{2-}}$$

故

$$c_{KMnO_4} \cdot V_{KMnO_4} = \frac{2}{5} \frac{m_{KHC_2O_4 \cdot H_2O}}{M_{KHC_2O_4 \cdot H_2O}}$$

即

$$m_{KHC_2O_4 \cdot H_2O} = \frac{5}{2} \cdot c_{KMnO_4} \cdot V_{KMnO_4} \cdot M_{KHC_2O_4 \cdot H_2O}$$

在酸碱反应中 $n_{KOH} = n_{HC_2O_4^-}$，故

$$c_{KOH} \cdot V_{KOH} = \frac{m_{KHC_2O_4 \cdot H_2O}}{M_{KHC_2O_4 \cdot H_2O}}$$

$$m_{KHC_2O_4 \cdot H_2O} = c_{KOH} \cdot V_{KOH} \cdot M_{KHC_2O_4 \cdot H_2O}$$

已知两次作用的 $KHC_2O_4 \cdot H_2O$ 的量相同，而 $V_{KMnO_4} = 25.00mL$，$V_{KOH} = 20.00mL$，$c_{KOH} = 0.2000mol/L$，故

$$\frac{5}{2} \cdot c_{KMnO_4} \cdot V_{KMnO_4} \cdot M_{KHC_2O_4 \cdot H_2O} = c_{KOH} \cdot V_{KOH} \cdot M_{KHC_2O_4 \cdot H_2O}$$

即

$$\frac{5}{2} \times 25.00 \times c_{KMnO_4} = 0.2000 \times 20.00$$

$$c_{KMnO_4} = 0.06400mol/L$$

例 7-8 在一定量的纯 MnO_2 固体中，加入过量 HCl 溶液，使 MnO_2 全部溶解，反应生成的氯气导入过量的 KI 溶液中，KI 被 Cl_2 氧化，生成的 I_2 用 0.1000mol/L $Na_2S_2O_3$ 标准溶液滴定，用去 20.00mL。求该 MnO_2 固体的质量。

解：相关反应式为

$$MnO_2 + 4H^+ + 2Cl^- = Cl_2 + Mn^{2+} + 2H_2O$$

$$Cl_2 + 2I^- = I_2 + 2Cl^-$$

$$I_2 + 2S_2O_3^{2-} = 2I^- + S_4O_6^{2-}$$

由上式可知，化学计量关系是

$$n_{MnO_2} = \frac{1}{2}n_{S_2O_3^{2-}}$$

因此 MnO_2 的质量为

$$m_{MnO_2} = \frac{1}{2}c_{S_2O_3^{2-}}V_{S_2O_3^{2-}}M_{MnO_2} = \frac{1}{2} \times 0.1000 \times 20.00 \times 10^{-3} \times 86.94 = 0.08694\text{g}$$

例 7-9 称取含 PbO_2 和 PbO 的试样 1.234g，用 20.00mL 0.2500mol/L $H_2C_2O_2$ 溶液处理，PbO_2 被还原成 Pb^{2+}，溶液用氨水中和，使所有的 Pb^{2+}沉淀为 PbC_2O_4过滤，将滤液酸化，用 $KMnO_4$溶液（1.00mL $KMnO_4$溶液相当于 0.01461g $KHC_2O_4 \cdot H_2O$）滴定至化学计量点，用去 10.00mL。再把滤出的 PbC_2O_4沉淀溶于酸，以同样浓度的 $KMnO_4$溶液滴定，用去 30.00mL，计算试样中 PbO_2 和 PbO 的百分含量。

解：相关反应式为

$$PbO + 2H^+ = Pb^{2+} + H_2O$$

$$PbO_2 + H_2C_2O_4 + 2H^+ = Pb^{2+} + 2CO_2 + 2H_2O$$

$$PbC_2O_4\downarrow + 2H^+ = Pb^{2+} + H_2C_2O_4$$

$$2MnO_4^- + 5H_2C_2O_4 + 6H^+ = 2Mn^{2+} + 10CO_2 + 8H_2O$$

由上式可知，化学计量关系是

$$n_{PbO} = n_{H_2C_2O_4} = \frac{2}{5}n_{MnO_4^-}$$

$$n_{PbO_2} = n_{PbC_2O_4} = n_{H_2C_2O_4} = \frac{2}{5}n_{MnO_4^-}$$

开始加的 20.00mL $H_2C_2O_4$溶液一部分与 PbO_2 反应，一部分与 Pb^{2+}形成 PbC_2O_4，还剩余

$$n_{PbO_2} + n_{PbO_2} + n_{PbO} + \frac{2}{5}n_{MnO_4^-} = n_{H_2C_2O_4}$$

即：

$$2n_{PbO_2} + n_{PbO} = 20.00 \times 0.2500 \times 10^{-3} - \frac{2}{5}c_{KMnO_4} \times 10.00 \times 10^{-3} \tag{7-27}$$

另，滴定 PbC_2O_4沉淀的化学计量关系是

$$n_{PbO_2} + n_{PbO} + \frac{5}{2}n_{KMnO_4} = \frac{5}{2}c_{KMnO_4} \times 30.00 \tag{7-28}$$

又：

$$\frac{n_{KMnO_4}}{n_{KHC_2O_4 \cdot H_2O}} = \frac{2}{5}$$

得：

$$\frac{c_{KMnO_4} \times 1}{1000} : \frac{0.01461}{146.1} = \frac{2}{5} \tag{7-29}$$

由式（7-29）得：$c_{KMnO_4} = 0.04000mol/L$。将此数据代入式（7-27）、式（7-28），并式（7-27）-式（7-28）得

$$n_{PbO_2} = 0.2500 \times 20.00 \times 10^{-3} - \frac{5}{2} \times 0.04000 \times 40.00 \times 10^{-3} = 1.000 \times 10^{-3} mol$$

所以：

$$PbO_2\% = \frac{n_{PbO_2} \times M_{PbO_2}}{m} \times 100\% = \frac{1.000 \times 10^{-3} \times 239.2}{1.234} \times 100\% = 19.38\%$$

$$PbO\% = \frac{\left(\frac{5}{2} \times 0.04000 \times 30.00 \times 10^{-3} - 1.000 \times 10^{-3}\right) M_{PbO}}{m} \times 100\%$$

$$= \frac{\left(\frac{5}{2} \times 0.04000 \times 30.00 \times 10^{-3} - 1.000 \times 10^{-3}\right) \times 223.2}{1.234} \times 100\%$$

$$=36.18\%$$

例 7-10 0.1000g 工业甲醇，在硫酸溶液中与 25.00mL 0.01667mol/L $K_2Cr_2O_7$溶液作用。反应完全后，以邻苯氨基苯甲酸作指示剂，用 0.1000mol/L $(NH_4)_2Fe(SO_4)_2$ 溶液滴定剩余的 $K_2Cr_2O_7$，用去 10.00mL。求试样中甲醇的质量分数。

解：有关反应为

$$CH_3OH + Cr_2O_7^{2-} + 8H^+ = CO_2\uparrow + 2Cr^{3+} + 6H_2O$$

$$6Fe^{2+} + Cr_2O_7^{2-} + 14H^+ = 6Fe^{3+} + 2Cr^{3+} + 7H_2O$$

由反应式可知，有计量关系为

$$CH_3OH \sim Cr_2O_7^{2-} \sim 6Fe^{2+}$$

$$n_{CH_3OH} = n_{Cr_2O_7^{2-}}, \qquad n_{Cr_2O_7^{2-}} = \frac{1}{6} n_{Fe^{2+}}$$

$$w_{CH_3OH} = \frac{\left(c_{K_2Cr_2O_7} V_{K_2Cr_2O_7} - \frac{1}{6} c_{Fe^{2+}} V_{Fe^{2+}}\right) M_{CH_3OH}}{1000 \times m} \times 100\%$$

$$= \frac{\left(0.01667 \times 25.00 - \frac{1}{6} \times 0.1000 \times 10.00\right) \times 10^{-3} \times 32.04}{0.1000} \times 100\%$$

$$= 8.01\%$$

例 7-11 称取苯酚试样 0.4067g，用 NaOH 溶液溶解后，用水准确稀释至 250.0mL，移取 25.00mL 试液于碘量瓶中，加入溴液（即 $KBrO_3$-KBr 标准溶液）25.00mL 及 HCl 溶液，使苯酚溴化为三溴苯酚。再加入 KI 溶液，还原未反应的 Br_2。待 I_2 析出后，用 0.1075mol/L $Na_2S_2O_3$标准溶液滴定，用去 19.96mL。另取 25.00mL 溴液做空白试验，消耗同浓度的 $Na_2S_2O_3$标准溶液 42.80mL，求试样中苯酚的质量分数。

解：有关反应式为

$$BrO_3^- + 5Br^- + 6H^+ \xlongequal{\quad} 3Br_2 + 3H_2O$$
$$3Br_2 + C_6H_5OH \xlongequal{\quad} 3HBr + C_6H_2Br_3OH$$
$$Br_2 + 2I^- \xlongequal{\quad} 2Br^- + I_2$$
$$I_2 + 2S_2O_3^{2-} \xlongequal{\quad} 2I^- + S_4O_6^{2-}$$

由此可知，化学计量关系为

$$BrO_3^- \sim C_6H_5OH \sim 3Br_2 \sim 3I_2 \sim 6S_2O_3^{2-}$$

故

$$n_{C_6H_5OH} = n_{BrO_3^-}, \qquad n_{BrO_3^-} = \frac{1}{6}n_{S_2O_3^{2-}}$$

在空白试验中，溴液生成的 Br_2 全部与 $Na_2S_2O_3$ 反应，依据 $Na_2S_2O_3$ 标准溶液的浓度及消耗的体积，可算出溴液中的 $KBrO_3$ 的浓度。

$$c_{KBrO_3} = \frac{\frac{1}{6}c_{Na_2S_2O_3}V_{Na_2S_2O_3}}{V_{KBrO_3}} = \frac{42.80 \times 0.1075}{6 \times 25.00} = 0.03067\text{mol/L}$$

与苯酚作用的溴液的量等于加入的总量减去 $Na_2S_2O_3$ 滴定的量，故试样中苯酚的质量分数为

$$w_{C_6H_5OH} = \frac{\frac{250.00}{25.00} \times \left(c_{KBrO_3}V_{KBrO_3} - \frac{1}{6}c_{Na_2S_2O_3}V_{Na_2S_2O_3}\right)M_{C_6H_5OH}}{1000 \times m} \times 100\%$$

$$= \frac{250.00 \times \left(0.03067 \times 25.00 - \frac{1}{6} \times 0.1075 \times 19.96\right) \times 94.11}{25.00 \times 1000 \times 0.4067} \times 100\%$$

$$= 94.67\%$$

思考题

7-1 处理氧化还原反应平衡时，为什么要引入条件电极电位？外界条件对电极电位有何影响？

7-2 为什么银还原器（金属银浸于 1mol/L HCl 溶液中）只能还原 Fe^{3+} 而不能还原 Ti(Ⅳ)？试由条件电极电位大小加以说明。

7-3 如何判断氧化还原反应进行的完全程度？是否平衡常数大的氧化还原反应都能应用于氧化还原滴定中？为什么？

7-4 影响氧化还原反应速率的主要因素有哪些？如何加速反应的完成？

7-5 解释下列现象：

（1）将氯水慢慢加入含有 Br^- 和 I^- 的酸性溶液中，以 CCl_4 萃取，CCl_4 呈变为紫色，如继续加氯水，CCl_4 层的紫色消失而呈红褐色。

（2）虽然 $\varphi^{\ominus}_{I_2/I^-} > \varphi^{\ominus}_{Cu^{2+}/Cu^+}$ 从电位的大小看，应该 I_2 氧化 Cu^{2+}，但是 Cu^{2+} 却能将 I^- 氧化成 I_2。

习 题

7-1 在 100mL 溶液中：（1）含有 1.1580g 的 $KMnO_4$；（2）含有 0.4900g 的 $K_2Cr_2O_7$。问在酸性条件下作

氧化剂时，$KMnO_4$或$K_2Cr_2O_7$的浓度分别是多少？

7-2 计算在0.5mol/L HCl介质中，当Cr(Ⅵ)的c=0.20mol/L，Cr(Ⅲ)的c=0.010mol/L时$Cr_2O_7^{2-}$/Cr^{3+}电对的电极电位。

7-3 计算pH值为10.0，[NH^{4+}]+[NH_3]=0.20mol/L时，Zn(Ⅱ)/Zn电对的条件电位。若Zn(Ⅱ)的c=0.020mol/L，体系的电位是多少？

7-4 分别计算[H^+]=2.0mol/L和pH值为1.00时，MnO_4^-/Mn^{2+}电对的条件电极电位。

7-5 在1mol/L H_2SO_4介质中，将等体积的0.60mol/L Fe^{2+}溶液与0.20mol/L Ce^{4+}溶液相混合，反应达到平衡后，Ce^{4+}的浓度为多少？

7-6 在钙盐溶液中，将钙沉淀为$CaC_2O_4 \cdot H_2O$，经过滤、洗涤后，溶于稀硫酸中，用0.004000mol/L的$KMnO_4$溶液滴定生成的$H_2C_2O_4$。计算该$KMnO_4$溶液对CaO、$CaCO_3$的滴定度。

7-7 称取含有MnO_2的试样1.000g，在酸性溶液中加入$Na_2C_2O_4$固体0.4020g，过量的$Na_2C_2O_4$用0.02000mol/L的$KMnO_4$标准溶液滴定，达到终点时消耗20.00mL，计算试样中MnO_2的质量分数。

7-8 用某$KMnO_4$溶液滴定一定质量的$H_2C_2O_4 \cdot 2H_2O$，需消耗25.28mL。同样质量的$H_2C_2O_4 \cdot 2H_2O$又恰能被21.26mL的0.2384mol/L KOH溶液滴定。求该$KMnO_4$溶液的浓度。

7-9 准确称取软锰矿样品0.2836g，加入0.4256g纯$H_2C_2O_4 \cdot 2H_2O$及稀H_2SO_4，并加热，使软锰矿试样完全分解并反应完全。过量的草酸用0.02234mol/L $KMnO_4$标准溶液滴定，用去35.24mL。计算软锰矿中MnO_2的质量分数。

7-10 将1.000g钢样中的铬氧化成$Cr_2O_7^{2-}$，加入25.00mL 0.1000mol/L $FeSO_4$标准溶液，然后再用0.0180mol/L $KMnO_4$标准溶液7.00mL回滴剩余的$FeSO_4$溶液。计算钢样铬的质量分数。

7-11 称取KIO_3固体0.3567g溶于水并稀释至100mL，移取所得溶液25.00mL，加入H_2SO_4和KI溶液，以淀粉为指示剂，用$Na_2S_2O_3$溶液滴定析出的I_2，至终点时消耗$Na_2S_2O_3$溶液24.98mL，求$Na_2S_2O_3$溶液的浓度。

7-12 某水溶液中只含有HCl和H_2CrO_4。吸取25.00mL试液，用0.2000mol/L的NaOH溶液滴定到百里酚酞终点时消耗40.00mL的NaOH。另取25.00mL试样，加入过量的KI和酸使析出I_2，用0.1000mol/L的$Na_2S_2O_3$标准溶液滴定至终点消耗40.00mL。计算在25.00mL试液中含HCl和H_2CrO_4各多少克？HCl和H_2CrO_4的浓度各为多少？

7-13 用重铬酸钾法测铁矿石样品中的全铁含量。先称取1.825g $K_2Cr_2O_7$，溶解后于250mL容量瓶中定容。再称取铁矿石样品0.5246g，经适当处理后，使铁全部溶解并转化为Fe(Ⅱ)。用此$K_2Cr_2O_7$溶液滴定，用去30.56mL。求矿样中Fe和Fe_2O_3的质量分数。

7-14 某试样1.256g，用重量法测得（Fe_2O_3+Al_2O_3）的总质量为0.5284g待沉淀溶解后，将Fe^{3+}全部还原为Fe^{2+}，再在酸性条件下用0.03026mol/L $K_2Cr_2O_7$溶液滴定，用去26.28mL。计算试样中FeO和Al_2O_3的质量分数。

7-15 将0.2356g分析纯$K_2Cr_2O_7$试剂溶于水，硬化后加入过量KI，析出的I_2需用36.28mL $Na_2S_2O_3$溶液滴定。计算$Na_2S_2O_3$溶液的浓度。

7-16 欲用间接碘量法测定铜矿石中的铜。若$Na_2S_2O_3$标准溶液的浓度为0.1025mol/L，欲从滴定管上直接读得Cu的百分质量分数，问应称取样品多少克？

7-17 今有不纯的KI试样0.3504g，在H_2SO_4溶液中加入过量纯$K_2Cr_2O_7$ 0.1940g与之反应，煮沸赶出生成的I_2。放冷后又加入过量的KI，使之与剩余的$K_2Cr_2O_7$作用；析出的I_2用0.1020mol/L $Na_2S_2O_3$标准溶液滴定，用去10.23mL，问试样中KI的质量分数是多少？

7-18 化学需氧量（COD）的测定。取废水样100.0mL，用H_2SO_4酸化后，加入25.00mL 0.01667mol/L $K_2Cr_2O_7$溶液，以Ag_2SO_4为催化剂，煮沸一段时间，待水样中还原性物质较完全地氧化后，以邻二氮菲-亚铁为指示剂，用0.1000mol/L $FeSO_4$溶液滴定剩余的$K_2Cr_2O_7$，用去15.00mL。计算废水样中化学需氧量，以“mg/L”表示。

7-19 称取含有PbO和PbO_2试样0.6170g，溶解时用10.00mL的0.1250mol/L的$H_2C_2O_4$处理，使PbO_2还原成Pb，再用氨中和，则所有的Pb都形成PbC_2O_4沉淀。

（1）滤液和洗涤液酸化后，过量的$H_2C_2O_4$用0.02000mol/L的$KMnO_4$溶液滴定，消耗5.00mL；

（2）将PbC_2O_4沉淀溶于酸后用0.02000mol/L的$KMnO_4$溶液滴定到终点，消耗15.00mL。计算PbO和PbO_2的质量分数。

7-20 欲测定油漆中铅丹（Pb_3O_4）的含量，称取试样0.2356g，用酸溶解后，加入Fe(Ⅱ)使铅全部转变为Pb(Ⅱ)。再加入K_2CrO_4使Pb(Ⅱ)全部沉淀为$PbCrO_4$。将沉淀过滤、洗涤、溶于盐酸。加入过量NaI，然后用0.1205mol/L的$Na_2S_2O_3$标准溶液滴定生成的I_2，用去24.26mL。计算试样中Pb_3O_4的质量分数。

7-21 称取含苯酚的试样0.4827g，溶解后加入0.1028mol/L溴酸钾标准溶液（$KBrO_3$+过量KBr）25.00mL，并加HCl酸化。待反应完全后，加入KI。用0.1025mol/L $Na_2S_2O_3$标准溶液滴定生成的I_2，用去了28.85mL。计算试样中苯酚的质量分数。

7-22 称取含有苯酚的试样0.2500g，溶解后加入0.05000mol/L得$KBrO_3$溶液（其中含有过量的KBr）12.50mL，经酸化放置，反应完全后加入KI，用0.05003mol/L得$Na_2S_2O_3$标准溶液14.96mL滴定析出的I_2。计算试样中苯酚的质量分数？

8 重量分析法和沉淀滴定法

8.1 重量分析法概述

8.1.1 重量分析法概述

重量分析法（或称重量分析）是通过称量物质的质量来确定被测组分含量的一种分析方法。在重量分析中，一般都是先使被测组分与试样中其他组分分离开来，然后再进行称量测定。根据分离方法的不同，重量分析法一般又可进一步分为汽化重量法、电解重量法、提取重量法和沉淀重量法等。

（1）汽化法。这种方法适用于挥发性组分的沉淀，是通过加热或其他方法使挥发性组分逸出来确定被测组分含量的一种分析方法。例如，测定某纯净化合物结晶水的含量，可以通过加热烘干至一定湿度使结晶水全部汽化逸出，试样所减少的质量就是所含结晶水的质量；又如，测定某试样中 CO_2 的含量，可以设法使 CO_2 全部逸出、用碱石灰作为吸收剂来吸收，然后根据吸收前后碱石灰质量之差来计算 CO_2 含量。

（2）电解法。利用电解方法是使待测金属离子在电极上还原析出，电极增加质量即为金属质量，从而确定被测组分含量。例如，测定某试液中 Cu^{2+}的含量，可以通过电解使试液中的 Cu^{2+}全部在阴极析出，电解前后阴极质量之差就是试液中 Cu^{2+}的质量。

（3）提取法。例如，测定某种粮食试样中的脂肪含量，可用乙醚作提取剂，在提取器中通过低温回流将试样中的脂肪全部浸提收存入乙醚溶剂中，再将所得提取液中的乙醚蒸发干净，提取前后收存提取液容器的质量之差就是试样中所含脂肪的质量。

（4）沉淀法。沉淀法是建立在沉淀分离基础之上的重量分析法，即利用沉淀反应使待测组分以微溶化合物的形式沉淀出来，再使之转化为称量形式的重量分析法；是最重要、历史最长、应用最广泛的重量分析法，故习惯上也常把沉淀重量法简称为重量法。它与滴定分析法同属于经典的定量化学分析方法，是本章的重点，将进行详细讨论。

8.1.2 沉淀重量法的过程和特点

沉淀重量法的过程大致是，首先在试液中加入某种沉淀剂，使待测组分以难溶化合物的形式沉淀下来，由此得到的沉淀物形式称为沉淀形式。再经过滤使之与溶液分离，经烘干或灼烧等处理使之转化为具有固定组成的物质，称为沉淀的称量形式。通过称量，根据称量形式的组成和质量可计算出待测组分的含量。

例如，欲测定试液中 SO_4^{2-} 的含量，可加入过量 $BaCl_2$ 作为沉淀剂，使 SO_4^{2-} 全部沉淀为 $BaSO_4$，这里 $BaSO_4$就是沉淀形式。过滤灼烧后沉淀仍然是 $BaSO_4$，这也是它的称量形式。称量 $BaSO_4$的质量，据此可计算出 SO_4^{2-} 的含量。

又如，欲测定试液中 Fe^{3+} 的含量，可加入氨水作为沉淀剂，使 Fe^{3+} 全部沉淀为 $Fe(OH)_3$，这里 $Fe(OH)_3$ 就是沉淀形式。过滤灼烧后沉淀转化为 Fe_2O_3，这里 Fe_2O_3 就是称量形式。称量 Fe_2O_3 的质量，据此可计算出 Fe^{3+} 的含量。

可见，沉淀的沉淀形式和称量形式可以相同，也可以不同。

沉淀重量法的优点是准确度较高，可以作仲裁分析；无需基准物，引入误差小。由于它是直接通过分析天平称量而获得分析结果的，不需要像滴定分析法那样还要经过与基准物质或标准溶液进行比较，所以如果沉淀反应能够达到定量完全，并且操作严格正确，使操作过程引起的损失在允许范围之内，沉淀重量法一般都能保证测量相对误差较小。但是，沉淀重量法操作烦琐，费时较长，不适用于生产中控制分析；沉淀重量法不适用于低含量组分测定，仅用于高组分含量测定；如，磷、钨、硅、硫、钼及稀土等。

8.1.3 沉淀重量法对沉淀反应的要求

虽然沉淀重量法的基础是沉淀反应，但并不是每一个沉淀反应都可以用于沉淀重量法。只有所得到的沉淀形式和称量形式满足沉淀反应一定的要求，这样的沉淀反应才能应用于沉淀重量法。

8.1.3.1 对沉淀形式的要求

（1）沉淀要完全，沉淀的溶解度要小。这实际上是要求沉淀反应有足够的完全度，否则待测组分沉淀不完全，测定就会造成负误差。在沉淀重量法中，一般要求待测组分在沉淀过程中的溶解损失量不超过 0.2mg，即不超过由于称量不确定性所造成的分析天平的称量绝对误差。

（2）沉淀要纯净，带入的杂质要尽可能少，易于过滤和洗涤。应尽量避免杂质对沉淀的沾污，否则测定时就会引起正误差。

（3）应易于转化为称量形式。

8.1.3.2 对称量形式的要求

（1）实际组成应与其化学式完全相符依据。这是正确进行沉淀重量法计算的最重要的要求。

（2）热力学稳定，便于干燥。主要指称量形式不应受到空气中的 CO_2、氧气和水汽等的明显影响，否则无法准确称量。

（3）摩尔质量应比较大。称量式的摩尔质量越大，被测组分在其中的相对含量越小，越可以减少沉淀重量法的相对误差，提高分析的准确度。比如用沉淀重量法测 Al^{3+}，可以用氨水作沉淀剂，得到 $Al(OH)_3$。沉淀，灼烧后得到称量式 Al_2O_3；也可以用 8-羟基喹啉（C_9H_7NO）作沉淀剂，得到的沉淀形式和烘干后得到的称量形式都是 8-羟基喹啉铝 $(C_9H_6NO)_3Al$。假如在操作过程中两种方法都损失了 1mg 的称量形式，则实际 Al 的损失量，对 Al_2O_3 来说，为

$$\frac{2M_{Al}}{M_{Al_2O_3}} = \frac{2 \times 26.98}{101.96} = 0.5\text{mg}$$

对 8-羟基喹啉铝来说，为

$$\frac{M_{Al}}{M_{(C_9H_6NO)_3Al}} = \frac{26.98}{459.4} = 0.06\text{mg}$$

可见，由于8-羟基喹啉铝的摩尔质量要大于Al_2O_3的摩尔质量，同样1mg称量形式的损失所造成的Al的损失就比后者要小。

8.1.3.3　沉淀剂的选择

为了使沉淀形式与称量形式符合重量分析的要求，必须正确选择沉淀剂。在重量分析中，选择原则如下：

（1）除了根据上述对沉淀的要求来考虑沉淀剂的选择外，还要求沉淀剂具有较好的选择性，即要求沉淀剂只能与待测组分生成沉淀，与试液中的共存组分不起作用，避免干扰。

（2）沉淀剂与被测离子形成的化合物的溶解度要小，保证被测离子被沉淀完全。

（3）沉淀剂本身的溶解度要大，例如沉淀SO_4^{2-}时可使用$BaCl_2$溶液或$Ba(NO_3)_2$溶液为沉淀剂。但是，由于$Ba(NO_3)_2$的溶解度比$BaCl_2$小，也比$BaCl_2$难于洗去，因此实际操作中选用$BaCl_2$作为沉淀剂较好。

（4）沉淀剂最好是易挥发或易分解物质，这样，可以使过量的沉淀剂在灼烧时挥发或分解除去。

（5）一般有机沉淀剂比无机沉淀剂好，其称量形式的摩尔质量也比较大。因为，大多数无机沉淀剂的选择性较差，产生的沉淀溶解度大，吸附杂质较多。如果生成的是无定形沉淀，不仅吸附杂质多，而且不易过滤与洗涤，而有机沉淀剂能克服无机沉淀剂的诸多不足之处，因而在分析化学中得到广泛的应用。

8.1.4　分析结果的计算

在沉淀重量法中，是根据沉淀称量形式的质量来计算待测组分的含量。

例如，一含镁试样质量为a(g)，溶解后用沉淀重量法进行处理，最后得到称量形式$Mg_2P_2O_7$ b(g)，则Mg在试样中的质量分数：

$$w_{Mg} = \frac{b}{a} \cdot \frac{2M_{Mg}}{M_{Mg_2P_2O_7}}$$

定义换算因数F：

$$F = \frac{2M_{Mg}}{M_{Mg_2P_2O_7}}$$

则

$$w_{Mg} = \frac{b}{a}F$$

由此可以推广到一般情况，待测组分X在样品中的质量分数

$$\omega_X = \frac{m_{\text{称量式质量}}}{m_{\text{试样质量}}} \cdot F$$

换算因数F实质上是两个摩尔质量的比值，由上面的例子可知，它可以表示为这样的一般形式：

$$F = K\frac{M_{\text{待测组分的摩尔质量}}}{M_{\text{称量式的摩尔量式}}}$$

这里 K 是系数，如果 F 表达式中分子和分母的化学式中待测组分的原子个数不相等，则须采用合适的系数 K 使之相等。如上例中换算因数表达式的分子中待测组分的化学式 Mg 中有 1 个 Mg 原子，而分母中称量式的化学式 $Mg_2P_2O_7$ 中有 2 个 Mg 原子，故 $K=2$。

例 8-1 用沉淀重量法测铬，所得到的称量形式为 $BaCrO_4$，若分别以 Cr 和 Cr_2O_3 的质量分数表示测定结果，求它们的换算因数。

解：用 Cr 表示时

$$F=\frac{M_{Cr}}{M_{BaCrO_4}}=\frac{52.00}{253.3}=0.2053$$

用 Cr_2O_3 表示时

$$F=\frac{M_{Cr_2O_3}}{2M_{BaCrO_4}}=\frac{152.0}{2\times 253.3}=0.3000$$

例 8-2 用沉淀重量法测定某试样中的铁含量，试样质量为 0.2666g，得到称量形式 $Fe_2O_3=0.2370g$，求试样中 Fe 和 Fe_3O_4 质量分数。

解：用 Fe 表示时

$$F=\frac{2M_{Fe}}{M_{Fe_3O_4}}=\frac{2\times 55.85}{159.7}=0.6994$$

$$w_{Fe}=\frac{0.2370}{0.2666}\times 0.6994=62.17\%$$

用 Fe_3O_4 表示时

$$F=\frac{2M_{Fe_3O_4}}{M_{Fe_2O_3}}=\frac{2\times 231.5}{3\times 159.7}=0.9664$$

$$w_{Fe}=\frac{0.2370}{0.2666}\times 0.9664=85.91\%$$

8.2 沉淀溶解平衡与影响溶解度的因素

8.2.1 溶解度和固有溶解度

由于本章涉及的主要是微溶化合物，因此这里所说的溶解度都是以物质的量浓度（mol/L）来表示的，而不是对易溶物所习惯使用的以 g/100g H_2O 为单位来表示的。

以 1∶1 型微溶化合物 MA 为例。MA(s) 在水中的沉淀溶解平衡反应严格地说应分为两步：

$$MA(s) \rightleftharpoons MA(aq),\qquad S^0=\frac{a_{MA(aq)}}{a_{MA(s)}} \tag{8-1}$$

$$MA(aq) \rightleftharpoons M^+ + A^-,\qquad K=\frac{a_{M^+}a_{A^-}}{a_{MA(s)}} \tag{8-2}$$

MA(aq) 是水溶液中以分子或者是以离子化合物形式存在的 MA，或者是以离子对型体存在的 M^+、A^-。

设前一平衡反应的平衡常数为 S^0，并考虑到固体活度 $a_{MA(s)}$ 为1，而通常溶液中分子的活度系数 γ_{MA} 可近似为1，则

$$S^0 = \frac{a_{MA(aq)}}{a_{MA(s)}} = a_{MA(aq)} = \gamma_{MA}[MA] = [MA]$$

可见，分子或离子对形态的 MA 的浓度在温度一定时为一定值 S^0，故平衡常数 S^0 又称为微溶化合物 MA 的固有溶解度。溶解度是指在平衡时所溶解的 MA(s) 的总浓度，而不管所溶解的 MA(s) 以何种型体存在，故溶解度 S 应表示为

$$S = [MA] + [M^+] = S^0 + [M^+]$$

或

$$S = [MA] + [A^-] = S^0 + [A^-]$$

即严格地讲，溶解度 S 中应包括有固有溶解度 S^0。

不同物质的固有溶解度的相对大小相差很大。有的物质的固有溶解度相对较大，如 $HgCl_2$ 在其饱和溶液中主要以 $HgCl_2$ 分子型体存在，只有很少一部分解离为 Hg^{2+} 和 Cl^-。但大多数物质的固有溶解度相对很小，如 AgBr 和 AgI 的固有溶解度只占溶解度的 0.1%~1%，相比之下可以忽略不计。故在下面的讨论中，多忽略固有溶解度对溶解度的影响，即近似认为

$$S = [M^+] = [A^-] \tag{8-3}$$

8.2.2 活度积和溶度积

根据微溶化合物 MA 在水中的沉淀溶解平衡及其平衡常数表达式（8-1）和式（8-2），可得总的平衡反应及其平衡常数

$$MA(s) \rightleftharpoons M^+ + A^-$$

$$S^0K = a_{M^+}a_{A^-} \tag{8-4}$$

定义活度积常数，简称活度积

$$K_{ap} = S^0K = a_{M^+}a_{A^-} \tag{8-5}$$

同其他活度常数一样，K_{ap} 在温度一定时是常数。一般手册中查到的多是活度积。又定义活度积常数，简称溶度积

$$K_{sp} = [M^+][A^-] \tag{8-6}$$

活度积与溶度积的关系为

$$K_{sp} = [M^+][A^-] = \frac{a_{M^+}a_{A^-}}{\gamma_{M^+}\gamma_{A^-}} = \frac{K_{ap}}{\gamma_{M^+}\gamma_{A^-}}$$

即

$$K_{sp} = \frac{K_{ap}}{\gamma_{M^+}\gamma_{A^-}} \tag{8-7}$$

溶度积 K_{sp} 是浓度常数，只有在温度和溶液离子强度都一定时才是常数。为简化讨论，除特殊情况外，一般均忽略离子强度的影响，即近似认为各活度系数均等于1。

对于1：1型的沉淀 MA，根据它在水中的溶解度表达式（8-3）和 K_{sp} 表达式（8-6），可知其在纯水中的溶解度

$$S = \sqrt{K_{sp}} \tag{8-8}$$

而对于 $m:n$ 型的沉淀 M_mA_n，则由平衡关系

$$M_mA_n(s) \rightleftharpoons m[M^{n+}] + n[A^{m-}]$$

其溶度积表达式为

$$K_{sp} = [M^{n+}]^m [A^{m-}]^n \tag{8-9}$$

设该沉淀的溶解度为 S，即在平衡时每升溶液中有 S(mol) 的 M_mA_n（固）溶解。此时在每升溶液中必同时产生 $m\,S$(mol) 的 M^+和 $n\,S$(mol) 的 A^{m-}，即

$$[M^{n+}] = mS \quad 和 \quad [A^{m-}] = nS$$

于是

$$K_{sp} = (mS)^m (nS)^n = m^m n^n S^{m+n}$$

$$S = \sqrt[m+n]{\frac{K_{sp}}{m^m n^n}} \tag{8-10}$$

8.2.3 条件溶度积

在沉淀溶解平衡中，除了主反应外，在溶液中也往往有副反应发生。例如对于 1∶1 型沉淀 MA，除了溶解为 M^+和 A^-的这个主反应外，阳离子 M^+还可能与溶液中的配位剂 L 形成配合物 ML，ML_2，…（略去电荷，下同），还可能与 OH^-生成各级羟基配合物；阴离子 A^-还可能与 H^+形成 HA，H_2A，…。表示为

$$\begin{array}{ccccc} MA(s) & \rightleftharpoons & M^+ & + & A^- \\ & L \swarrow\!\!\nearrow & & \searrow\!\!\nwarrow OH^- & \searrow\!\!\nwarrow H^+ \\ & ML & MOH & & HA \\ & ML_2 & M(OH)_2 & & H_2A \\ & \vdots & \vdots & & \vdots \end{array}$$

可以像处理配位平衡的副反应那样，通过副反应系数来使复杂的问题得到简化。定义副反应系数

$$\alpha_M = \frac{[M']}{[M^+]} = \frac{c_M}{[M^+]}$$

这里 [M′] 和 [A′] 实际上分别是 M^+和 A^-在溶液中各种型体的总浓度 c_M 和 c_A。而副反应系数 α_M 和 α_A 的计算完全与配位平衡中相同。

根据 M′和 A′的含义，可以把上述复杂的反应方程式简化为

$$MA(s) \rightleftharpoons M' + A'$$

由此定义条件溶度积常数，简称条件溶度积

$$K'_{sp} = [M'][A'] \tag{8-11}$$

K'_{sp} 与 K_{sp} 的关系为

$$K'_{sp} = K_{sp}a_M a_A \tag{8-12}$$

K'_{sp} 只在有温度、离子强度、酸性、配位剂浓度等一定时才是常数，即 K'_{sp} 只是在反应条件一定时才是常数，故称条件密度积常数。

定义条件溶度积 K'_{sp} 后，当有副反应发生时，溶解度 S 的计算几乎可以照搬没有副反应时的公式，只是用 K'_{sp} 代替原来的 K_{sp} 。这是因为溶解度实质上是指达到平衡时所溶解的那部分固体沉淀的总浓度，而不管溶解以后阴阳离子究竟以何种型体存在。例如对于 1∶1 型的沉淀 MA，由于

$$S = [M'] = c_M \quad 或 \quad S = [A'] = c_A$$

$$S = \sqrt{K'_{sp}} \tag{8-13}$$

而对于 $m:n$ 型的沉淀 M_mA_n，

$$S = \sqrt[m+n]{\frac{K'_{sp}}{m^m n^n}}$$

但应注意，对于 $m:n$ 型的沉淀 M_mA_n，其 K'_{sp} 与 K_{sp} 的关系为

$$K'_{sp} = K_{sp}\alpha_M^m \alpha_A^n \tag{8-14}$$

由于条件溶度积的引入，故可以使在有副反应发生时的溶度积计算更加简捷。

例 8-3　比较 CaC_2O_4 在 pH 值为 8.0 和 2.0 时的溶解度，CaC_2O_4 的 $pK_{sp} = 8.64$，$H_2C_2O_4$的 $pK_{a_1} = 1.25$，$pK_{a_2} = 4.29$。

解：

$$CaC_2O_4 \rightleftharpoons Ca^{2+} + C_2O_4^{2-}$$

$$C_2O_4^{2-} \xrightleftharpoons{H^+} HC_2O_4^- \qquad H_2C_2O_4$$

只存在 $C_2O_4^{2-}$ 与 H^+的副反应，当 pH 值为 8.0 时，

$$\alpha_{C_2O_4}(H) = 1 + \beta_1[H^+] + \beta_2[H^+]^2 = 1 + 10^{4.29-8.00} + 10^{4.29+1.25-16.00} \approx 1$$

即此时副反应实际并未发生，于是

$$S = \sqrt{K_{sp}} = 10^{-4.32} = 4.8 \times 10^{-5}\text{mol/L}$$

当 pH 值为 2.0 时，

$$\alpha_{C_2O_4(H)} = 1 + 10^{4.29-2.00} + 10^{4.29+1.25-4.00} = 10^{2.35}$$

$$K'_{sp} = K_{sp}\alpha_{C_2O_4} = 10^{-8.64+2.36} = 10^{-6.28}$$

$$S = \sqrt{K'_{sp}} = 10^{-3.14} = 7.2 \times 10^{-4}\text{mol/L}$$

可见，在酸性条件下 CaC_2O_4的溶解度增加了 10 倍以上。

例 8-4　计算 pH 值为 2.0 时 CaF_2 的溶解度，已知 CaF_2 的 $pK_{sp} = 10.47$，HF 的 $pK_{a_1} = 3.17$。

解：

$$CaF_2(s) \rightleftharpoons Ca^{2+} + 2F^-$$

$$F^- \xrightleftharpoons{H^+} HF$$

$$\alpha_{F(H)} = 1 + \beta_1[H^+] = 1 + 10^{3.17-2.00} = 10^{1.17}$$

$$K'_{sp} = K_{sp}\alpha_{F^-}^2 = 10^{-10.47+2\times1.17} = 10^{-8.13}$$

$$S = \sqrt[3]{\frac{K'_{sp}}{4}} = \sqrt[3]{\frac{10^{-8.13}}{4}} = 1.23\times10^{-3}\text{mol/L}$$

8.2.4 影响溶解度的因素

8.2.4.1 同离子效应

由于溶液中相同离子的存在而抑制沉淀溶解的现象称为沉淀溶解平衡中的同离子效应。利用同离子效应可以有效地降低沉淀的溶解度。

例如，用 $BaCl_2$ 为沉淀剂使溶液中的 SO_4^{2-} 以 $BaSO_4$形式沉淀下来，$K_{sp(BaSO_4)} = 1.08\times10^{-10}$ 。如果加入的 Ba^{2+}与 SO_4^{2-} 浓度相等，则溶解度

$$S = \sqrt{K_{sp}} = \sqrt{1.08\times10^{-10}} = 1.04\times10^{-5}\text{mol/L}$$

在 400mL 溶液中所损失的质量为

$$1.04\times10^{-5}\text{mol/L}\times0.4\text{L}\times96\text{g/mol} = 4\times10^{-4}\text{g} = 0.4\text{mg}$$

溶解损失量已超过 0.2mg，即超过了沉淀重量法对沉淀式损失量的要求。但如果在溶液中加入了过量的 $BaCl_2$，使 $[Ba^{2+}]=0.01\text{mol/L}$，则溶解度

$$S = [SO_4^{2-}] = \frac{K_{sp}}{[Ba^{2+}]} = 1.08\times10^{-8}\text{mol/L}$$

在 400mL 溶液中所使用的 SO_4^{2-} 的质量为

$$1.08\times10^{-8}\times0.4\times96 = 4\times10^{-7} = 4\times10^{-4}\text{mg}$$

损失量远小于 0.2mg，因而可满足沉淀重量法的要求。

可见，利用同离子效应可以大大降低沉淀的溶解度，这是沉淀重量法中保证沉淀完全的主要措施。但是对此不应作片面的绝对化的理解，以为沉淀剂的量越多越好，还应同时考虑盐效应、配位效应等其他因素的影响。在沉淀重量法中，不易挥发的沉淀剂只应过量 20%~30%，易挥发的沉淀剂通常应过量 50%~100%左右。

8.2.4.2 盐效应

在微溶化合物的饱和溶液中，加入其易溶强电解质而使沉淀的溶解质增大的现象，称为沉淀溶解平衡中的盐效应。在难溶盐溶液中加入强电解质后溶解度增大现象，是对活度系数的影响必须作的溶解度的计算校正。

盐效应可以用活度积 K_{ap} 与溶度积 K_{sp} 之间的关系来加以初步的解释。例如，对于 1∶1 型的沉淀 MA，其活度积 K_{ap} 与溶度积 K_{sp} 之间的关系为

$$K_{sp} = \frac{K_{ap}}{\gamma_{M^+}\gamma_{A^-}}$$

在温度一定时，溶度积 K_{sp} 的大小要受到活度系数 γ_{M^+} 和 γ_{A^-} 的影响。溶液中电解质浓度越大，离子强度就越大，活度系数就越小于 1，因而溶度积 K_{sp} 就越大，从而导致溶解度 S 增大（图 8-1）。

因此在利用同离子效应来降低沉淀的溶解度的同时，也要考虑由于过量沉淀剂的加入使电解质浓度增大而引起的盐效应。例如，用 Na_2SO_4 作为沉淀剂沉淀试样中的 Pb^{2+} 时，

$PbSO_4$在不同浓度的 Na_2SO_4 中的溶解度见表 8-1。开始时，随着 Na_2SO_4 浓度的增大，$PbSO_4$的溶解度逐渐降低，此时同离子效应占主导地位。但是当 Na_2SO_4 浓度大于 0.04mol/L 以后，$PbSO_4$的溶解度反而随着 Na_2SO_4浓度的增大而增大，这是因为此时盐效应占据了主导地位。

表 8-1 $PbSO_4$在 Na_2SO_4溶液中的溶解度

$c_{Na_2SO_4}/mol \cdot L^{-1}$	0	0.001	0.01	0.02	0.04	0.10	0.20
$S_{PbSO_4}/mmol \cdot L^{-1}$	0.15	0.024	0.016	0.014	0.013	0.016	0.023

8.2.4.3 配位效应

进行沉淀反应时，若溶液中存在能与构晶离子生成可溶性化合物的络合剂，则反应向沉淀溶解的方向进行，影响沉淀的完全程度，甚至不产生沉淀，这种影响称为配位效应。

根据 $m:n$ 型沉淀 M_mA_n 的条件溶度积 K'_{sp} 与溶度积 K_{sp} 之间的关系 $K'_{sp}=K_{sp}\alpha_M^m\alpha_A^n$，如果 M^{n+}发生了配位副反应，则 $\alpha_M > 1$，因此必有 $K'_{sp} > K_{sp}$。而 K'_{sp} 的增大必然导致沉淀溶解度 S 的增大。所以在沉淀重量法中要尽量避免引入金属离子的配位剂。

有些沉淀剂本身也是配位剂，此时除了要考虑同离子效应外也要考虑配位效应。例如 AgCl 沉淀在不同浓度的 NaCl 溶液中的溶解度（表 8-2），当 NaCl 浓度较小时，AgCl 溶解度随着 NaCl 浓度的增加而迅速减小，此时同离子效应占主导地位；但当 NaCl 浓度大到一定程度以后，过量的 Cl^-与 AgCl 沉淀可生成可溶性配合物 $AgCl_2^-$、$AgCl_3^{2-}$ 等，组合效应突出起来，使 AgCl 的溶解度又随着 NaCl 浓度的增加而增大。在这种情况下，究竟加入多少沉淀剂以达到最佳的沉淀效果就需要综合考虑同离子效应与配位效应这两个因素。

表 8-2 AgCl 在 NaCl 溶液中的溶解度

$c_{NaCl}/mol \cdot L^{-1}$	0	3.9×10^{-3}	9.2×10^{-3}	3.6×10^{-2}	8.8×10^{-2}	0.35	0.5
$S_{AgCl}/mmol \cdot L^{-1}$	0.013	7.2×10^{-4}	9.1×10^{-4}	1.9×10^{-3}	3.6×10^{-3}	1.7×10^{-2}	2.8×10^{-2}

8.2.4.4 酸效应

由于发生了质子化反应而使沉淀溶解度增大的现象称为沉淀溶解平衡中的酸效应。许多沉淀的阴离子本身就是弱碱，它们从沉淀中溶解下来以后必然有与 H^+结合发生质子化反应的倾向。溶液的酸度不同，质子化的程度就不同，对沉淀溶解度的影响也就不同。

例如，对于 $m:n$ 型沉淀 M_mA_n，如果 A^{m-}发生质子化反应，则 $\alpha_A > 1$，因此必有 $K'_{sp} > K_{sp}$，从而导致溶解度 S 的增大。而且酸度越高，α_A 越大，S 也就越大。正如例 8-3 所示，CaC_2O_4的溶解度在 pH 值为 2.0 时要比在 pH 值为 8.0 时大得多。所以，在沉淀这类化合物时，应充分考虑到酸效应的影响。

8.2.4.5 其他影响因素

A 温度

温度对不同沉淀的溶解度的影响并不相同，如图 8-1 所示。但大多数沉淀在热溶液中的溶解度要比在冷溶液中大。在沉淀重量法中，温度是一项必须重视的影响因素。

B 溶剂

多数无机物沉淀是离子型晶体，它们在水中的溶解度比在有机溶剂中大一些。在沉淀

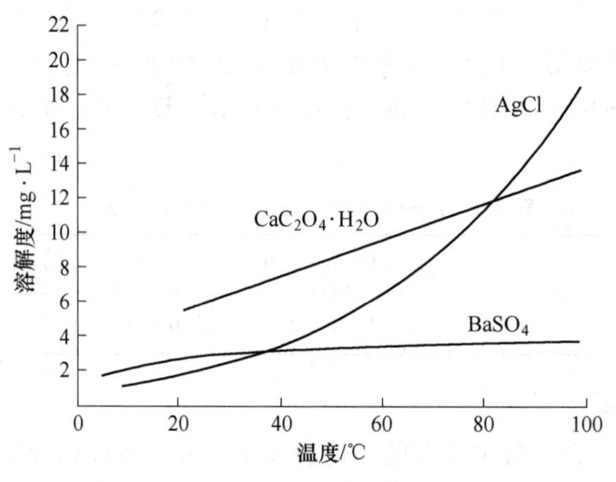

图 8-1　温度对几种沉淀溶解度的影响

重量法中，可采用向水中加入乙醇、丙醇等有机溶剂的办法来降低沉淀的溶解度。例如，$PbSO_4$沉淀在水中的溶解度为4.5mg/100mL，而在30%的乙醇的水溶液中，溶解度降低为0.23mg/100mL。

C　沉淀颗粒大小

同种沉淀小颗粒沉淀比大颗粒沉淀的溶解度要大。这是因为在相同质量的情况下，小颗粒沉淀的总表面积要比大颗粒沉淀的总表面积大。而沉淀溶解平衡从微观上看是在沉淀与溶液相互接触的界面上发生的，沉淀的总表面积越大，与溶液接触的机会就越多，沉淀溶解的量也就越多。例如 $BaSO_4$沉淀，颗粒半径为0.05μm时，溶解度为6.7×10^{-4}mol/L；而当颗粒半径为0.01μm时，溶解度增大为9.3×10^{-4}mol/L。因此在沉淀重量法中，应尽可能地获得大颗粒沉淀。这不仅因为大颗粒沉淀的溶解度较小因而使沉淀比较完全，而且因为大颗粒沉淀易于洗涤和过滤，同时总表面积较小因而较少沾污。

8.3　沉淀的形成

8.3.1　沉淀的类型

通常主要按照沉淀颗粒的大小将沉淀分为3种类型：晶形沉淀、凝乳状沉淀和无定形沉淀。

晶形沉淀的颗粒最大，其直径大约在0.1~1μm。在晶形沉淀内部，离子按晶体结构有规则地排列，因而结构紧密，整个沉淀所占体积较小。比如 $BaSO_4$、$MgNH_4PO_4$等就属于晶形沉淀。

无定形沉淀的颗粒最小，其直径大约在0.02μm以下。无定形沉淀的内部离子排列杂乱无章，并且包含有大量水分子，因而结构疏松，整个沉淀所占体积较大。比如 $Fe(OH)_3$、$Al(OH)_3$等就属于无定形沉淀，因此也常写成 $Fe_2O_3 \cdot nH_2O$ 和 $Al_2O_3 \cdot nH_2O$。

凝乳状沉淀的颗粒大小介于晶形沉淀与无定形沉淀之间，其直径大约在0.02~1μm，因此它的性质也介于二者之间。属于二者之间的过渡形。例如 AgCl 就属于凝乳状沉淀。

生成的沉淀究竟属于哪种类型，首先取决于构成沉淀的那种物质本身的性质，这是内因。但是沉淀形成时的条件以及沉淀以后的处理情况对沉淀的类型也有一定影响，这是外因。有必要从内因和外因这两个方面来探讨一般沉淀的形成过程及对沉淀类型的影响。

8.3.2 沉淀的形成过程

沉淀形成的微观过程是极其复杂的，影响沉淀形成的因素也是多方面的而不是单一的。在沉淀过程中，形成晶核后，溶液中的构晶离子向晶核表面扩散，并沉积在晶核上，使晶核逐渐长大，到一定程度时，成为沉淀微粒。这种沉淀微粒有聚集为更大的聚集体的倾向。同时，构晶离子又具有一定的晶格排列而形成大晶粒的倾向。前者是聚集过程，后者是定向过程。聚集速度主要与溶液的相对过饱和度有关，相对过饱和度越大，聚集速度也越大。定向速度主要与物质的性质有关，极性较强的盐类，一般具有较大的定向速度，如 $BaSO_4$、$MgNH_4PO_4$等。如果聚集速度慢，定向速度快，则得到晶形沉淀；反之，则得到无定形沉淀。一般认为，沉淀的形成可以大致分为 3 个阶段：晶核形成（成核）、晶核成长和沉淀微粒的堆积。

构晶离子就是形成沉淀的离子。如 $BaSO_4$沉淀的构晶离子就是 Ba^{2+}和 SO_4^{2-}。晶核是指过饱和溶液中构晶离子由静电作用相互结合成的离子群。由于晶核所含构晶离子的数目极少，因而体积极小。如 $BaSO_4$沉淀的晶核就是由 8 个构晶离子组成的，其中 4 个 Ba^{2+}、4 个 SO_4^{2-}。晶核形成以后，溶液中其他的构晶离子又陆续沉积在晶核周围，使晶核逐渐长大，成为沉淀微粒。沉淀微粒仍然很小，一般肉眼也无法看到。只有当沉淀微粒进一步堆积起来，才会形成肉眼可见的沉淀。

8.3.2.1 均相成核与异相成核

从成核阶段看，晶核的形成可以分为均相成核过程和异相成核过程。

均相成核是指过饱和溶液中构晶离子自发地形成晶核的过程。如 $BaSO_4$的均相成核过程就是先由一个 Ba^{2+}和一个 SO_4^{2-} 形成离子对 $Ba^{2+}SO_4^{2-}$，再结合一个 Ba^{2+}形成三离子体 $Ba^{2+}SO_4^{2-}Ba^{2+}$，然后又结合一个 SO_4^{2-} 形成四离子体（$Ba^{2+}SO_4^{2-}$）$_2$，如此结合下去直到最后形成八离子体的晶核（$Ba^{2+}SO_4^{2-}$）$_4$。

异相成核是指在过饱和溶液中，构晶离子在外来固体微粒的诱导下，聚合在固体微粒周围形成晶核的过程。如 $BaSO_4$的异相成核过程，就是在一个固体微粒周围聚合起 4 个 Ba^{2+}和 4 个 SO_4^{2-}，仍是由 8 个构晶离子组成了一个晶核。在溶液中和器皿里不可避免地存在着大量的肉眼看不见的固体微粒。例如，用一般方法洗涤过的烧杯中，每立方毫米溶液中就约有 2000 个不溶性杂质微粒。这些固体微粒在沉淀形成时常起晶种的作用，晶种能够诱导构晶离子首先在它周围聚合成为晶核。所以，异相成核一般总要比均相成核更加容易。

8.3.2.2 相对过饱和度与临界值

20 世纪初冯·韦曼（V. Weimarn）以 $BaSO_4$沉淀为对象研究了影响沉淀颗粒大小的因素。他根据实验结果提出了一个经验公式——韦曼公式：

$$v = K\frac{c_Q - S}{S}$$

式中　v——沉淀形成的初始速度，即聚集速度；

c_Q——刚开始发生沉淀时的构晶离子的浓度，是瞬时浓度，即加入沉淀剂瞬间沉淀物质的总浓度；

S——该沉淀物质的溶解度，是平衡浓度；

K——系数。

因此 $c_Q - S$ 表示溶液最初的过饱和度，而 $(c_Q - S)/S$ 则表示相对过饱和度。韦曼公式的物理意义是，沉淀生成的初始速度与溶液的相对过饱和度成正比。

按照冯·韦曼公式，当相对过饱和度较小时，沉淀生成的初始速度较慢，因此只有较少量的晶核生成，溶液中其余的构晶离子只能在这些有限的晶核上沉积长大，故能够得到较大颗粒的沉淀；反之，当相对过饱和度较大时，沉淀生成的初始速度较快，因此就有较多的晶核生成，由于溶液中其余的构晶离子可以分散在这较多的晶核上沉积长大，故只能得到较小颗粒的沉淀。

$BaSO_4$沉淀的实验结果证实了韦曼公式的正确性。从表 8-3 可见，相对过饱和度越小，$BaSO_4$的颗粒就越大。

表 8-3　相对过饱和度对 $BaSO_4$颗粒的影响

相对过饱和度 $(c_Q - S)/S$	沉淀颗粒的形状
175000	胶状沉淀
25000	凝乳状沉淀
125	细结晶状沉淀
25	大颗粒晶形沉淀

可以从不同成核过程的角度来解释这一实验结果。虽然在沉淀过程中实际上同时存在着均相成核与异相成核这两种成核过程，但一般总是先发生异相成核而后发生均相成核。所以，当相对过饱和度较小时，由于沉淀生成的初始速度较慢，必然是以异相成核为主。因为溶液中固体微粒的数目是有限的，所以形成的晶核总数也就较少而且基本恒定。但是当相对过饱和度较大时，由于沉淀生成的初始速度较快，而此时异相成核的晶核数目有限，无法再增加，大量的构晶离子必然要自发形成新的晶核。这时均相成核作用突出起来，使得总晶核数目大幅度增加。可见，相对过饱和度较小因而沉淀生成的初始速度较慢，是与异相成核为主相关联的，因而又与总晶核数较少、沉淀颗粒较大联系在一起。而相对过饱和度较大因而沉淀生成的初始速度较快，是与均相成核为主相关联的，因而又是与总晶核数较多，沉淀颗粒较小联系在一起。

但是，并不是对于任何沉淀只要控制相对过饱和度较小就都能得到大颗粒的沉淀。进一步的研究又表明，各种沉淀都有一个由异相成核为主转变为均相成核为主的转折点。通常把这个转折点时构晶离子的浓度定义为的 $c_{Q,e}$，则转折点时的相对过饱和度称为临界值，表示为 $(c_{Q,e} - S)/S$。由于一般总有 $c_{Q,e} \geqslant 5$，故临界值又往往直接表示为 $c_{Q,e}/S$。如果能够控制相对过饱和度在临界值以下，沉淀就以异相成核为主，从而能够得到较大颗粒的沉淀；如果相对过饱和度超过了临界值，沉淀就以均相成核为主，导致大量小颗粒沉淀的产生。

8.3.2.3 定向和聚焦

除了从成核过程来探讨影响沉淀颗粒大小的因素以外，晶核成长和沉淀微粒的堆积阶段对沉淀颗粒的大小也可能产生重要影响。一般认为，晶核成长和沉淀微粒的堆积存在两种性质不同的方式或过程。一方面，构晶离子具有按照一定规则整齐排列在晶核表面从而形成更大晶粒的倾向，称为定向过程；另一方面，构晶离子及沉淀微粒又具有杂乱聚合成为更大聚集体的倾向，称为聚集过程。一般来说，在成长和堆积过程中这两种倾向是同时存在的。如果定向速度大于聚集速度，即以定向过程为主，则有利于形成结构整齐紧凑的大颗粒晶形沉淀；如果聚集速度大于定向速度，即以聚集过程为主，则有利于形成结构杂乱疏松的小颗粒无定形沉淀。至于某种沉淀究竟哪一过程或倾向占主导地位，则要受到构成沉淀的物质的性质的影响，如价态、极性等。

8.4 影响沉淀纯度的因素

扫一扫

在沉淀重量法中，要求沉淀式纯净。但是当沉淀从溶液中析出时，总要或多或少地夹杂着溶液中的其他成分，使沉淀受到污染。因此有必要探讨在沉淀形成过程中杂质污染的产生原因，以便采取措施尽可能减少污染，获得较为纯净的沉淀。产生沉淀污染的原因主要是共沉淀与后沉淀。

8.4.1 共沉淀

当一种沉淀从溶液中析出时，溶液中的某些其他成分，在该条件下本来是可溶的，但它们却被沉淀带下来而混杂于沉淀之中，这种现象称为共沉淀现象。共沉淀是沉淀重量分析中误差的主要来源之一。可分为表面吸附引起的共沉淀、生成混晶或固溶体引起的共沉淀、吸留和包藏引起的共沉淀三类。

8.4.1.1 表面吸附共沉淀

由表面吸附引起的共沉淀是最普遍最主要的共沉淀现象。例如，用过量的 $BaCl_2$ 来沉淀 Na_2SO_4溶液中的 SO_4^{2-}，本来只应生成 $BaSO_4$沉淀，而 $BaCl_2$ 是可溶性物质，本来是不会沉淀的。但是由于发生了表面吸附共沉淀，会有少量 $BaCl_2$ 也随着 $BaSO_4$沉淀的生成而一起沉淀下来，从而造成了沾污。

作为一个整体，沉淀本身是电中性的。因此从宏观上看，整个沉淀处于静电平衡状态。但是从微观上看，处于沉淀内部的构晶离子和处于沉淀表面的构晶离子所受到的静电力的情况却并不相同。从图 8-2 可见，处在 $BaSO_4$沉淀内部的构晶离子，无论是 Ba^{2+}还是 SO_4^{2-}，它们的上下左右前后分别被 6 个带相反电荷的构晶离子所包围，各个方向受到的静电引力是均衡的。但是处在沉淀表面的构晶离子至少有一面未与带相反电荷的构晶离子相邻，而是暴露在溶液中，因此所受静电引力并不均衡。处于表面上的 Ba^{2+}就有吸引溶液中阴离子的倾向，而 SO_4^{2-} 则有吸引溶液中阳离子的倾向，从而造成表面吸附。可见，处于沉淀表面的构晶离子所受的静电作用力不均衡是造成表面吸附的根本原因。但是，表面吸附力并不完全就是简单的静电引力，吸附过程同时又是一个化学过程。因此，表面吸附又具有一定的选择性。当用过量的 $BaCl_2$ 去沉淀 Na_2SO_4溶液中的 SO_4^{2-} 时，$BaSO_4$沉淀生成后，溶液中还存在着大量的Ba^{2+}、Na^+和Cl^-。但$BaSO_4$沉淀总是优先吸附过量的构晶离子Ba^{2+}，而不吸附Na^+和Cl^-，从而使$BaSO_4$表面吸附一层Ba^{2+}层，称为吸附层。吸附层的Ba^{2+}使沉淀表面带正电荷，必然又要继续吸引溶液中带负电荷的Cl^-。这种被进一步吸附的、与吸附层电荷相反的离子称为抗衡离子。由抗衡离子Cl^-组成的那一薄层称为扩散层。吸附层与扩散层电荷相反电量相等，共同组成了双电层。其中的吸附层由于与沉淀表面结合很紧密，很接近于一个单离子薄层，而扩散层由于离沉淀表面较远而又接近溶液，所以厚度远大于吸附层，抗衡离子的排列包比较松散。在沉淀过程中，由于整个$BaCl_2$双电层是紧紧吸附在$BaSO_4$沉淀表面的，因此它就随着$BaSO_4$一同沉淀下来，造成了污染。

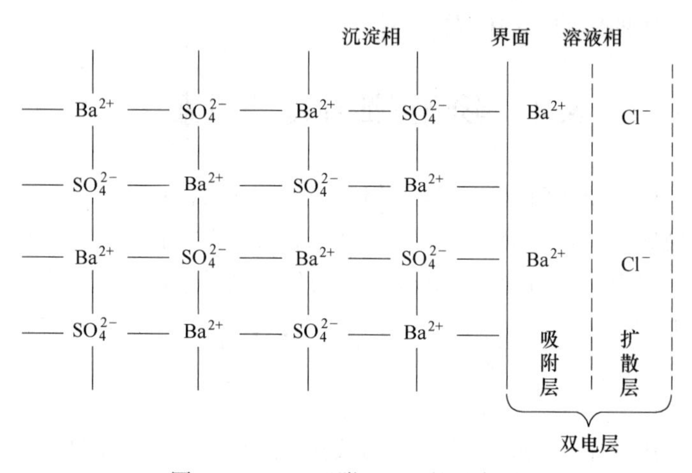

图 8-2 $BaSO_4$吸附$BaCl_2$的示意图

沉淀对杂质的表面吸附具有如下一些规律：

（1）选择性。吸附层的选择性表现为，总是溶液中过量的构晶离子优先被吸附；而扩散层的选择性表现为，总是那些与吸附层离子生成的化合物离解度或溶解度较小的离子优先被吸附。如用Ba^{2+}沉淀SO_4^{2-}，$BaSO_4$吸附Ba^{2+}荷正电，阴离子按以下顺序吸附，$NO_3^- > ClO_3^- > Cl^- > I^-$。

（2）杂质离子的价数愈高，浓度愈大，则愈易被吸附。

（3）温度的影响。吸附过程也是一个化学平衡过程，吸附作用是一个放热过程，温度升高，吸附杂质的量减小。所以溶液温度的增高不利于杂质的吸附。在沉淀重量法中常用加热的方法来减少表面吸附共沉淀的影响。

（4）沉淀颗粒大小的影响。由于表面吸附共沉淀只发生在沉淀表面，所以当沉淀的质量一定时，其总表面积越大，吸附的杂质就越多。而小颗粒沉淀的总表面积比大颗粒沉淀的总表面积要大，所以小颗粒沉淀吸附杂质的量也就比较多。在沉淀重量法中，应尽量获得大颗粒沉淀以减少表面吸附造成的污染。

8.4.1.2 混晶共沉淀

在沉淀过程中，杂质离子占据沉淀中某些晶格位置而进入沉淀内部的现象叫做混晶共沉淀。混晶共沉淀有比较高的选择性，只有那些与构晶离子半径相近，且构成的晶体其结构与沉淀晶体类似的离子才可能发生混晶共沉淀。

例如，在沉淀 $BaSO_4$时若溶液有微量的 Pb^{2+}存在，由于 Pb^{2+}的浓度极小本来不会以 $PbSO_4$形式沉淀下来，但是 Pb^{2+}与 Ba^{2+}的半径相近，$PbSO_4$与 $BaSO_4$的晶体结构相似，所以很容易发生 $PbSO_4$与 $BaSO_4$的混晶共沉淀。即在 $BaSO_4$晶体内部，某些本来是 Ba^{2+}的位置被 Pb^{2+}所占据。

由于混晶共沉淀是发生在沉淀的晶格内，不像表面吸附共沉淀只发生在沉淀的表面，所以要想通过洗涤来除去杂质是不可能的，也不能采取重结晶的方法，而只能在进行沉淀以前就设法将这类杂质分离出去。

8.4.1.3 吸留和包夹共沉淀

由于沉淀生长过快，所吸附的杂质离子还来不及离开沉淀表面就被随后生成的沉淀所覆盖而留在沉淀内部的现象叫做吸留。吸留从本质上说也是一种吸附，所以吸留与吸附的选择性规律相同。如用过量的 Ba^{2+} 沉淀 SO_4^{2-} 时，若同时存在 Cl^-、Na^+、NO_3^-，则 $Ba(NO_3)_2$ 的吸留量要大大超过 $BaCl_2$ 的吸留量。

由于沉淀生长过快，母液直接被随后生成的沉淀所覆盖而留在沉淀内部的现象叫作包夹。母液就是沉淀生成以后的溶液，包括溶液中的各种离子、分子以及溶剂水。包夹与吸留的区别在于包夹无选择性而吸留有选择性。

吸留包夹与表面吸附最显著的区别是，吸留和包夹都发生在沉淀内部，而表面吸附只发生在沉淀表面。所以吸留包夹的杂质不能用洗涤的方法除去，而只能用重结晶或陈化的方法除去。

8.4.2 后沉淀

在沉淀过程中，溶液中某些本来是可溶性的杂质在沉淀放置一段时间以后，反而沉淀到沉淀表面的现象叫做后沉淀。后沉淀与共沉淀的主要区别在于后沉淀不是与原沉淀同时发生，而是在原沉淀放置一段时间以后才发生的，而且随着放置时间的增长，后沉淀的量也越来越多。

后沉淀与表面吸附共沉淀往往有密切的关系。例如，在稀酸条件下用 H_2S 沉淀 Cu^{2+} 和 Zn^{2+}混合溶液中的 Cu^{2+}。当 CuS 析出时，由于 ZnS 在酸性条件下的溶解度较大，所以并不沉淀出来。但 CuS 沉淀表面要吸附 S^{2-}，并进一步吸附抗衡离子 Zn^{2+}，这使得在 CuS 表面 S^{2-}和 Zn^{2+}的局部浓度增大，以致它们的离子积超过了溶度积，从而生成了 ZnS 沉淀。由于 S^{2-}和 Zn^{2+}可以不断地在沉淀表面吸附富集，又不断地生成 ZnS 沉淀，所以放置时间越长，ZnS 的沉淀量就越多。所以，为了避免后沉淀造成的沾污，应该在沉淀形成以后及时过滤，使沉淀与母液分离，而避免长时间放置。

8.5 沉淀条件的选择

在沉淀重量法中，适当的沉淀条件是获得准确可靠的分析结果的保证。从原则上讲，选择合适的沉淀条件一方面要保证沉淀完全，即应该沉淀的组分一定要让它尽量完全地沉淀下来，并尽量减少在洗涤过滤等过程中造成的损失；另一方面又要保证沉淀纯净，即不应该沉淀的组分应尽量避免其混入沉淀而造成污染。只有尽可能做到这两方面，才能获得正确的分析结果。

对于究竟形成何种类型的沉淀，沉淀条件只是外因，真正起决定作用的是内因，是构成沉淀的那种物质本身所具有的性质。所以，企图通过控制沉淀条件来根本改变沉淀类型，例如，把本来是无定形的沉淀改变为晶形沉淀，通常都是不可能做到的。因此，在沉淀重量法中，在考虑完全和纯净这两条总的共同的原则的同时，还要考虑不同类型沉淀各自的特点，以便针对它们不同的特点采用不同的沉淀条件。

8.5.1 晶形沉淀的沉淀条件

对于$BaSO_4$、$MgNH_4PO_4$等晶形沉淀来说，控制沉淀条件的核心问题是设法获得大颗粒的沉淀。因为大颗粒沉淀溶解度低，沉淀完全；大颗粒沉淀在相同质量下的总表面积较小，由表面吸附造成污染的机会少；在操作上它也容易洗涤过滤，且不易穿透滤纸而造成损失。这些都是获得大颗粒沉淀的优点和必要性。而对于晶形沉淀，由于它的临界值较大，也比较容易获得大颗粒的沉淀。为此，必须控制好下面的条件。

（1）沉淀应在适当稀的溶液中进行。在用过量沉淀剂进行沉淀以便利用同离子效应降低沉淀溶解度的前提下，沉淀剂的浓度应适当稀，使c_Q尽量小，以便降低相对过饱和度$(c_Q - S)/S$，使沉淀保持异相成核为主，以得到大颗粒沉淀。

（2）快搅慢加。应在不断快速搅拌下逐滴慢慢加入沉淀剂，防止溶液局部过浓。如果局部过浓，就会导致局部相对过饱和度过大，从而产生大量晶核。而一旦大量晶核产生，就会影响全局的沉淀颗粒的大小，得不到大颗粒的沉淀。

（3）热沉淀冷过滤。沉淀应在热溶液中进行，因为一般沉淀在热溶液中的溶解度将增大，使得相对过饱和度$(c_Q - S)/S$降低，有利于获得大颗粒沉淀；同时热溶液还可减少杂质的吸附。但溶解度增大不利于沉淀完全，所以在沉淀完毕已经得到大颗粒沉淀的情况下，还必须将溶液冷却到室温再过滤。

（4）陈化。当沉淀完全析出以后，让初生的沉淀与母液一起放置一段时间的过程称为陈化。陈化的主要作用是使初生的沉淀中那些小颗粒沉淀转化为大颗粒沉淀。

在初生的沉淀中，必然同时存在大颗粒和小颗粒的沉淀，而小颗粒的溶解度比大颗粒的溶解度要大。假设在某时刻溶液对于大颗粒沉淀是饱和的，则它对于小颗粒沉淀必定是不饱和的。在不饱和溶液中沉淀无法稳定存在，于是小颗粒沉淀就要逐渐溶解，一直到溶液对于小颗粒沉淀成为饱和的，而此时溶液对于大颗粒沉淀又成为过饱和的。过饱和溶液也是不稳定的，于是溶液中的构晶离子又要在大颗粒上继续沉淀，直到溶液对于大颗粒沉淀成为饱和的；而这时溶液对于小颗粒沉淀又将成为不饱和的，小颗粒沉淀又将继续溶解，如此反复进行，经过一段时间的陈化，小颗粒沉淀完全溶解，大颗粒沉淀逐渐长大，最后得到比较均一的更大颗粒的沉淀。

陈化还可以使原来与小颗粒共沉淀的杂质重新进入溶液，因而提高了沉淀的纯度。通过陈化，还可以使不完整的晶粒转化为完整的晶粒，使亚稳态的沉淀转化为稳态的沉淀。但是，当有后沉淀存在时，陈化对提高沉淀纯度是不利的。对此必须全面考虑。

在室温下，沉淀一般需要静置陈化几小时甚至十几小时才能达到预期效果。但加热和搅拌可以大大缩短陈化时间，通常只需1~2h即可。

8.5.2 无定形沉淀的沉淀条件

对于 $Fe_2O_3 \cdot nH_2O$ 和 $Al_2O_3 \cdot nH_2O$ 等无定形沉淀，由于其临界值极小，很难通过控制相对过饱和度来获得大颗粒沉淀，因此控制沉淀条件的核心问题是防止胶溶损失。

胶溶就是在沉淀过程中有一部分构晶离子没有形成沉淀微粒，而是形成了较小的胶体粒子，因而仍然留在溶液中，或者是已经形成的沉淀有一部分又分散成为更小的胶体粒子而重新进入溶液。无定形沉淀的颗粒很小，本来就很接近于胶体粒子，另外结构疏松、含水量大，所以很容易胶溶。而一旦发生胶溶，过滤时胶体粒子就将穿透滤纸而造成沉淀的损失。为此，必须控制好下面几个条件。

(1) 沉淀应在较浓的溶液中进行。对于无定形沉淀，由于已经无法避免形成小颗粒沉淀，所以控制相对过饱和度的意义不大。而在浓溶液中，一方面可以得到含水量少的沉淀，因而结构较紧密，易于过滤和洗涤；另一方面沉淀微粒也容易凝聚，不易胶溶。但是浓溶液也使杂质浓度相应提高，增大了污染的可能性。因此在沉淀完毕后应加热水稀释，并充分搅拌，使被吸附的杂质尽量转移到溶液中去。

(2) 沉淀应在热溶液中进行并趁热过滤，不陈化。在热溶液中离子的水化程度减小，有利于得到含水量少结构紧密的沉淀；同时热溶液可以促进沉淀微粒的凝聚，防止胶溶；热溶液还可以减少杂质在沉淀表面的吸附，有利于提高沉淀的纯度。而一般无定形沉淀的溶解度都很小，热溶液并不会影响它的沉淀完全，沉淀完毕应立即趁热过滤。

(3) 快搅快加。应在不断快速搅拌下快速加入沉淀剂。

(4) 加入电解质。同种胶体粒子带有同种电荷，它们互相排斥，不易聚沉，这是造成胶体溶液具有相对稳定性的主要原因。电解质可以中和胶体粒子的电荷，使之成为不带电荷的中性粒子，从而有利于胶体的聚沉。故在沉淀过程中加入电解质可以有效防止沉淀的胶溶。为避免电解质的共沉淀所带来的污染，一般都是采用易挥发的铵盐或稀酸作为电解质，以便能在下一步灼烧时除去。

(5) 不陈化。由于陈化会使无定形沉淀堆积聚集得更紧密，使已被包藏在沉淀内部的杂质很难洗去，而无定形沉淀又不存在使小颗粒转化为大颗粒的问题，故不应陈化。

8.5.3 均匀沉淀法

均匀沉淀法指利用溶液中发生的化学反应，逐步地、均匀地在溶液内部产生沉淀剂，使沉淀在整个溶液中缓慢地、均匀地析出，避免局部过浓，以获得颗粒较粗、结构紧密，纯净而又易过滤的沉淀。

例如，在以 CaC_2O_4形式沉淀 Ca^{2+}时，如果不是向溶液中直接加入构晶离子 $C_2O_4^{2-}$，而是加入 $H_2C_2O_4$，则由于酸效应的影响，并不能立刻析出 CaC_2O_4沉淀。此时向溶液中加入尿素，并逐渐加热，当溶液加热到 90℃左右时，尿素水解。

$$CO(NH_2)_2 + H_2O = CO_2\uparrow + 2NH_3\uparrow$$

水解产生的 NH_3使溶液的酸性逐渐降低，$C_2O_4^{2-}$的浓度逐渐增大，最后均匀而缓慢地析出 CaC_2O_4沉淀。这样就避免了局部过浓，产生的 CaC_2O_4的颗粒比较粗大。

但在均匀沉淀法中，多需要长时间加热，容易在容器壁上沉积一层致密的沉淀，难以取下，这是它的不足之处。某些均匀沉淀法的应用示例见表 8-4。

表 8-4 均匀沉淀法应用示例

沉淀剂	加入试剂	反　应	被测组分
OH^-	尿素	$CO(NH_2)_2 + H_2O = CO_2 + 2NH_3$(加热)	Al^{3+}、Fe^{3+}、Th^{4+}等
OH^-	六亚甲基四胺	$(CH_3)_6N_4 + 6H_2O = 6HCHO + 4NH_3$(加热)	Th^{4+}
PO_4^{3-}	磷酸三甲酯	$(CH_3)_3PO_4 + 6H_2O = 3CH_3OH + H_3PO_4$(加热)	Zr^{4+}、Hf^{4+}、Mg^{2+}等
$C_2O_4^{2-}$	草酸二甲酯	$(CH_3)_2C_2O_4 + 2H_2O = 2CH_3OH + H_2C_2O_4$(加热)	Ca^{2+}、Th^{4+}
SO_4^{2-}	硫酸二甲酯	$(CH_3)_2SO_4 + 2H_2O = 2CH_3OH + 2H^+ + SO_4^{2-}$(加热)	Ba^{2+}、Sr^{2+}、Pb^{2+}等
S^{2-}	硫代乙酰胺	$CH_3CSNH_2 + H_2O = CH_3CONH_2 + 2HS$(加热)	各种硫化物

8.6 有机沉淀剂

近年来有机沉淀剂在沉淀重量法测定金属离子中得到广泛应用，它克服了无机沉淀剂的某些缺点，具有一些独特的优点。

（1）沉淀的溶解度小，有利于被测金属离子沉淀完全。

（2）沉淀的极性小，对杂质的吸附能力较弱，易于获得纯净的沉淀。

（3）选择性较高，这是有机沉淀剂的突出优点。有些有机沉淀剂只与极少几种甚至一种金属离子生成溶解度很小的沉淀，可避免其他离子的干扰，省去了事先掩蔽分离等复杂操作。

（4）沉淀的组成恒定，烘干后即得到称量式，简化了操作。

（5）沉淀称量式的摩尔质量一般都较大，减少了测量时的相对误差。

有机沉淀剂主要分为两大类。一类是可以形成螯合物的有机沉淀剂。另一类是可以形成缔合物的有机沉淀剂。如四苯硼酸钠在水中解离为四苯硼酸钠根阴离子和 Na^+，而四苯硼酸钠根阴离子可以和 K^+形成离子缔合物沉淀，四苯硼酸钾沉淀组成恒定，可烘干后直接称量。

$$B(C_6H_5)_4^- + K^+ = KB(C_6H_5)_4 \downarrow$$

扫一扫

8.7 沉淀滴定法

沉淀滴定法本属于滴定分析法而不属于重量分析法。但是，沉淀滴定法的基础也是沉淀溶解平衡，沉淀滴定法是以沉淀反应为基础的滴定分析方法。虽然沉淀反应很多，但并不是每一个沉淀反应都能应用于沉淀滴定。能用于沉淀滴定法的滴定反应必须符合下列几个条件：

（1）沉淀反应必须迅速，并按一定的化学计量关系进行。

（2）生成的沉淀应具有恒定的组成，而且溶解度必须很小。

（3）有确定化学计量点的简单方法。

（4）沉淀的吸附现象不影响滴定终点的确定。

由于上述条件的限制，能用于沉淀滴定法的反应并不多，目前有实用价值的主要是形成难溶性银盐的反应，例如：

$$Ag^+ + Cl^- \rightleftharpoons AgCl\downarrow$$
$$Ag^+ + SCN^- \rightleftharpoons AgSCN\downarrow$$

这种利用生成难溶银盐反应进行沉淀滴定的方法称为银量法。用银量法主要用于测定Cl^-、Br^-、I^-、Ag^+、CN^-、SCN^-等离子及含卤素的有机化合物。

除银量法外，沉淀滴定法中还有利用其他沉淀反应的方法，例如：$K_4[Fe(CN)_6]$与Zn^{2+}、四苯硼酸钠与K^+形成沉淀的反应。

$$2K_4[Fe(CN)_6] + 3Zn^{2+} \rightleftharpoons K_2Zn_3[Fe(CN)_6]_2\downarrow + 6K^+$$
$$NaB(C_6H_5)_4 + K^+ \rightleftharpoons KB(C_6H_5)_4\downarrow + Na^+$$

在实际工作中应用得最多的是银量法，即以生成银盐沉淀的反应为基础的沉淀滴定方法。因此本节主要讨论银量法。

8.7.1 滴定曲线

8.7.1.1 滴定曲线方程

以0.1000mol/L $AgNO_3$溶液滴定20mL等浓度的NaCl溶液为例。一旦滴定开始，则存在着平衡（表8-5）。

$$Ag^+ + Cl^- \rightleftharpoons AgCl\downarrow,\qquad K_{sp} = 1.8\times10^{-10}(pK_{sp} = 9.74)$$

（1）滴定开始前。溶液中氯离子浓度为溶液的原始浓度，即

$$[Cl^-] = 0.1000\text{mol/L}$$
$$pCl = -\lg[Cl^-] = 1.00$$

（2）滴定至化学计量点前。溶液中的氯离子浓度取决于剩余氯化钠浓度。若加入$AgNO_3$溶液的体积为V(mL)，则溶液中Cl^-的浓度为：

$$[Cl^-] = \frac{(20.00 - V)0.1000}{20.00 + V}$$

例如，当加入$AgNO_3$溶液的体积为19.98mL时，则溶液中剩余Cl^-的浓度为：

$$[Cl^-] = \frac{(20.00 - 19.98)\times0.1000}{20.00 + 19.98} = 5\times10^{-5}\text{mol/L}$$

（3）化学计量点时。溶液是AgCl的饱和溶液，有

$$pCl = pAg = \frac{1}{2}pK_{sp} = 4.9$$

（4）化学计量点后。溶液中的Ag^+浓度由过量的$AgNO_3$浓度决定。若加入$AgNO_3$溶液的体积为V(mL)，则溶液中Ag^+的浓度为：

$$[Ag^+] = \frac{(V - 20.00)0.1000}{20.00 + V}$$

当加入$AgNO_3$溶液的体积为20.02mL时，则溶液中剩余Ag^+的浓度为：

$$[Ag^+] = \frac{(20.02 - 20.00)\times0.1000}{20.00 + 20.02} = 5\times10^{-5}\text{mol/L}$$
$$pAg = 4.3$$
$$pCl = pK_{sp} - pAg = 5.5$$

表 8-5 0.100mol/L $AgNO_3$滴定 0.100mol/L 20.00mL 的 NaCl 的部分计算结果

加入 $AgNO_3$体积 V/mL	滴定分数 Φ	$[Ag^+]$/mol·L^{-1}	$[Cl^-]$/mol·L^{-1}	pAg
2.00	0.100	2.2×10^{-9}	8.2×10^{-2}	8.66
10.00	0.500	5.4×10^{-9}	3.3×10^{-2}	8.27
18.00	0.900	3.4×10^{-8}	5.3×10^{-3}	7.47
19.80	0.990	3.6×10^{-7}	5.0×10^{-4}	6.45
19.98	0.999	3.4×10^{-6}	5.3×10^{-5}	5.47
20.00	1.000	1.3×10^{-5}	1.3×10^{-5}	4.87
20.02	1.001	5.3×10^{-5}	3.4×10^{-6}	4.27
20.20	1.010	5.0×10^{-4}	3.6×10^{-7}	3.30
22.00	1.100	4.8×10^{-3}	3.8×10^{-8}	2.32
30.00	1.500	2.0×10^{-2}	9.0×10^{-9}	1.70
40.00	2.000	3.3×10^{-2}	5.4×10^{-9}	1.48

用上述数据绘制滴定曲线，如图 8-3 所示。可见，沉淀滴定的滴定曲线与强碱强酸滴定的滴定曲线十分相似。滴定开始时，X^-浓度较大，滴入 Ag^+后，X^-浓度变化不大，曲线比较平坦；接近化学计量点时，溶液中 X^-浓度已经变小，滴入少量 $AgNO_3$溶液即会引起 X^-浓度发生很大变化，在滴定曲线上出现一个突跃。突跃范围的大小取决于沉淀的溶度积常数 K_{sp} 和反应物的浓度。沉淀的 K_{sp} 越小，突跃范围越大。如 $K_{sp}(AgI) < K_{sp}(AgBr) < K_{sp}(AgCl)$，相同浓度下的 Cl^-，Br^-和 I^-与 Ag^+的滴定曲线上，突跃范围是 I^-的最大，Cl^-的最小。

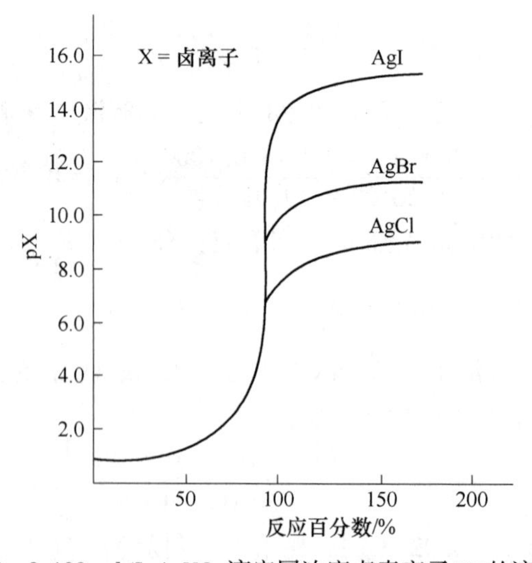

图 8-3 0.100mol/L $AgNO_3$滴定同浓度卤素离子 X^-的滴定曲线

8.7.1.2 近似计算滴定曲线

也可以根据滴定过程中每一阶段的具体情况近似计算 $[Ag^+]$，从而得到滴定曲线。

仍以 0.100mol/L $AgNO_3$ 标准溶液滴定 0.100mol/L，20.00mL 的 NaCl 溶液为例。AgCl 的 $K_{sp} = 1.8 \times 10^{-10}$。可将滴定过程分为三个阶段。

（1）化学计量点前：滴定前为 NaCl 体系。此时 $AgNO_3$ 所加入的体积 $V=0$，则 $\Phi=0$，体系的 $[Ag^+]=0$。而一旦滴定开始，则在化学计量点为 NaCl+AgCl 体系。由于同离子效应，AgCl 沉淀所解离出的 Cl^- 极少，一般均可忽略，故可近似认为体系相当于 NaCl 体系。只要计算出该体系在某一时刻的 $[Cl^-]$，即可根据 K_{sp} 计算出此时的 $[Ag^+]$ 和 pAg。例如，当所加入 $AgNO_3$ 的体积 $V=10.00mL$，即 $\Phi=0.500$ 时，

$$[Cl^-] = \frac{(20.00 - 10.00) \times 0.1000}{20.00 + 10.00} = 0.03333mol/L$$

$$[Ag^+] = \frac{K_{sp}}{[Cl^-]} = \frac{1.8 \times 10^{-10}}{0.03333} = 5.4 \times 10^{-9}mol/L$$

$$pAg = 8.2$$

又如，当 $V=19.80mL$，即 $\Phi=0.990$ 时，

$$[Cl^-] = \frac{(20.00 - 19.80) \times 0.1000}{20.00 + 19.80} = 5.0 \times 10^{-4}mol/L$$

$$[Ag^+] = \frac{K_{sp}}{[Cl^-]} = \frac{1.8 \times 10^{-10}}{5.4 \times 10^{-4}} = 3.6 \times 10^{-7}mol/L$$

$$pAg = 6.4$$

如此可计算出化学计量点前不同 Φ 时的 pAg。

（2）化学计量点：此时为 AgCl 体系，溶液中存在的 Ag^+ 和 Cl^- 可以认为完全是由 AgCl 溶解所产生的，且二者浓度必相等

$$[Ag^+] = [Cl^-] = \sqrt{K_{sp}} = 1.3 \times 10^{-5}mol/L$$

$$pAg = 4.87$$

（3）化学计量点后：此时为 $AgNO_3$-AgCl 体系。但由于同离子效应，AgCl 沉淀所解离出的 Ag^+ 极少，一般均可忽略，故可近似认为体系相当于 $AgNO_3$ 体系。只要计算出该体系在某一时刻的 $[Ag^+]$。即可得 pAg。例如，当所加 $AgNO_3$ 的体积 $V=20.20mL$，即 $\Phi=1.010$ 时，

$$[Ag^+] = \frac{(20.20 - 20.00) \times 0.1000}{20.20 + 20.00} = 5.4 \times 10^{-4}mol/L$$

$$pAg = 3.30$$

又如，当 $V=40.00mL$，即 $\Phi=2.000$ 时，

$$[Ag^+] = \frac{(40.00 - 20.00) \times 0.1000}{40.00 + 20.00} = 0.03333mol/L$$

$$[Ag^+] = \frac{0.1000 \times (40.00 - 20.00)}{20.00 + 40.00} = 0.03333mol/L$$

$$pAg = 1.48$$

如此可计算出化学计量点后不同 Φ 时的 pAg。近似计算的结果与表 8-5 的结果基本相同。

沉淀滴定的突跃大小与溶液的浓度有关，滴定剂和被滴定液浓度越大，滴定突跃就越

大。沉淀滴定的突跃大小还与滴定产物（沉淀）的 K_{sp} 的大小有关，沉淀的 K_{sp} 越小，即滴定产物的溶解度越小，滴定突跃就越大。如 $AgNO_3$滴定 NaI 的突跃就要比滴定同浓度的 NaCl 的突跃大很多（图 8-3），因为 AgI 的 $K_{sp}=8.3\times10^{-17}$，比 AgCl 的 $K_{sp}=1.8\times10^{-10}$ 要小得多。

根据确定滴定终点所采用的指示剂，并按照其创立者命名，银量法又分为莫尔（F. Mohr）法、佛尔哈德（J. Volhard）法和法扬司（K. Fajans）法。

8.7.2 莫尔法——铬酸钾作指示剂法

8.7.2.1 原理

以 K_2CrO_4为指示剂的银量法称为莫尔法。它主要用于以 $AgNO_3$标准溶液滴定 Cl^-。当用 Ag^+滴定含有指示剂 CrO_4^{2-} 的 Cl^-溶液时，根据分步沉淀的原理，首先生成的是 AgCI 沉淀（$K_{sp}=1.8\times10^{-10}$），而不是 Ag_2CrO_4沉淀（$K_{sp}=2.0\times10^{-12}$）。待 AgCl 定量沉淀后，过量一滴 $AgNO_3$标准溶液即与 K_2CrO_4生成砖红色的 Ag_2CrO_4沉淀，从而指示终点。滴定反应和指示剂的反应分别为：

$$Ag^+ + Cl^- \rightleftharpoons AgCl\downarrow$$

$$2Ag^+ + CrO_4^{2-} \rightleftharpoons Ag_2CrO_4\downarrow$$

8.7.2.2 滴定条件

（1）指示剂 K_2CrO_4的用量要合适。K_2CrO_4的用量太多可能引起终点提前，即 Cl^-还未被滴完 Ag^+就将与 CrO_4^{2-} 起反应，而且 CrO_4^{2-} 浓度大，其本身颜色也会影响终点砖红色的观察；K_2CrO_4的用量太少可能引起终点拖后，即消耗过多的 Ag^+。

例如，以 0.100mol/L 的 $AgNO_3$滴定同浓度的 NaCl，化学计量点时

$$[Ag^+]_{sp}=\sqrt{K_{sp(AgCl)}}=\sqrt{1.8\times10^{-10}}=1.3\times10^{-5}\text{mol/L}$$

根据溶度积规则，此时要生成沉淀，则溶液中 CrO_4^{2-} 的浓度应为

$$[CrO_4^{2-}]=\frac{K_{sp(Ag_2CrO_4)}}{[Ag^+]^2}=\frac{2.0\times10^{-12}}{(1.3\times10^{-5})^2}=1.2\times10^{-2}\text{mol/L}$$

可见理论上当指示剂 K_2CrO_4的浓度为 1.2×10^{-2}mol/L 时最为适宜。但由于 K_2CrO_4自身呈黄色，在浓度为 1.2×10^{-2}mol/L 时颜色已经较深，故影响终点颜色判断。为能观察到明显的砖红色，必须有足够量的 Ag_2CrO_4生成，因而还须多消耗少量 Ag^+，从而使终点误差增大。但通常这种误差不超过 0.1%，且可通过空白滴定予以校正。实验表明，终点时 CrO_4^{2-} 的浓度约为 5×10^{-3}mol/L 比较合适。

（2）应控制适宜的酸性。通常酸性为 pH 值在 6.5~10.5。因为酸性太高时，相当量的 CrO_4^{2-} 将转化为 $Cr_2O_7^{2-}$：

$$2H^+ + 2CrO_4^{2-} \rightleftharpoons Cr_2O_7^{2-} + H_2O$$

相当于降低了 CrO_4^{2-} 的实际浓度，导致终点拖后。而酸性太低时，Ag^+将生成 Ag_2O 沉淀：

$$2Ag^+ + 2OH^- \rightleftharpoons Ag_2O\downarrow + H_2O$$

如果被滴定的是 NH_4Cl 溶液，则适宜的酸性范围应更窄，pH 值应为 6.5~7.2。因为

当 pH 值大于 7.2 时，NH_4^+ 将有相当一部分转化为 NH_3，而 NH_3 可以与 Ag^+ 生成配合物，增大了 AgCl 的溶解度。

（3）滴定时应剧烈摇动。化学计量点前，AgCl 沉淀会吸附溶液中过量的构晶离子 Cl^-，结果使溶液中 Cl^- 的表现浓度降低，导致终点提前。故滴定时应剧烈摇动，尽量使被 AgCl 吸附的 Cl^- 及时释放出来。

8.7.2.3 应用

莫尔法只适用于以 $AgNO_3$ 直接滴定 Cl^- 和 Br^-，而不适用于滴定 I^- 和 SCN^-。因为 AgI 或 AgSCN 吸附 I^- 或 SCN^- 更为强烈，剧烈摇动也无法使之释放出来。也不能用 Cl^- 的标准溶液去滴定 Ag^+，因为这样 Ag^+ 将先与 CrO_4^{2-} 生成 $AgCrO_4$ 沉淀，而到计量点时 $AgCrO_4$ 又不能立即转化为 AgCl，因而无法及时指示终点。另外，凡是能与 Ag^+ 生成沉淀的阴离子（如 PO_4^{3-}、CO_3^{2-}、S^{2-} 等）和凡是能与 CrO_4^{2-} 生成沉淀的阳离子（如 Ba^{2+}、Pb^{2+} 等）均干扰莫尔法测定，因此所有这些干扰离子都必须预先分离除去。可见，莫尔法的应用受到较大限制。

8.7.3 佛尔哈德法——铁铵矾指示剂法

8.7.3.1 原理

以铁铵矾 $NH_4Fe(SO_4)_2$ 为指示剂的银量法称为佛尔哈德法。在直接滴定方式中，它是以 NH_4SCN 标准溶液滴定 Ag^+，滴定反应

$$SCN^- + Ag^+ \rightleftharpoons AgSCN\downarrow$$

化学计量点时，Ag^+ 已被全部滴定完毕，稍过量的 SCN^- 就将与指示剂 Fe^{3+} 生成血红色配合物，从而指示终点

$$SCN^- + Fe^{3+} \rightleftharpoons FeSCN^{2+}$$

8.7.3.2 滴定条件

（1）应在强酸性条件下进行。应使 $[H^+]$ 约在 0.1~1mol/L。如果 pH 值较低，Fe^{3+} 将水解成棕黄色的羟基配合物，使终点颜色变化不明显；如果 pH 值更低，还可能产生 $Fe(OH)_3$ 沉淀，使之无法指示终点。能够在强酸性条件下滴定是佛尔哈德法的突出优点。许多银量法的干扰离子如 PO_4^{3-}、CO_3^{2-}、CrO_4^{2-} 等在酸性条件下都主要以其弱酸的型体存在，不会与 Ag^+ 反应，因而不干扰拂尔哈德法的测定，这就使得佛尔哈德法的应用范围比较大。

（2）滴定时应剧烈摇动。在用 SCN^- 滴定 Ag^+ 时，由于生成的 AgSCN 沉淀对溶液中过量的构晶离子 Ag^+ 具有强烈的吸附作用，使得 Ag^+ 的表现浓度降低，可能造成终点提前，因此在滴定时必须剧烈摇动，使被 AgSCN 吸附的 Ag^+ 及时释放出来。

（3）指示剂用量要适宜。指示剂 $NH_4Fe(SO_4)_2$ 用量不能过高，也不能过低。用量过高使终点提前到达，用量过低则将使终点延后。

根据滴定分析原理，生成 AgSCN 沉淀的最佳点为化学计量点，在化学计量点，$[Ag^+]$ 与 $[SCN^-]$ 相等，两者的乘积等于 AgSCN 的 K_{sp}，由此可求出在化学计量点 Ag^+ 的浓度为 1.0×10^{-6}mol/L。$Fe(SCN)^{2+}$ 的浓度一般要达到 6×10^{-6}mol/L 左右才能观察到明显的红色，要求在化学计量点时恰好能生成 6×10^{-6}mol/L 的 $Fe(SCN)^{2+}$ 以确定终点，则溶液中 Fe^{3+} 的浓度应为 0.04mol/L。

在实际中当 $NH_4Fe(SO_4)_2$ 的浓度为 0.04mol/L 时溶液已有较深的橙黄色，不利于判断 $Fe(SCN)^{2+}$红色的出现，影响终点观察。因此，实际工作中一般将 $NH_4Fe(SO_4)_2$ 的浓度略低于 0.04mol/L，尽量控制在 0.015mol/L 左右，虽然这将使滴定终点滞后于化学计量点，但提高了分析结果准确度。

8.7.3.3　*应用*

对于佛尔哈德法，真正广泛应用的并不是以直接滴定方式测 Ag^+，而是以返滴定方式测卤离子。即在含有卤离子的酸性溶液中，先加入准确过量的 $AgNO_3$ 标准溶液，使溶液中全部卤离子都反应生成卤化银沉淀。然后再加入铁铵矾，以 NH_4SCN 标准溶液返滴定过量的 Ag^+。根据所加入的 $AgNO_3$ 的总量和所消耗的 NH_4SCN 的量即可求得卤离子的含量。

但是当用返滴定法测定 Cl^-时，由于 AgCl 的溶解度大于 AgSCN 的溶解度，故当返滴定到化学计量点时，稍过量的 SCN^-就会与 AgCl 发生转化反应

$$SCN^- + AgCl \rightleftharpoons AgSCN\downarrow + Cl^-$$

这就使得本应产生的血红色 $FeSCN^{2+}$不能及时产生，或已与 Fe^{3+}配位的 SCN^-又重新解离出来而发生上述转化反应，使本已出现的 $FeSCN^{2+}$的血红色随着摇动而又消失。这都会导致终点拖后，甚至得不到稳定的终点。为了避免这种情况发生，比较简便的方法是再加入过量 $AgNO_3$，形成 AgCl 沉淀之后，加入少量有机溶剂，如硝基苯等，使 AgCl 沉淀表面覆盖一层硝基苯而使之与外部溶液隔开。这样就可防止 SCN^-与 AgCl 发生转化反应，提高了滴定的准确度。

若用佛尔哈德法返滴定 Br^-或 I^-，由于 AgBr 和 AgI 的溶解度均比 AgSCN 的溶解度要小，因此不会发生沉淀转化反应，也就不必加入硝基苯。但是测 I^-时必须先加入过量 $AgNO_3$，后加入指示剂 Fe^{3+}。否则会发生如下反应，影响滴定的准确度

$$2Fe^{3+} + 2I^- \rightleftharpoons 2Fe^{2+} + I_2$$

8.7.4　法扬司法——吸附指示剂法

8.7.4.1　*原理*

用吸附指示剂指示终点的银量法称为法扬司法。吸附指示剂是一类有色的有机化合物，当它被吸附在沉淀微粒表面之后，由于形成表面化合物使分子结构发生改变而引起颜色的变化，利用吸附指示剂的这一特点可以确定银量法的滴定终点。

例如，荧光黄指示剂是一种有机弱酸，可用 HFI 表示，在溶液中存在平衡

$$HFI \rightleftharpoons FI^- + H^+,\qquad pK_a = 7.0$$

荧光黄的阴离子 FI^-呈黄绿色。当用 $AgNO_3$标准溶液滴定 Cl^-时，即可采用荧光黄指示剂。应控制溶液 pH 值在 7~10.5，使荧光黄主要以 FI^-型体存在。在化学计量点以前，Cl^-过量，AgCl 沉淀吸附 Cl^-而荷负电，故 FI^-不可能再被吸附到扩散层，溶液始终呈现 FI^-的黄绿色；但当到达化学计量点时，稍过量 Ag^+的加入就可以使 AgCl 沉淀吸附过量的构晶离子 Ag^+而荷正电。此时荧光黄阴离子 FI^-极易作为抗衡离子而被吸附到 AgCl 表面；吸附态的 FI^-在 AgCl 表面与 Ag^+形成淡红色化合物，使整个溶液由黄绿色变为淡红色，从

而指示终点的到达。如果是用 NaCl 标准溶液滴定 Ag^+，则终点颜色变化正好相反，是由淡红色变为黄绿色。

8.7.4.2 滴定条件

（1）应尽量使沉淀成为小颗粒沉淀。吸附指示剂的颜色变化发生在沉淀微粒的表面，为使指示剂变色更敏锐，应当尽量使卤化银成为小颗粒沉淀，以保持较大的总表面积，以便吸附更多的指示剂。为此，在滴定过程中可加入糊精、淀粉等作为保护剂，以阻止卤化银凝聚为较大颗粒的沉淀。

（2）应控制适宜的酸性。吸附指示剂多是有机弱酸，被吸附而变色的则是其共轭碱，即它的阴离子型体。因此必须控制适当的酸性使指示剂在溶液中保持其共轭碱的型体，才能在滴定中使之真正起指示剂的作用。如荧光黄的 $pK_a = 7.0$，故应控制 pH 值在 7.0~10.5（pH 值大于 10.5 时 Ag^+ 将沉淀为 Ag_2O）；而曙红的 $pK_a = 2.0$，则应控制 pH 值在 2.0~10.5。

（3）指示剂的吸附能力要适当。通常要求指示剂在卤化银上的吸附能力应略小于被测卤离子的吸附能力。如用 $AgNO_3$ 滴定 Cl^- 时，可以用荧光黄作指示剂，但却不能用曙红作指示剂。因为曙红的吸附能力比 Cl^- 强，在化学计量点之前就可取代 Cl^- 而进入吸附层，导致提前变色。但是指示剂的吸附能力也不能太差，否则又会导致终点拖后，而且变色不敏锐。一些吸附指示剂和卤离子的吸附能力的强弱次序如下：

$$I^- > \text{二甲基二碘荧光黄} > Br^- > \text{曙红} > Cl^- > \text{荧光黄}$$

因此，滴定 Br^- 时不能选二甲基二碘荧光黄，因它的吸附能力强于 Br^-，一般也不选荧光黄，因它的吸附能力远小于 Br^-，而应选曙红，因曙红的吸附能力略小于 Br^-。表 8-6 为部分吸附指示剂及其应用。

表 8-6 吸附指示剂

指示剂	被测离子	滴定剂	滴定条件
荧光黄	Cl^-	Ag^+	pH 7~10
二氯荧光黄	Cl^-	Ag^+	pH 4~10
曙红	Br^-，I^-，SCN^-	Ag^+	pH 2~10
溴甲酚绿	SCN^-	Ag^+	pH 4~5
二甲基二碘荧光黄	I^-	Ag^+	中性

8.7.4.3 应用

本法可用于 Br^-、I^-、SCN^-、Cl^- 和 Ag^+ 等离子的测定，以阴离子指示剂法应用较多。

思 考 题

8-1 沉淀形式和称量形式有何区别？试举例说明之。

8-2 为了使沉淀定量完全，必须加入过量沉淀剂，为什么又不能过量太多？

8-3 请给出沉淀滴定法中，莫尔法采用的指示剂与适宜的 pH 值范围。

8-4 共沉淀和后沉淀区别何在？它们是怎么发生的？对重量分析有什么不良影响？在分析化学中什么情

况下需要利用共沉淀?

8-5 在重量分析中,用过量 SO_4^{2-} 沉淀 Ba^{2+},若溶液中存在少量 Ca^{2+}、NO_3^- 等离子,则沉淀 $BaSO_4$ 表面吸附杂质的顺序如何?

8-6 什么是均相沉淀法?与一般沉淀法相比,它有何优点?

8-7 重量分析的一般误差来源是什么?怎样减少这些误差?

8-8 莫尔法测氯时,为什么溶液的 pH 值须控制在 6.5~10.5,而当有铵盐存在时,为什么溶液 pH 值必须控制在 6.6~7.2?

8-9 试讨论摩尔法的局限性。

8-10 试简要讨论重量分析和滴定分析两类化学分析方法的优缺点。

习　题

8-1 称取 CaC_2O_4 和 MgC_2O_4 纯混合试样 0.6240g,在 500℃下加热,定量转化为 $CaCO_3$ 和 $MgCO_3$ 后质量 0.4830g。计算:

(1) 试样中 CaC_2O_4 和 MgC_2O_4 的质量分数;

(2) 若在 900℃加热该混合物,定量转化为 CaO 和 MgO 的质量为多少克?

8-2 为了使 0.2066g $(NH_4)_2SO_4$ 中的 SO_4^{2-} 沉淀完全,需要每升含 64g $BaCl_2 \cdot 2H_2O$ 的溶液多少毫升?

8-3 称取含有 NaCl 和 NaBr 的试样 0.6280g,溶解后用 $AgNO_3$ 溶液处理,得到干燥的 AgCl 和 AgBr 沉淀 0.5064g。另称取相同质量的试样 1 份,用 0.1050mol/L $AgNO_3$ 溶液滴定至终点,消耗 28.34mL。计算试样中 NaCl 和 NaBr 的质量分数。

8-4 为了测定长石中 K、Na 含量,称取试样 0.5034g。首先使其中的 K、Na 定量转化为 KCl 和 NaCl 0.1208g,然后再溶于水,再用 $AgNO_3$ 溶液处理,得到 AgCl 沉淀 0.2513g。计算长石中 K_2O 和 Na_2O 的质量分数。

8-5 有纯的 CaO 和 BaO 的混合物 2.212g,转化为混合硫酸盐后重 5.023g,计算原混合物中 CaO 和 BaO 的质量分数。

8-6 有纯的 AgCl 和 AgBr 混合试样质量为 0.814g,在 Cl_2 气流中加热,使 AgBr 转化为 AgCl,则原试样的质量减轻了 0.1454g,计算原试样中氯的质量分数。

8-7 铸铁试样 2.000g,放置加热中,通氧燃烧,使其中的碳生成 CO_2,用碱石棉吸收后增重 0.0826,求铸铁中含碳的质量分数。

8-8 称取含硫的纯有机化合物 1.0000g。首先用 Na_2O_2 熔融,使其中的硫定量转化为 Na_2SO_4,然后溶解于水,用 $BaCl_2$ 溶液处理,定量转化为 $BaSO_4$ 为 1.0890g。计算:

(1) 有机化合物中硫的质量分数;

(2) 若有机化合物的摩尔质量为 214.33g/mol,求该有机化合物中硫原子个数。

8-9 用 $KMnO_4$ 法测定硅酸盐样品中 Ca^{2+} 的含量,称取试样 0.5863g,在一定条件下,将钙沉淀为 CaC_2O_4,过滤、洗涤沉淀,将洗净的 CaC_2O_4 溶于稀 H_2SO_4 中,用 $c(KMnO_4)$ = 0.05052mol/L 的 $KMnO_4$ 标准滴定溶液滴定,消耗 26.50mL,计算硅酸盐中 Ca 的质量分数。

8-10 称取硅酸盐 0.6000g,将其中的钠和钾转化为氯化物后共重 0.1800g,若将其中的 KCl 转化为 KPtCl,沉淀,处理后称得 0.2700g,求 NaO 和 KO 的质量分数。

8-11 硅酸盐样品重 0.6000g,其中 KCl+NaCl 质量分数为 0.180%。KCl 处理后,以 K_2PtCl_2 形式称重为 0.2700g,NaCl 留于溶液中。计算硅酸盐样品中 K_2O 和 Na_2O 的质量分数。[M(KCl) = 74.55g/mol, $M(K_2O)$ = 94.20g/mol, $M(Na_2O)$ = 61.98g/mol, $M(K_2PtCl_2)$ = 344.0g/mol]

8-12 现有硅酸盐 1.0000g,用重量法测定其中铁与铝时,得 Fe_2O_3+Al_2O_3 共重 0.5000g。将试样所含的铁还原后，用0.03333mol/dm^3 $K_2Cr_2O_7$溶液滴定时用去25.00mL。试样中FeO及Al_2O_3的质量分数各为多少？

8-13 将0.1160mol/L $AgNO_3$溶液30.00mL加入含有氯化物试样0.2255g的溶液中，然后用3.16mL 0.1033mol/L NH_4SCN溶液滴定过量的$AgNO_3$。计算试样中氯的质量分数。

8-14 称取纯KBr和KCl混合物0.3074g，溶于水后用0.1007mol/L $AgNO_3$标准溶液滴定至终点，用去30.98mL，计算混合物中KBr和KCl的含量。已知M(KBr) = 119.00g/mol；M(KCl) = 74.55g/mol。

8-15 已知试样中含Cl^- 25%~40%，欲使滴定时耗去0.1008mol/L $AgNO_3$溶液的体积为26~40mL，试求应称取的试样量范围。

8-16 实验室称取含有NaCl和NaBr的试样0.5780g，用重量法测定，得到二者的银盐沉淀为0.4403g；另取同样质量的试样，用沉淀滴定法滴定，消耗浓度0.1074mol/L的$AgNO_3$的体积是25.31mL。求NaCl和NaBr的质量分数。

8-17 某混合物仅含NaCl和NaBr，称取该混合物0.3188g，以0.1091mol/L $AgNO_3$液滴定，用去38.76mL，求混合物的组成。

8-18 称取0.3675g $BaCl_2 \cdot 2H_2O$试样，将钡沉淀为$BaSO_4$，需用0.5mol/L H_2SO_4溶液体积多少毫升？

8-19 某同学为了测量一个大水桶的容积，将380g固体NaCl放入桶中，加水充满水桶，混匀溶液后，取出100.0mL该溶液，用0.0747mol/L的$AgNO_3$溶液滴定，消耗32.24mL。该水桶的容积为多少？

8-20 分析不纯的NaCl和NaBr混合物时，称取试样1.000g溶于水，加入沉淀剂$AgNO_3$，得到AgCl和AgBr的沉淀的质量为0.5260g。若将此沉淀在氯气流中加热，使AgBr转化为AgCl，再称其质量为0.4260g，则试样中NaCl和NaBr质量分数各为多少？（已知：NaCl、NaBr、AgCl、AgBr的相对分子质量各为58.44、102.9、143.3、187.8）

9 电位分析法

扫一扫

电位分析法是测定溶液化学电池的电动势来求得溶液中待测组分含量的方法。一般是在待测电解质溶液中插入两支性质不同的电极，一个是电极电位与被测试液的活度（浓度）有定量关系的指示电极，另一个是电极电位稳定不变的参比电极，并用导线连接两个电极组成化学电池，通过测量该电池的电动势来确定被测物质的含量（图 9-1）。它包括电位测定法和电位滴定法。电位测定法是通过测量电池电动势来确定待测离子的活度的方法。在 25℃时，被测组分含量很低时，可以用浓度近似代替活度。电位滴定法是通过测量滴定过程中指示电极的电位变化来确定滴定终点，再根据滴定所消耗的标准溶液体积和浓度来计算得到被测物质的含量。

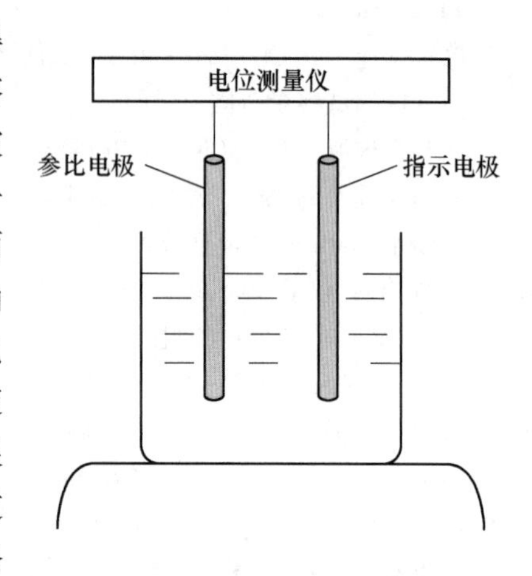

图 9-1　电位分析装置示意图

电位分析法的选择性高，在大多数情况下，共存离子干扰小，对组分复杂的试样一般可以直接测定，不受样品溶液颜色、浑浊度和黏度的影响，而且灵敏度和准确度都较高。因此，电位分析法的应用范围广泛，现已广泛应用于环保、医疗、地质探矿、海洋探测等各领域，并已成为一种重要的测试手段。

9.1 参比电极

参比电极（reference electrode）是一定条件下电位值已知且恒定的电极，参比电极是测量电池电动势、计算电极电位的基准。在测量过程中参比电极电位不随测量体系的组分及浓度变化而变化。这种电极与不同的测试溶液间的液体接界电位很小，可以忽略不计，并且容易制作，使用寿命长，有较好的可逆性、重现性和稳定性。常用的参比电极有甘汞电极（SCE）、银-氯化银电极、硫酸亚汞电极等，尤以甘汞电极（SCE）使用得最多。

9.1.1 甘汞电极

甘汞电极（calomel electrode）是由金属汞、甘汞（Hg_2Cl_2）和已知浓度的 KCl 溶液组成的电极，其结构如图 9-2 所示。

在内玻璃管中与导线相连处焊接有一根铂丝，铂丝插入纯汞中，下置一层汞和甘汞的糊状物，外玻璃管中装有 KCl 溶液，即构成甘汞电极。电极下端与被测溶液接触部分是陶瓷芯或玻璃砂芯等多孔物质或是一毛细管通道。

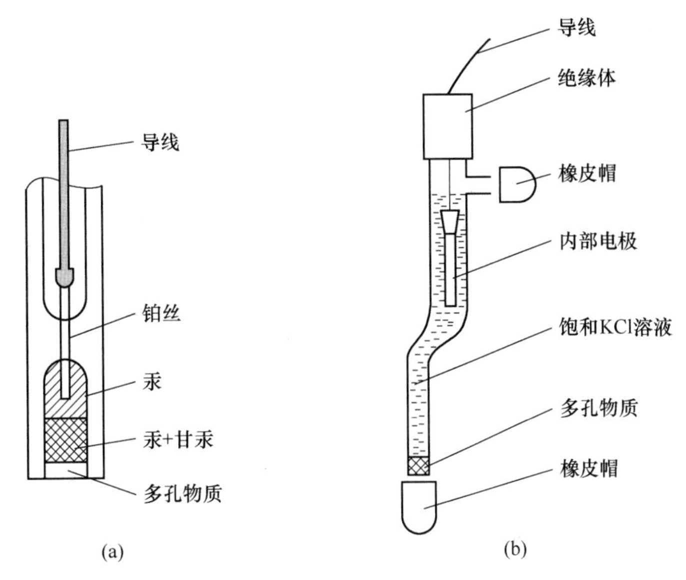

图 9-2 甘汞电极

（a）内部电极示意图；（b）剖面图

甘汞电极半电池组成为

$$Hg,\ Hg_2Cl_2(s)\,|\,KCl$$

其电极反应为

$$Hg_2Cl_2 + 2e^- \rightleftharpoons 2Hg + 2Cl^-$$

25℃时，电极电位为

$$\varphi = \varphi^{\ominus}_{Hg_2^{2+}/Hg} + \frac{0.059}{2}\lg a_{Hg_2^{2+}}$$

而

$$a_{Hg_2^{2+}} = \frac{K_{ap(Hg_2Cl_2)}}{a^2_{Cl^-}}$$

故

$$\varphi = \varphi^{\ominus}_{Hg_2^{2+}/Hg} + \frac{0.059}{2}\lg K_{ap(Hg_2Cl_2)} - 0.059\lg a_{Cl^-}$$

$$= \varphi^{\ominus}_{Hg_2Cl_2/Hg} - 0.059\lg a_{Cl^-} \qquad (9\text{-}1)$$

上式中

$$\varphi^{\ominus}_{Hg_2Cl_2/Hg} = \varphi^{\ominus}_{Hg_2^{2+}/Hg} + \frac{0.059}{2}\lg K_{ap(Hg_2Cl_2)}$$

由式（9-1）可见，当温度一定时，甘汞电极的电极电位大小与 Cl^- 的活（浓）度有关。当 Cl^- 浓度不同时，可得到具有不同电极电位的参比电极。在25℃时，常用的为饱和甘汞电极（saturated calomel electrode，SCE），其电极电位是+0.2438V；1.0mol/L KCl 溶液的标准甘汞电极的电极电位是+0.2828V；0.1mol/L KCl 溶液的甘汞电极的电极电位是+0.3365V。如果温度不是25℃，应对其电极电位进行校正，对于SCE，温度为 t 时电极电位为

$$\varphi = [0.2438 - 7.6\times10^{-4}(t-25)]\,V \qquad (9\text{-}2)$$

甘汞电极在使用前应浸泡在与内充液组成基本相同的溶液中使其电位稳定后再进行调试。

9.1.2 银-氯化银电极

在一根银丝镀上一层 AgCl，浸在一定浓度的 KCl 溶液中，即构成 Ag-AgCl 电极，其结构如图 9-3 所示。

半电池组成为

$$\mathrm{Ag,\ AgCl(s)\,|\,KCl}$$

电极反应为

$$\mathrm{AgCl + e^- \rightleftharpoons Ag + Cl^-}$$

在 25℃时，Ag-AgCl 电极的电位为

$$\varphi = \varphi^{\ominus}_{\mathrm{Ag^+/Ag}} + 0.059\lg a_{\mathrm{Ag^+}}$$

而
$$a_{\mathrm{Ag^+}} = \frac{K_{\mathrm{ap(AgCl)}}}{a_{\mathrm{Cl^-}}}$$

故
$$\varphi = \varphi^{\ominus}_{\mathrm{Ag^+/Ag}} + 0.059\lg K_{\mathrm{ap(AgCl)}} - 0.059\lg a_{\mathrm{Cl^-}}$$
$$= \varphi^{\ominus}_{\mathrm{AgCl/Ag}} - 0.059\lg a_{\mathrm{Cl^-}} \qquad (9\text{-}3)$$

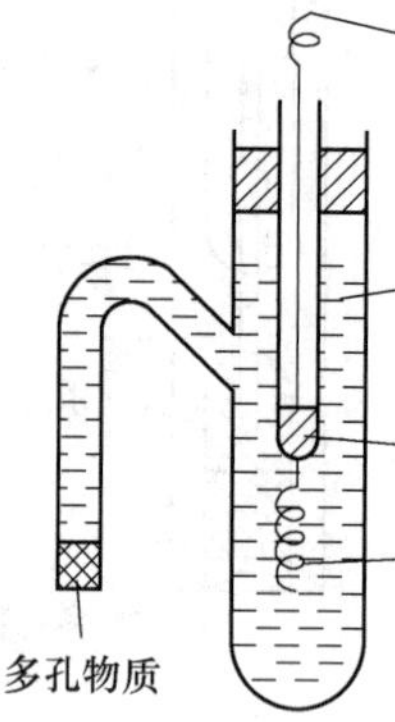

图 9-3 银-氯化银电极

式中
$$\varphi^{\ominus}_{\mathrm{AgCl/Ag}} = \varphi^{\ominus}_{\mathrm{Ag^+/Ag}} + 0.059\lg K_{\mathrm{ap(AgCl)}}$$

在 25℃ 时，0.1mol/L KCl 溶液中 0.1mol/L Ag-AgCl 电极的电位是 +0.2880V；1.0mol/L KCl 溶液中标准 Ag-AgCl 电极的电位为+0.2223V；而饱和 KCl 溶液的饱和 Ag-AgCl 电极的电位为+0.2000V。Ag-AgCl 电极相对于饱和甘汞电极的优越之处在于其可在温度高于 60℃和非水溶液中使用。

标准 Ag-AgCl 电极在温度为 t 时电极电位为

$$\varphi = [0.2223 - 6 \times 10^{-4}(t - 25)]\mathrm{V} \qquad (9\text{-}4)$$

9.2 指示电极

指示电极能用来指示电极表面待测离子的活度，电极电位随待测离子活度改变而改变。如电位测量的电极，测量回路中电流几乎为零，电极反应基本上不进行，本体浓度几乎不变。常用的指示电极主要有金属基电极和离子选择性电极两大类。金属基电极包括金属-金属离子电极、金属-金属难溶盐电极、汞电极、情性金属电极等。

9.2.1 金属-金属离子电极

金属-金属离子电极是将一种金属浸入该金属离子的溶液中所组成的电极，也称第一类电极。

其电极反应为

$$\mathrm{M^{n+} + ne^- \rightleftharpoons M}$$

电极电位为

$$\varphi_{\mathrm{M^{n+}/M}} = \varphi^{\ominus}_{\mathrm{M^{n+}/M}} + \frac{0.059}{n}\lg a_{\mathrm{M^{n+}}} \qquad (9\text{-}5)$$

组成该类电极的金属有银、铜、汞等。某些较活泼的金属，如铁、镍、钴、钨和铬等，它们的 $\varphi^{\ominus}_{\mathrm{M^{n+}/M}}$ 都是负值，由于易受表面结构因素和表面氧化膜等影响，其电位重现性差，不能用作指示电极。

9.2.2 金属-金属难溶盐电极

金属-金属难溶盐电极是在一种金属的表面涂上该金属的难溶盐，浸在与其难溶盐有相同阴离子的溶液中组成的电极，也称第二类电极。此类电极能用于测量并不直接参与电子转移的难溶盐的阴离子活度，如 Ag-AgCl 电极可用于测定 a_{Cl^-}，该类电极的电极电位值稳定，重现性好，常用作参比电极。在电位分析中，很少用作指示电极。应注意的是，能与金属的阳离子形成难溶盐的其他阴离子的存在，将产生干扰。

9.2.3 汞电极

汞电极是指汞与两种具有相同阴离子的难溶盐（或配合物）组成的电极体系，常用 $M/(MX+NX+N^+)$ 表示，其中 MX、NX 是难溶化合物或难解离配合物。例如汞与 EDTA 形成的配合物组成的电极。

半电池组成为

$$Hg \mid HgY^{2-},\ MY^{n-4},\ M^{n+}$$

电极反应为

$$HgY^{2-} + 2e^- \rightleftharpoons Hg + Y^{4-}$$

在 25℃时，电极电位为

$$\varphi_{Hg^{2+}/Hg} = \varphi^{\ominus}_{Hg^{2+}/Hg} + \frac{0.059}{2}\lg a_{Hg^{2+}} \tag{9-6}$$

溶液中存在以下平衡

$$Hg^{2+} + Y^{4-} \rightleftharpoons HgY^{2-}$$
$$M^{n+} + Y^{4-} \rightleftharpoons MY^{n-4}$$

则

$$[Hg^{2+}] = \frac{[HgY^{2-}]}{[Y^{4-}]K_{HgY^{2-}}} \tag{9-7}$$

$$[Y^{4-}] = \frac{[MY^{n-4}]}{[M^{n+}]K_{MY^{n-4}}} \tag{9-8}$$

将式（9-7）和式（9-8）代入式（9-6）得

$$\varphi_{Hg^{2+}/Hg} = \varphi^{\ominus}_{Hg^{2+}/Hg} + \frac{0.059}{2}\lg\frac{[HgY^{2-}][M^{n+}]K_{MY^{n-4}}}{[MY^{n-4}]K_{HgY^{2-}}} \tag{9-9}$$

式中，$K_{MY^{n-4}}/K_{HgY^{2-}}$ 比值可视为常数，当 $[HgY^{2-}]$ 滴定至化学计量点时，$[MY^{n-4}]$ 也可视为常数，则式（9-9）可简化为

$$\varphi_{Hg^{2+}/Hg} = \varphi^{\ominus}_{Hg^{2+}/Hg} + \frac{0.059}{2}\lg[M^{n+}] \tag{9-10}$$

在一定条件下，汞电极的电极电位与 $[M^{n+}]$ 有关，因此可作为 EDTA 滴定 M^{n+} 的指示电极。汞电极适用的 pH 值为 2~11。当 pH 值小于 2 时，HgY^{2-} 不稳定；当 pH 值大于 11 时，会生成 HgO 沉淀，极易破坏电极。

9.2.4 惰性金属电极

惰性金属电极一般是由惰性材料（如铂、金、石墨等）制成片状或棒状，浸入含有

同一元素的氧化态和还原态的溶液中组成的电极。这类电极的电极电位与两种氧化态离子活度的比率有关，电极起传递电子的作用，本身不参与氧化还原反应。如将铂片插入 Fe^{3+}和 Fe^{2+}溶液中。

半电池组成为

$$Pt | Fe^{3+}, Fe^{2+}$$

电极反应为

$$Fe^{3+} + e^- \rightleftharpoons Fe^{2+}$$

在25℃时，电极电位为

$$\varphi_{Fe^{3+}/Fe^{2+}} = \varphi^{\ominus}_{Fe^{3+}/Fe^{2+}} + 0.059\lg \frac{a_{Fe^{3+}}}{a_{Fe^{2+}}} \tag{9-11}$$

对于含强还原剂如 Cr(Ⅱ)、Ti(Ⅲ) 和 V(Ⅲ) 的溶液，不能使用铂电极，因为铂表面能催化这些还原剂对 H^+的还原作用，以致使界面电极电位不反映溶液的组成变化，这种情况下可用其他电极代替铂电极。

以上四类电极统称金属基电极，其共同特点是电极反应中有电子转移，即有氧化还原反应发生。但由于这些电极易受溶液中氧化剂、还原剂等许多因素的影响，选择性不如离子选择性电极高，只有少数几种金属基电极能在电位分析中使用，致使金属基电极的推广受到限制。目前，指示电极中用得较多的是离子选择性电极。

9.3 离子选择性电极

离子选择性电极一般都由薄膜（敏感膜）及其支持体、内参比电极（银/氯化银电极）、内参比溶液（待测离子的强电解质和氯化物溶液）等组成。电极用金属隔离线与测量仪器连接，以消除周围交流电场及静电感应的影响。离子选择性电极是一种指示电极，它指示的电极电位值与溶液中相应离子活度的关系符合能斯特方程。

根据国际纯粹与应用化学联合会（IUPAC）建议可将离子选择性电极作以下分类：

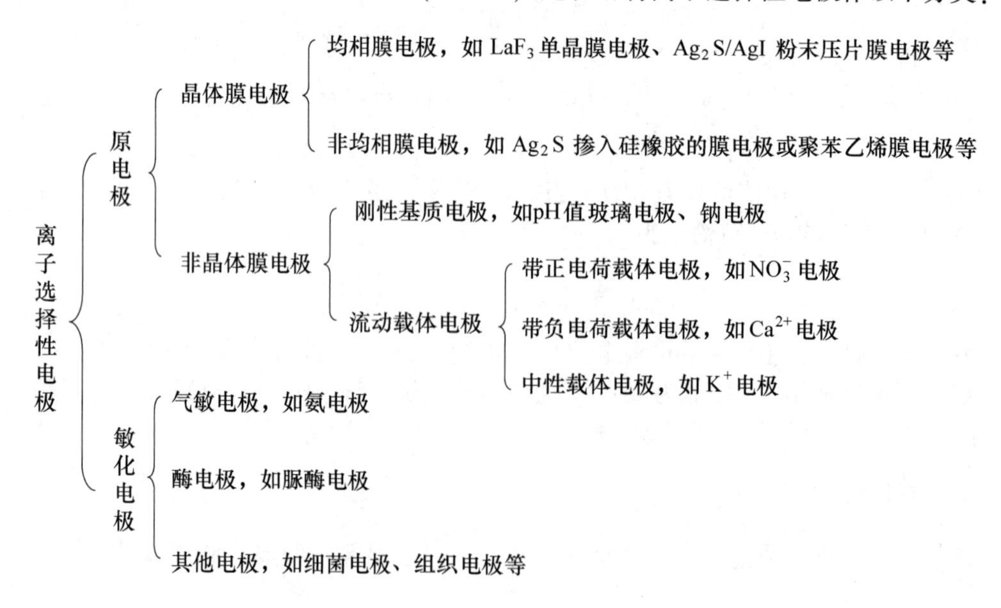

9.3.1　玻璃电极

玻璃电极是离子选择性电极的一种，属于非晶体膜电极，玻璃电极包括对 H^+响应的 pH 值玻璃电极及对 K^+、Na^+响应的 pK、pNa 玻璃电极。玻璃电极由电极腔体（玻璃管）、内参比溶液、内参比电极及敏感玻璃膜组成，其关键部分为敏感玻璃膜。pH 值玻璃电极的结构如图 9-4 所示。

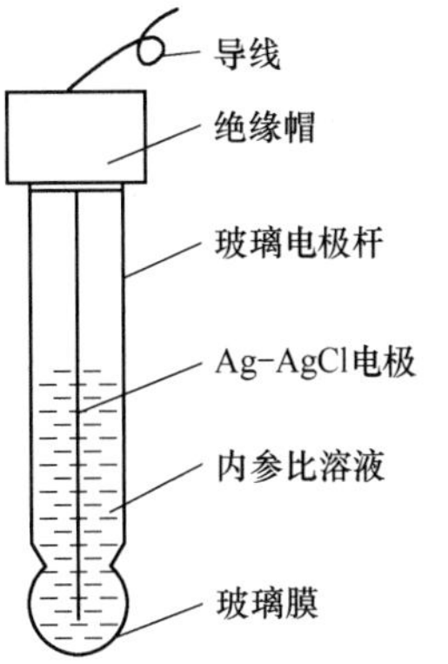

导线
绝缘帽
玻璃电极杆
Ag-AgCl电极
内参比溶液
玻璃膜

图 9-4　pH 值玻璃电极

对于复合式 pH 值玻璃电极，球内有恒定 pH 值的内参比溶液，通常为 0.1mol/L 的 HCl 溶液，以银/氯化银电极为内参比电极，其电极电位是恒定的，与被测溶液的 pH 值无关，另有参比电极体系通过陶瓷塞与试液接触。这种电极体系集指示电极与参比电极于一体，测量时不再需要外参比电极。

玻璃膜浸入水溶液中时，形成一层很薄（10^{-4} ~ 10^{-5}mm）的水合硅胶层。由于硅氧结构与氢离子的键合强度远大于其与钠离子的键合强度（约 10^{14}倍），因此溶液中的氢离子能进入晶格并代替钠离子的点位，发生如下的交换反应：

$$\underset{(溶液)}{H^+} + \underset{(玻璃膜)}{Na^+GL^-} \rightleftharpoons \underset{(玻璃膜)}{H^+GL^-} + \underset{(溶液)}{Na^+}$$

因此，pH 值玻璃电极在使用以前必须将其在水中充分浸泡（图 9-5）。由于离子交换作用，玻璃膜外层与溶液界面之间产生了电位差，在交换过程中硅胶层得到或失去氢离子都会影响界面上的电位。玻璃膜内层与内部参比溶液接触同样有水合硅胶层产生，在离子交换过程中，也影响界面上的电位。在玻璃膜的中部，则仍是干玻璃区域。由于膜的内部溶液与外部溶液 pH 值不同，其结果可能是膜一侧有较多的氢离子由溶液进入水合硅胶层，另一侧可能有较少的氢离子由溶液进入水合硅胶层，甚至相反有氢离子由水合硅胶层进入溶液，使膜内外界上的电荷分布发生改变。这样就使跨越膜的两侧产生一定的电位差，这个电位差就是玻璃膜的膜电位。另外，在膜内外水合硅胶层与干玻璃层中间，还存在着扩散电位。

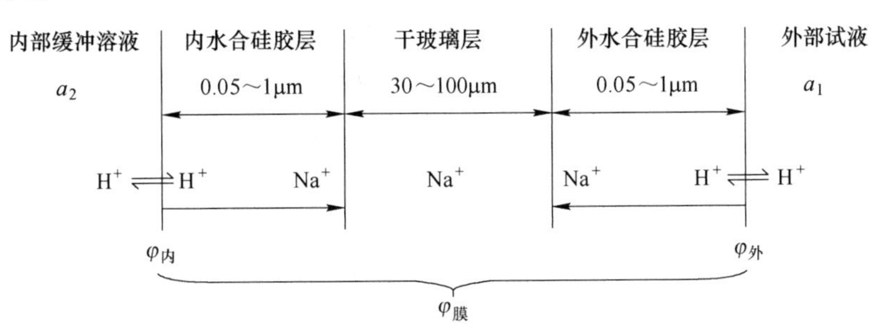

图 9-5　浸泡后的玻璃膜示意图

$$H^+_{溶液} \rightleftharpoons H^+_{硅胶}$$

$$\varphi_{内} = k_2 + 0.059\lg\frac{a_2}{a_2'} \tag{9-12}$$

$$\varphi_{外} = k_1 + 0.059\lg\frac{a_1}{a_1'} \tag{9-13}$$

式中，a_1、a_2 分别表示外部试液和电极内参比溶液中的 H^+ 活度；a_1'、a_2' 分别表示玻璃膜外、内水合硅胶层表面的 H^+ 活度；k_1、k_2 则是由玻璃膜外、内表面性质决定的常数。

玻璃膜内外性质基本相同，则

$$a_1' = a_2', \quad k_1 = k_2$$

$$\varphi_{膜} = \varphi_{外} - \varphi_{内} = 0.059\lg\frac{a_1}{a_2} \tag{9-14}$$

由于内参比溶液中的 H^+ 活度是固定的，故

$$\varphi_{膜} = K' - 0.059pH_{试液} \tag{9-15}$$

式中，K' 是由玻璃膜电极本身性质决定的常数。

pH 值玻璃膜电位与试样溶液中的 pH 值呈线性关系；玻璃电极电位应为内参比电极电位和玻璃膜电位之和，即

$$\varphi_{玻璃} = \varphi_{膜} + \varphi_{内参}$$

所有的离子选择性电极都不是对特定离子具有专属响应，它们在不同程度上受共存离子的影响。例如，pH 值玻璃电极只能适用于 pH 值为 3~10 的溶液，当试液 pH 值大于 10 时，测得的 pH 值比实际低，这种现象称为"钠差"或"碱差"。由于在强碱性溶液小，H^+ 浓度很低，且有大量 Na^+ 存在，会使 Na^+ 重新进入玻璃膜的硅氧晶格，并与 H^+ 交换而占有少数位点。此外，除了水合硅胶层里溶液中 H^+ 活度决定玻璃电极的膜电位外，Na^+ 在两相中扩散而产生的相间电位也影响电极电位。

9.3.2 晶体膜电极

晶体膜电极与玻璃电极类似，不同之处在于它是离子导电，用固态膜（如难溶盐的单晶膜、多晶膜或多种难溶盐制成的薄膜）代替玻璃膜。只有在室温下有良好导电性能的盐的晶体（固体电解质）才能用来制作电极。目前常用的晶体膜电极有两类：一类是以 LaF_3 为敏感膜制成的氟电极（单晶膜电极）；另一类是以 Ag_2S 为基体的电极（多晶膜电极）。

电极对特定离子之所以能选择性响应，是由于晶格缺陷（空穴）引起离子的传导作用。在晶体中，一般只有一种晶格离子参加导电过程，通常是离子半径最小和电荷最少的晶格离子，如 LaF_3 中的 F^-，Ag_2S 和 AgX 中的 Ag^+ 等。接近空穴的导电离子移动至空穴中，其移动过程表示为

$$LaF_3 + 空穴 \longrightarrow LaF_2^+(新空穴) + F^-$$

对于一定的电极膜，由于其缺陷空穴的大小、形状、电荷分布的不同，因而只能容纳特定的可移动的晶格离子，限制除待测离子以外其他离子的进入和移动。由于只有待测特定离子进入空穴而移动，因而晶体膜电极对特定离子有选择性响应。移动过程中没有其他离子进入晶格，所以对晶体膜电极的干扰主要不是因为共存离子进入膜相参与反应，而是因为晶体表面的化学反应。

氟电极敏感膜为 LaF_3 单晶片，为了提高膜的导电效率，在膜中掺有少量 EuF_2。氟电极的构造如图 9-6 所示。以银/氯化银为内参比电极，0.1mol/L NaF -0.1mol/L NaCl 溶液

为内参比溶液。LaF_3单晶膜可交换的是 F^-，则氟电极的电位与试液中氟离子活度间的关系为

$$\varphi_{F^-} = K - \frac{RT}{F}\ln a_{F^-} \qquad (9\text{-}16)$$

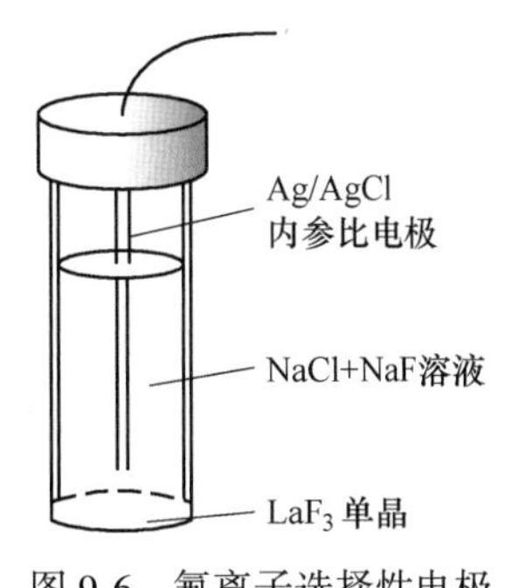

图 9-6 氟离子选择性电极

氟电极具有较好的选择性，其主要干扰物质是 OH^-，产生干扰的原因可能是膜表面发生了以下反应：

$$LaF_3(s) + 3OH^- = La(OH)_3(s) + 3F^-$$

反应释放出的氟离子将增高试液中氟的含量，产生正干扰。而在较高酸度时，由于形成 HF 或 HF_2 而使氟离子的活度降低。因此，测定时最适宜的溶液 pH 值范围为 5~5.5。表 9-1 列出了部分晶体膜电极的测定活度范围及干扰情况。此外溶液中能与 F^-生成稳定配合物或难溶化合物的离子（如 Al^{3+}、Fe^{3+}、Ca^{2+}、Mg^{2+}等）也有干扰，通常可以加掩蔽剂来消除干扰。

表 9-1 晶体膜电极

电极组成	被测活度范围（pM 或是 pA）	使用极限
$AgBr\text{-}Ag_2S$	Br^- 0~5.3	不能用于强还原性溶液；S^{2-}不能存在；CN^-，I^-可痕量存在
$AgCl\text{-}Ag_2S$	Cl^- 0~4.3	S^{2-}不能存在；CN^-，I^-可痕量存在
$AgI\text{-}Ag_2S$	I^- 0~7.3	不能用于强还原性溶液；S^{2-}不能存在
$AgI\text{-}Ag_2S$	CN^- 2~6	S^{2-}不能存在；$c_{I^-} < 10c_{CN^-}$
Ag_2S	S^{2-} 0~7	Hg^{2+}干扰
$AgSCN\text{-}Ag_2S$	SCN^- 0~5	不能用于强还原性溶液；I^-只能痕量存在 $c_{Cl^-} < c_{SCN^-}$
LaF_3	F^- 0~6	OH^-干扰（$c_{OH^-}<0.1c_{F^-}$）
卤化银或 Ag_2S	Ag^+ 0~7	Hg^{2+}干扰；S^{2-}不能存在
$CdS\text{-}Ag_2S$	Cd^{2+} 1~7	Pb^{2+}、Fe^{3+}不能大于 Cd^{2+}量；Ag^+、Hg^{2+}、Cu^{2+}干扰
$CuS\text{-}Ag_2S$	Cu^{2+} 0~8	Ag^+、Hg^{2+}干扰；$c_{Fe^{3+}} < 0.1c_{Cu^{2+}}$；$Cl^-$、$Br^-$含量高时干扰
$PbS\text{-}Ag_2S$	Pb^{2+} 1~7	Ag^+、Hg^{2+}、Cu^{2+}不能存在；$c_{Cd^{2+}} < c_{Pb^{2+}}$，$c_{Fe^{3+}} < c_{Pb^{2+}}$

注：pM、pA 表示金属离子、阴离子浓度的负对数。

9.3.3 流动载体电极

流动载体电极又称液膜电极。这类电极的敏感膜是液体，是溶于有机溶剂的金属配位剂渗透在多孔膜内形成的液态离子交换体。液膜电极结构如图 9-7 所示，接上电极杆及导线即可使用。电极内有两种互不相溶的溶液构成两个相，中间是内参比溶液，其中插入内参比电极（Ag/AgCl 电极）；内外管之间是液体离子交换剂（非水溶性有机物），并均与敏感膜相接触；底部用惰性多孔膜与外部试液隔开，膜上分布的微孔直径小于 1μm，仅支持离子交换剂液体形成薄膜。

钙离子选择性电极是一种带电荷的流动载体电极。测钙时，用 0.1mol/L 的 $CaCl_2$ 溶液为内参比溶液，其液态离子交换体为二癸基磷酸钙 $[(C_{10}O)_2PO_2]_2^-Ca^{2+}$ 溶于苯基磷酸

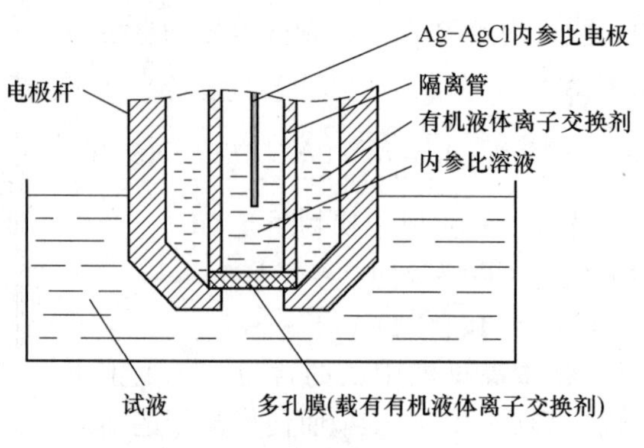

图 9-7 液膜电极

二辛酯等有机溶剂中，以此制得对 Ca^{2+} 有响应的液态敏感膜。测定时在液膜曲面发生如下的离子交换反应：

$$\underset{\text{有机相}}{[(C_{10}O)_2PO_2]_2^- Ca^{2+}} \rightleftharpoons \underset{\text{有机相}}{2(C_{10}O)_2PO_2^-} + \underset{\text{水相}}{Ca^{2+}}$$

25℃时，Ca^{2+} 电极的膜电位为

$$\varphi_{膜} = K + \frac{0.059}{2}\lg a_{Ca^{2+}} \tag{9-17}$$

Ca^{2+} 电极的适宜 pH 值为 5~11，可测出最低浓度为 5×10^{-7}mol/L 的 Ca^{2+}。

带电荷的流动载体电极的灵敏度取决于液态离子交换剂在有机相和水相中的分配系数，有机相中分配系数越大，灵敏度越高；而响应离子与离子交换剂生成的缔合物越稳定，响应离子在有机溶剂中的浓度越大，选择性就越好。部分液膜电极的特性见表 9-2。

表 9-2 液膜电极特性

分析离子	浓度范围/mol · L^{-1}	主要干扰物
Ca^{2+}	$(1\sim5)\times10^{-7}$	Pb^{2+}，Fe^{2+}，Ni^{2+}，Hg^{2+}，Sr^{2+}
Cl^-	$(1\sim5)\times10^{-6}$	I^-，OH^-，SO_4^{2-}
NO_3^-	$(1\sim7)\times10^{-6}$	ClO_4^-，I^-，ClO_3^-，CN^-，Br^-
ClO_4^-	$(1\sim7)\times10^{-6}$	I^-，ClO_3^-，CN^-，Br^-
K^+	$(1\sim1)\times10^{-6}$	CS^+，NH_4^+，Tl^+
硬水（$Ca^{2+}+Mg^{2+}$）	$(1\sim6)\times10^{-6}$	Cu^{2+}，Zn^{2+}，Ni^{2+}，Sr^{2+}，Fe^{2+}，Ba^{2+}

9.3.4 敏化电极

敏化电极是将离子选择性电极与另一种特殊的膜结合起来组成的一种复合电极，可分为气敏电极、酶电极、细菌电极及组织电极等。

气敏电极是一种气体传感器，能用于测定溶液中气体的含量，将离子选择性电极（指示电极）与参比电极装在一个盛有电解质的套管内，在管的底部，紧靠选择性电极敏感膜处装有透气膜，使电解质与外部试液隔开。试液中待测气体组分扩散通过透气膜，进入电极敏感膜和透气膜之间的极薄液层内，使液层内某一能由离子电极测出的离子活度发生变化，从而使电池电势变化，反映出待测组分的量。

能用气敏电极测定的气体有 NH_3、CO_2、SO_2、NO_2、H_2S、HCN、HF、Cl_2 等。其中 NH_3 电极使用比较多。图 9-8 所示为氨气敏电极示意图。其透气膜常用聚偏氟乙烯制成，指示电极用平头形玻璃电极，Ag/AgCl 为参比电极，中间溶液为 0.1mol/L NH_4Cl。

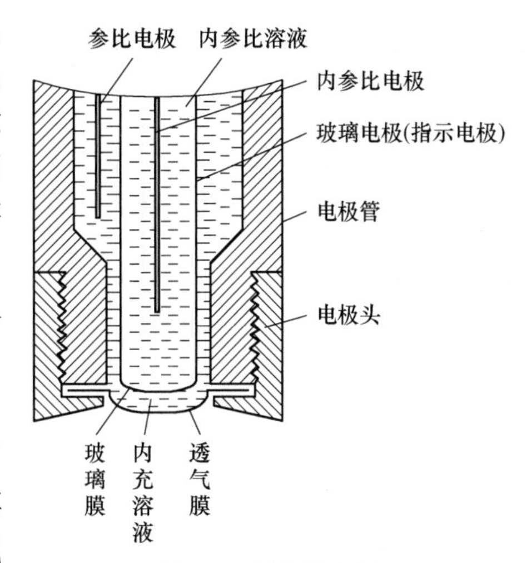

图 9-8　氨气敏电极

被测液产生的氨气通过透气膜扩散进入 NH_4Cl 溶液，引起平衡的移动

$$NH_3 + H_2O \rightleftharpoons NH_4^+ + OH^-$$

待测溶液中 NH_3 的浓度越高，中介液中 OH^- 浓度越高，H^+ 浓度越低。对氨气敏电极而言，其电极电位是氢离子选择性电极的电极电位。氨气敏电极的电极电位与待测溶液中 NH_3 的含量关系可推导

将 $a_{H^+} = K\dfrac{a_{NH_4^+}}{a_{NH_3}}$ 代入 $\varphi_{H^+电极} = K' + \dfrac{RT}{F}\ln a_{H^+}$，得

$$\varphi_{H^+电极} = K' + \frac{RT}{F}\ln a_{H^+} = K' + \frac{RT}{F}\ln K_a \cdot a_{NH_4^+} - \frac{RT}{F}\ln a_{NH_3}$$

由于中介液中 NH_4^+ 的浓度较高，$a_{NH_4^+}$ 可看作常数，令

$$K'' = K' + \frac{RT}{F}\ln K_a \cdot a_{NH_4^+}$$

则

$$\varphi_{NH_3电极} = K'' - \frac{RT}{F}\ln a_{NH_3} \qquad (9\text{-}18)$$

由此 pH 值玻璃电极的电极电位也发生改变，从而达到测定 NH_3 的目的。气敏电极的具体指标见表 9-3。

表 9-3　气敏电极及其性能

电极	指示电极	透气膜	内充溶液	平衡式	检测下限 /mol·L^{-1}
CO_2	pH 值玻璃电极	微孔聚四氟乙烯 硅橡胶	0.01mol/L $NaHCO_3$ 0.01mol/L NaCl	$CO_2 + H_2O \rightleftharpoons H^+ + HCO_3^-$ $CO_2 + H_2O \rightleftharpoons H^+ + HCO_3^-$	约 10^{-5} 约 10^{-5}
NH_3	pH 值玻璃电极	0.1mm 微孔聚四氟乙烯或聚偏氟乙烯	0.01mol/L NH_4Cl	$NH_3 + H_2O \rightleftharpoons NH_4^+ + OH^-$	约 10^{-6}
SO_2	pH 值玻璃电极	0.025mm 硅橡胶	0.01mol/L $NaHSO_3$	$SO_2 + H_2O \rightleftharpoons H^+ + HSO_3^-$	约 10^{-6}

续表 9-3

电极	指示电极	透气膜	内充溶液	平衡式	检测下限 /mol · L^{-1}
NO_2	pH 值玻璃电极	0.025mm 微孔聚丙烯	0.02mol/L $NaNO_2$	$2NO_2 + H_2O \rightleftharpoons 2H^+ + NO_2^- + NO_3^-$	约 10^{-7}
H_2S	硫离子电极 (Ag_2S)	微孔聚四氟乙烯	柠檬酸缓冲溶液 (pH=5)	$S^{2-} + H_2O \rightleftharpoons HS^- + OH^-$	约 10^{-3}
HCN	硫离子电极 (Ag_2S)	微孔聚四氟乙烯	0.01mol/L $K[Ag(CN)_2]$	$HCN \rightleftharpoons H^+ + CN^-$ $Ag^+ + 2CN^- \rightleftharpoons Ag(CN)_2^-$	约 10^{-7}

酶电极是在主体电极上覆盖一层酶，利用酶的界面催化作用，将被测物转变为适宜于电极测定的物质。如把脲酶固定在氨电极上制成的脲酶电极可以检测血浆和血清中 0.05~5mmol/L 的尿素。在脲酶作用下反应为

$$CO(NH_2)_2 + H_2O = 2NH_3 + CO_2$$

产生的 NH_3 由氨电极测定其浓度。酶的反应具有专一性，但由于酶易失去活性且菌的纯化及酶电极的制作目前较为困难，因此，酶电极在生产上的应用受到一定限制，有待进一步研究改进。

组织电极是以动、植物组织为敏感膜的敏化电极。如用猪肾片贴在氨电极表面制成可测谷氨酰胺含量的组织电极。其优点是来源丰富，许多组织中含大量酶，性质稳定，专属性强；寿命长；制作简单，生物组织具有一定的机械性能。电极使用寿命和电极性能由生物膜的固定技术决定。

9.4 离子选择性电极的相关性指标

9.4.1 离子选择性电极的有关性能指标

(1) 选择性系数。离子选择性电极的电位虽然对给定的某种离子具有能斯特 (Nernst) 响应，但干扰离子存在时也有不同程度的响应（也产生膜电位），给测定带来误差。由此，国际纯粹与应用化学联合会 (IUPAC) 建议使用选择性系数 K_{ij} 作为衡量离子选择性电极选择性好坏的指标，其意义为：当其他条件相同时，能产生相同电位的被测离子活度 a_i 与干扰离子活度 a_j 的比值，即 $\frac{a_i}{a_j}$。若 i、j 离子的电荷数不同，则

$$K_{ij} = \frac{a_i}{a_j^{n/m}} \tag{9-19}$$

式中，n 表示被测离子 i 的电荷数；m 表示干扰离子 j 的电荷数。显然 K_{ij} 值越小，电极的选择性越好。

对于一般离子选择性电极，考虑了干扰离子的影响后，膜电位的表达式为

$$\varphi_{膜} = K \pm \frac{0.059}{n}\lg[a_i + K_{ij}(a_j)^{n/m}] \tag{9-20}$$

应当注意的是，K_{ij} 除了与 i、j 离子的性质有关外，还和实验条件及测定方法有关。利用 K_{ij} 可以估算某种干扰离子在测定中所造成的误差，判断在某种干扰离子存在的条件下，测定方法是否可行。在拟定分析方法时有重要参考作用。

（2）线性范围及检测下限。使用离子选择性电极检测离子活度（或浓度）时，常需作标准曲线，如图 9-9 所示。点 M 对应的离子活度（或浓度），即为检测下限，它实际上是离子选择性电极能够检测离子的最低活度（或浓度）。一般来讲，检测下限是衡量该电极的一个重要指标。此外，离子选择性电极也有检测上限，不同电极检测上限数值不同，常见离子选择性电极的检测上限为 1mol/L 左右。

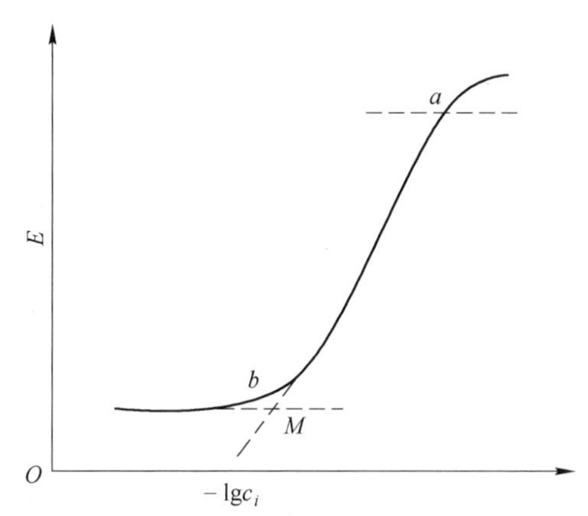

图 9-9 线性范围与检出限

（3）响应时间。响应时间指参比电极与离子选择性电极从接触试液起直到电极电位值达到稳定值的 95%所需的时间。响应时间越短越好，它主要与被测离子到达电极表面的速率、被测溶液的浓度、膜厚度、介质离子强度、薄膜表面光洁度等因素有关。此外，电极的内阻、不对称电位、温度系数和等电位点等特性，在选择或使用离子选择性电极时都应注意。

9.4.2 影响离子选择性电极准确度的因素

（1）溶液的离子强度。离子选择性电极测定的结果是离子的活度 a_i，而定量分析的目的是获得离子的浓度 c_i，活度与浓度的关系为

$$a_i = c_i\gamma_i$$

式中，γ_i 为活度系数。将此式代入膜电位公式得

$$\varphi_{膜} = K \pm \frac{2.303RT}{nF}\lg(c_i\gamma_i) \tag{9-21}$$

若能使分析过程中活度系数不变，则式（9-21）可变为

$$\varphi_{膜} = K' \pm \frac{2.303RT}{nF}\lg c_i \tag{9-22}$$

因为活度系数是溶液中离子强度的函数，所以必须设法保持定量分析中各试液（包括标准溶液与校测试液）的离子强度一致。在用标准曲线法测定离子浓度时加入总离子强度调节缓冲溶液就是基于这一原理。

（2）溶液的 pH 值。因为 H^+ 或 OH^- 能影响某些测定，所以必须控制溶液的 pH 值。例如，用氟离子选择性电极测定 F^- 时，应使 pH 值控制在 5~6。

（3）温度。温度不但影响直线的斜率．也影响直线的截距，K' 包括参比电极电位、膜的内表面膜电位、液接电位等。这些电位数值都与温度有关，所以在整个测定过程中应保持温度恒定，以提高测定的准确度。

（4）干扰离子。干扰离子的存在，不仅给测定带来误差，而且使电极响应时间增长。

为了消除干扰离子的影响，可以加入掩蔽剂，只有在必要时才预先分离干扰离子。

（5）电动势测量误差。在用离子选择性电极进行定量分析时，电动势测量的准确度直接影响分析结果的准确度。由式

$$E = K' \pm \frac{RT}{nF}\ln a_i \tag{9-23}$$

可得

$$dE = \frac{RT}{nF}\frac{da}{a}$$

25℃时，电动势以 mV 为量纲，则有

$$dE = \frac{25.68}{n}\frac{da}{a}$$

故当电动势测量误差不大时，分析结果的相对误差为

$$\frac{\Delta a}{a} = \frac{n\Delta E}{25.68} \times 100\% = 3.9n\Delta E\%$$

当 E 发生 1mV 测量误差，即 ΔE = 1mV 时，一价离子（$n=1$）的相对误差为 3.9%，二价离子（$n=2$）的相对误差为 7.8%。因此，测量电位所用的仪器必须具有很高的灵敏度和相当高的准确性，事实上，测量误差是很难消除的。

9.5 直接电位法

直接电位法是通过测量电池电动势来确定指示电极的电位，然后根据能斯特方程，由所测得的电极电位值计算出检测物质的含量。应用最多的是 pH 值的电位测定及用离子选择性电极测定离子活度。

9.5.1 pH 值的测定

9.5.1.1 pH 值测定的基本原理

测定溶液的 pH 值常用玻璃电极作指示电极，甘汞电极作参比电极，与待测溶液组成工作电池，如图 9-10 所示。

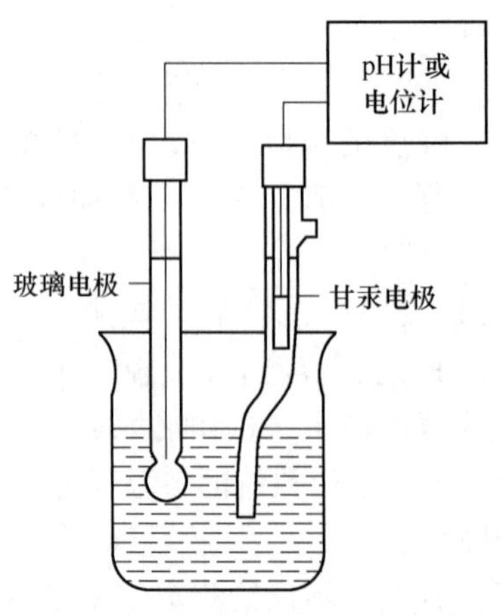

图 9-10 玻璃电极测定 pH 值的原理

此电池可用下式表示：

Ag，AgCl|0.1mol/L HCl|玻璃膜|待测试液||KCl（饱和）|Hg_2Cl_2，Hg

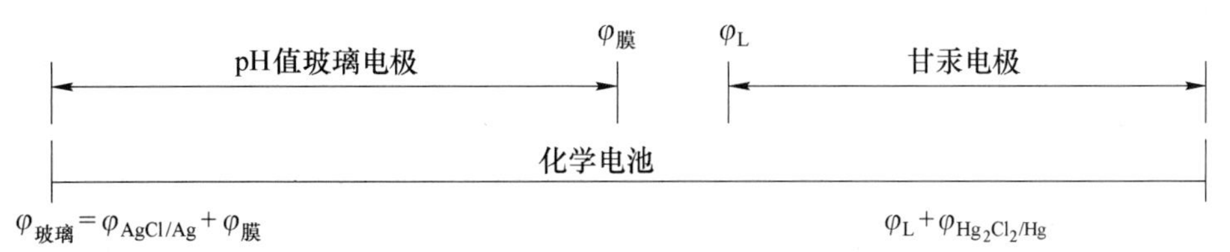

其中，φ_L 是液体的接触电位，上述电池的电动势为

$$E=\varphi_{Hg_2Cl_2/Hg}-\varphi_{玻璃}+\varphi_L=\varphi_{Hg_2Cl_2/Hg}-\varphi_{AgCl/Ag}-\varphi_{膜}+\varphi_L \tag{9-24}$$

而
$$\varphi_{膜}=K-0.059pH_{试}$$

可知
$$E=\varphi_{Hg_2Cl_2/Hg}-\varphi_{AgCl/Ag}-K+0.059pH_{试}+\varphi_L \tag{9-25}$$

式中，$\varphi_{Hg_2Cl_2/Hg}$，$\varphi_{AgCl/Ag}$，φ_L 和 K 在一定条件下是常数，将其合并为 K'，则上式可表达为：

$$E=K'+0.059pH \tag{9-26}$$

待测电池的电动势与试液的 pH 值成直线关系。若能求出 E 和 K' 的值，就可求出试液的 pH 值。E 值可以通过测量得到，K' 值除包括内外参比电极的电极电位等常数以外，还包括难以测量和计算的不对称电位和 φ_L。因此在实际工作中，不可能用式（9-26）直接计算 pH 值，而是用一个 pH 值已经确定的标准缓冲溶液作为基准，并比较包含待测溶液和包含标准缓冲溶液的两个工作电池的电动势来确定待测溶液的 pH 值。

9.5.1.2 pH 值的测定方法

设有两种溶液 x 和 s，其中 x 代表试液，s 代表 pH 值已知的标准缓冲溶液，组成下列电池：

对 H^+可逆的电极|标准缓冲溶液 s 或是试液 x‖参比电极

两种溶液所组成的工作电池的电动势分别为：

$$E_x=E'_x+0.059pH_x$$
$$E_s=E'_s+0.059pH_s$$

式中，pH_x 为试液的 pH 值；pH_s 为标准缓冲溶液的 pH 值。

若测量 E_x 和 E_s 时条件不变，且 $K'_x=K'_s$，则上述两式相减可得

$$pH_x=pH_s+\frac{E_x-E_s}{0.059} \tag{9-27}$$

由于 pH_s 值已知，通过测量 E_x 和 E_s 的值就可计算出 pH_x 值。也就是说，以标准缓冲溶液的 pH 值为基准，通过比较 E_x 和 E_s 的值可求出 pH_x 值，这种方法称为 pH 值标度法。0.059 为在25℃时 $pH_x=E_x-E_s$ 曲线的斜率，即当 pH 值变化 1 个单位时，电动势将改变 59mV。

9.5.2 pH 值测定用的标准缓冲溶液

因为 pH 值测定用的标准缓冲溶液是 pH 值测定的基准，所以标准缓冲溶液的配制及其 pH 值的确定直接影响测量结果的准确度。我国标准计量局颁发了六种 pH 值标准缓冲溶液及其在 0~95℃的 pH_s 值。表 9-4 为该六种缓冲溶液于 0~60℃的 pH_s 值。

表 9-4 pH 值基准缓冲溶液的 pH_s 值

温度 T/℃	0.05mol/kg 四草酸氢钾	25℃ 饱和酒石酸氢钾	0.05mol/kg 邻苯二甲酸氢钾	0.025mol/kg 磷酸二氢钾 0.025mol/kg 磷酸二氢钠	0.01mol/kg 硼砂	25℃ 饱和 $Ca(OH)_2$
0	1.668		4.006	6.981	9.458	13.416
5	1.669		3.999	6.949	9.391	13.210
10	1.671		3.996	6.921	9.330	13.011
15	1.673		3.996	6.898	9.276	12.820
20	1.676		3.998	6.879	9.226	12.637
25	1.680	3.559	4.003	6.864	9.182	12.460
30	1.684	3.551	4.010	6.852	9.142	12.292
35	1.688	3.547	4.019	6.844	9.105	12.130
40	1.694	3.547	4.029	6.838	9.072	11.957
50	1.706	3.555	4.055	6.833	9.015	11.697
60	1.721	3.573	4.087	6.837	8.968	11.426

9.6 电位滴定

电位滴定法是一种用电位法确定终点的滴定分析方法。进行电位滴定时，在待测液中插入指示电极和参比电极组成电池。随着滴定剂加入，发生化学反应，待测离子浓度不断变化，指示电极电位也随之发生变化，在化学计量点附近发生电位突跃，由此可确定滴定终点。可见，电位滴定法是以测量电位变化为基础的。测量仪器与直接电位法相同，滴定时用磁力搅拌器搅拌试液以加速反应尽快达到平衡。电位滴定法的基本仪器如图 9-11 所示。

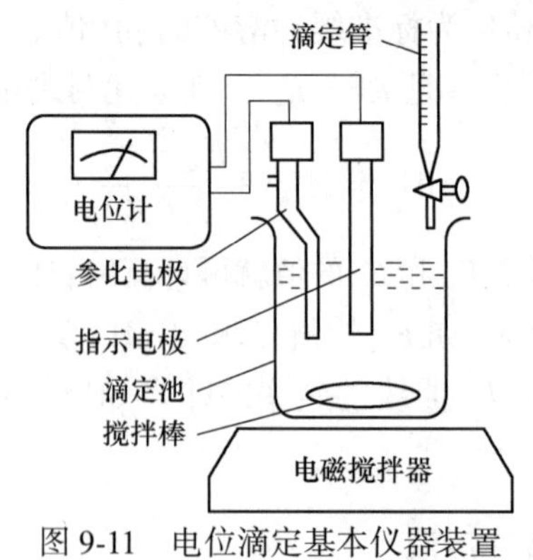

图 9-11 电位滴定基本仪器装置

9.6.1 电位滴定终点的确定

以 0.1000mol/L $AgNO_3$溶液滴定 25.00mL NaCl 溶液为例，所得数据见表 9-5。

表 9-5 以 0.1000mol/L $AgNO_3$ 溶液滴定 25.00mL NaCl 溶液

加入 $AgNO_3$ 溶液的体积 V/mL	E/V	$(\Delta E/\Delta V)/V \cdot mL^{-1}$	$V_{平均}$/mL	$(\Delta^2 E/\Delta^2 V)/V \cdot mL^{-2}$
5.00	0.062			
15.00	0.085	0.002	10.00	
20.00	0.107	0.004	17.50	
22.00	0.123	0.008	21.00	
23.00	0.138	0.015	22.50	
24.00	0.174	0.036	23.50	
24.10	0.183	0.090	24.05	
24.20	0.194	0.110	24.15	2.8
24.30	0.233	0.390	24.25	4.4
24.40	0.316	0.830	24.35	-5.9
24.50	0.340	0.240	24.45	-1.3
24.60	0.351	0.110	24.55	-0.4
24.70	0.358	0.070	24.65	
25.00	0.373	0.050	24.85	
25.50	0.385	0.024	25.25	

利用表 9-5 的数据，可用以下方法确定终点。

9.6.1.1 E-V 曲线法

以加入滴定剂的体积 V 为横坐标，相应的电动势 E 为纵坐标，绘制 E-V 曲线（图 9-12），曲线上的拐点所对应的体积为滴定终点体积。

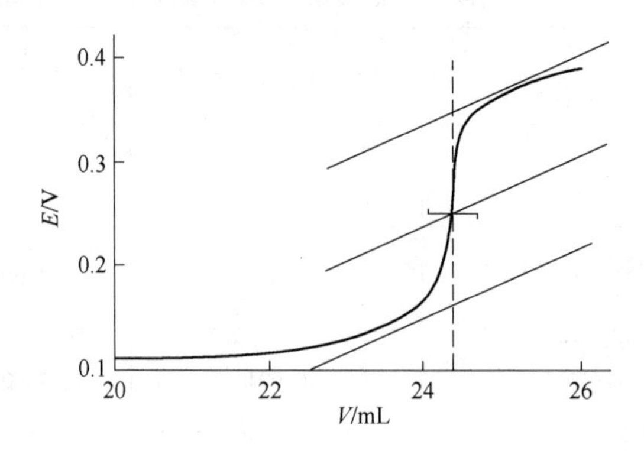

图 9-12 *E-V* 曲线

9.6.1.2 $\Delta E/\Delta V$-V 曲线法

由于 *E-V* 曲线法对滴定突跃不明显的体系还是不够准确，因此，常连续滴定各点之间电动势值的相对变化值（ΔE）与加入滴定剂体积的相对变化值 ΔV，对应的 $\Delta E/\Delta V$ 为纵坐标，以加入的滴定剂体积 V 为横坐标，绘制 $\Delta E/\Delta V$-V 曲线（图 9-13），该曲线的最高点所对应的体积为滴定终点体积。

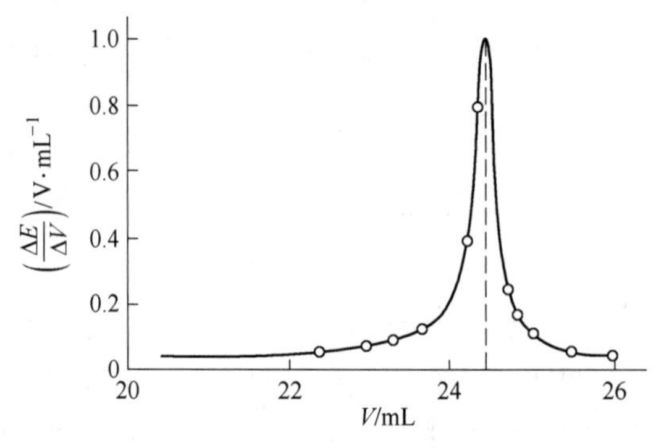

图 9-13 $\Delta E/\Delta V$-V 曲线

$\Delta E/\Delta V$ 为电位的变化值与相应的加入滴定剂体积的增量之比，是一阶微商 dE/dV 的近似值。例如在 24.20~24.30mL 之间，相应的

$$\frac{\Delta E}{\Delta V}=\frac{E_2-E_1}{V_2-V_1}=\frac{0.316-0.233}{24.40-24.30}=0.83\text{V/mL}$$

9.6.1.3 $\Delta^2E/\Delta V^2$-V 曲线法

该法以加入滴定剂的体积 V 为横坐标，对应的 $\Delta^2E/\Delta V^2$ 为纵坐标，绘制 $\Delta^2E/\Delta V^2$-V 曲线（图 9-14）。在 $\Delta^2E/\Delta V^2=0$ 处所对应的体积为滴定终点体积。如对应于 24.30mL，有

$$\frac{\Delta^2E}{\Delta V^2}=\frac{\left(\frac{\Delta E}{\Delta V}\right)_2-\left(\frac{\Delta E}{\Delta V}\right)_1}{\Delta V}=\frac{0.83-0.39}{24.35-24.25}=4.4\text{V/mL}^2$$

又如对应于24.40mL，有

$$\frac{\Delta^2 E}{\Delta V^2} = \frac{\left(\frac{\Delta E}{\Delta V}\right)_2 - \left(\frac{\Delta E}{\Delta V}\right)_1}{\Delta V} = \frac{0.24 - 0.83}{24.45 - 24.35} = -5.9\text{V/mL}^2$$

9.6.1.4　内插法

作图法确定终点既费时，准确度又不高，因而可以用比较准确的数学计算法代替作图法。在二阶微商出现相反符号所对应的两体积之间，必然有 $\Delta^2 E/\Delta V^2 = 0$，这一点所对应的体积就是滴定终点的体积，用内插法计算。

$$V = \left(24.30 + 0.10 \times \frac{4.4}{4.4 + 5.9}\right)$$

$$= 24.34\text{mL}$$

即24.34mL为滴定终点时所消耗的 $AgNO_3$ 溶液的体积。

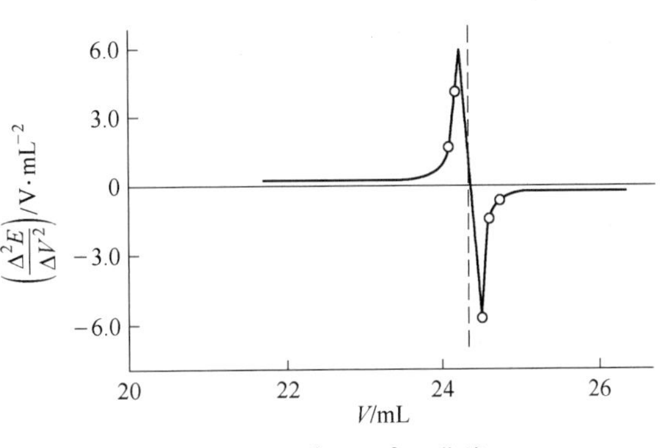

图9-14　$\Delta^2 E/\Delta V^2$-V 曲线

9.6.2　电位滴定法的应用和指示电极的选择

电位滴定法的准确度较直接电位法高，测定的相对误差可低于0.2%，且不受溶液浑浊或有色的影响，能用于连续滴定或自动滴定，并适于微量分析；另外，它也适合于非水溶液的滴定，所以应用范围较广，可用于各种滴定分析。

（1）酸碱滴定：可用玻璃电极作指示电极，SCE作参比电极。在化学计量点附近，pH值突跃使指示电极电位发生突跃而指示出滴定终点。在被测试液中有颜色或浑浊的情况下，使用该法可带来许多便捷。

在强碱滴定弱酸时，要使误差小于0.1%，则弱酸浓度和解离常数要符合以下条件：当对混合酸或多元酸进行分步滴定时，两种酸的解离常数比或相邻两级解离常数比应小于 10^4，否则不能进行分步滴定。对解离常数小于 10^{-8} 的酸或碱，只能在非水溶剂中才能准确滴定。

（2）氧化还原滴定：一般选用铂电极等惰性电极为指示电极，SCE作参比电极，氧化还原滴定都能用电位法确定终点。

以铂电极为指示电极，可以用 $KMnO_4$ 溶液滴定 I^-、NO_2^-、Fe^{2+}、V^{4+}、Sn^{2+}、$C_2O_4^{2-}$ 等，用 $K_2Cr_2O_7$ 溶液滴定 I^-、Sb^{3+}、Fe^{2+}、Sn^{2+} 等，用 $K_3[Fe(CN)_6]$ 溶液滴定 Co^{2+} 等。但在 $KMnO_4$ 和 $K_2Cr_2O_7$ 体系中，铂电极可能被氧化生成氧化膜使电极响应迟缓，对此可用机械或化学方法将氧化膜除去。

（3）沉淀滴定：根据不同的沉淀反应，选用不同的指示电极。例如，以硝酸银标准溶液滴定 Cl^-、Br^-、I^- 时，可选用Ag电极。在这类滴定中，直接用SCE作参比电极是不合适的。因为SCE漏出的 Cl^- 对测定有干扰，所以需用 KNO_3 盐桥将试液与甘汞电极隔开，或选用双盐桥SCE作参比电极。

（4）配位滴定：在配位滴定中以 EDTA 为滴定剂，可根据被测金属离子选择不同的指示电极。例如 EDTA 滴定 Ca^{2+} 时，可用 Ca^{2+} 选择性电极；滴定 Fe^{3+} 时，可用铂电极（加入 Fe^{2+}）为指示电极。此外，还可选用 pM 电极，它能够指示多种金属离子的浓度。在试液中加入 Cu-EDTA 配合物，然后用 Cu^{2+} 选择性电极作指示电极，当用 EDTA 滴定金属离子时，溶液中游离 Cu^{2+} 的浓度受游离 EDTA 浓度的制约，所以 Cu^{2+} 电极的电位可指示溶液中游离 EDTA 的浓度，间接反映被测金属离子浓度的变化。

配位滴定的准确度受酸效应及干扰离子的配位效应的影响，实际工作中常在具体实验条件下测定电位滴定曲线，根据该条件下的终点电位值自动进行电位滴定。

各类电位滴定常用的电极归纳见表 9-6。

表 9-6 用于各类滴定法的电极

滴定方法	参比电极	指示电极
酸碱滴定	甘汞电极	玻璃电极、锑电极
沉淀滴定	甘汞电极、玻璃电极	银电极、硫化银薄膜电极等离子选择性电极
氧化还原滴定	甘汞电极、玻璃电极、钨电极	铂电极
配位滴定	甘汞电极	铂电极、汞电极、银电极、氟电极、钙电极等离子选择性电极

9.7 电位仪的使用

9.7.1 作 pH 计使用

（1）接通电源，仪器预热 10min。

（2）仪器在测量被测溶液前，先要标定，在连续使用时，每天标定一次即可，标定分一点标定法和二点标定法，常规测量时采用一点标定法，精确测量时要采用二点标定法。

（3）一点标定法：仪器电极插拔去 Q9 短路插头，接上复合电极，用蒸馏水冲洗电极，然后浸入缓冲溶液中（如被测溶液为酸性，则缓冲溶液要用 pH 值为 4；反之则要用 pH 值为 9 的缓冲溶液）。将“斜率”电位器顺时针旋到底，温度电位器调到实测溶液的温度值。调节“定位”电位器，使数显所显示的 pH 值为该温度下缓冲溶液的标准值，此时仪器标定结束，各个旋扭不能再动，开始测量未知的被测溶液。

（4）二点标定法：仪器拔去 Q9 短路插头，接入复合电极，斜率电位器顺时针旋出，将温度电位器调到被测溶液的实际温度值，先将电极浸入 pH 值为 7 的缓冲溶液中。调节“定位”电位器，使仪器数显 pH 值为该缓冲溶液在此温度下的标准值。如被测溶液是酸性，则将电极从 pH 值为 7 的缓冲溶液中取出，用蒸馏水冲洗干净，然后插入 pH 值为 4 的缓冲溶液中；如被测溶液是碱性则应插入 pH 值为 9 的缓冲溶液中，然后调节“斜率”电位器，使此时的数显为该温度下的标准值。反复进行上述两点校正，直到不用调节“定位”和“斜率”电位器而能使两种缓冲溶液都能达到标准值为止。将电极从缓冲液中取出，用蒸馏水冲洗净，开始测量未知的被测液。

（5）测量电极电位：拔出 Q9 短路插头，接上各种适合的离子选择电极和参比电极。仪器“选择”开关置“mV”档（此时“定位”“斜率”和温度都不起作用），将电极浸入被测溶液中，此时仪器显示的数字为该离子选择电极的电极电位（mV 值），并自动显示正负极性。

9.7.2　作滴定分析

该仪器可用于各种类型的电位滴定，用户根据不同的电极，插后面板的电极插孔，如有的电极不能直接插入 Q9 插孔中，则可用本仪器提供的 Q9 插头；连线用鳄鱼夹夹住电极头即可。

（1）装好滴定装置，将电磁阀两头的硅胶管分别用力套入滴定管和滴液管的接头上。

（2）将电磁阀插入仪器后部的插孔中，在滴定管中加入标准溶液。

（3）按“快滴”键，调节电磁阀螺丝，使标准液流下，赶走液路部分全部气泡。

（4）按“慢滴”键，同样调节电磁阀螺丝，使慢滴速度为每滴 0.02mL 左右。

（5）重新加满标准液，按短滴键，使滴定管中的标准液调节到零刻度。

（6）选择开关置“预设”档，调节预设电位器至使用者所滴溶液的终点电位值，mV 值和 pH 值通用，如终点电位为－800mV，则调节终点电位器使数显为－800，如终点电位为 8.5pH，则调节终点电位器使数显为 850 即可。

（7）预设好终点电位后，选择开关按使用要求置 mV 或 pH 值为档，此时“预设”电位器就不能再动了。

（8）用户在作滴定分析时，为了保证滴定精度，不能提前到终点也不能过滴，同时又不能使滴定一次的时间太长，本仪器设有长滴控制电位器，即在远离终点电位时，滴定管溶液直通被滴液，在接近终点时滴定液短滴（每次约 0.02mL）逐步接近终点，到达终点时（±3mV 或±0.03pH）停滴，延时 20s 左右，电位不返回即终点指示灯亮，蜂鸣器响。

思 考 题

9-1 试举出两种常用的参比电极。写出半电池及电极电位表达式。

9-2 为什么测量电池的电动势不能用一般的电压表？应用什么方法测量之？试总结在各种方式的电位滴定中各用到哪些指示电极，为什么？

9-3 用离子选择性电极测定离子活度时，若使用标准加入法，试用一种最简单方法求出电极响应的实际斜率。

9-4 某含氟溶液 20.00mL，用氟离子选择电极测得其相对于某参比电极的电位是 0.3400V。加入 4.00mL 0.0100mol/L 氟化钠溶液后再测量得到的氟电极电位是 0.3100V。试求含氟溶液中原始氟离子的浓度。(假定所给含氟溶液和标准溶液中都有适量的总离子强度调节缓冲剂，不考虑液接电位的变化）今假定允许用于测量的含氟溶液体积只有 0.5mL，要用同样的实验设备进行测量，请你设计一个实验步骤，把原始含氟溶液中的离子浓度测量出来。写出必要的计算式并作简要说明。

9-5 原电池在放电时，正极就是阳极，负极就是阴极，这种说法对不对？为什么？为什么普通玻璃电极不能用于测量 pH 值大于 10 的溶液？

9-6 请画图说明氟离子选择性电极的结构，并说明这种电极薄膜的化学组成是什么？写出测定时氟离子选择性电极与参比电极构成电池的表达式及其电池电动势的表达式。

9-7 根据测量电化学电池的电学参数不同，可以将电化学分析方法分为哪几类不同的方法？

习　题

9-1 pH 值为玻璃电极和饱和甘汞电极组成如下测量电池：pH 值为玻璃电极 H^+ | $(a=x)$ ‖ SCE 在 250℃时，测定 pH 值为 5.00 标准缓冲溶液的电动势为 0.218V；若用未知 pH 值为溶液代替标准缓冲溶液，测得电动势为 0.06V，计算未知溶液的 pH 值。

9-2 pH 值为玻璃电极与饱和甘汞电极组成如下电池：玻璃电极 | H^+ (x) ‖ 饱和甘汞电极。测定 pH 值为 4.01 的邻苯二甲酸氢钾缓冲溶液时，其电池电动势为 0.211V。而测定两个未知溶液时，其电池电动势分别为 0.435V 和 0.0186V，试计算两种未知溶液的 pH 值（25℃）。

9-3 用控制电位库仑分析法测定 CCl_4 和 $CHCl_3$ 的含量。在−1.0V（对比 SCE）电位下，在汞阴极上，在甲醇溶液中和四氯化碳还原成氯仿：$2CCl_4+2H^++2e^-+2Hg(l)=2CHCl_3+Hg_2Cl_2(s)$；在−1.80V，氯仿可还原成甲烷：$2CHCl_3+6H^++6e^-+6Hg(l)=2CH_4+3Hg_2Cl_2(s)$。将 0.750g 含 CCl_4、$CHCl_3$ 及惰性杂质的试样溶解在甲醇中，在−1.0V 下电解，直至电流趋近于零，从库仑计上测得的电量数为 11.63C；然后在−1.80V 继续电解，完成电解需要的电量为 44.24C，试计算试样中 CCl_4 和 $CHCl_3$ 的质量分数。

9-4 含锌试样 1.000g 溶解后转化成氨性溶液并在汞阴极上电解。电解完毕时在串联的氢-氧库仑计上量得氢和氧混合气体 31.3mL（已校正水蒸气压），测定时的温度是 21℃，压力是 103060.2Pa。问试样中含锌的质量分数？[已知 Ar(Zn)= 65.38]

9-5 在室温为 18℃，101325Pa 条件下，以控制电位库仑法测定一含铜试液中的铜，用汞阳极作工作电极，待电解结束后，串接在线路中的氢氧库仑计中产生了 14.5mL 混合气体，问该试液中含有多少铜（以毫克表示）？[已知 Ar(Cu)= 63.55]

9-6 用库仑滴定法测定某有机一元酸的摩尔质量，溶解 0.0231g 纯净试样于乙醇与水的混合溶剂中，以电解产生的 OH^- 进行滴定，用酚酞作指示剂，通过 0.0427A 的恒定电流，经 402s 到达终点，试计算此有机酸的摩尔质量。

9-7 一种溶液含有 0.20mol/L Cu^{2+} 和 0.10mol/L H^+，于两个铂电极组成的电解池中进行电解。(1) 假定氢超电位忽略不计，问当氢开始在阴极析出时，Cu^{2+} 浓度是多少？(2) 假定氢超电位为 0.50V，当氢开始在阴极析出时，Cu^{2+} 浓度是多少？

9-8 用 0.20A 电流通过电解池电解硝酸铜酸性溶液，通电时间为 12min，在阴极上析出 0.035g 铜，阳极上产生 8.30mL 氧（在标准状态下），求阴极上析出铜和阳极上放出氧的电流效率。

9-9 将 9.14mg 纯苦味酸试样溶解在 0.1mol/L 盐酸中，用控制电位库仑法（−0.65V 对比 SCE）测定，通过电量为 65.7C，计算此还原反应中电子得失数 n，并写出电池半反应。（苦味酸摩尔质量 = 229g/mol）

9-10 在钠离子存在下用钙离子选择电极测定钙。以钙电极接 pH 计的负极，饱和甘汞电极接正极，在 0.0100mol/L $CaCl_2$ 溶液中（活度系数 $f_1=0.55$）测得电动势为 195.5mV，在含 0.0100mol/L $CaCl_2$ 和 0.0199mol/L NaCl 的混合溶液中（两种物质的活度系数分别为 $f_2=0.51$，$f_3=0.83$）测得电动势为 189.2mV。今有一含钙的未知液，其中 Na^+ 的活度用钠离子选择电极测得为 0.0120mol/L，若在此溶液中电池的电动势等于 175.4mV，试求未知液中 Ca^{2+} 的活度（测量温度为 25℃）。

9-11 准确移取 50.00mL NH_4^+ 试液，经碱化后用氨气敏电极测得电位为−80.1mV。若加入 0.001000mol/L 的 NH^{4+} 标准溶液 0.50mL，测得其电位为−96.1mV；然后在此试液中加入离子强度缓冲调节剂 50.00mL，测得其电位为−78.3mV。试计算试液中 NH^{4+} 浓度为多少。

9-12 某 pH 计，按指针每偏转一个 pH 值单位而电位改变 60mV 的标准设计，若仪器无斜率补偿，今用响应斜率为 50mV 的 pH 值玻璃电极来测定 pH 值 3.00 的溶液，用 pH 值 4.00 的溶液校正（定位），测得的结果误差有多大?

9-13 当用 Cl^- 选择电极测定溶液中 Cl^- 浓度时，组成电池：Cl^- 电极 | Cl^-（2.5×10^{-4} mol/L）溶液 ‖ SCE

（1）测得电动势为 0.316V 在测未知溶液时得电动势值为 0.302V，求未知液中 Cl^- 浓度。

10 吸光光度法

吸光光度法，又称分光光度法，是建立在物质对光的选择性吸收的基础之上的分析方法。利用有色溶液对可见光的吸收进行定量测定，具有悠久的历史，称为比色法。随着分光光度计发展为灵敏、准确、多功能的仪器，光吸收的测量从混合光的吸收进展为单波长光的吸收及其集合，并从可见光区扩展到紫外和红外光区域，比色法发展成为吸光光度法。本章重点讨论可见光区的吸光光度法。

许多物质是有颜色的，如高锰酸钾水溶液呈深紫色，Cu^{2+}的水溶液呈蓝色，溶液愈浓，颜色愈深。通过比较颜色的深浅来测定物质浓度的方法称为比色法。它既可依靠目视来进行，也可以采用分光光度计来进行，后者称为分光光度法。

例如，含铁 0.001%的试样，若用滴定法测定，称量 1g 试样，仅含铁 0.01mg，用 1.6×10^{-3}mol/L 的 $K_2Cr_2O_7$标准溶液滴定，仅消耗 0.02mL，与一般滴定管的读数误差（0.02mL）相当。而若在容量瓶中配成 50mL 溶液，在一定条件下，用 1,10-邻二氮菲显色，生成橙红色的 1,10-邻二氮菲亚铁配合物，就可以用吸光光度法来测定。

吸光光度法灵敏度较高，检测下限达 $10^{-5}\sim10^{-1}$mol/L，适用于微量组分的测定。某些新技术，如催化分光光度法，检测下限可达 10^{-8}mol/L。

吸光光度法测定的相对标准偏差约为 2%~5%，可满足微量组分测定对精确度的要求。另外，吸光光度法测定迅速，仪器价格便宜，操作简单，应用广泛。几乎所有的无机物质和许多有机物质都能用此法进行测定。它还常用于化学平衡等的研究。因此吸光光度法对生产和科学研究都有极其重要的意义，下面对广泛应用的分子荧光分析和化学发光分析法进行简介。

10.1 物质对光的选择性吸收和光吸收的基本定律

扫一扫

10.1.1 物质对光的选择性吸收

光是一种电磁波，具有波粒二象性。可见光的波长范围为 400~750nm（相当于光子具有 3.1~1.7eV 能量）。

理论上将具有同一波长的光称为单色光，包含不同波长的光称为复合光。人眼所能感觉的红、橙、黄、绿、青、蓝、紫等各种颜色的光为可见光，它们的波长范围不同，并不是单色光。通常所说的白光，如日光，也不是单色光，而是由不同波长的光按一定比例混合而成。进一步的研究表明，只需要把两种特定颜色的光按一定比例混合就可以得到白光，这两种特定颜色的光称为互补光。物质的颜色是因物质对不同波长的光具有选择性吸收作用而产生的。当一束白光照射到某一物质上时，如果物质选择性地吸收了某一颜色的光，物质透射的光就是互补光，呈现的也是这种互补光的颜色。表 10-1 列出了物质的颜色和吸收光之间的关系。

表 10-1 物质颜色和吸收光之间的关系

吸收光	吸收光波长范围 λ/nm	物质颜色(透射光)
紫	400~450	黄绿
蓝	450~480	黄
绿蓝	480~490	橙
蓝绿	490~500	红
绿	500~560	紫红
黄绿	560~580	紫
黄	580~600	蓝
橙	600~650	绿蓝
红	650~780	蓝绿

光的吸收是物质与光相互作用的一种形式，物质分子对可见光的吸收必须符合普朗克条件：只有当入射光能量与物质分子能级间的能量差 ΔE 相等时，才会被吸收，即

$$\Delta E = E_2 - E_1 = h\nu = \frac{hc}{\lambda} \tag{10-1}$$

式中，ΔE 为吸光分子两个能级间的能量差；ν 或 λ，称为吸收光的频率或波长；h 为普朗克常数。

10.1.2 光吸收的基本定律——朗伯-比尔定律

扫一扫

朗伯和比尔分别在 1760 年和 1852 年研究了光的吸收与溶液层的厚度及溶液浓度的定量关系，二者结合称为朗伯-比尔定律，是光吸收的基本定律。朗伯-比尔定律适用于任何均匀、非散射的固体、液体或气体介质，下面以溶液为例进行讨论。

当一束平行单色光通过均匀、非散射的稀溶液时，一部分被吸收，一部分透过溶液。设入射光强度为 I_0，吸收光强度为 I_a，透射光强度为 I_t，则

$$I_0 = I_a + I_t$$

透射光强度 I_t与入射光强度 I_0之比称为透射比或透光度，用 T 表示

$$T = \frac{I_t}{I_0} \tag{10-2}$$

溶液的透射比愈大，表示它对光的吸收愈小；相反，透射比愈小，表示它对光的吸收愈大。

溶液对光的吸收程度，与溶液浓度、液层厚度及入射光波长等因素有关。如果保持入射光波长不变，则溶液对光的吸收程度只与溶液浓度和液层厚度有关。

当一束强度为 I_0的平行单色光垂直照射到厚度为 b 的液层、浓度为 c 的溶液时，由于溶液中分子对光的吸收，通过溶液后光的强度减弱为 I_t，则

$$A = \lg\frac{I_0}{I_t} = Kbc \tag{10-3}$$

式中，A 为吸光度；K 为比例常数。

吸光度 A 为溶液吸光程度的度量，A 越大，表明溶液对光的吸收越强。在实际测量中，使待测溶液的透射比 T 在 15%~65%，或使吸光度在 0.2~0.8，测量的相对误差较小。

式（10-3）是朗伯-比尔定律的数学表达式。它表明，当一束单色光通过含有吸光物质的溶液后，溶液的吸光度与吸光物质的浓度及吸收层厚度成正比，这是吸光光度法进行定量分析的理论基础。式中比例常数 K 与吸光物质的性质、入射光波长及温度等因素有关。

吸光度 A 与溶液的透射比的关系为

$$A = \lg \frac{I_0}{I_t} = \lg \frac{1}{T} \tag{10-4}$$

在含有多种吸光物质的溶液中，由于各吸光物质对某一波长的单色光均有吸收作用，因此如果各吸光物质之间相互不发生化学反应，当某一波长的单色光通过这样一种含有多种吸光物质的溶液时，溶液的总吸光度应等于各吸光物质的吸光度之和。这一规律称吸光度的加和性。根据这一规律，可以进行多组分的测定及某些化学反应平衡常数的测定。

式（10-3）中的 K 值随 c、b 所取单位不同而不同。当浓度 c 用 mol/L，液层厚度 b 用 cm 为单位表示时，K 可用另一符号 ε 来表示。ε 称为摩尔吸收系数，其单位为 L/(mol · cm)，它表示物质的量浓度为 1mol/L，液层厚度为 1cm 时溶液的吸光度。这时，式（10-4）变为

$$A = \varepsilon bc \tag{10-5}$$

朗伯-比尔定律一般适用于浓度较低的溶液，所以在分析实践中，不能直接取浓度为 1mol/L 的有色溶液来测定 ε 值，而是在适当的低浓度时测定该有色溶液的吸光度，通过计算求得 ε 值。摩尔吸收系数 ε 反映吸光物质对光的吸收能力，也反映用吸光光度法测定该吸光物质的灵敏度。在一定条件下它是常数。

溶液中吸光物质的浓度常因解离、缔合等化学反应而改变，若不考虑这种情况，以被测物质的总浓度代替平衡浓度计算，则所得吸收系数为条件摩尔吸收系数，以 ε 表示。

摩尔吸光系数 ε 的介绍如下：

（1）摩尔吸光系数是吸收物质在一定波长和溶剂条件下的特征常数。

（2）ε 不随浓度 c 和光程长度 b 的改变而改变，在温度和波长等条件一定时，ε 仅与吸收物质本身的性质有关，与待测物浓度无关。

（3）可作为定性鉴定的参数。

（4）同一吸收物质在不同波长下的 ε 值是不同的。在最大吸收波长 λ_{max} 处的摩尔吸光系数常以 ε_{max} 表示。ε_{max} 表明了该吸收物质最大限度的吸光能力，也反映了光度法测定该物质可能达到的最大灵敏度。

（5）ε_{max} 越大表明该物质的吸光能力越强，用光度法测定该物质的灵敏度越高。

$\varepsilon>10^5$　　超高灵敏

$\varepsilon=(6\sim10)\times10^4$　　高灵敏

$\varepsilon<2\times10^4$　　不灵敏

吸光光度分析的灵敏度还常用桑德尔灵敏度（灵敏度指数）S 来表示。S 是指当 $A=0.001$ 时，单位截面积光程内所能检测出来的吸光物质的最低含量，其单位为 $\mu g/cm^2$。S 与摩尔吸收系数 ε 及吸光物质摩尔质量 M 的关系为

$$S = \frac{M}{\varepsilon} \tag{10-6}$$

扫一扫

10.2 分光光度计及吸收光谱

10.2.1 分光光度计

10.2.1.1 分光光度计基本构造

分光光度计构造框图如图 10-1 所示。各种光度计尽管构造各不相同，但其基本构造都相同。其中光源用来提供可覆盖广泛波长的复合光，复合光经过单色器转变为单色光，待测的吸光物质溶液放在吸收池中，当强度为 I_0的单色光通过时，一部分光被吸收，强度为 I_t的透射光照射到检测器上，检测器实际上就是光电转换器，它能把接收到的光信号转换成电流，而由电流检测计检测，或经 A/D 转换由计算机直接采集数字信号进行处理。下面对分光光度计的主要部件进行简单介绍。

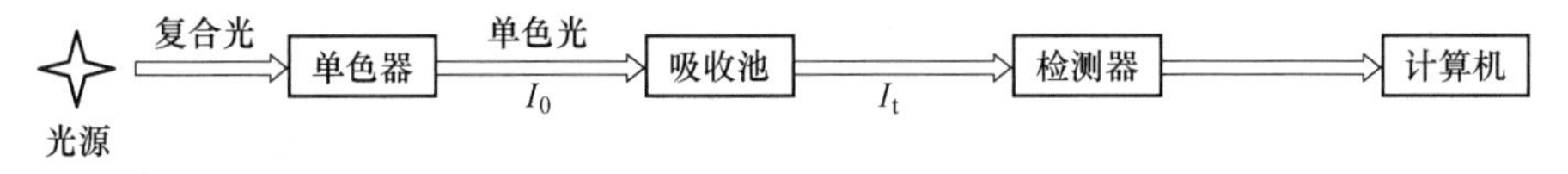

图 10-1 分光光度计构造

（1）光源：在整个紫外光区或可见光谱区可以发射连续光谱，具有足够的辐射强度、较好的稳定性、较长的使用寿命。为此，通常在仪器内同时配有电源稳压器。

可见光区：通常用 6～12V 钨丝灯作为可见光区的光源，发出的连续光谱在 360～800nm 范围内。

紫外区：氢、氘灯，发射 185～400nm 的连续光谱。

（2）单色器：单色器是将光源发出的复合光分解为单色光的光学系统，常用棱镜或光栅。

棱镜根据光的折射原理将复合光色散为不同波长的单色光，它由玻璃或石英制成。玻璃棱镜用于可见光范围，石英棱镜则在紫外和可见光范围均可使用。经棱镜色散得到的所需波长光通过一个很窄的狭缝照射到吸收池上。

光栅根据光的衍射和干涉原理将复合光色散为不同波长的单色光，然后再让所需波长的光通过狭缝照射到吸收池上。同棱镜相比，光栅作为色散元件更为优越，具有如下优点：适用波长范围广；色散几乎不随波长改变；同样大小的色散元件，光栅具有较好的色散和分辨能力。

（3）吸收池：也称比色皿，是用于盛放试液的容器，由无色透明、耐腐蚀、化学性质相同、厚度相等的玻璃或石英制成，其厚度有 0.5cm、1cm、2cm、3cm 和 5cm 几种。在可见光区测量吸光度时使用玻璃吸收池，紫外区使用石英吸收池。使用吸收池时应注意保持清洁、透明，避免磨损透光面。

为消除吸收池体、溶液中其他组分和溶剂对光反射和吸收所带来的误差，光度测量中要使用参比溶液。参比溶液与待测溶液应置于尽量一致的吸收池中。单光束分光光度计应先将装参比溶液的吸收池（参比池）放进光路，调节仪器零点。

为自动消除因光源强度的波动引起的误差，分光光度计常设计为双光束光路。单色器后某一波长的光束经反射镜分解为强度相等的两束光，一束通过参比池，另一束通过样品池，光度计将自动比较两束透射光的强度，其比值为试样的透射比。

（4）检测器及数据处理装置：检测器的作用是将所接收到的光经光电效应转换成电流信号进行测量，故又称光电转换器。分为光电管和光电倍增管。

光电管是一个真空或充有少量惰性气体的二极管。阴极是金属做成的半圆筒，内侧涂有光敏物质，阳极为金属丝。光电管依其对光敏感的波长范围不同分为红敏和紫敏两种。红敏光电管是在阴极表面涂银和氧化铯，适用波长范围为 625～1000nm；紫敏光电管是在阴极表面涂锑和铯，适用波长范围为 200～625nm。

光电倍增管是由光电管改进而成的，管中有若干个称为倍增极的附加电极。因此，可使微弱的光电流得以放大，一个光子约产生 10^6～10^7 个电子，光电倍增管的灵敏度比光电管高 200 多倍，适用波长范围为 160～700nm。光电倍增管在现代的分光光度计中被广泛采用。

简易的分光光度计检测装置由检流计、微安表、数字显示记录仪组成，把放大的信号以吸光度 A 或透射比 T 的形式显示或记录下来。现代分光光度计的检测装置，一般将光电倍增管输出的电流信号经 A/D 转换，由计算机直接采集数字信号进行处理，得到吸光度 A 或透射比 T。近年发展起来的二极管阵列检测器，配用计算机可将瞬间获得的光谱图储存，可作实时测量，提供时间-波长-吸光度的三维谱图。

10.2.1.2 紫外-可见分光光度计的类型

A 单光束分光光度计

单光束分光光度计是由一束经过单色器的光，轮流通过参比溶液和样品溶液，以进行吸光度的测定。这种简易型分光光度计结构简单、操作方便、维修容易，适用于常规分析。国产 722 型、751 型、724 型、英国 SP500 型以及 BAckmAn DU-8 型等均属于此类光度计。

B 双光束分光光度计

双光束分光光度计单色器分光后，被反射镜（M1）分解为强度相等的两束光，一束通过参比池，另一束通过样品池，光度计能自动比较两束光的强度，此比值即为试样的透射比，经对数变换将它转换成吸光度并作为波长的函数记录下来。双光束分光光度计一般都能自动记录吸收光谱曲线。由于两束光分别通过参比池和样品池，还能自动消除光源强度变化所引起的误差。这类仪器有国产 710 型、730 型、740 型等。

C 双波长分光光度计

双波长分光光度计是由同一光源发出的光被分成两束，分别经过两个单色器，得到两束不同波长（λ_1和 λ_2）的单色光；利用切光器使两束光以一定的频率交替照射同一吸收池，然后经过光电倍增管和电子控制系统，最后由显示器显示出两个波长处的吸光度差值。对于多组分混合物、混浊试样（如生物组织液）分析，以及存在背景干扰或共存组分吸收干扰的情况下，利用双波长分光光度法，往往能提高方法的灵敏度和选择性。利用双波长分光光度计，能获得导数光谱。通过光学系统转换，双波长分光光度计能很方便地转化为单波长工作方式。如果能在 λ_1和 λ_2 处分别记录吸光度随时间变化的曲线，还能进行化学反应动力学研究。

10.2.2　吸收光谱

测量某种物质对不同波长单色光的吸收，并加以集合，以波长为横坐标，吸光度为纵坐标作图，可得到物质的吸收光谱，又称为吸收曲线，它能清楚地描述物质对一定波长范围光的吸收情况。图 10-2 所示为 $KMnO_4$溶液的吸收光谱。从图中可以看出，在可见光范围内，$KMnO_4$溶液对波长 525nm 附近绿色光的吸收最强，而对紫色和红色的吸收很弱，所以 $KMnO_4$溶液呈紫红色。吸光度 A 最大处的波长叫做最大吸收波长，用 λ_{max} 表示。$KMnO_4$溶液的 $\lambda_{max}=525nm$，在 λ_{max}处测得的摩尔吸光系数为 ε_{max}，ε_{max}可以更直观地反映用吸光光度法测定该吸光物质的灵敏度。

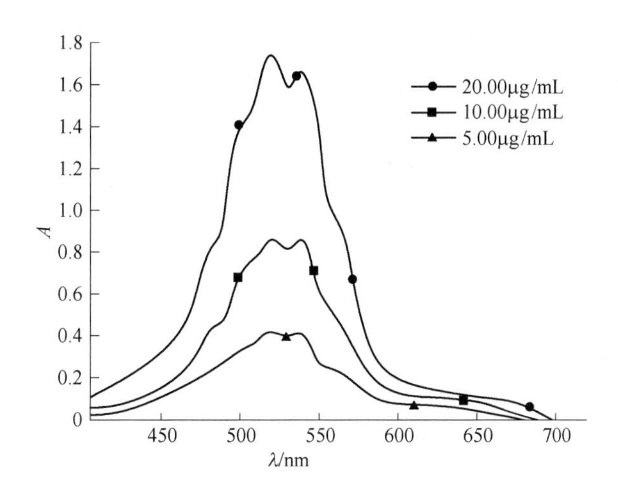

图 10-2　$KMnO_4$溶液的吸收光谱

从图 10-2 可见，对同一物质，浓度不同时，同一波长下的吸光度 A 不同，但其最大吸收波长的位置和吸收光谱的形状不变。对于不同物质，由于它们对不同波长光的吸收具有选择性，因此，它们的最高峰的位置和吸收光谱的形状互不相同，可以据此对物质进行定性分析。

由图 10-2 还可见，对于同一物质，在一定的波长下，随着浓度的增加，吸光度 A 也相应增大；而且由于在 λ_{max}处吸光度 A 最大，在此波长下 A 随浓度的增大变化最为明显。可以据此对物质进行定量分析。

分子电子能级之间的跃迁引起可见光的吸收。电子跃迁时，不可避免地要同时发生振动能级和转动能级的跃迁，这种吸收产生的是电子-振动-转动光谱，具有一定的频率范围，所以形成吸收带。

为准确测定吸收光谱，选择恰当的参比溶液十分必要，它可用来调节仪器的零点，消除由于吸收池壁及溶剂对入射光的反射和吸收带来的误差，并扣除干扰的影响。参比溶液可根据下列情况来选择。

（1）当试液及显色剂均无色时，可用蒸馏水作参比溶液。

（2）显色剂为无色，而被测试液中存在其他有色离子，可用不加显色剂的被测试液作参比溶液。

（3）显色剂有颜色，可选择不加试样溶液的试剂空白作参比溶液。

（4）显色剂和被测试液均有颜色。可将一份被测试液加入适当掩蔽剂，将被测组分掩蔽起来，使之不再与显色剂作用，而显色剂及其他试剂均按试液测定方法加入，以此作为参比溶液，这样就可以消除显色剂和一些共存组分的干扰。

（5）改变加入试剂的顺序，使被测组分不发生显色反应，可以此溶液作为参比溶液消除干扰。

10.3 显色反应及其影响因素

扫一扫

10.3.1 显色反应和显色剂

测定某种物质时，如果待测物质本身有较深的颜色，就可以进行直接测定。当待测离子无色或只有很浅颜色时，需要选用适当的试剂与被测离子反应生成有色化合物再进行测定，这是吸光光度法测定无机离子的最常用方法。将无色或浅色的无机离子转变为有色离子或配合物的反应称为显色反应，所用的试剂称为显色剂。

10.3.1.1 显色反应的选择

按显色反应的类型来分，主要有氧化还原反应和配位反应两大类，而配位反应是最主要的。对于显色反应一般应满足下列要求。

（1）灵敏度足够高。有色物质的摩尔吸收系数 $\varepsilon>10^4 L/(mol \cdot cm)$ 时，显色反应的灵敏度较高、选择性好，有利于对微量和痕量组分的测定。

（2）选择性好。一种显色剂最好只与被测组分起显色反应，干扰少，或干扰容易消除。

（3）有色化合物的化学性质应足够稳定，至少保证在测量过程中溶液的吸光度基本恒定。这就要求有色化合物不容易受外界环境条件的影响，如日光照射、空气中的氧和二氧化碳的作用等，此外，也不易受溶液中其他化学因素的影响。

（4）有色化合物与显色剂之间的颜色差别要大，即显色剂对光的吸收与有色化合物的吸收有明显区别，一般要求两者的吸收峰波长之差（称为对比度）大于60nm。

（5）有色化合物的组成恒定，符合一定的化学式。对于形成不同配比的配位反应，必须注意控制实验条件，从而生成组成恒定的配合物，以免引起误差。

10.3.1.2 显色剂

无机显色剂在光度分析中应用不多，例如用 KSCN 作显色剂测铁、铝、钨和铌；用钼酸铁作显色剂测硅、磷和钒；用过氧化氢作显色剂测铁等，但是因为生成的有色化合物不够稳定，灵敏度和选择性也不高，限制了无机显色剂的应用。

在吸光光度分析中应用较多的是有机显色剂，有机显色剂及其产物的颜色与它们的分子结构有密切关系。有机显色剂分子中一般都含有生色团和助色团。生色团是某些含不饱和键的基团，如偶氮基、醌基和亚硝基等。这些基团中的电子被激发时所需能量较小，波长 200nm 以上的光就可以做到，故往往可以吸收可见光而表现出颜色。助色团是某些含孤对电子的基团，如氨基、羟基和卤原子等。这些基团与生色团上的不饱和键相互作用，可以影响生色团对光的吸收，使颜色加深。

有机显色剂种类繁多。现简单介绍几种如下。

（1）磺基水杨酸属于 OO 型螯合剂，可与很多高价金属离子生成稳定的螯合物，主要用于测定 Fe^{3+}。磺基水杨酸与 Fe^{3+} 在 pH 值在 1.8~2.5 时生成紫红色的 $Fe(SsAl)^{+}$；在 pH 值在 4~8 时生成褐色的 $Fe(SsAl)^{2-}$；pH 值在 8~11.5 时生成黄色的 $Fe(SsAl)_3^{3-}$；pH 值大于 12 时，有色配合物被破坏而生成 $Fe(OH)_3$ 沉淀。

$$FeSsAl^{+} \quad \lambda_{max}=520nm, \quad \varepsilon_{max}=1.6\times10^{3}L/(mol\cdot cm)$$

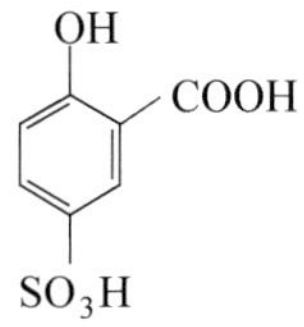

OH
COOH
SO$_3$H

磺基水杨酸

（2）丁二酮肟属于 NN 型螯合显色剂，用于测定 Ni^{2+}。在 NaOH 碱性溶液中，当氧化剂（如过硫酸铵）存在时，丁二酮肟与 Ni^{2+} 生成可溶性红色配合物。

$$\lambda_{max}=470nm, \quad \varepsilon_{max}=1.3\times10^{4}L/(mol\cdot cm)$$

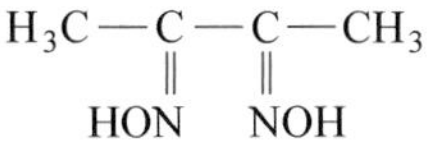

$$H_3C—C(=NOH)—C(=NOH)—CH_3$$

丁二酮肟

（3）1,10-邻二氮菲属于 NN 型螯合显色剂，是目前测定微量 Fe^{2+} 的理想试剂。用还原剂（如盐酸羟胺）先将 Fe^{3+} 还原为 Fe^{2+}，然后在 pH 值在 3~9（一般控制 pH 值在 5~6）的条件下，Fe^{2+} 与 1,10-邻二氮菲作用生成稳定的橘红色配合物。

$$\lambda_{max}=508nm, \quad \varepsilon_{max}=1.1\times10^{4}L/(mol\cdot cm)$$

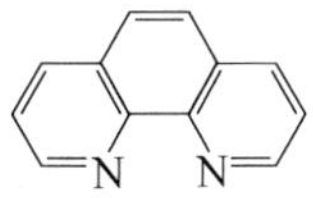

N N

1,10-邻二氮菲

（4）二苯硫腙属于含 S 显色剂，是目前萃取光度法中测定 Cu^{2+}、Pb^{2+}、Zn^{2+}、Cd^{2+}、Hg^{2+} 等多种重金属离子的重要试剂。采用控制酸度及加入掩蔽剂的方法，可以消除重金属离子之间的干扰，提高反应的选择性。如 Pb^{2+} 的二苯硫腙配合物。

$$\lambda_{max}=520nm, \quad \varepsilon_{max}=6.6\times10^{4}L/(mol\cdot cm)$$

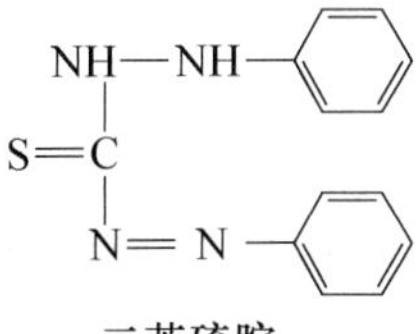

NH—NH—
S=C
N=N—

二苯硫腙

（5）偶氮胂Ⅲ（铀试剂Ⅲ）属于偶氮类螯合剂，可在强酸性溶液中与 Th(Ⅳ)，Zr(Ⅳ)，U(Ⅳ) 等生成稳定的有色配合物，也可以在弱酸性溶液中与稀土金属离子生成稳定的有色配合物，是测定这些金属离子的良好显色剂。如偶氮胂与 U(Ⅳ) 生成的有色配合物。

$$\lambda_{max}=670nm,\quad \varepsilon_{max}=1.2\times10^{5}L/(mol\cdot cm)$$

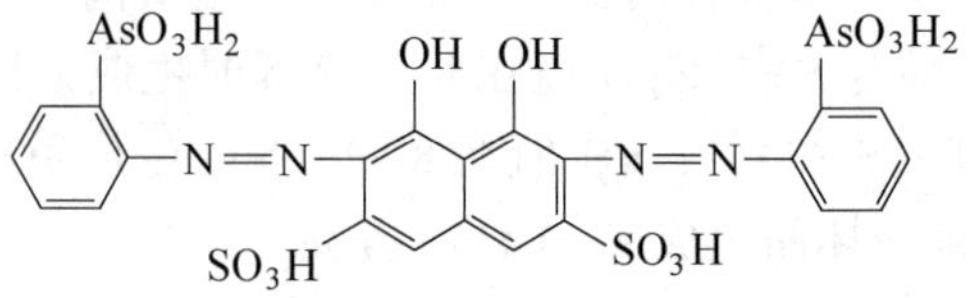

偶氮胂Ⅲ

（6）铬天青 S 属于三苯甲烷类螯合显色剂，是测定 Al^{3+} 的重要试剂，在 pH 值在 5～5.8 的条件下与 Al^{3+} 显色。

$$\lambda_{max}=530nm,\quad \varepsilon_{max}=5.9\times10^{4}L/(mol\cdot cm)$$

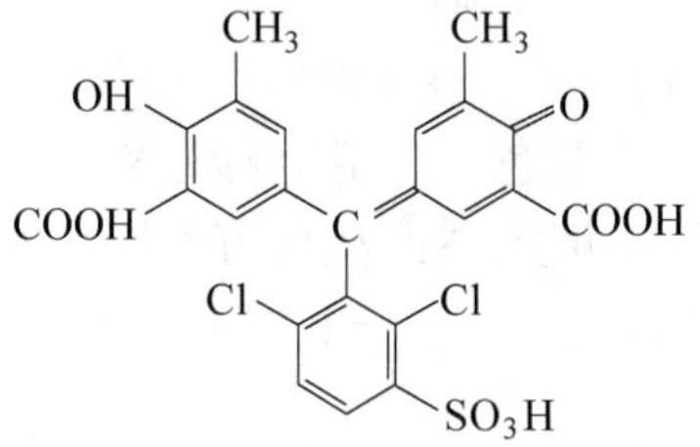

铬天青S

（7）结晶紫属于三苯甲烷类碱性染料，又名龙胆紫、甲基紫，常用于测定 Tl^{3+}。在 HBr 介质中试剂与 $TlBr^{4-}$ 生成有色的离子缔合物，可被醋酸异戊酯萃取。

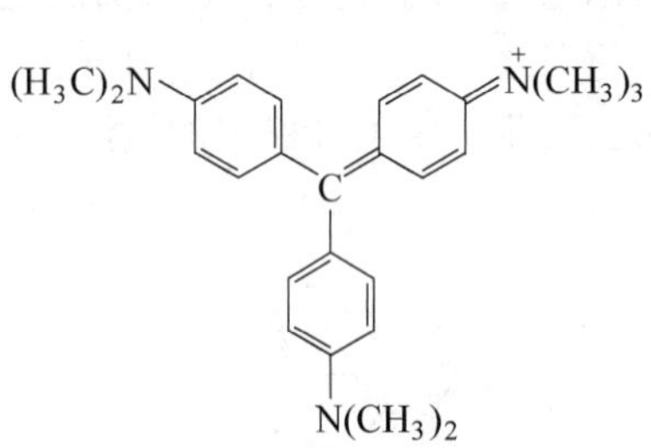

结晶紫

10.3.1.3 多元配合物

多元配合物是由 3 种或 3 种以上的组分形成的配合物。目前应用较多的是由一种金属离子与两种配体组成的三元配合物。多元配合物在吸光光度分析中应用较普遍。以下介绍几种重要的三元配合物类型。

（1）混配化合物。由一种金属离子与两种不同配体通过共价键结合成的三元配合物，例如，V(Ⅴ)，H_2O_2 和吡啶偶氮间苯二酚（PR）形成 1∶1∶1 的有色配合物，可用于钒的测定，其灵敏度高，选择性好。

（2）离子缔合物。金属离子首先与配体生成配阴离子或配阳离子，然后再与带反电荷的离子生成离子缔合物。这类化合物主要用于萃取光度测定。例如，Ag^{+} 与 1,10-邻二氮菲形成配阳离子，再与溴邻苯三酚红的阴离子形成深蓝色的离子缔合物。用 F^{-}、H_2O_2、EDTA 作掩蔽剂，可测定微量 Ag^{+}。

（3）金属离子-配体-表面活性剂体系，许多金属离子与显色剂反应时，加入某些表面活性剂，可以形成胶束化合物，使测定的灵敏度显著提高。在这种情况下，金属配合物的吸收峰向长波方向移动，这种现象在吸光光度法中称为红移。目前，常用于这类反应的表面活性剂有溴化十六烷基吡啶、氯化十四烷基三甲基铵、氯化十六烷基三甲基铵、溴化十六烷基三甲基铵、溴化十二烷基三甲基铵等。例如，稀土元素、二甲酚橙及溴化十六烷基吡啶反应生成三元配合物，在 pH 值在 8~9 时呈蓝紫色，用于痕量稀土元素总量的测定。

10.3.2 影响显色反应的因素

显色反应能否完全满足分析的要求，除了主要与显色剂本身的性质有关外，控制好显色反应的条件也十分重要。如果显色条件不合适，将会影响分析结果的准确度。影响显色反应的因素主要有溶液酸度、显色剂用量、显色时间、显色温度、溶剂的影响等，必须加以控制和选择。

10.3.2.1 溶液的酸度

酸度对显色反应的影响很大，主要表现为：

(1) 影响显色剂的平衡浓度和颜色。显色反应所用的显色剂许多是有机弱酸，显然，溶液酸度的变化将影响显色剂的平衡浓度，并影响显色反应的完全程度。例如，金属离子 M^+ 与显色剂 HR 作用，生成有色配合物 MR，可见，增大溶液的酸度，将对显色反应不利。

$$M^+ + HR \rightleftharpoons MR + H^+$$

另外，有一些显色剂具有酸碱指示剂的性质，即在不同的酸度下有不同的颜色。例如 1-(2-吡啶偶氮) 间苯二酚 (PAR)，当溶液 pH 值小于 6 时，它主要以 H_2R 形式（黄色）存在；在 pH 值为 7~12 时，主要以 HR^- 形式（橙色）存在；pH 值大于 13 时，主要以 R^{2-} 形式（红色）存在。大多数金属离子和 PAR 生成红色或红紫色配合物，因而 PAR 只适宜在酸性或弱碱性中进行测定。在强碱性溶液中，显色剂本身的红色影响分析。

(2) 影响被测金属离子的存在状态。大多数金属离子容易水解，当溶液的酸度降低时，可能形成一系列氢氧基或多核氢氧基配离子。酸度更低时，可能进一步水解生成碱式盐或氢氧化物沉淀，影响显色反应。

(3) 影响配合物的组成。对于某些生成逐级配合物的显色反应，酸度不同，配合物的配比往往不同，其颜色也不同。例如磺基水杨酸与 Fe^{3+} 的显色反应，当溶液 pH 值为 1.8~2.5、4~8、8~11.5 时，将分别生成配比为 1∶1（紫红色）、1∶2（棕褐色）和 1∶3（黄色）三种颜色的配合物，故测定时应严格控制溶液的酸度。

显色反应的适宜酸度可通过实验确定，方法是通过实验作出吸光度 A-pH 值关系曲线，从图上确定适宜的 pH 值范围。

10.3.2.2 显色剂用量

显色反应在一定程度上是可逆的。为了减少反应的可逆性，一般需加入过量显色剂。但显色剂不是越多越好。对于有些显色反应，显色剂加入太多，反而会引起副反应，对测定不利。在实际工作中，显色剂的适宜用量可通过实验求得。实验方法是：固定被测组分的浓度和其他条件，只改变显色剂的加入量，测量吸光度，作出吸光度-显色剂用量的关系曲线，当显色剂用量达到某一数值而吸光度无明显增大时，表明显色剂用量已足够。

10.3.2.3 显色反应时间

有些显色反应瞬间完成，溶液颜色很快达到稳定状态，并在较长时间内保持不变；有些显色反应虽能迅速完成，但有色化合物很快开始褪色；有些显色反应进行缓慢，溶液颜色需经一段时间后才稳定。因此，必须经实验来确定最适合测定的时间区间。实验方法为配制一份显色溶液，从加入显色剂起计算时间，每隔几分钟测量一次吸光度，制作吸光度-时间曲线，根据曲线来确定适宜时间。一般来说，对那些反应速率很快，有色化合物又很稳定的体系，测定时间的选择余地很大。

10.3.2.4 显色反应温度

通常，显色反应在室温下进行。但是，有些显色反应必须加热至一定温度才能完成。例如，用硅钼酸法测定硅的反应，在室温下需 10min 以上才能完成，而在沸水浴中，则只需 30s 便能完成。但有些显色剂或有色化合物在温度较高时容易分解，需要注意。

10.3.2.5 溶剂

有机溶剂常会降低有色化合物的解离度，从而提高显色反应的灵敏度。如在 $Fe(SCN)_3$ 的溶液中加入与水混溶的有机溶剂（如丙酮），由于降低了 $Fe(SCN)_3$ 的解离度而使颜色加深，提高了测定的灵敏度。此外，有机溶剂还可能提高显色反应的速率，影响有色配合物的溶解度和组成等。如用偶氮氯膦法测定 Ca^{2+}，加入乙醇后，吸光度显著增大；又如，用氯代磺酚 S 法测定铌(Ⅴ）时，在水溶液中显色需几小时，加入丙酮后，则只需 30min。

10.3.2.6 干扰离子的影响

试样中存在的干扰物质会影响显色反应，造成光度分析的误差。

10.4 吸光光度分析及误差控制

扫一扫

10.4.1 测定波长的选择和标准曲线的制作

10.4.1.1 测定波长的选择

为了使测定结果有较高的灵敏度，应选择被测物质最大吸收波长的光作为入射光，这称为“最大吸收原则”。选用这种波长的光进行分析，不仅灵敏度高，而且能够减少或消除由非单色光引起的对朗伯-比尔定律的偏离。

但是，如果在最大吸收波长处有其他吸光物质干扰测定时，则应根据“吸收最大、干扰最小”的原则来选择入射光波长。例如用丁二酮肟光度法测定钢中的镍，配合物丁二酮肟镍的最大吸收波长为 470nm（图 10-3），但试样中的铁用酒石酸钠掩蔽后，在 470nm 处也有一定吸收，干扰对镍的测定。为避免铁的干扰，可以选择波长 520nm 进行测定。在 520nm 虽然测镍的灵敏度有所降低，但酒石酸铁的吸光度很小，可以忽略，因此不干扰镍的测定。

10.4.1.2 标准曲线的制作

根据朗伯-比尔定律：吸光度与吸光物质的含量成正比。这是吸光光度法进行定量分析的基础，标准曲线就是根据这一原理制作的。

标准曲线制作的具体方法为：在确定的测量波长和选择的实验条件下分别测量一系列不同含量的标准溶液的吸光度，以标准溶液中待测组分的含量为横坐标，吸光度为纵坐标

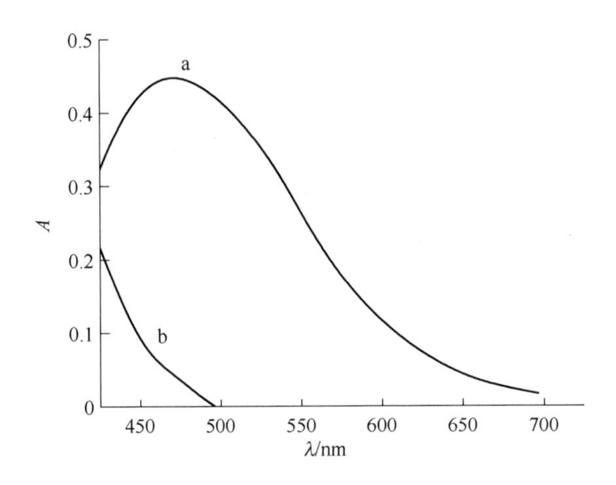

图 10-3 丁二酮肟镍（a）与酒石酸铁（b）的吸收光谱

作图，得到一条通过原点的直线，称为标准曲线（或工作曲线，如图 10-4 所示）。此时测量待测溶液的吸光度，在标准曲线上就可以查到与之相对应的被测物质的含量。

在实际工作中，有时标准曲线不通过原点。造成这种情况的原因比较复杂，可能是由于参比溶液选择不当、吸收池厚度不等、吸收池位置不妥、吸收池透光面不清洁等原因所引起的。若有色配合物的解离度较大，特别是当溶液中还有其他配位剂时，常使被测物质在低浓度时显色不完全，应针对具体情况进行分析，找出原因，加以避免。

10.4.2 对朗伯-比尔定律的偏离

在吸光光度分析中，经常出现标准曲线不成直线的情况，特别是当吸光物质浓度较高时，可明显看到通过原点向浓度轴弯曲的现象（个别情况向吸光度轴弯曲）。这种情况称为偏离朗伯-比尔定律（图 10-4）。若在曲线弯曲部分进行定量，将会引起较大的误差。在一般情况下，如果偏离朗伯-比尔定律的程度不严重，即标准曲线弯曲程度不严重，该曲线仍可用于定量分析。

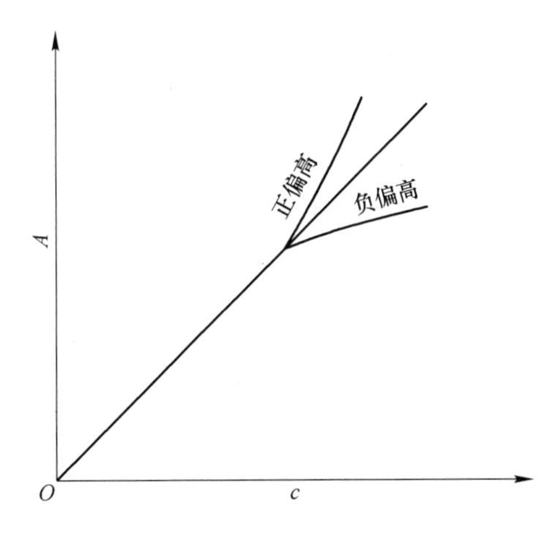

图 10-4 标准曲线及对朗伯-比尔定律的偏离

偏离朗伯-比尔定律的原因主要是仪器或溶液的实际条件与朗伯-比尔定律所要求的理想条件不一致，分为以下几类。

10.4.2.1　非单色光引起的偏离

严格说，朗伯-比尔定律只适用于单色光，但由于单色器色散能力的限制和出口狭缝需要保持一定的宽度，所以目前各种分光光度计得到的入射光实际上都是具有某一波段的复合光。由于物质对不同波长光的吸收程度的不同，因而导致对朗伯-比尔定律的偏离。由非单色光引起的偏离一般为负偏离，但也可能是正偏离，这主要与测定波长的选择有关。

为克服非单色光引起的偏离，应尽量使用比较好的单色器，从而获得纯度较高的“单色光”，使标准曲线有较宽的线性范围。此外，应将入射光波长选择在被测物质的最大吸收处，不仅可以保证测定有较高的灵敏度，而且由于此处的吸收曲线较为平坦，在此最大吸收波长附近各波长的吸光值大体相等，因此非单色光引起的偏离相对较小。另外，测定时应选择适当的浓度范围，使吸光度读数在标准曲线的线性范围内。

10.4.2.2　介质不均匀引起的偏离

朗伯-比尔定律要求吸光物质的溶液是均匀的，如果被测溶液不均匀，是胶体溶液、乳浊液或悬浮液时，入射光通过溶液后，除一部分被试液吸收外，还有一部分因散射现象而损失，使透射比减少，因而实测吸光度增加，使标准曲线偏离直线向吸光度轴弯曲。故在光度法中应避免溶液产生胶体或混浊。

10.4.2.3　由于溶液本身的化学反应引起的偏离

溶液对光的吸收程度取决于吸光物质的性质和数目，溶液中的吸光物质常因解离、缔合、形成新化合物或互变异构等化学变化而改变其浓度，因而导致偏离朗伯-比尔定律。

（1）解离。大部分有机酸碱的酸式、碱式对光有不同的吸收性质，溶液的酸度不同，酸（碱）解离程度不同，导致酸式与碱式的比例改变，使溶液的吸光度发生改变。

（2）配位反应。如果显色剂与金属离子生成的是多级配合物，且各级配合物对光的吸收性质不同，例如用 SCN^- 测定 Fe^{3+}，随着 SCN^- 浓度的增大，生成颜色越来越深的高配比配合物 $Fe(SCN)_4^-$ 和 $Fe(SCN)_5^{2-}$，溶液颜色由橙黄变至血红色。对于这种情况，只有严格控制显色剂的用量，才能得到准确的结果。

（3）其他反应。例如在酸性条件下，CrO_4^{2-} 会结合生成 $Cr_2O_7^{2-}$，而它们对光的吸收有很大的不同。

在分析测定中，要控制溶液的条件，使被测组分以一种形式存在，就可以克服化学因素所引起的对朗伯-比尔定律的偏离。

10.4.2.4　显色反应的干扰及其消除方法

试样中存在干扰物质会影响被测组分的测定，使得标准曲线严重偏离朗伯-比尔定律，这是造成光度分析误差的重要原因。例如干扰物质本身有颜色或与显色剂反应，在测量条件下也有吸收，就会造成正干扰。干扰物质与被测组分反应或与显色剂反应，使显色反应不完全，也会造成干扰。若干扰物质在测量条件下从溶液中析出，使溶液变混浊，则无法准确测定溶液的吸光度。

为消除以上原因引起的干扰，可采取以下几种方法。

(1) 控制溶液酸度。例如用二苯硫腙法测定 Hg^{2+}时，多种干扰离子均可能发生反应，但如果在稀酸（0.5mol/L H_2SO_4）介质中进行萃取，则上述离子不再与二苯硫腙作用，从而消除其干扰。

(2) 加入掩蔽剂。选取的条件是掩蔽剂不与待测离子作用，掩蔽剂自身以及它与干扰物质形成的配合物的颜色应不干扰待测离子的测定。如用二苯硫腙法测 Hg^{2+}时，即使在0.5mol/L H_2SO_4介质中进行萃取，尚不能消除 Ag^+和大量 Bi^{3+}的干扰，这时，加 KSCN 掩蔽 Ag^+，EDTA 掩蔽 Bi^{3+}可消除其干扰。

(3) 改变干扰离子的价态。如用铬天青 S 测定 Al^{3+}时，Fe^{3+}有干扰，加入抗坏血酸将 Fe^{3+}还原为 Fe^{2+}后，干扰即消除。

(4) 选择合适的参比溶液。利用参比溶液可消除显色剂和某些共存有色离子的干扰，例如，用铬天青 S 比色法测定钢中的 Al^{3+}，Ni^{2+}、Co^{2+}等干扰测定。为此可取一定量试液，加入少量 NH_4F，使 Al^{3+}形成 AlF_6^{3-} 络离子而不再显色，然后加入显色剂及其他试剂，以此作参比溶液，以消除 Ni^{2+}、Co^{2+}对测定的干扰。

(5) 增加显色剂用量。当溶液中存在有消耗显色剂的干扰离子时，可以通过增加显色剂的用量来消除干扰。

(6) 分离。若上述方法均不能奏效时，只能采用适当的预先分离的方法。

10.4.3 吸光度测量的误差

在吸光光度分析中，除了各种化学条件所引起的误差外，仪器测量不准确也是误差的主要来源。任何光度计都有一定的测量误差。这些误差可能来源于光源不稳定、实验条件的偶然变动等。在吸光光度分析中，我们一定要考虑到这些偶然误差对测定的影响。

吸光度（或透射比）在什么范围内具有较小的浓度测量误差呢？首先考虑吸光度 A 的测量误差与浓度的测量误差之间的关系。若在测量吸光度 A 时产生了一个微小的绝对误差 dA，则测量 A 的相对误差（E_r）为 $E_r = \frac{dA}{A}$。

根据朗伯-比尔定律 $A = \varepsilon bc$

当 b 为定值时，两边微分得到 $dA = \varepsilon b dc$

dc 就是测量浓度 c 的微小的绝对误差。二式相除得到 $\frac{dA}{A} = \frac{dc}{c}$

可见，c 与 A 测量的相对误差完全相等。

A 与 T 的测量误差之间的关系如下

$$A = -\lg T = -0.434\ln T$$

微分

$$dA = -0.434\frac{dT}{T}$$

$$\frac{dA}{A} = \frac{dT}{T\ln T}$$

可见，由于 A 与 T 不是正比关系而是负对数关系，它们的测量相对误差并不相等。

于是，引起的浓度测量相对误差为

$$E_r = \frac{dc}{c} \times 100\% = \frac{dA}{A} \times 100\% = \frac{dT}{T\ln T} \times 100\%$$

如果 T 的测量绝对误差 $dT=\Delta T=\pm0.01$，则

$$E_r=\frac{\Delta T}{T\ln T}\times100\%=\pm\frac{1}{T\ln T}\% \tag{10-7}$$

浓度 c 的测定相对误差的大小与透射比 T 本身的大小有着复杂的关系。由式（10-7）可计算不同 T 时的相对误差绝对值 $|E_r|$，根据计算结果作 $|E_r|$-T 曲线图，如图 10-5 所示。从图中可见，透射比很小或很大时，浓度测量误差都较大，即光度测量最好选透射比（或吸光度）在适当的范围。

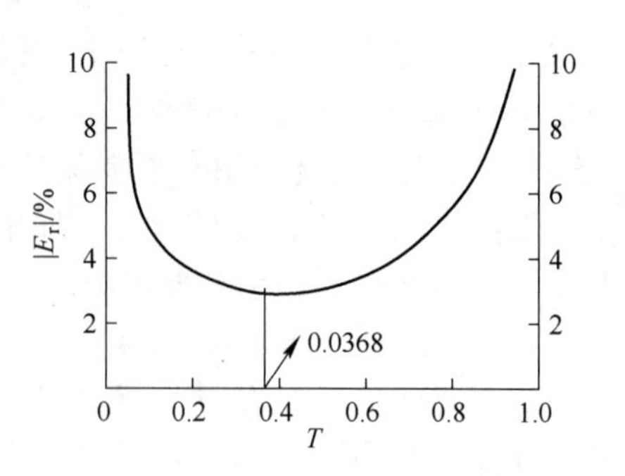

图 10-5　$|E_r|$-T 关系曲线

在实际测定时，只有使待测溶液的透射比 T 在 15%~65%，或使吸光度 A 在 0.2~0.8，才能保证测量的相对误差较小。当吸光度 $A=0.434$（或透射比 $T=36.8\%$）时，测量的相对误差最小。可通过控制溶液的浓度或选择不同厚度的吸收池来达到目的。

10.5　其他吸光光度法

10.5.1　目视比色法

用眼睛观察、比较溶液颜色深度以确定物质含量的方法称为目视比色法。其优点是仪器简单、操作简便，适宜于大批试样的分析。另外，某些显色反应不符合朗伯-比尔定律时，也可用该法进行测定。其主要缺点是准确度不高。

10.5.2　示差吸光光度法

10.5.2.1　示差吸光光度法的原理

普通吸光光度法一般仅适用于微量组分的测定。当待测组分浓度过高或过低，亦即吸光度超出了准确测量的读数范围，这时即使不偏离朗伯-比尔定律，也会引起很大的测量误差，导致准确度大为降低。采用示差吸光光度法可以克服这一缺点。目前，主要有高浓度示差吸光光度法、低浓度示差吸光光度法和使用两个参比溶液的精密示差吸光光度法。它们的基本原理相同，且以高浓度示差吸光光度法应用最多，这里着重讨论高浓度示差吸光光度法。

示差吸光光度法与普通吸光光度法的主要区别在于所采用的参比溶液不同。前者不是以空白溶液（不含待测组分的溶液）作为参比溶液，而是采用比待测溶液浓度稍低的标准溶液作为参比溶液，测量待测试液的吸光度，从测得的吸光度求出它的浓度。这样便可大大提高测量结果的准确度。

设用作参比的标准溶液浓度为 c_0，待测试液浓度为 c_x，且 c_x 大于 c_0。可根据朗伯-比尔定律可以得到

$$A_x=\varepsilon c_x b$$

$$A_0=\varepsilon c_0 b$$

两式相减，得到相对吸光度为

$$A_{相对} = \Delta A = A_x - A_0 = \varepsilon b(c_x - c_0) = \varepsilon b\Delta c = \varepsilon bc_{相对}$$

由上式可知，所测吸光度之差与这两种溶液的浓度差成正比。这样便可以把以空白溶液作为参比的稀溶液的标准曲线作为 ΔA 和 Δc 的标准曲线，根据测得的 ΔA 求出相应的 Δc 值，从 $c_x=c_0+\Delta c$ 可求出待测试液的浓度，这就是示差吸光光度法的基本原理。

10.5.2.2　示差吸光光度法的误差

用示差吸光光度法测定浓度过高或者过低的试液的准确度比一般吸光光度法高。这可以从图 10-6 中得到一些理解。设按一般吸光光度法用试剂空白作参比溶液，测得试液的透射比 $T_x=7\%$，显然这时的测量读数误差是很大的。采用示差吸光光度法时，如果按一般吸光光度法测得的 $T_1=10\%$的标准溶液作参比溶液，也就是使其透射比从标尺上的 $T_1=10\%$处调至 $T_2=100\%$处，相当于把检流计上的标尺扩展到原来的 10 倍，这样待测试液透射比原来为 7%，读数落在光度计标尺刻度很密、测量误差很大的区域；而改用示差法测定时，透射比是 70%，读数落在测量误差较小的区域，从而提高了测定的准确度。

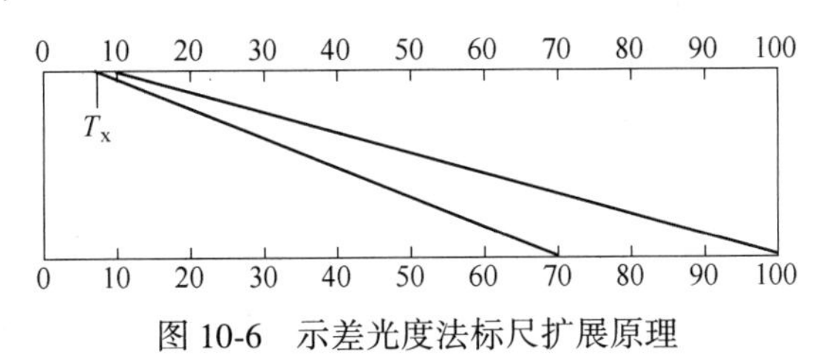

图 10-6　示差光度法标尺扩展原理

使用示差吸光光度法时测量的是两个溶液的浓度差 Δc（即 c_x-c_0），如测量误差为 $\pm x\%$，所得结果为 $c_x\pm(c_x-c_0)\times x\%$，而普通光度法的结果为 $c_x\pm c_x\times x\%$。因 c_x只是稍大于 c_0，故 c_x总是远大于 Δc。这就使得示差吸光光度法的准确度大大提高。只要选择合适的参比溶液，参比溶液的浓度越接近待测试液的浓度，测量误差越小，最小误差可达 0.3%。

10.5.3　双波长光度分析法

在单波长光度分析中，常遇到以下困难。首先是共存的其他成分与被测成分吸收谱带重叠，干扰测定。其次是在测定的波长范围内，辐射光受到溶剂、胶体、悬浮体等散射或吸收影响，产生背景干扰。双波长光度分析法就是用于解决上述问题的手段之一。

10.5.3.1　双波长吸光光度法的原理

在经典的单波长吸光光度法中，通常是采用双光束光路，用溶剂或空白溶液作参比调零位。在这样测定时，参比和试样的液池位置、液池常数、溶液浊度及溶液组成等任何的差异都会直接导致误差。双波长吸光光度法只用一个样品池，其原理如图 10-7 所示。由图可以看出，从光源发射出来的光线分成两束，分别经过两个单色器，得到两束波长不同的单色光；借助切光器，使这两道光束以一定的频率交替地通过样品池，最后由检测器显示出试液对波长为 λ_1和 λ_2 的光的吸光度差值 ΔA。

设波长为 λ_1和 λ_2 的两束单色光的强度相等，则有

$$A_{\lambda_1} = \varepsilon_{\lambda_1}bc + A_{b_1}$$

$$A_{\lambda_2}=\varepsilon_{\lambda_2}bc+A_{b_2}$$

式中，A_{b_1}和A_{b_2}分别为背景对 λ_1和 λ_2 光波的散射或吸收。

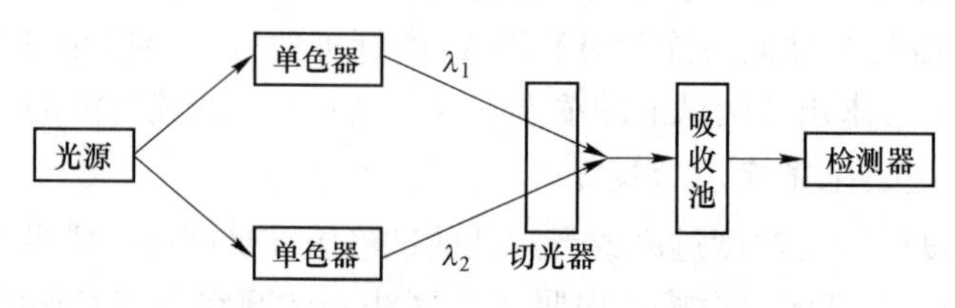

图 10-7　双波长吸光光度法原理示意图

如果波长 λ_1和 λ_2 相距较近，则可认为 $A_{b_1}\approx A_{b_2}$，于是，通过吸收池的两道光束光强度的信号差为

$$\Delta A=A_{\lambda_1}-A_{\lambda_2}=(\varepsilon_{\lambda_1}-\varepsilon_{\lambda_2})bc$$

可见 A 与吸光物质浓度成正比，且基本上消除了样品背景的影响。这是用双波长吸光光度法进行定量分析的理论依据。对于谱带有交迭的干扰成分，如能在被测成分工作的 λ_1和 λ_2 波长处选择到等吸收值，则采用双波长法就能消除其干扰。

10.5.3.2　双波长吸光光度法的应用

（1）单组分的测定。用双波长吸光光度法进行定量分析，是以试液本身对某一波长光的吸光度作为参比，不仅可以避免因试液与参比溶液或两吸收池之间的差异所引起的误差，而且还可以提高测定的灵敏度和选择性。在进行单组分的测定时，以配合物吸收峰作测量波长，参比波长的选择有：以等吸收点作为参比波长，以有色配合物吸收曲线下端的某一波长作为参比波长，以显色剂的吸收峰作为参比波长。

（2）两组分共存时的分别测定。当两种组分（或它们与试剂生成的有色物质）的吸收光谱有重叠时，要测定其中一个组分就必须设法消除另一组分的光吸收。对于相互干扰的双组分体系，它们的吸收光谱重叠，选择参比波长和测定波长的条件是：待测组分在两波长处的吸光度之差 ΔA 要足够大，干扰组分在两波长处的吸光度应相等，这样用双波长法测得的吸光度差只与待测组分的浓度呈线性关系，而与干扰组分无关。从而消除了干扰。例如，测定苯酚与2,4,6-三氯苯酚混合物中的苯酚时就可用这种方法。由图 10-8 可见，若选择苯酚的最大吸收波长 λ_2 为测量波长，由于三氯苯酚在此波长处也有较大吸收，故产生干扰。为此，在波长 λ_2 处作垂线，它与三氧苯酚的吸收曲线相交于一点，再过此交点作一与横轴平行的直线，它与三氧苯酚的吸收曲线相交于 λ_1和 λ_1'两点，这几个交点处的吸光度相等。如果选择波长 λ_1和 λ_1'作为参比波长，则可以消除三氯苯

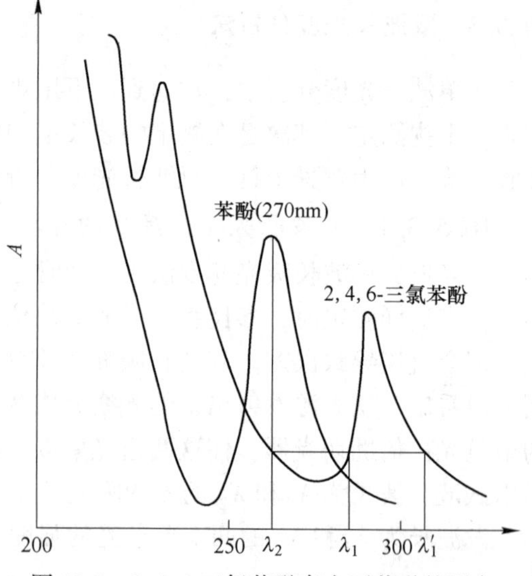

图 10-8　2,4,6-三氯苯酚存在下苯酚的测定

酚对苯酚测定的干扰。

除了双波长吸光光度法以外，人们还发展了通过有针对性地选择测量波长点来应对背景干扰、共存物质谱带交迭等问题，比如三波长吸光光度法和多波长多组分同时测定技术等。前者采取了与双波长法相似的方法通过选择3个特殊的波长点进行测定以达到去除干扰、提高测量准确度的目的；后者则直接对谱带严重重叠的多组分体系在很多波长点下测定吸光度值，利用化学计量学的方法，如最小二乘法和人工神经网络等，对得到的数据进行处理建立数学模型。在所建立的模型基础上直接根据吸光度数据来预测各组分的浓度。这两种方法都有一定的应用，特别是后者近年来在多种金属离子共存体系和药物的吸收光谱测定中取得了很好的效果。

10.6　吸光光度分析法的应用

吸光光度分析法具有灵敏度高、重现性好和操作简便等优点，被广泛用于地矿、环境、材料、药物、临床和食品分析等。灵敏度一般为 10^{-5} ~ 10^{6} mol/L（通过溶剂萃取富集），精密度为千分之几。下面举例说明。

10.6.1　痕量金属分析

对痕量金属元素的定量分析是吸光光度法的一个重要应用领域。几乎所有的金属离子都能与特定的化学试剂作用形成有色化合物，从而通过吸光光度法对金属离子进行测定。根据待测定的金属离子，选择适当的显色剂，控制显色条件，确定测定波长和恰当的测定条件，利用标准曲线，即可对金属元素进行定量测定。

如对铁的测定，根据所用显色剂的不同，有邻二氮菲法、磺基水杨酸法、硫氰酸盐法等。目前最常用的是邻二氮菲法。此法准确度高、重现性好，Fe^{2+}与邻二氮菲可生成稳定的橘红色配合物。

生成配合物的摩尔吸光系数 ε 为 1.1×10^{4} L/(mol·cm)。在pH值为2~9范围内都能显色，且颜色深度与溶液酸度无关，为了减小其他离子的影响，通常显色反应在微酸性（pH值为5）溶液中进行。Fe^{3+}也能与邻二氮菲反应生成淡蓝色配合物，若铁以Fe^{3+}形式存在，则可预先用盐酸羟胺（或对苯二酚）将其还原，其反应为：

$$2Fe^{3+} + 2NH_2OH \cdot HCl = 2Fe^{2+} + N_2\uparrow + 2H_2O + 4H^+ + 2Cl^-$$

利用上述显色反应在完全相同的条件下使Fe^{3+}的标准溶液和待测溶液显色，然后用分光光度计在508nm波长下测其吸光度，作出工作曲线，即可求出待测试液中铁的含量。该法选择性很高，相当于铁含量40倍的Sn^{2+}、Al^{3+}、Ca^{2+}、Mg^{2+}、Zn^{2+}，20倍的Cr^{3+}、Mn^{2+}、PO_4^{3-}，5倍的Co^{2+}、Cu^{2+}均不干扰测定。

例10-1　某含铁约0.2%的试样，用邻二氮菲亚铁光度法（$\varepsilon=1.1\times10^{4}$ L/(mol·cm)）测定。试样溶解后稀释至100mL，用1.00cm比色皿在508nm波长下测定吸光度。(1) 为使吸光度测量引起的浓度相对误差最小，应当称取试样多少克？(2) 如果所使用的光度计透光度最适宜读数范围为0.200~0.650，测定溶液应控制含铁的浓度范围为多少？

解： (1) 要使吸光度测量引起的浓度最小，则 $A=0.434$。

设应当称取试样 m g，而：$A=\varepsilon bc$，$b=1.0$cm，$\varepsilon=1.1\times10^4$ L/(mol · cm)，$M_{Fe}=$ 55.85g/mol，

$$c=\frac{0.2\%m}{0.1\times M_{Fe}}\text{mol/L}$$

则
$$0.434=1.1\times10^4\times1.0\times\frac{0.2\%m}{0.1\times M_{Fe}}$$

$$m=0.11\text{g}$$

应当称取试样 0.11g。

(2) $A=\varepsilon bc=-\lg T$，

$$c_1=-\lg\frac{T}{\varepsilon b}=-\lg\frac{0.200}{1.1\times10^4\times1.0}=1.7\times10^{-5}\text{mol/L}$$

$$c_2=-\lg\frac{T}{\varepsilon b}=-\lg\frac{0.650}{1.1\times10^4\times1.0}=6.35\times10^{-5}\text{mol/L}$$

测定溶液应当控制的含铁浓度范围为：$1.70\times10^{-5}\sim6.35\times10^{-5}$ mol/L。

例 10-2 将 1.0000g 钢样用 HNO_3 溶解，钢中的锰用 KIO_4 氧化成 $KMnO_4$，并稀释至 100mL。用 1cm 比色皿在波长 525nm 测得此溶液的吸光度为 0.700。浓度为 1.52×10^{-4} mol/L 的 $KMnO_4$ 标准溶液在同样的条件下测得吸光度 A 为 0.350。计算钢样中含 Mn 的质量分数。

解：根据公式

$$c_{测}=\frac{A_{测}}{A_{标}}\cdot c_{标}=\frac{0.700}{0.350}\times1.52\times10^{-4}=3.04\times10^{-4}\text{mol/L}$$

则
$$\text{Mn}\%=\frac{c_{测}\times M_{式量}\times 冲稀因数}{试样重}\times100\%$$

$$=\frac{3.04\times10^{-4}\times54.94\times\dfrac{100}{1000}}{1.000}\times100\%$$

$$=0.17\%$$

例 10-3 某矿石含铜约 0.12%，用双环己酮草酰二腙显色光度法测定，试样溶解后转入 100mL 容量瓶中，在适宜条件下显色定容。用 1cm 比色皿在波长 600nm 测定吸光度，要求测量误差最小，应该称取试样多少克？（$\varepsilon=1.68\times10^4$ L/(mol · cm)，$M_{Cu}=63.5$ g/mol）

解：根据光度测量误差公式可知：当吸光度 $A=0.434$ 时，误差最小，已知 $b=1$cm，$\varepsilon=1.68\times10^4$ L/(mol · cm)，根据 $A=\varepsilon bc$，

$$c=\frac{A}{\varepsilon b}=\frac{0.434}{1.68\times10^4\times1}=2.58\times10^{-5}\text{mol/L}$$

100mL 有色溶液中 Cu 的含量为

$$m=cVM_{Cu}=2.58\times10^{-5}\times100\times10^{-3}\times63.5=1.64\times10^{-4}\text{g}$$

则应称取试样质量为：

$$\frac{1.64\times10^{-4}}{m_s}\times100=0.12$$

$$m_s = 0.14g$$

10.6.2　食品分析

吸光光度法在食品分析中的应用相当广泛，是一种简单、可靠的分析方法。特别是近年来与生物免疫技术相结合，使吸光光度法得到了更大的发展。以下以酶联免疫法（enzyme-link immune spectrometric assay，ELISA）测定食品中的氯霉素含量为例说明这种方法的应用。

氯霉素是一种广谱抗菌药，由于它具有极好的抗菌作用和药物代谢动力学特性而被广泛用于动物生产。由于它具有引起人类血液中毒的副作用，特别是氯霉素作为治疗药物可导致再生障碍性贫血时的有效剂量关系还没有建立，这就导致了食用动物饲养过程禁止使用氯霉素。因此，需要高灵敏度的方法对动物源性食品中的氯霉素进行检测。酶联免疫法是利用免疫学抗原抗体特异性结合和酶的高效催化作用，通过化学方法将植物辣根过氧化物酶（HRP）与氯霉素结合，形成酶偶联氯霉素。将固相载体上已包被的抗体（羊抗兔IgG抗体）与特异性的免抗氯霉素抗体结合，然后加入待测氯霉素和酶偶联氯霉素，它们竞争性地与免抗氯霉素抗体结合，没有结合的酶偶联氯霉素被洗去，再向相应孔中加入过氧化氢和邻苯二胺，作用一定时间后，结合后的酶偶联氯霉素将无色的邻苯二胺转化为蓝色的产物，加入终止液后颜色由蓝变黄，用分光光度计在波长450nm处进行检测，吸光值与试样中氯霉素含量成反比。

利用酶联免疫法测定农产品和水产品等动物源性食品中氯霉素的含量已经成为得到认可的行业标准，在这些领域的产品分析和质量监测中发挥着巨大的作用。

思考题

10-1 什么是吸收光谱曲线？什么是标准曲线？它们有何实际意义？

10-2 朗伯-比尔定律的物理意义是什么？

10-3 利用标准曲线进行定量分析时可否使用透光度 T 和浓度 c 为坐标？

10-4 什么是透光度？什么是吸光度？二者之间的关系是什么？

10-5 在吸光光度法中，测量波长一般选择 λ_{max}，为什么？在最大吸收波长处有其他吸光物质干扰测定时，测量波长的选择原则是什么？

10-6 分光光度计由哪些部件组成？它们各自有什么作用？

10-7 测定金属钴中微量锰时在酸性液中用 KIO_3 将锰氧化为高锰酸根离子后进行吸光度的测定。若用高锰酸钾配制标准系列，在测定标准系列及试液的吸光度时应选什么作参比溶液？

10-8 吸光度的测量条件如何选择？为什么？普通光度法与示差法有何异同？

10-9 光度分析法误差的主要来源有哪些？如何减免这些误差？试根据误差分类分别加以讨论。

习　题

10-1 某有色液 $b=2.0$cm 时 $T=60$，若 c 增大一倍，$T=$？若改用 1cm、5cm 时 T、A 各多少？

10-2 用双硫腙光度法测 Pb^{2+}，Pb^{2+} 的浓度为 0.08mg/(50mL)，用 2.00cm 厚的比色皿于波长 520nm 测得 $T=50\%$，求分子吸光系数 A 和摩尔吸光系数。(已知 Pb 的原子量为 207.2)

10-3 称取软锰矿试样 0.5000g，在酸性溶液中将试样与 0.6700g 纯 $Na_2C_2O_4$ 充分反应，最后以 0.02000mol/L $KMnO_4$溶液滴定剩余的 $Na_2C_2O_4$，至终点时消耗 30.00mL。计算试样中 MnO_2 的质量分数。

10-4 质量浓度为 5.0×10^{-4}g/L 的铁(Ⅱ)溶液，与 1，10-邻二氮菲反应，生成橙红色配合物，最大吸收波长为 508nm。比色皿厚度为 2cm 时，测得上述显色溶液的 $A=0.19$。计算 1，10-邻二氮菲亚铁比色法对铁的 A 及 ε。

10-5 用双硫腙光度法测定铜，在 535nm 波长处测量吸光度 A：（1）若灵敏度 $S=0.0022\mu g/cm^{-2}$，计算摩尔吸收系数 ε；（2）若将 1.00g 铜样品制备成 10mL 试液，在 $b=1.0$cm 比色皿中测得 $A=0.01$，计算铜含量。[M(Cu) = 63.55g/mol]

10-6 在 0.1mol/L HCl 溶液中的某生物碱于 356nm 波长处的 K 为 400L/(mol·cm)，在 0.2mol/L NaOH 溶液中为 17100L/(mol·cm)，在 pH=9.50 时缓冲溶液中 $K=9800$L/(mol·cm)。求 pK_a 值。

10-7 若以萃取光度法测定某病人尿样中的铜含量。取尿样 50.0mL，在适宜条件下分别以 20.0mL 萃取剂连续萃取两次（$D=20$）。合并萃取液，加入合适的显色剂显色（摩尔吸光系数为 1.2×10^5L/(mol·cm)），并稀释至 50mL，在 512nm 波长处用 1.0cm 比色皿测得吸光度为 0.428。求该样品中的铜含量（μg/mL）。(Cu 的摩尔质量为 63.55g/mol)

10-8 某物质的水溶液，在波长 210nm 下的摩尔吸收系数是 1200L/(mol·cm)，现透过 1cm 厚的溶液测得透光率为 75%，求溶液该物质的浓度。

10-9 用分光光度法测定铜的 $\varepsilon=4.0\times10^4$L/(mol·cm)，称取一定量的试样完全溶解后准确稀释至 100mL，取此溶液 5.0mL，显色并稀释至 25.0mL，以 1.0cm 比色皿测定其吸光度。若欲使测定时的吸光度与试样中铜的百分含量一致，应称取试样多少克？(Cu 的相对原子质量为 63.55g/mol)

10-10 配制一系列溶液，其中 Fe^{2+}含量相同（各加入 7.12×10^{-4}mol/L Fe^{2+}溶液 2.00mL），分别加入不同体积的 7.12×10^{-4}mol/L 的邻二氮菲溶液，稀释至 25mL 后用 1cm 比色皿在 510nm 处测得吸光度如下：

邻二氮菲溶液的体积/mL	2.00	3.00	4.00	5.00	6.00	8.00	10.00	12.00
A	0.242	0.355	0.480	0.593	0.700	0.720	0.720	0.720

求配合物的组成。

10-11 以碘酸钾为基准物采用间接碘量法标定 0.1000mol/L $Na_2S_2O_3$ 溶液的浓度。若滴定时，欲将消耗的 $Na_2S_2O_3$ 溶液的体积控制在 25mL 左右，问应当称取碘酸钾多少克？[$M(KIO_3)=241.0$g/mol]

10-12 在最大吸收波长 525nm 处用 1cm 比色皿测得 1.0×10^{-4}mol/L 的 $KMnO_4$溶液的吸光度 $A=0.32$。计算：（1）摩尔吸光系数 ε 及吸光系数 A。（2）若仪器透光度绝对误差 $\Delta T=0.5\%$，求溶液浓度的相对误差 $\Delta c/c$。[$M(KMnO_4)=158$g/mol]

11 原子吸收光谱法

原子吸收光谱法，又称原子吸收分光光度法，它是以测量气态原子的外层电子对共振线的吸收为基础，根据吸收的程度来测定试样中该元素含量的分析方法。

按所用的原子化方法不同，原子吸收光谱法分为以下几种：

（1）火焰原子吸收光谱法，以化学火焰为原子化器。

（2）石墨炉原子吸收光谱法，以电热石墨炉为原子化器。

（3）石英炉原子吸收光谱法，以石英炉为原子化器，在较低温度下原子化，因此又称低温原子吸收光谱法，包括汞蒸气原子化法、氢化物原子化法和挥发物原子化法。

原子吸收光谱法自20世纪50年代提出后，历经数十年的发展，现已广泛地应用于化工、石油、医药、冶金、地质、食品、生化及环境监测等领域。方法的主要优点有：

（1）检出限低、灵敏度高。火焰原子吸收光谱法的检出限可达 10^{-6} ~ 10^{-9} g/mL，非火焰原子吸收光谱法可达 10^{-10} ~ 10^{-14} g/mL，因而原子吸收光谱法特别适于微量及痕量元素分析。

（2）选择性好、准确度高。原子吸收谱线比较简单，谱线重叠干扰很少，因而分析的选择性好，基体和待测元素之间影响较少。大多数情况下共存元素不对原子吸收分析产生干扰，试样经处理后可直接进行分析，避免了繁杂的分离或富集程序，易于得到准确的分析结果。火焰法原子吸收光谱法的相对偏差一般小于1%，非火焰原子吸收光谱法的相对偏差约为3%~5%。

（3）测定范围广。原子吸收光谱法可以直接测定70多种金属和准金属元素，若采用间接方法，还能测定某些高温难熔元素、非金属元素、阴离子和有机化合物。

（4）操作简便、分析速度快。这也是它易于推广和普及的重要原因。

原子吸收法也有一些不足之处。例如：对测定难熔元素，如W、Nb、Ta、Zr、Hf，无法得到令人满意的结果；对大多数非金属元素还不能直接测定；测定不同元素时需要更换元素灯，使用不够方便；同时进行多元素测定尚有困难。尽管如此，原子吸收光谱法仍然是无机痕量分析的重要手段之一。

11.1 原子吸收光谱法的基本原理

当辐射照射到原子蒸气上时，如果辐射波长相应的能量等于原子由基态跃迁到激发态所需的能量，就会引起原子对辐射的吸收，产生吸收光谱。通过测量气态原子对特征波长的吸收，便可获得相关组成和含量的信息。原子吸收光谱通常出现在可见光区和紫外光区。

11.1.1　共振吸收线和特征谱线

原子是由原子核和核外电子组成。通常的情况下，原子处于能量最低的基态。当基态原子受热、辐射或与其他粒子碰撞而吸收足够的能量后，其外层电子就从低能级跃迁到较高能级上，此时原子的状态称为激发态。外层电子可以跃迁到不同的能级轨道，所以可能有不同的激发态。电子从基态跃迁到能量最低的激发态（称为第一激发态）为共振跃迁，所产生的谱线称为共振吸收线，简称共振线。由于从基态到第一激发态所需的能量最低，最易发生，故共振线往往是元素光谱中最强的谱线，原子吸收测量采用的是共振吸收线。

各种元素的原子结构和外层电子排布不同，因此各种元素的共振线不同，各有其特征性，这种共振线称为元素的特征谱线。对大多数元素来说，共振线是指元素所有谱线中最灵敏的线。在原子吸收光谱法中，就是利用待测元素原子蒸气中基态原子对光源发出的特征谱线的吸收来进行分析。

如图 11-1 所示，当频率为 ν，强度为 I_0的平行光垂直通过均匀的原子蒸气时，原子蒸气对光产生吸收，吸收情况与可见光吸收类似，符合朗伯-比尔定律，即

$$I_\nu = I_0 e^{-K_\nu b} \tag{11-1}$$

式中，I_0为入射光强度；I_ν为透过原子吸收层的光强度；b 为原子蒸气吸收层的厚度；K_ν为吸收系数。

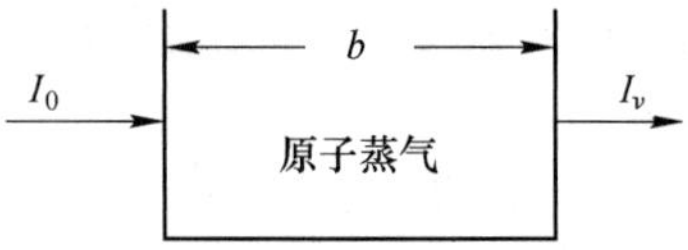

b
I_0　原子蒸气　I_ν

图 11-1　原子吸收示意图

由于物质的原子对不同频率入射光的吸收具有选择性，因而透过光强度 I_ν和吸收系数 K_ν将随着入射光的频率（或波长）而变化。前者的变化规律如图 11-2 所示，后者的变化规律如图 11-3 所示。

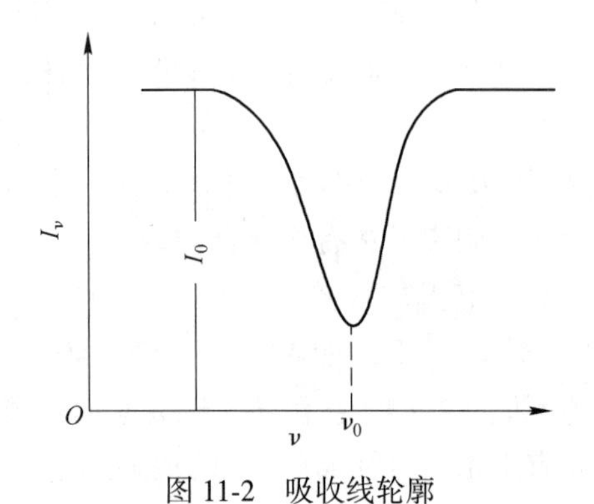

图 11-2　吸收线轮廓

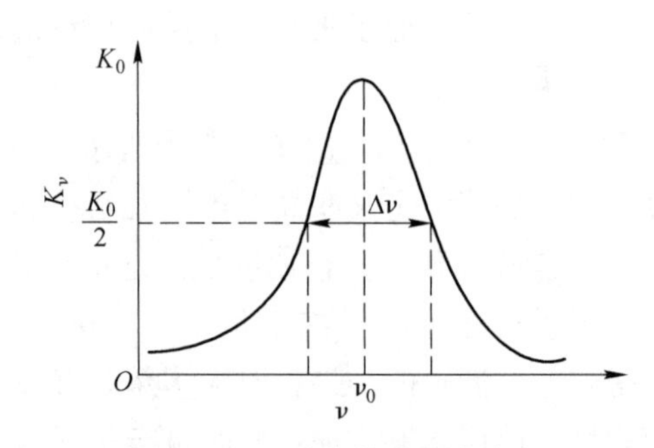

图 11-3　吸收线轮廓和半宽度

从图 11-2 中可看出，在入射频率为 ν_0处，透过光强度最小，即吸收最大，称这种情况为原子蒸气在频率 ν_0处有吸收线。原子吸收线并不是几何意义上的线，而是具有一定宽度，通常称为吸收线轮廓。描述原子吸收线轮廓的值是吸收线的中心波长（或频率）和吸收线的半宽（图 11-3）。中心频率或中心波长指的是最大吸收系数 K_0所对应的频率或波长，用 ν_0或 λ_0表示。最大吸收系数又称为峰值吸收系数（K_0）。吸收线的半宽，指的是最大吸收系数一半（$K_0/2$）处所对应的频率差或波长差，用 $\Delta\nu$ 或 $\Delta\lambda$ 表示（图 11-3）。

11.1.2 决定谱线宽度的因素

11.1.2.1 自然宽度 $\Delta\nu_N$

在没有任何外界影响的条件下，谱线所固有的宽度称为自然宽度。它与原子激发态的固有寿命有关，不同的谱线有不同的宽度，跃迁是一种机遇现象，对一个体系的全部受激原子而言，不可能寿命相同，这就导致出现具有一定宽度和规律分布的谱线轮廓，根据海森堡测不准原理，可以估算出原子谱线的自然宽度约为 10^{-9}nm 数量级。

11.1.2.2 多普勒变宽 $\Delta\nu_D$

多普勒变宽是由于原子无规则的热运动产生的，因此又称为热变宽。由于多普勒效应，当火焰中具有吸光作用的基态原子向着光源方向运动时，相对于该基态原子而言，光源辐射频率变高即波长变短，因此基态原子将吸收较低的频率，即较长的波长；反之，当原子背着光源方向运动时，被吸收的频率较高，即波长较短。这样，由于原子的无规则运动就使吸收谱线变宽。多普勒变宽 $\Delta\nu_D$ 由下式决定：

$$\Delta\nu_D = 7.162 \times 10^{-7}\nu_0\sqrt{\frac{T}{A_r}} \tag{11-2}$$

式中，ν_0为谱线的中心频率；T 为热力学温度；A_r为相对原子质量。

由式（11-2）可见，相对原子质量小的元素 $\Delta\nu_D$ 较大，温度越高，$\Delta\nu_D$ 越大。多普勒变宽一般为 10^{-3}nm 数量级，变宽的特点是中心频率不变，吸收谱线的峰值下降，峰形对称，峰面积不变。

11.1.2.3 压力变宽

处于吸收辐射的原子与吸收区内的原子或分子相互碰撞，使其在激发态的存在时间比正常寿命要短，从而引起能级稍微变化，使吸收光量子频率发生变化，而导致谱线变宽，称为压力变宽。它可分两种情况：（1）吸收原子与非同种原子的其他粒子碰撞而产生的压力变宽，称为洛伦兹变宽 $\Delta\nu_L$；（2）吸收原子与同种原子碰撞而产生的压力变宽，称为共振变宽或称赫鲁兹马克变宽 $\Delta\nu_H$。在一般条件下，压力变宽中起重要作用的是洛伦兹变宽，而共振变宽只有在被测元素浓度较高时才有影响。原子吸收法中，被测物质相对于基体而言是低浓度。因此，共振变宽可以忽略不计。洛伦兹变宽的数量级为 10^{-3}nm。

谱线变宽对原子吸收分析是不利的。在通常原子吸收光谱法条件下，火焰的温度一般为 1000~3000K，外来气体压力为一个大气压（101.325kPa），因此，吸收谱线的变宽主要由多普勒变宽和洛伦兹变宽决定。吸收谱线的形状、谱线的中心部分主要由多普勒变宽支配，而两翼则受洛伦兹变宽支配。当共存元素原子浓度很小时，特别是采用无火焰原子化器时，多普勒变宽将占主导地位。

11.1.3 原子吸收光谱法的定量基础

在原子吸收光谱法中，最常用的方法是将被测元素的试样溶液雾化成细雾，并引入到适当的火焰中，在火焰热能作用下，使被测元素分解成原子状态。由空心阴极灯发射的该元素特征谱线通过火焰，被火焰中被测元素的基态原子所吸收，吸收的多少与其处于基态的原子数成正比。

11.1.3.1 积分吸收

原子吸收光谱产生于基态原子对特征谱线的吸收，原子吸收谱线是有一定宽度的。沿吸收线轮廓，吸收系数的积分称为积分吸收系数，简称为积分吸收，它表示原子蒸气全部吸收能量的强度。在一定的条件下，基态原子的数 N_0 正比于积分吸收。根据经典色散理论，其定量关系式为：

$$\int K_{\gamma} \mathrm{d}\nu = \frac{\pi e^2}{mc} N_0 f \tag{11-3}$$

式中，e 为电子电荷；m 为电子的质量，c 为光速；N_0 为单位体积原子蒸气中吸收辐射的基态原子数，即基态的原子浓度；f 为吸收跃迁的振子强度，代表每个原子中能被入射光激发的平均电子数，在一定的条件下，对一定元素，f 可视为一定值。

理论上，如果能测得积分吸收，则可由式（11-3）求得基态原子浓度，在固定的实验条件下，可求出待测元素的浓度。用连续光源通过单色器获得单色光，对谱线宽度仅为 10^{-3}nm 数量级的光谱线进行扫描，测量积分吸收，需要分辨率很高的色散仪器，同时要有足够的单色光强度，实际上难以实现。这也是原子吸收光谱技术在分析中应用一直未能成功的原因。

11.1.3.2 峰值吸收

1955 年，沃尔什（Walsh）指出，在温度不太高的稳定火焰条件下，峰值吸收与火焰小的被测元素的原子浓度也呈线性关系。提出用测量峰值吸收系数 K_0 来代替测量积分吸收系数，并采用锐线光源测量谱线的峰值吸收。

在通常的原子吸收分析条件下，吸收线的轮廓主要取决于多普勒变宽，此时峰值吸收系数 K_0 与基态原子数 N_0 之间的关系为：

$$K_0 = \frac{2\sqrt{\pi \ln 2}}{\Delta\nu_{\mathrm{D}}} \cdot \frac{e^2}{mc} N_0 f \tag{11-4}$$

在测定条件不变时，多普勒半宽度是常数，对一定的待测元素，振子强度 f 也是常数，因此，峰值吸收系数 K_0 与单位体积原子蒸气中基态原子数 N_0 成正比。

为了测量 K_0 值，必须使光谱源发射线的中心频率与吸收线的中心频率一致，而且发射线的半宽度必须比吸收线的半宽度小得多，如图 11-4 所示。

由于锐线光源发射线的半宽度只有吸收线半宽度的 1/5～1/10，这样积分吸收与峰值吸收非常接近，因此可以用 K_0 代替式（11-1）中的 K_ν，得到：

$$I_\nu = I_0 e^{-K_0 b} \tag{11-5}$$

吸光度 A 为：

$$A = \lg \frac{I_0}{I} = 0.4343 K_0 b \tag{11-6}$$

将式（11-4）代入式（11-6）中，则有

$$A = 0.4343 \times \frac{2\sqrt{\pi \ln 2}}{\Delta\nu_{\mathrm{D}}} \cdot \frac{e^2}{mc} N_0 f b \tag{11-7}$$

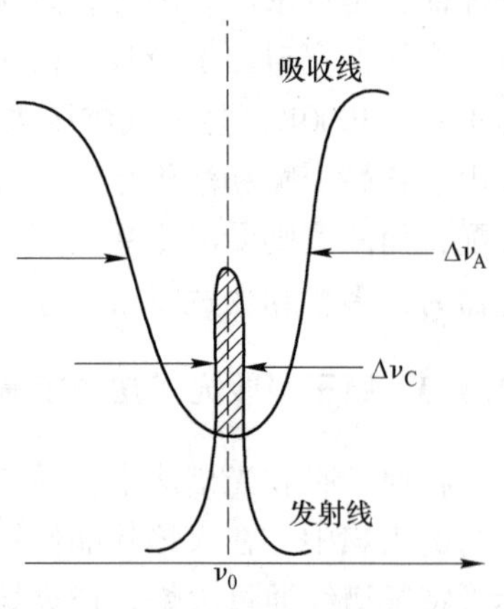

图 11-4 峰值吸收测量示意图

在一定实验条件下，$\Delta\nu_D$ 和 f 都是常数，令

$$0.4343 \times \frac{2\sqrt{\pi \ln 2}}{\Delta\nu_D} \cdot \frac{e^2}{mc} f = K \tag{11-8}$$

则式（11-7）可表示为

$$A = KN_0 b$$

式中，N_0 为单位体积原子蒸气相中的基态原子数。

由于大多数元素的特征谱线都小于600nm，常用的激发温度又低于3000K，因此对于大多数元素来说，原子蒸气中激发态原子数很小，绝大多数是基态原子。故基态原子数 N_0 可视作等同于待测元素的原子总数 N。

在实际工作中，要求测定的并不是蒸气相中的原子浓度，而是被测试样中某元素的浓度。在给定的实验条件下，K、b 均为定值，被测元素的浓度与原子蒸气相中待测元素原子总数成正比，此时吸光度与试样中待测元素的浓度 c 关系可表示为

$$A = Kc$$

式中，当实验条件一定时，K 为常数。式（11-8）即为原子吸收测量的基本关系式，也是原子吸收光谱法的定量基础。

11.2 原子吸收光谱仪

原子吸收光谱仪主要由光源、原子化系统、分光系统和检测系统四部分组成。图11-5所示为火焰原子吸收光谱仪的结构示意图。光源发射出的待测元素的特征谱线（锐线光束），通过原子化器，被火焰中待测元素基态原子吸收后，进入单色器，经分光后，由检测器转化为电信号，最后经放大并在读数系统读出。

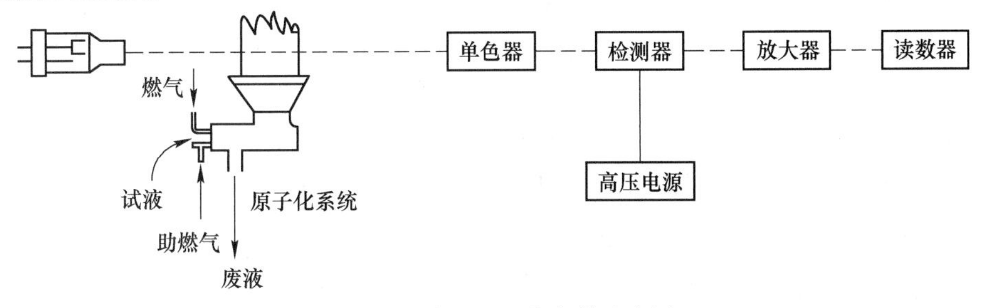

图11-5 火焰原子吸收光谱示意图

11.2.1 光源——空心阴极灯

光源的作用是发射出被测元素的共振谱线，以供试样吸收之用。对光源的要求是：

（1）能发射待测元素的共振谱线，并有足够的强度。

（2）能发射锐线，即发射线的半宽度比吸收线的半宽度窄得多；否则，测出的不是峰值吸收系数。

（3）发射光要稳定、背景小、寿命长。

目前应用最广泛的是空心阴极灯，此外还有蒸气放电灯，如汞灯、钠灯以及高频无极放电灯等。

空心阴极灯是一阴极呈空心圆柱形的气体放电管。灯管由硬质玻璃制成，使用石英玻璃或普通玻璃作光学窗口。圆筒形的阴极空心管内壁由待测元素或含待测元素的合金制作。灯的阳极为钨棒，连有钛丝或钽片作为吸气剂。管内充有压力为几百帕斯卡的惰性气体，如氖或氩。空心阴极灯的结构如图 11-6 所示。

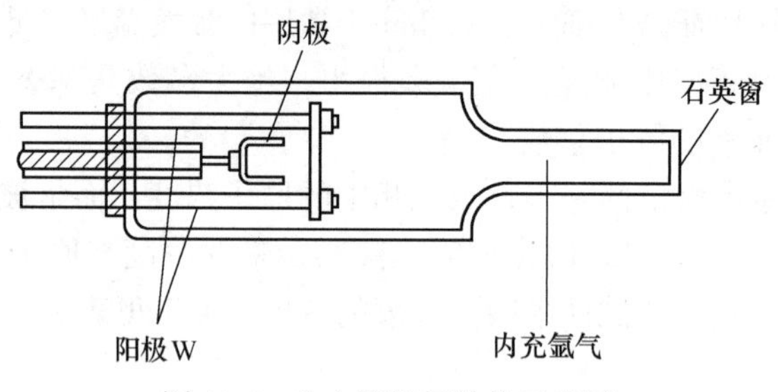

图 11-6 空心阴极灯结构示意图

当在阴阳两极间施加适当电压时，电子将从空心阴极内壁流向阳极，在电子通路中与惰性气体原子碰撞而使之电离。带正电荷的惰性气体离子在电场作用下，向阴极内壁猛烈轰击，使阴极表面金属原子溅射出来。溅射出的金属原子再与电子、惰性气体的原子、离子发生碰撞而被激发，从而发射出阴极物质的共振线，同时出现内充惰性气体的光谱。用不同的元素作为阴极的内衬元素，便可以制成发射不同元素特征谱线的空心阴极灯。若阴极物质只含一种元素，称为单元素空心阴极灯；当含多种元素时，便制成了多元素空心阴极灯。

空心阴极灯发射的光谱强度与工作电流有关。增大灯的工作电流，可以增加光谱线强度；但是工作电流过大，会导致灯本身发生自蚀现象而缩短灯的寿命，还会造成灯放电不正常，使发射光强度不稳定。若工作电流过低，又会使灯发射光强度减弱，导致稳定性和信噪比下降。因此，使用空心阴极灯时必须选择适当的工作电流。空心阴极灯的工作电流一般为几至几十毫安，阴极温度不高，所以多普勒变宽效应不明显；而且，灯内气体压力很低，洛伦兹变宽效应也可以忽略。因此，空心阴极灯可以发射出半宽度很窄的特征辐射，是理想的锐线光源。

11.2.2 原子化系统

原子化系统的作用是使试样中待测元素转变为气态的基态原子。入射光在这里被基态原子吸收，可视为“吸收池”。试样的原子化是原子吸收分析的关键问题，元素测定的灵敏度、准确度乃至干扰，很大程度上取决于原子化的状况。因此，对原子化器的要求是：有尽可能高的原子化效率，且不受浓度影响，稳定性和重现性好，背景和噪声小。原子化器主要有两类：火焰原子化器和非火焰原子化器。

11.2.2.1 火焰原子化器

利用化学火焰方法使物质分解并原子化的方法称为火焰原子化法。这个方法使用最早最广泛。火焰原子化器包括雾化器和燃烧器两部分。

（1）雾化器。雾化器的作用是将试液变成高度分散状态的雾状形式。雾粒越多、越细，越有利于基态自由原子的生成。目前普遍采用的是同心雾化器（图11-7）。在雾化器喷嘴口处，由于助燃气（空气、氧气或氧化亚氮）和燃气（乙炔、丙烷、氢气等）高速通过，从而将试液沿毛细管吸入，并被高速气流分散成气溶胶（即成雾滴），喷出的雾滴再碰撞在撞击球上，进一步雾化成细雾。

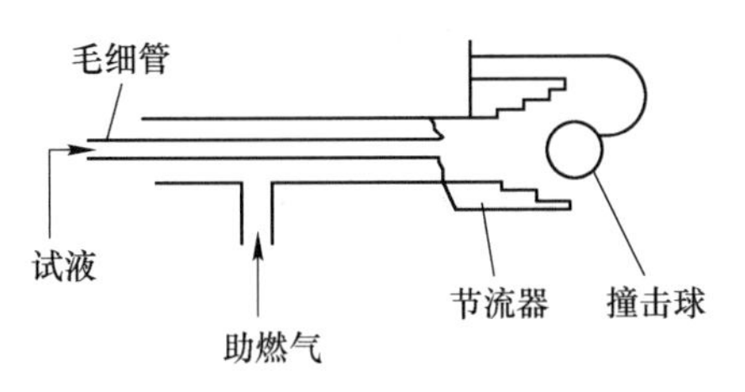

图11-7　同心雾化器示意图

（2）燃烧器。燃烧器的作用是形成火焰，使进入火焰的试样微粒原子化。图11-8所示为预混合型燃烧器结构示意图。试液雾化后进入雾室，与燃气在室内充分混合，其中较大的雾滴凝结在壁上形成液珠，从废液管排出，而细的雾滴则进入火焰中，使试样气溶胶蒸发、原子化。

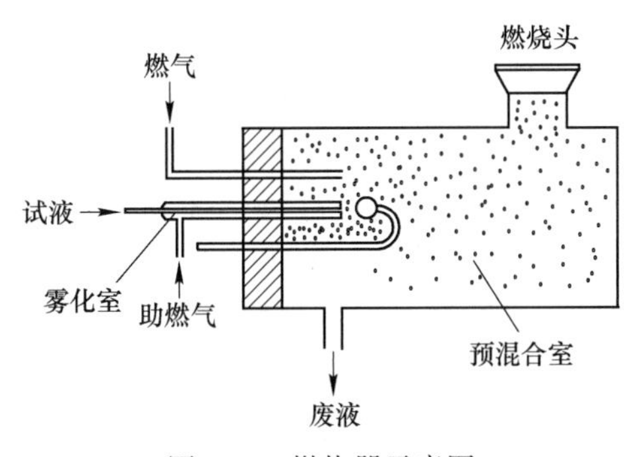

图11-8　燃烧器示意图

（3）火焰。火焰的作用是提供一定的能量，促使试样雾滴蒸发、干燥并经过热离解或还原作用，产生大量基态原子。依燃料气体和助燃气体的比例不同，火焰可分为三类：中性火焰、富燃火焰和贫燃火焰。

1）中性火焰：燃气与助燃气的比例与它们之间化学反应计量关系相近。它具有温度高、干扰少、稳定、背景低等特点。除碱金属和难离解元素的氧化物，大多数常见元素的测定均使用这种火焰。

2）富燃火焰：燃气与助燃气的比例大于化学计量关系。由于燃气过量，燃烧不完全，火焰中存在大量半分解产物，故火焰具有较强的还原性气氛，不如中性火焰温度高。它适用于测定较易形成难熔氧化物中的元素类型，如Mo、Cr、稀土元素等。

3）贫燃火焰：燃气与助燃气的比例小于化学计量关系。由于助燃气过量，大量冷助燃气带走了火焰中的热量，故火焰温度较低。又由于燃气燃烧充分，火焰具有氧化性气氛，因此它适用于易分解、易电离的元素的测定，如碱金属元素的测定。

火焰的温度是影响原子效果的基本因素。温度过高，激发态原子将增加，电离度增大，基态原子减少，这对原子吸收是很不利的。因此在确保待测元素充分离解为基态原子的前提下，低温火焰比高温火焰具有较高的灵敏度。但对某些元素来说，如果温度过低、则其盐类不能离解，反而使灵敏度降低，并且还会发生分子吸收，干扰可能会增大。

表 11-1 列出了几种常见火焰的温度及燃烧速度。燃烧速度是指火焰由着火点向可燃混合气的其他点传播的速度。它影响火焰的使用安全性及燃烧稳定性。合理的可燃混合气体供给速度将获得稳定的火焰，过大会使火焰不稳定，甚至吹灭火焰，过小，将会引起回火。

表 11-1　常用火焰的火焰温度及燃烧速度

燃烧气体	助燃气体	最高温度/K	燃烧速度/$cm \cdot s^{-1}$
煤气	空气	2110	55
丙烷	空气	2195	82
氯气	空气	2320	320
乙炔	空气	2570	160
氢气	氧气	2970	900
乙炔	氧气	3330	1130
乙炔	氧化亚氮	3365	180

空气-乙炔火焰是原子吸收光谱法中最常用的火焰之一。它的火焰温度较高（最高约 2600K），且燃烧速度稳定，重复性好，噪声小，可测定 30 多种元素。此外，氧化亚氮-乙炔火焰也比较常用。它的燃烧温度最高可达 3300K，而且还可形成强还原气氛，特别能用于测定空气-乙炔火焰所不能分析的难解离元素，如 Al、B、Be、Ti、V、W、Si 等。

试样溶液在火焰原子化器中经过喷雾、粉碎、脱水、挥发等一系列的过程而形成原子态的蒸气，但实际过程是复杂的，往往伴随着被激发或电离，原子也能再缔合成分子等，如图 11-9 所示。

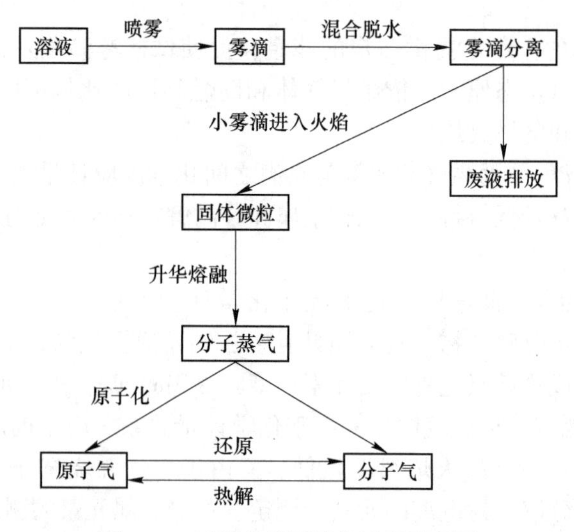

图 11-9　试样火焰原子化过程示意图

11.2.2.2 非火焰原子化器

火焰原子化器是应用最广泛的原子化器，但它最大的缺点是原子化效率不高，火焰中的自由原子浓度很低。原因是雾化效率低，大量喷雾气体的稀释作用，以及金属原子在火焰中易受氧化作用生成热稳定的难熔氧化物。另一个存在的问题是火焰中的化学反应不易控制，造成火焰温度不稳定，火焰各部分的温度也不均匀。应用非火焰原子化器可以提高原子化效率，提高测量的灵敏度。非火焰原子化器有多种类型，其中以石墨管炉应用广泛。

（1）石墨管炉原子化器。它由石墨管炉、加热电源、惰性气体保护系统和冷却水系统组成，结构如图 11-10 所示。

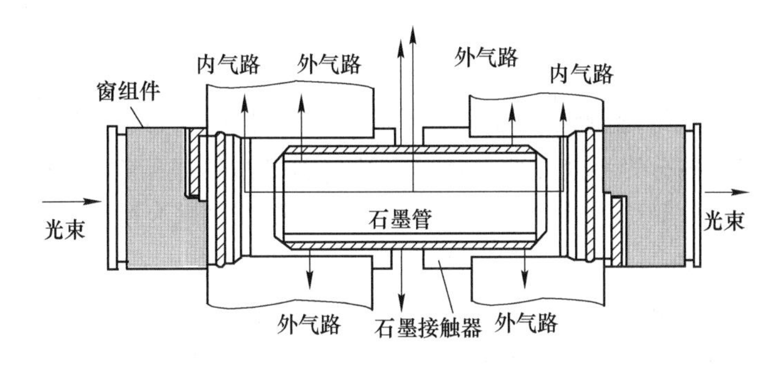

图 11-10　石墨炉原子化器示意图

其工作原理是，试样以溶液（5~100μL）或固体（几个毫克）形式，从石墨管壁上侧小孔进入由 Ar 或 N_2 保护的石墨炉管内，管两端加以低电压（10~25V）、大电流（可达 500A），产生高温（300K），使试样原子化。

石墨管炉原子化器的升温加热分为干燥、灰化、原子化和净化四个阶段，需按试样组成和分析元素的不同，选择各阶段的温度、温度保持时间和升温方式（阶跃式和斜坡式）。

1）干燥阶段：蒸发除去试样的溶剂，如水分、各种酸溶剂等。

2）灰化阶段：破坏和蒸发除去试样中的基体，在原子化阶段前尽可能多地将共存组分与待测元素分离开，以减少共存物和背景吸收的干扰。

3）原子化阶段：使待测元素转变为基态原子，供吸收测定。

4）烧净阶段：净化除去残渣，消除石墨管记忆效应。

石墨炉原子化器的原子化效率和测定灵敏度都比火焰原子化器高得多，其检出极限可达 10^{-12}g 数量级，试样用量仅 1~100μL，特别适合试样量少，又需测定其中痕量元素的情况，可测定黏稠和固体试样。但石墨炉原子化法测定精密度不如火焰法，测定速度也较火焰法慢，此外装置较复杂，费用较高。

（2）低温原子化法。低温原子化法利用化学反应方法预处理试样。在室温至摄氏几百度的条件下使其原子化，因此又称化学原子化法。主要有汞的冷原子化法和氢化物原子化法。

汞的沸点为 357℃，室温下有很高的蒸气压，因此将汞化合物分解为 Hg^{2+}，用氯化亚锡还原为汞原子，并用气流将汞蒸气送入吸收池内测量吸光度，检出限可达0.2ng/mL。

氢化物原子化法是在一定酸度下，用$NaBH_4$把As、Sb、Bi、Ge、Sn、Pb、Se、Te等元素还原成易挥发、易分解的氢化物，例如

$$AsCl_3 + 4KBH_4 + 8H_2O \longrightarrow AsH_3\uparrow + 4KCl + 4HBO_2 + 13H_2\uparrow$$

然后由载气送入置于吸收光路中的电热石英管内，生成的氢化物不稳定，在较低温度（约几百度）下发生分解，产生出自由原子，完成原子化过程。氢化物原子化法的特点是形成元素或其氢化物蒸气的过程本身就是一个分离过程，因此它的灵敏度高，可达$10^{-9}g$数量级；选择性好，基体干扰和化学干扰都少；操作简便、快速。但方法的精密度比火焰法差，此外生成的氢化物均有毒，需在良好的通风条件下操作。

11.2.3　分光系统

分光系统的作用是将待测元素的共振线与邻近谱线分开，只让待测元素的共振线通过。原子吸收光谱仪的分光系统主要由色散元件（石英棱镜或衍射光栅）、凹面镜和狭缝组成，这样的系统也可简称为单色器。为了阻止非检测谱线进入检测系统，单色器通常放在原子化器后的光路中。

原子吸收分析法对单色器的要求是：有一定的分辨率和集光本领，既要将共振线与邻近谱线分开，又要保证有一定的出射光强度。这需要通过选用适当的“光谱通带”来满足。光谱通带指的是通过单色器出射狭缝的光束的波长宽度，即光电倍增管所接受到的光的波长范围，用W表示。

$$W = DS$$

式中，D为光栅倒线色散率（$\Delta\lambda/\Delta x$），指的是单色器焦面上两条谱线间的单位距离所相当的波长宽度，单位为nm/mm，此值越小，单色器的色散能力越大；S为狭缝宽度，单位为mm；W的单位为nm。

光谱通带宽，单色器的集光本领加强，出射光强度增加，但所包含的波长范围宽，使光谱干扰和光源背景干扰增加，影响测定；反之，光谱通带窄，虽然可以减少非吸收线的干扰，提高分辨率，但出射光强度减小，使灵敏度降低，也不利测定。所以应根据需要选择合适的光谱通带。对仪器的具体光栅来说，D是一定的，所以光谱通带一般是通过调节狭缝宽度来进行选择。狭缝的选择原则是在排除干扰的前提下，尽可能选用较宽一些的，提高测定的灵敏度。通常，碱金属和碱土金属的谱线简单，背景干扰小，可以选用较大的光谱通带，提高信噪比；过渡金属和稀土金属的谱线复杂，干扰较大，宜选用较小的光谱通带，以减小干扰，提高分辨率。

11.2.4　检测系统和记录系统

检测系统和记录系统主要由检测器（光电倍增管）、放大器、读数和记录系统等组成。原子吸收光谱仪中，常用光电倍增管作检测器，其作用是将经过原子蒸气吸收和单色器分光后的微弱光信号转换为电信号，再经过放大器放大后，便可在读数装置上显示出来。现代原子吸收光谱仪通常设有自动调零、自动校准、标尺扩展、浓度直读、自动取样及自动处理数据等装置。

11.3 原子吸收分析方法

11.3.1 试样的预处理

在火焰原子化法测试中，需要将试样溶解成溶液，特别是制成水溶液。但是，大量待测定的试样中，如动物的组织、植物、石油产品以及矿产品等不能直接溶于一般的溶剂中，常常需要预处理，使试样变成溶液形式。事实上，分解和溶解试样这一步不仅费时，而且在试样的预处理中还会引入许多误差。如在高温分解试样的过程中，常常因伴随挥发或产生烟雾形式的微粒而损失一部分试样；同时，分解试样所用的试剂也常常引入许多干扰；此外，在这些试剂中尚存在许多杂质，在做痕量分析时，这些杂质相对于试样中被测元素而言是大量的，这无疑会给空白校正带来严重的误差。

在原子吸收分析中，分解和溶解试样常用的方法有：用热矿物酸和液体氧化剂，如硫酸、硝酸或者高氯酸；在氧气瓶或其他密闭的容器中燃烧，以避免被分析物质的损失；用氧化硼、碳酸钠、过氧化钠等试剂高温熔融。

实验证明，不论是否有水存在，低分子量的醇、酮和酚的存在可以增加火焰吸收射峰的高度，由于此种溶液的表面张力较低，可提高雾化效率，从而增加试样进入火焰的量。当存在有机溶剂时，必须使用贫燃火焰以抵消加入的有机物质的影响。不过，贫燃火焰将使火焰的温度降低，从而增加化学干扰的可能性。有机溶剂在火焰原子化中较重要的应用是采用与水不相溶的溶剂（如甲基异丁酮），萃取金属离子的螯合物，然后直接将萃取物雾化进入火焰原子化。这种操作，不仅因有机溶剂的引入而增强了信号，提高了分析灵敏度；同时，对许多系统来说，可用少量的有机液体将金属离子从大体积的水溶液中移出，使得部分基体成分仍留在水溶液中，既达到了分离和富集的目的，同时也降低了干扰。常用的螯合剂有吡咯烷二硫代氨基甲酸铵、8-羟基喹啉、双硫腙盐等。

11.3.2 实验条件的选择

11.3.2.1 光谱通带

通带的大小是原子吸收光谱仪的工作条件之一。在原子吸收分析中选择通带时以能将吸收线与邻近的干扰线分开为原则。一般元素通带在 0.4~4nm。对谱线复杂的元素，如 Fe、Co、Ni 等选小于 0.1nm 的通带。

11.3.2.2 灯电流

空心阴极灯的发射特性取决于它的工作电流。一般选用灯的额定电流的 1/3~1/2 为工作电流。但最好通过实验确定。在一般情况下，空心阴极灯应使用一个稳定的并与可测光强度相匹配的最低电流，这样可使多普勒变宽减至最小，消除自吸，提高灵敏度，改善校正曲线的线性。

11.3.2.3 火焰位置及火焰条件

火焰中自由原子浓度的分布与混合气体的种类、火焰的性质、溶液的物理性质、元素的种类等有关。显然空心阴极灯发出的光束只有通过火焰中自由原子浓度最大的位置时，才能获得最大的吸收灵敏度。所以在分析前，必须通过改变燃烧器的高度并测定对应的吸收值，在吸收值最大处固定燃烧器的位置。混合气的比例会影响原子化的效率，故也应通过实验选定混合气的比例。

11.3.2.4 分析线的选择

对大多数元素来说，为了获得最高灵敏度，常用的分析线就是元素的共振线。然而，许多过渡元素的共振线并不一定比其非共振线灵敏度高。此外，有些元素的共振线在远紫外光区，受到火焰气体和大气的强烈干扰，测定时只能选择合适的非共振线作为分析线。

11.3.3 定量分析方法

原子吸收的定量依据是光吸收的基本定律 $A=Kc$，在测量条件固定时，K 为常数，吸光度 A 正比于浓度 c。在实际测量中，通常是将试样吸光度与标准溶液或标准物质比较而得到定量分析结果；常用方法有标准曲线法和标准加入法。

11.3.3.1 标准曲线法

适用于共存组分间互不干扰的情况。配制一系列不同浓度的待测元素的标准溶液，在恒定操作条件下由低浓度到高浓度依次测定其吸光度 A，绘制吸光度 A 对浓度 c 的标准曲线，也称工作曲线。然后在同样的条件下测定未知液的吸光度，在标准曲线上用插入法求得被测元素的含量（图 11-11）。需要注意的是，系列标准溶液浓度范围应使吸光度值在 0.05~0.70；同时测量时应使用不含待测元素而含其他组分的空白溶液预先测吸光度，扣除空白。

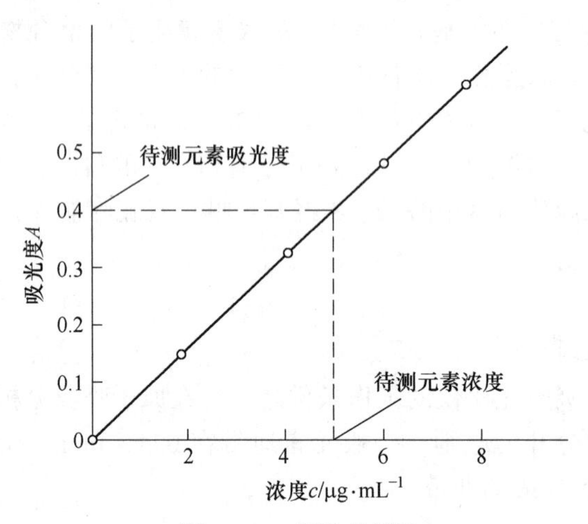

图 11-11 标准曲线法

11.3.3.2 标准加入法

若试样基体组成复杂，且基体成分对测定又有明显干扰，此时可采用标准加入法。

取若干份（例如 4 份）等量的试样溶液，分别加入浓度为 0，c_1，c_2，c_3 的标准溶液，稀释到同一体积后，在相同条件下分别测定吸光度。以加入的被测元素浓度为横坐标，对应吸光度为纵坐标，绘制 A-c 曲线图，延长该曲线至与横坐标相交处，即为试样溶液中待测元素的浓度 c_0（图 11-12）。使用标准加入法时应注意的是，此法可消除基体效应带来的影响，但不能消除分子吸收、背景吸收的影响；应保证标准曲线的线性，否则曲线外推易造成较大的误差。

11.3.4 原子吸收中的灵敏度和检出限

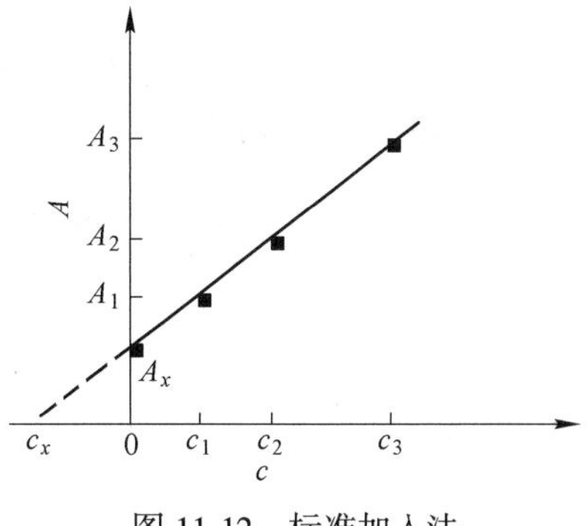

图 11-12 标准加入法

原子吸收光谱法是一种定量测定元素的灵敏方法。在考虑试样中某元素能否用原子吸收光谱法分析时，首先要查看该元素的灵敏度和检出限，达到要求再进行测定条件的选择。

11.3.4.1 灵敏度

灵敏度的定义为分析校准曲线的斜率，用 S 表示。S 大，则灵敏度高。

$$S = \frac{\mathrm{d}A}{\mathrm{d}c}$$

在火焰原子吸收法中也常用特征浓度来表示元素的灵敏度。特征浓度指的是能产生1%的吸收（$A=0.0044$）时待测元素的浓度。特征浓度用 c_0 表示，单位为(μg/mL)/1%。特征浓度的计算公式为：

$$c_0 = 0.0044\frac{c}{A}$$

式中，c 为待测元素的浓度，μg/mL，A 为浓度 c 对应的吸光度。特征浓度越小，灵敏度越高。

在石墨炉原子吸收法中，则常用特征质量来表示灵敏度。特征质量指的是能产生 1%的吸收（$A=0.0044$）时待测元素的质量，用 m_0 表示，单位 μg/1%。特征质量的计算公式为：

$$m_0 = 0.0044\frac{cV}{A} = 0.0044\frac{m}{A}$$

式中，c 为待测元素的浓度，μg/mL；V 为体积，mL；A 为浓度 c 对应的吸光度；m 为待测元素的质量。

11.3.4.2 检出限

检出限指的是仪器所能检出的待测元素的最低浓度。根据 IUPAC（1975 年）规定，元素的检出限定义为吸收信号相当于三倍噪声（空白溶液的吸收信号）所对应的元素浓度。

在火焰原子吸收法中，检出限用 c_{DL} 表示，单位为 μg/mL，计算公式为：

$$c_{DL} = \frac{3s}{S_c} \tag{11-9}$$

在石墨炉原子吸收法中，检出限用 m_{DL} 表示，单位为 pg，计算公式为：

$$m_{DL} = \frac{3s}{S_m} \tag{11-10}$$

式中，s 为对空白溶液进行至少 10 次连续测定所得吸光度的标准偏差；S_c 和 S_m 为系列标准溶液工作曲线的斜率，工作曲线的横坐标分别为浓度和质量。

检出限与灵敏度相关，一般来说，检出限越低，灵敏度越高。但它们是两个不同的概念。灵敏度只考虑检测信号的大小，而检出限考虑了仪器噪声。检出限越低，说明仪器越稳定。所以检出限是衡量仪器性能的一项重要的综合指标。表 11-2 列出了用火焰原子吸收法测定某些元素的灵敏度和检出限。

表 11-2　火焰原子吸收光谱法部分元素的灵敏度和检出限

元素	波长/nm	灵敏度/μg · mL^{-1}	检出限/μg · mL^{-1}
Al	309. 27	1	0. 03
As	193. 64	1	0. 1
Ca	422. 67	0. 01	0. 002
Cd	228. 00	0. 01	0. 002
Cr	357. 87	0. 06	0. 005
Cu	324. 75	0. 03	0. 02
Fe	248. 33	0. 04	0. 004
Hg	253. 65	2. 5	0. 28
Mg	285. 21	0. 003	0. 0003
Mn	279. 48	0. 02	0. 05
Mo	313. 26	0. 2	0. 03
Na	589. 00	0. 001	0. 0005
Ni	232. 00	0. 06	0. 008
Pb	217. 00	0. 1	0. 03
Sn	235. 48	1. 2	0. 03
V	318. 40	0. 6	0. 04
Zn	213. 86	0. 01	0. 002

11. 4　原子吸收光谱法中的干扰及其消除方法

原子吸收光谱法要比发射光谱法、光度分析法及电化学分析法的干扰要少得多，但并非没有干扰。要进行准确测定，必须了解它的来源，并采取适当措施加以抑制或消除。原子吸收光谱法中的干扰主要有光谱干扰、电离干扰、化学干扰和物理干扰。

11. 4. 1　光谱干扰

光谱干扰是指与光谱发射和吸收有关的干扰。主要来自光源和原子化装置，包括谱线干扰和背景干扰。

（1）谱线干扰。原子吸收使用的空心阴极灯，除了发射很强的元素共振谱线外，往往还发射其他谱线。若二者很接近，则有可能使工作曲线向下弯曲，灵敏度下降。这种谱线干扰可通过减小单色器狭缝克服。此外，若待测元素的共振线与试样中其他元素的吸收线非常接近，谱线轮廓相重叠，也会产生吸收谱线的重叠干扰。例如，用铁 271. 9025nm

谱线测定铁的吸收时，若试样存在铂，会由于铂 271.9038nm 吸收线的干扰，使吸收增强。另选分析线，如选用铁的 248.33nm 或 385.99nm 进行测定，就可以避免铂的干扰。

（2）背景吸收和背景干扰。分子吸收、光散射等所有非待测原子所产生的吸收都称为背景吸收。分子吸收是指在原子化过程中生成的气态分子、氧化物和盐类分子等对光源共振辐射产生的吸收；光散射是在原子化过程中，产生的气溶胶固体微粒使入射光发生散色，产生高于真实值的假吸收；背景吸收是一种宽频带的吸收，干扰原子吸收的测定，需要进行校正。石墨炉原子化法中的背景干扰要比火焰原子化法更严重，必须扣除。

为消除背景干扰的影响，人们提出了各种方法。火焰原子化法中使用高温强还原性火焰，是一种有效的方法，但这样的火焰会使一些元素的灵敏度降低，并非适用所有元素的测定。利用空白试液进行校正，配制与待测试样含有相同浓度基体元素的空白试液，测定其背景吸收值，再在试样测定中减去，可以达到校正的目的；此法虽然简单易行，但必须事先了解试样的基体元素及含量，往往会存在困难。目前大都采用仪器技术来校正背景，主要有以下几种方法：（1）利用邻近非共振线的校正背景吸收；（2）利用氘灯或氢灯连续光源校正背景吸收；（3）利用塞曼效应校正背景吸收。

11.4.2 电离干扰

由于基态原子电离而造成的干扰称为电离干扰。这种干扰造成火焰中待测元素的基态原子数量减少，使测定结果偏低，可以认为是化学干扰的一种形式。火焰温度越高，元素的电离电位越低，越容易发生电离干扰。电离干扰可用控制火焰温度的办法使原子的电离减少，但最有效的办法是加入消电离剂。一些易电离的元素，如碱金属、碱土金属元素，通常在火焰中有较大程度的电离。当有大量的比待测元素更易电离的第二种元素存在时，可以抑制被测元素的电离。这种加入的大量更易电离的非待测元素叫做消电离剂。例如，试样中加入钾盐（电离电位为 4.3eV），可抑制钙（电离电位为 6.11eV）的电离。这是由于钾电离时产生的大量电子使钙的电离平衡向中性原子方向移动，即

$$K \longrightarrow K^+ + e^-$$

$$Ca^+ + e^- \longrightarrow Ca$$

因此，试样中加入电离电位较低元素的化合物，如 KCl，可以防止由于待测元素电离而引起的灵敏度降低。

11.4.3 化学干扰

待测元素与其他组分之间的化学作用引起的干扰效应即为化学干扰。这类干扰主要影响待测元素的原子化效率，是原子吸收光谱法干扰的主要来源。典型的化学干扰是待测元素与共存元素之间形成更稳定的化合物，使基态原子数减小。化学干扰具有选择性，它对同一试样溶液中各元素的影响是不相同的，并随火焰强度、状态及部位，其他组分的存在，雾滴大小等条件而变化。消除化学干扰的方法有以下几种：

（1）选择合适的原子化法。许多元素在火焰中易形成耐热氧化物或难挥发混合氧化物，提高火焰温度，可促使它们分解，使化学干扰减小；使用还原性火焰或石墨炉原子化，可使难离解的氧化物还原、分解。

（2）加入释放剂。加入某种物质，使它与干扰元素形成更加稳定的化合物，从而使

待测元素释放出来。例如，PO_4^{3-} 的存在会严重干扰钙的测定，与 Ca^{2+} 生成难挥发、难电离的焦磷酸钙。加入足量释放剂——氯化镧或氯化锶，它们与磷酸根可以生成比钙更稳定的磷酸盐，而把钙释放出来、从而消除干扰。

(3) 加入保护剂。加入的保护剂多为有机配位剂，它们可以与待测元素形成更加稳定的配合物，从而将待测元素保护起来，防止干扰元素与它作用。例如，加入 EDTA，使之与钙形成稳定的 Ca-EDTA 配合物，从而将钙“保护”起来，避免钙与磷酸根作用，消除磷酸根对测定钙的干扰；Ca-EDTA 配合物在火焰中易原子化。又如，在镁、铍溶液中加入 8-羟基喹啉，可消除铝的干扰。

(4) 加入基体改进剂。加入某种物质，使它与基体形成易挥发的化合物，在原子化前除去，避免与待测元素共挥发。例如，在石墨炉测定中，氯化钠基体对测定镉有干扰，此时可加入硝酸铵，使氯化钠转变成易挥发的氯化铵和硝酸钠，可在灰化阶段除去。

当上述方法都不能收效时，便要使干扰物质分离，较常使用的分离方法是溶剂萃取法。

11.4.4 物理干扰

由于试样溶液与标准溶液物理性质和其他因素的差异，而引起雾化、溶剂蒸发、溶剂挥发等过程的变化而造成的干扰，称为物理干扰。此类干扰的特点是非选择的，对试样中各元素的影响基本上是相似的。这些干扰因素包括：影响试样喷入火焰速度的试样溶液黏度；影响雾滴大小及分布的试液表面张力；影响蒸发速度及凝聚损失的溶剂蒸气压；影响试样溶液喷入量的雾化气体压力等，这些因素最终影响进入火焰中待测元素的原子数量(雾化效率)，一般总会使吸光度下降。

消除干扰的方法可以通过配制与待测试样溶液组成尽量一致标准溶液或采用标准加入法。若待测组分含量较高时，应用简单的稀释法也可取得较好的效果。

思 考 题

11-1 什么是原子吸收光谱法？该方法的特点是什么？

11-2 什么是共振吸收线？在原子光谱中，为什么常选用共振线作分析线？

11-3 什么是积分吸收和峰值吸收系数？为什么在原子吸收光谱中采用的是峰值吸收而不是积分吸收？

11-4 原子吸收光谱法的定量依据是什么？进行定量分析的方法有哪些？

11-5 简述原子吸收光谱仪的基本组成和各部分的作用。

11-6 什么是锐线光源？在原子吸收光谱分析中为什么要采用锐线光源？

11-7 在原子吸收光谱仪中，目前最常用的光源是什么？选择它做光源的理由是什么？

11-8 为什么原子吸收光谱仪的分光系统是放在原子化系统的后面？

11-9 在火焰原子吸收光谱法中，对于碱金属元素的测定宜选用哪种火焰？

11-10 原子吸收光谱法中的干扰有哪些？该如何消除？

习 题

11-1 用标准加入法测定一无机试样溶液中镉的浓度：各试液在加入镉标准溶液后，用水稀释至 50mL，测得吸光度如下表所示。求镉的浓度。

序号	试液的体积/mL	加入镉标准溶液（10μg/mL）的体积/mL	吸光度
1	20	0	0. 042
2	20	1	0. 080
3	20	2	0. 116
4	20	4	0. 190

11-2 用原子吸收光谱法测定自来水中镁的含量（用 mg/L 表示），取一系列镁标准溶液（1μg/mL）及自来水水样于 50mL 容量瓶中，分别加入 5%锶盐溶液 2mL 后，用蒸馏水稀释至刻度，然后与蒸馏水交替喷雾测定其吸光度，数据如下表所示。计算自来水中镁的含量。

序号	1	2	3	4	5	6	7
镁标准溶液的体积/mL	0. 00	1. 00	2. 00	3. 00	4. 00	5. 00	自来水水样 20mL
吸光度	0. 043	0. 092	0. 140	0. 187	0. 234	0. 286	0. 135

11-3 已知镁溶液的浓度为 0. 4μg/mL，用空气-乙炔火焰原子吸收法测得透光率为 60%，求镁元素的特征浓度。

11-4 试从原理和仪器上比较原子吸收光谱法和吸光光度法的异同。

参 考 文 献

[1] 华东理工大学分析化学教研组，四川大学工科化学基础课程教学基地．分析化学［M］.6版．北京：高等教育出版社，2009.
[2] 华东理工大学，四川大学．分析化学［M］.7版．北京：高等教育出版社，2018.
[3] 北京矿冶研究总院分析室．矿石及有色金属分析手册［M］．北京：冶金工业出版社，1990.
[4] 武汉大学，等．分析化学［M］．北京：人民教育出版社，1978.
[5] 李明梅，吴琼林，方苗利，等．分析化学［M］．武汉：华中科技大学出版社，2017.
[6] 熊道陵，李英，李金辉．电镀污泥中有价金属提取技术［M］．北京：冶金工业出版社，2013.
[7] 黄朝表，朱秀慧，等．分析化学［M］．武汉：华中科技大学出版社，2019.
[8] 钱玲，陈亚玲．分析化学［M］．成都：四川大学出版社，2015.
[9] 江银枝．分析化学［M］．上海：上海交通大学出版社，2016.
[10] 李志富，陈建平，等．分析化学［M］．武汉：华中科技大学出版社，2015.
[11] 王志江，曾琦斐．无机化学［M］．广州：世界图书出版广东有限公司，2020.
[12] 范文秀，王天喜，郝海玲．无机及分析化学［M］．北京：化学工业出版社，2019.
[13] 时清亮，潘炳力，等．分析化学［M］．北京：化学工业出版社，2016.
[14] 张改清，翟言强，等．无机化学［M］．北京：化学工业出版社，2018.
[15] 齐美玲．定量化学分析［M］.2版．北京：北京理工大学出版社，2018.
[16] 涂进春，王小红，曹阳，等．翻转课堂教学模式在“分析化学”教学中的应用［J］．海南广播电视大学学报，2017，69（4）：135-138.
[17] 王传．一元弱酸溶液pH值近似计算条件的确定［J］．冷饮与速冻食品工业，2002，8（1）：18-19.
[18] 濮文虹，刘光虹，龚建宇．水质分析化学［M］.3版．武汉：华中科技大学出版社，2018.
[19] 付煜荣，罗孟君，卢庆祥，等．无机化学［M］．武汉：华中科技大学出版社，2016.
[20] 姚开安，赵登山，姚天杨，等．仪器分析［M］．南京：南京大学出版社，2017.
[21] David S H，James R C. 分析化学和定量分析：上册（中文改编版）［M］．王莹，等译．北京：机械工业出版社，2016.
[22] 苏彬．分析化学手册：电分析化学［M］.3版．北京：化学工业出版社，2016.
[23] 王敏．分析化学手册：化学分析［M］．北京：化学工业出版社，2016.
[24] 郑国经．分析化学手册：3A原子光谱分析［M］．北京：化学工业出版社，2016.
[25] 钟桐生，连琰，卿湘东．分析化学实验［M］．北京：北京理工大学出版社，2019.
[26] 孟长功. 无机化学［M］．北京：高等教育出版社，2018.

附　　录

附录 A　弱酸、弱碱的解离常数

表 A1　无机酸在水溶液中的解离常数（25℃）

序号	名　称	化学式	K_a	pK_a
1	偏铝酸	$HAlO_2$	6.3×10^{-13}	12.20
2	亚砷酸	H_3AsO_3	6.0×10^{-10}	9.22
3	砷　酸	H_3AsO_4	6.3×10^{-3}（K_1）	2.20
			1.05×10^{-7}（K_2）	6.98
			3.2×10^{-12}（K_3）	11.50
4	硼　酸	H_3BO_3	5.8×10^{-10}（K_1）	9.24
			1.8×10^{-13}（K_2）	12.74
			1.6×10^{-14}（K_3）	13.80
5	次溴酸	HBrO	2.4×10^{-9}	8.62
6	氢氰酸	HCN	6.2×10^{-10}	9.21
7	碳　酸	H_2CO_3	4.2×10^{-7}（K_1）	6.38
			5.6×10^{-11}（K_2）	10.25
8	次氯酸	HClO	3.2×10^{-8}	7.50
9	氢氟酸	HF	6.61×10^{-4}	3.18
10	锗　酸	H_2GeO_3	1.7×10^{-9}（K_1）	8.78
			1.9×10^{-13}（K_2）	12.72
11	高碘酸	HIO_4	2.8×10^{-2}	1.56
12	亚硝酸	HNO_2	5.1×10^{-4}	3.29
13	次磷酸	H_3PO_2	5.9×10^{-2}	1.23
14	亚磷酸	H_3PO_3	5.0×10^{-2}（K_1）	1.30
			2.5×10^{-7}（K_2）	6.60
15	磷　酸	H_3PO_4	7.52×10^{-3}（K_1）	2.12
			6.31×10^{-8}（K_2）	7.20
			4.4×10^{-13}（K_3）	12.36
16	焦磷酸	$H_4P_2O_7$	3.0×10^{-2}（K_1）	1.52
			4.4×10^{-3}（K_2）	2.36
			2.5×10^{-7}（K_3）	6.60
			5.6×10^{-10}（K_4）	9.25

续表 A1

序号	名　称	化学式	K_a	pK_a
17	氢硫酸	H_2S	1.3×10^{-7} (K_1)	6.88
			7.1×10^{-15} (K_2)	14.15
18	亚硫酸	H_2SO_3	1.23×10^{-2} (K_1)	1.91
			6.6×10^{-8} (K_2)	7.18
19	硫　酸	H_2SO_4	1.0×10^{3} (K_1)	-3.00
			1.02×10^{-2} (K_2)	1.99
20	硫代硫酸	$H_2S_2O_3$	2.52×10^{-1} (K_1)	0.60
			1.9×10^{-2} (K_2)	1.72
21	氢硒酸	H_2Se	1.3×10^{-4} (K_1)	3.89
			1.0×10^{-11} (K_2)	11.00
22	亚硒酸	H_2SeO_3	2.7×10^{-3} (K_1)	2.57
			2.5×10^{-7} (K_2)	6.60
23	硒　酸	H_2SeO_4	1×10^{3} (K_1)	-3.00
			1.2×10^{-2} (K_2)	1.92
24	硅　酸	H_2SiO_3	1.7×10^{-10} (K_1)	9.77
			1.6×10^{-12} (K_2)	11.80
25	亚碲酸	H_2TeO_3	2.7×10^{-3} (K_1)	2.57
			1.8×10^{-8} (K_2)	7.74

表 A2　有机酸在水溶液中的解离常数（25℃）

序号	名　称	化学式	K_a	pK_a
1	甲　酸	$HCOOH$	1.8×10^{-4}	3.75
2	乙　酸	CH_3COOH	1.74×10^{-5}	4.76
3	乙醇酸	$CH_2(OH)COOH$	1.48×10^{-4}	3.83
4	草　酸	$H_2C_2O_4$	5.4×10^{-2} (K_1)	1.27
			5.4×10^{-5} (K_2)	4.27
5	甘氨酸	$CH_2(NH_2)COOH$	1.7×10^{-10}	9.78
6	一氯乙酸	$CH_2ClCOOH$	1.4×10^{-3}	2.86
7	二氯乙酸	$CHCl_2COOH$	5.0×10^{-2}	1.30
8	三氯乙酸	CCl_3COOH	2.0×10^{-1}	0.70
9	丙　酸	CH_3CH_2COOH	1.35×10^{-5}	4.87
10	丙烯酸	$CH_2{=}CHCOOH$	5.5×10^{-5}	4.26
11	乳酸（丙醇酸）	$CH_3CHOHCOOH$	1.4×10^{-4}	3.86

续表A2

序号	名　称	化学式	K_a	pK_a
12	丙二酸	$HOCOCH_2COOH$	1.4×10^{-3} (K_1)	2.85
			2.2×10^{-6} (K_2)	5.66
13	2-丙炔酸	$HC\equiv CCOOH$	1.29×10^{-2}	1.89
14	甘油酸	$HOCH_2CHOHCOOH$	2.29×10^{-4}	3.64
15	丙酮酸	$CH_3COCOOH$	3.2×10^{-3}	2.49
16	*a*-丙氨酸	CH_3CHNH_2COOH	1.35×10^{-10}	9.87
17	*b*-丙氨酸	$CH_2NH_2CH_2COOH$	4.4×10^{-11}	10.36
18	正丁酸	$CH_3(CH_2)_2COOH$	1.52×10^{-5}	4.82
19	异丁酸	$(CH_3)_2CHCOOH$	1.41×10^{-5}	4.85
20	3-丁烯酸	$CH_2{=}CHCH_2COOH$	2.1×10^{-5}	4.68
21	异丁烯酸	$CH_2{=}C(CH_2)COOH$	2.2×10^{-5}	4.66
22	反丁烯二酸（富马酸）	$HOCOCH{=}CHCOOH$	9.3×10^{-4} (K_1)	3.03
			3.6×10^{-5} (K_2)	4.44
23	顺丁烯二酸（马来酸）	$HOCOCH{=}CHCOOH$	1.2×10^{-2} (K_1)	1.92
			5.9×10^{-7} (K_2)	6.23
24	酒石酸	$HOCOCH(OH)CH(OH)COOH$	1.04×10^{-3} (K_1)	2.98
			4.55×10^{-5} (K_2)	4.34
25	正戊酸	$CH_3(CH_2)_3COOH$	1.4×10^{-5}	4.86
26	异戊酸	$(CH_3)_2CHCH_2COOH$	1.67×10^{-5}	4.78
27	2-戊烯酸	$CH_3CH_2CH{=}CHCOOH$	2.0×10^{-5}	4.70
28	3-戊烯酸	$CH_3CH{=}CHCH_2COOH$	3.0×10^{-5}	4.52
29	4-戊烯酸	$CH_2{=}CHCH_2CH_2COOH$	2.10×10^{-5}	4.677
30	戊二酸	$HOCO(CH_2)_3COOH$	1.7×10^{-4} (K_1)	3.77
			8.3×10^{-7} (K_2)	6.08
31	谷氨酸	$HOCOCH_2CH_2CH(NH_2)COOH$	7.4×10^{-3} (K_1)	2.13
			4.9×10^{-5} (K_2)	4.31
			4.4×10^{-10} (K_3)	9.36
32	正己酸	$CH_3(CH_2)_4COOH$	1.39×10^{-5}	4.86
33	异己酸	$(CH_3)_2CH(CH_2)_3{-}COOH$	1.43×10^{-5}	4.85
34	(*E*)-2-己烯酸	$H(CH_2)_3CH{=}CHCOOH$	1.8×10^{-5}	4.74
35	(*E*)-3-己烯酸	$CH_3CH_2CH{=}CHCH_2COOH$	1.9×10^{-5}	4.72
36	己二酸	$HOCOCH_2CH_2CH_2CH_2COOH$	3.8×10^{-5} (K_1)	4.42
			3.9×10^{-6} (K_2)	5.41

续表 A2

序号	名 称	化学式	K_a	pK_a
37	柠檬酸	CH_2COOH $C(OH)COOH$ CH_2COOH	7.4×10^{-4} (K_1)	3.13
			1.7×10^{-5} (K_2)	4.76
			4.0×10^{-7} (K_3)	6.40
38	苯 酚	C_6H_5OH	1.1×10^{-10}	9.96
39	邻苯二酚	$(o)C_6H_4(OH)_2$	3.6×10^{-10}	9.45
			1.6×10^{-13}	12.80
40	间苯二酚	$(m)C_6H_4(OH)_2$	3.6×10^{-10} (K_1)	9.30
			8.71×10^{-12} (K_2)	11.06
41	对苯二酚	$(p)C_6H_4(OH)_2$	1.1×10^{-10}	9.96
42	2,4,6-三硝基苯酚	$2,4,6\text{-}(NO_2)_3C_6H_2OH$	5.1×10^{-1}	0.29
43	葡萄糖酸	$CH_2OH(CHOH)_4COOH$	1.4×10^{-4}	3.86
44	苯甲酸	C_6H_5COOH	6.3×10^{-5}	4.20
45	水杨酸	$C_6H_4(OH)COOH$	1.05×10^{-3} (K_1)	2.98
			4.17×10^{-13} (K_2)	12.38
46	邻硝基苯甲酸	$(o)NO_2C_6H_4COOH$	6.6×10^{-3}	2.18
47	间硝基苯甲酸	$(m)NO_2C_6H_4COOH$	3.5×10^{-4}	3.46
48	对硝基苯甲酸	$(p)NO_2C_6H_4COOH$	3.6×10^{-4}	3.44
49	邻苯二甲酸	$(o)C_6H_4(COOH)_2$	1.1×10^{-3} (K_1)	2.96
			4.0×10^{-6} (K_2)	5.40
50	间苯二甲酸	$(m)C_6H_4(COOH)_2$	2.4×10^{-4} (K_1)	3.62
			2.5×10^{-5} (K_2)	4.60
51	对苯二甲酸	$(p)C_6H_4(COOH)_2$	2.9×10^{-4} (K_1)	3.54
			3.5×10^{-5} (K_2)	4.46
52	1,3,5-苯三甲酸	$C_6H_3(COOH)_3$	7.6×10^{-3} (K_1)	2.12
			7.9×10^{-5} (K_2)	4.10
			6.6×10^{-6} (K_3)	5.18
53	苯基六羧酸	$C_6(COOH)_6$	2.1×10^{-1} (K_1)	0.68
			6.2×10^{-3} (K_2)	2.21
			3.0×10^{-4} (K_3)	3.52
			8.1×10^{-6} (K_4)	5.09
			4.8×10^{-7} (K_5)	6.32
			3.2×10^{-8} (K_6)	7.49
54	癸二酸	$HOOC(CH_2)_8COOH$	2.6×10^{-5} (K_1)	4.59
			2.6×10^{-6} (K_2)	5.59

续表A2

序号	名　称	化学式	K_a	pK_a
55	乙二胺四乙酸(EDTA)	$(HOOCH_2C)N—CH_2—CH_2—N(CH_2COOH)_2$	1.0×10^{-2} (K_1)	2
			2.14×10^{-3} (K_2)	2.67
			6.92×10^{-7} (K_3)	6.16
			5.5×10^{-11} (K_4)	10.26

表A3　无机碱在水溶液中的解离常数（25℃）

序号	名　称	化学式	K_b	pK_b
1	氢氧化铝	$Al(OH)_3$	1.38×10^{-9} (K_3)	8.86
2	氢氧化银	$AgOH$	1.10×10^{-4}	3.96
3	氢氧化钙	$Ca(OH)_2$	3.72×10^{-3}	2.43
			3.98×10^{-2}	1.4
4	氨　水	NH_3+H_2O	1.78×10^{-5}	4.75
5	肼（联氨）	$N_2H_4+H_2O$	9.55×10^{-7} (K_1)	6.02
			1.26×10^{-15} (K_2)	14.9
6	羟　氨	NH_2OH+H_2O	9.12×10^{-9}	8.04
7	氢氧化铅	$Pb(OH)_2$	9.55×10^{-4} (K_1)	3.02
			3.0×10^{-8} (K_2)	7.52
8	氢氧化锌	$Zn(OH)_2$	9.55×10^{-4}	3.02

表A4　有机碱在水溶液中的解离常数（25℃）

序号	名　称	化学式	K_b	pK_b
1	甲　胺	CH_3NH_2	4.17×10^{-4}	3.38
2	尿素（脲）	$CO(NH_2)_2$	1.5×10^{-14}	13.82
3	乙　胺	$CH_3CH_2NH_2$	4.27×10^{-4}	3.37
4	乙醇胺	$H_2N(CH_2)_2OH$	3.16×10^{-5}	4.5
5	乙二胺	$H_2N(CH_2)_2NH_2$	8.51×10^{-5} (K_1)	4.07
			7.08×10^{-8} (K_2)	7.15
6	二甲胺	$(CH_3)_2NH$	5.89×10^{-4}	3.23
7	三甲胺	$(CH_3)_3N$	6.31×10^{-5}	4.2
8	三乙胺	$(C_2H_5)_3N$	5.25×10^{-4}	3.28
9	丙　胺	$C_3H_7NH_2$	3.70×10^{-4}	3.432
10	异丙胺	i-$C_3H_7NH_2$	4.37×10^{-4}	3.36

续表 A4

序号	名　称	化学式	K_b	pK_b
11	1,3-丙二胺	$NH_2(CH_2)_3NH_2$	2.95×10^{-4} (K_1)	3.53
			3.09×10^{-6} (K_2)	5.51
12	1,2-丙二胺	$CH_3CH(NH_2)CH_2NH_2$	5.25×10^{-5} (K_1)	4.28
			4.05×10^{-8} (K_2)	7.34
13	三丙胺	$(CH_3CH_2CH_2)_3N$	4.57×10^{-4}	3.34
14	三乙醇胺	$(HOCH_2CH_2)_3N$	5.75×10^{-7}	6.24
15	丁　胺	$C_4H_9NH_2$	4.37×10^{-4}	3.36
16	异丁胺	$C_4H_9NH_2$	2.57×10^{-4}	3.59
17	叔丁胺	$C_4H_9NH_2$	4.84×10^{-4}	3.32
18	己　胺	$H(CH_2)_6NH_2$	4.37×10^{-4}	3.36
19	辛　胺	$H(CH_2)_8NH_2$	4.47×10^{-4}	3.35
20	苯　胺	$C_6H_5NH_2$	3.98×10^{-10}	9.40
21	苄　胺	C_7H_9N	2.24×10^{-5}	4.65
22	环己胺	$C_6H_{11}NH_2$	4.37×10^{-4}	3.36
23	吡　啶	C_5H_5N	1.48×10^{-9}	8.83
24	六亚甲基四胺	$(CH_2)_6N_4$	1.35×10^{-9}	8.87
25	2-氯酚	$2\text{-}C_6H_5ClO$	3.55×10^{-6}	5.45
26	3-氯酚	$3\text{-}C_6H_5ClO$	1.26×10^{-5}	4.90
27	4-氯酚	$4\text{-}C_6H_5ClO$	2.69×10^{-5}	4.57
28	邻氨基苯酚	$(o)H_2NC_6H_4OH$	5.2×10^{-5}	4.28
			1.9×10^{-5}	4.72
29	间氨基苯酚	$(m)H_2NC_6H_4OH$	7.4×10^{-5}	4.13
			6.8×10^{-5}	4.17
30	对氨基苯酚	$(p)H_2NC_6H_4OH$	2.0×10^{-4}	3.70
			3.2×10^{-6}	5.50
31	邻甲苯胺	$(o)CH_3C_6H_4NH_2$	2.82×10^{-10}	9.55
32	间甲苯胺	$(m)CH_3C_6H_4NH_2$	5.13×10^{-10}	9.29
33	对甲苯胺	$(p)CH_3C_6H_4NH_2$	1.20×10^{-9}	8.92
34	8-羟基喹啉（20℃）	$8\text{-}HO—C_9H_6N$	6.5×10^{-5}	4.19
35	二苯胺	$(C_6H_5)_2NH$	7.94×10^{-14}	13.10
36	联苯胺	$H_2NC_6H_4C_6H_4NH_2$	5.01×10^{-10} (K_1)	9.30
			4.27×10^{-11} (K_2)	10.37

附录 B　常用酸碱溶液的相对密度、质量分数与物质的量浓度对应表

表 B1　酸

相对密度（15℃）	HCl		HNO_3		H_2SO_4	
	w/%	c/mol · L^{-1}	w/%	c/mol · L^{-1}	w/%	c/mol · L^{-1}
1. 02	4. 13	1. 15	3. 7	0. 6	3. 1	0. 3
1. 04	8. 16	2. 3	7. 26	1. 2	6. 1	0. 6
1. 05	10. 2	2. 9	9. 0	1. 5	7. 4	0. 8
1. 06	12. 2	3. 5	10. 7	1. 8	8. 8	0. 9
1. 08	16. 2	4. 8	13. 9	2. 4	11. 6	1. 3
1. 10	20. 0	6. 0	17. 1	3. 0	14. 4	1. 6
1. 12	23. 8	7. 3	20. 2	3. 6	17. 0	2. 0
1. 14	27. 7	8. 7	23. 3	4. 2	19. 9	2. 3
1. 15	29. 6	9. 3	24. 8	4. 5	20. 9	2. 5
1. 19	37. 2	12. 2	30. 9	5. 8	26. 0	3. 2
1. 20			32. 3	6. 2	27. 3	3. 4
1. 25			39. 8	7. 9	33. 4	4. 3
1. 30			47. 5	9. 8	39. 2	5. 2
1. 35			55. 8	12. 0	44. 8	6. 2
1. 40			65. 3	14. 5	50. 1	7. 2
1. 42			69. 8	15. 7	52. 2	7. 6
1. 45					55. 0	8. 2
1. 50					59. 8	9. 2
1. 55					64. 3	10. 2
1. 60					68. 7	11. 2
1. 65					73. 0	12. 3
1. 70					77. 2	13. 4
1. 84					95. 6	18. 0

表 B2　碱

相对密度（15℃）	$NH_3 \cdot H_2O$		NaOH		KOH	
	w/%	c/mol · L^{-1}	w/%	c/mol · L^{-1}	w/%	c/mol · L^{-1}
0. 88	35. 0	18. 0				
0. 9	28. 3	15. 0				
0. 91	25	13. 4				

续表 B2

相对密度（15℃）	$NH_3 \cdot H_2O$		NaOH		KOH	
	w/%	c/mol · L^{-1}	w/%	c/mol · L^{-1}	w/%	c/mol · L^{-1}
0. 92	21. 8	11. 8				
0. 94	15. 6	8. 6				
0. 96	9. 9	5. 6				
0. 98	4. 8	2. 8				
1. 05			4. 5	1. 25	5. 5	1. 0
1. 10			9. 0	2. 5	10. 9	2. 1
1. 15			13. 5	3. 9	16. 1	3. 3
1. 20			18. 0	5. 4	21. 2	4. 5
1. 25			22. 5	7. 0	26. 1	5. 8
1. 30			27. 0	8. 8	30. 9	7. 2
1. 35			31. 8	10. 7	35. 5	8. 5

附录 C　常用的缓冲溶液

表 C1　几种常用缓冲溶液的配制

pH 值	配 制 方 法
0	1mol/L HCl①
1. 0	0. 1mol/L HCl
2. 0	0. 01mol/L HCl
3. 6	$NaAc \cdot 3H_2O$ 8g，溶于适量水中，加 6mol/L HAc 134mL，稀释至 500mL
4. 0	$NaAc \cdot 3H_2O$ 20g，溶于适量水中，加 6mol/L HAc 134mL，稀释至 500mL
4. 5	$NaAc \cdot 3H_2O$ 32g，溶于适量水中，加 6mol/L HAc 68mL，稀释至 500mL
5. 0	$NaAc \cdot 3H_2O$ 50g，溶于适量水中，加 6mol/L HAc 34mL，稀释至 500mL
5. 7	$NaAc \cdot 3H_2O$ 100g，溶于适量水中，加 6mol/L HAc 13mL，稀释至 500mL
7. 0	NH_4Ac 77g，用水溶解后，稀释至 500mL
7. 5	NH_4Cl 60g，溶于适量水中，加 15mol/L 氨水 1. 4mL，稀释至 500mL
8. 0	NH_4Cl 50g，溶于适量水中，加 15mol/L 氨水 3. 5mL，稀释至 500mL
8. 5	NH_4Cl 40g，溶于适量水中，加 15mol/L 氨水 8. 8mL，稀释至 500mL
9. 0	NH_4Cl 35g，溶于适量水中，加 15mol/L 氨水 24mL，稀释至 500mL
9. 5	NH_4Cl 30g，溶于适量水中，加 15mol/L 氨水 65mL，稀释至 500mL
10. 0	NH_4Cl 27g，溶于适量水中，加 15mol/L 氨水 197mL，稀释至 500mL
10. 5	NH_4Cl 9g，溶于适量水中，加 15mol/L 氨水 175mL，稀释至 500mL

续表 C1

pH 值	配　制　方　法
11	NH_4Cl 3g，溶于适量水中，加 15mol/L 氨水 207mL，稀释至 500mL
12	0.01mol/L NaOH②
13	0.1mol/L NaOH

①Cl^- 对测定有妨碍时，可用 HNO_3。

②Na^+ 对测定有妨碍时，可用 KOH。

表 C2　pH 值标准缓冲溶液

名称	配置	不同温度时的 pH 值								
草酸盐标准缓冲溶液	$c[KH_3(C_2O_4)_2 \cdot 2H_2O]$ 为 0.05mol/L。称取 12.71g 四草酸钾 $[KH_3(C_2O_4)_2 \cdot 2H_2O]$ 溶于无二氧化碳的水中，稀释至 1000mL	0℃	5℃	10℃	15℃	20℃	25℃	30℃	35℃	40℃
		1.67	1.67	1.67	1.67	1.68	1.68	1.69	1.69	1.69
		45℃	50℃	55℃	60℃	70℃	80℃	90℃	95℃	
		1.70	1.71	1.72	1.72	1.74	1.77	1.79	1.81	
酒石酸盐标准缓冲溶液	25℃时，用无二氧化碳的水溶解外消旋的酒石酸氢钾 $(KHC_4H_4O_6)$，并剧烈振摇至成饱和溶液	0℃	5℃	10℃	15℃	20℃	25℃	30℃	35℃	40℃
		—	—	—	—	—	3.56	3.55	3.55	3.55
		45℃	50℃	55℃	60℃	70℃	80℃	90℃	95℃	
		3.55	3.55	3.55	3.56	3.58	3.61	3.65	3.67	
苯二甲酸氢盐标准缓冲溶液	$c(KHC_8H_4O_4)$ 为 0.05mol/L，称取于(115.0±5.0)℃干燥 2~3h 的邻苯二甲酸氢钾 $(KHC_8H_4O_4)$ 10.21g，溶于无 CO_2 的蒸馏水，并稀释至 1000mL（注：可用于酸度计校准）	0℃	5℃	10℃	15℃	20℃	25℃	30℃	35℃	40℃
		4.00	4.00	4.00	4.00	4.00	4.01	4.01	4.02	4.04
		45℃	50℃	55℃	60℃	70℃	80℃	90℃	95℃	
		4.05	4.06	4.08	4.09	4.13	4.16	4.21	4.23	
磷酸盐标准缓冲溶液	分别称取在（115.0±5.0)℃干燥 2~3h 的磷酸氢二钠 Na_2HPO_4(3.53±0.01)g 和磷酸二氢钾 (KH_2PO_4)(3.39±0.01)g，溶于预先煮沸过 15~30min 并迅速冷却的蒸馏水中，并稀释至 1000mL（注：可用于酸度计校准）	0℃	5℃	10℃	15℃	20℃	25℃	30℃	35℃	40℃
		6.98	6.95	6.92	6.90	6.88	6.86	6.85	6.84	6.84
		45℃	50℃	55℃	60℃	70℃	80℃	90℃	95℃	
		6.83	6.83	6.83	6.84	6.85	6.86	6.88	6.89	

续表 C2

名称	配置	不同温度时的 pH 值								
硼酸盐标准缓冲溶液	$c(Na_2B_4O_7 \cdot 10H_2O)$ 称取硼砂（$Na_2B_4O_7 \cdot 10H_2O$）(3.80±0.01) g（注意：不能烘），溶于预先煮沸过 15~30min 并迅速冷却的蒸馏水中，并稀释至 1000mL。置聚乙烯塑料瓶中密闭保存。存放时要防止空气中的 CO_2 的进入（注：可用于酸度计校准）	0℃	5℃	10℃	15℃	20℃	25℃	30℃	35℃	40℃
		9.46	9.40	9.33	9.27	9.22	9.18	9.14	9.10	9.06
		45℃	50℃	55℃	60℃	70℃	80℃	90℃	95℃	
		9.04	9.01	8.99	8.96	8.92	8.89	8.85	8.83	
氢氧化钙标准缓冲溶液	在 25℃，用无二氧化碳的蒸馏水制备氢氧化钙的饱和溶液。氢氧化钙溶液的浓度 $c[1/2Ca(OH)_2]$ 应在 0.0400 ~ 0.0412mol/L。氢氧化钙溶液的浓度可以酚红为指示剂，用盐酸标准溶液 [$c(HCl)$ = 0.1mol/L] 滴定测出。存放时要防止空气中的二氧化碳的进入。出现混浊应弃去重新配制	0℃	5℃	10℃	15℃	20℃	25℃	30℃	35℃	40℃
		13.42	13.21	13.00	12.81	12.63	12.45	12.30	12.14	11.98
		45℃	50℃	55℃	60℃	70℃	80℃	90℃	95℃	
		11.84	11.71	11.57	11.45	—	—	—	—	
草酸盐标准缓冲溶液	$c[KH_3(C_2O_4)_2 \cdot 2H_2O]$ 为 0.05mol/L。称取 12.71g 四草酸钾 [$KH_3(C_2O_4)_2 \cdot 2H_2O$] 溶于无二氧化碳的水中，稀释至 1000mL	0℃	5℃	10℃	15℃	20℃	25℃	30℃	35℃	40℃
		1.67	1.67	1.67	1.67	1.68	1.68	1.69	1.69	1.69
		45℃	50℃	55℃	60℃	70℃	80℃	90℃	95℃	
		1.70	1.71	1.72	1.72	1.74	1.77	1.79	1.81	

注：为保证 pH 值的准确度，上述标准缓冲溶液必须使用 pH 值基准试剂配制。

表 C3　常用缓冲溶液的配制

（1）甘氨酸-盐酸缓冲液（0.05mol/L）。

X(mL)0.2mol/L 甘氨酸+*Y*(mL)0.2mol/L HCl，再加水稀释至 200mL。

pH 值	*X*	*Y*	pH 值	*X*	*Y*
2.2	50	44.0	3.0	50	11.4
2.4	50	32.4	3.2	50	8.2
2.6	50	24.2	3.4	50	6.4
2.8	50	16.8	3.6	50	5.0

甘氨酸相对分子质量=75.07。

0.2mol/L 甘氨酸溶液含 15.01g/L。

（2）邻苯二甲酸-盐酸缓冲液（0.05mol/L）。

X(mL)0.2mol/L 邻苯二甲酸氢钾+*Y*(mL)0.2mol/L HCl，再加水稀释至 20mL。

pH 值	*X*	*Y*	pH 值	*X*	*Y*
2.2	5	4.670	3.2	5	1.470
2.4	5	3.960	3.4	5	0.990
2.6	5	3.295	2.6	5	0.597
2.8	5	2.642	3.8	5	0.263
3.0	5	2.032			

邻苯二甲酸氢钾相对分子质量=204.23。0.2mol/L 邻苯二甲酸氢钾溶液含 40.85g/L。

（3）磷酸氢二钠-柠檬酸缓冲液。

pH 值	0.2mol/L Na_2HPO_4/mL	0.1mol/L 柠檬酸/mL	pH 值	0.2mol/L Na_2HPO_4/mL	0.1mol/L 柠檬酸/mL
2.2	0.40	19.60	5.2	10.72	9.28
2.4	1.24	18.76	5.4	11.15	8.85
2.6	2.18	17.82	5.6	11.60	8.40
2.8	3.17	16.83	5.8	12.09	7.91
3.0	4.11	15.89	6.0	12.63	7.37
3.2	4.94	15.06	6.2	13.22	6.78
3.4	5.70	14.30	6.4	13.85	6.15
3.6	6.44	13.56	6.6	14.55	5.45
3.8	7.10	12.90	6.8	15.45	4.55
4.0	7.71	12.29	7.0	16.47	3.53
4.2	8.28	11.72	7.2	17.39	2.61
4.4	8.82	11.18	7.4	18.17	1.83
4.6	9.35	10.65	7.6	18.73	1.27
4.8	9.86	10.14	7.8	19.15	0.85
5.0	10.30	9.70	8.0	19.45	0.55

Na_2HPO_4相对分子质量=141.98；0.2mol/L溶液为28.40g/L。

$Na_2HPO_4 \cdot 2H_2O$相对分子质量=178.05；0.2mol/L溶液为35.61g/L。

$Na_2HPO_4 \cdot 12H_2O$相对分子质量=358.22；0.2mol/L溶液为71.64g/L。

$C_6H_8O_7 \cdot H_2O$相对分子质量=210.14；0.1mol/L溶液为21.01g/L。

（4）柠檬酸-氢氧化钠-盐酸缓冲液。

pH值	钠离子浓度/mol·L^{-1}	柠檬酸（$C_6H_8O_7 \cdot H_2O$）/g	氢氧化钠（NaOH 97%）/g	盐酸HCl（浓）/mL	最终体积①/L
2.2	0.20	210	84	160	10
3.1	0.20	210	83	116	10
3.3	0.20	210	83	106	10
4.3	0.20	210	83	45	10
5.3	0.35	245	144	68	10
5.8	0.45	285	186	105	10
6.5	0.38	266	156	126	10

①使用时可以每升中加入1g酚，若最后pH值有变化，再用少量50%氢氧化钠溶液或浓盐酸调节，冰箱保存。

（5）柠檬酸-柠檬酸钠缓冲液（0.1mol/L）。

pH值	0.1mol/L 柠檬酸/mL	0.1mol/L 柠檬酸钠/mL	pH值	0.1mol/L 柠檬酸/mL	0.1mol/L 柠檬酸钠/mL
3.0	18.6	1.4	5.0	8.2	11.8
3.2	17.2	2.8	5.2	7.3	12.7
3.4	16.0	4.0	5.4	6.4	13.6
3.6	14.9	5.1	5.6	5.5	14.5
3.8	14.0	6.0	5.8	4.7	15.3
4.0	13.1	6.9	6.0	3.8	16.2
4.2	12.3	7.7	6.2	2.8	17.2
4.4	11.4	8.6	6.4	2.0	18.0
4.6	10.3	9.7	6.6	1.4	18.6
4.8	9.2	10.8			

柠檬酸：$C_6H_8O_7 \cdot H_2O$相对分子质量=210.14；0.1mol/L溶液为21.01g/L。

柠檬酸钠：$Na_3C_6H_5O_7 \cdot 2H_2O$相对分子质量=294.12；0.1mol/L溶液为29.41g/L。

（6）醋酸-醋酸钠缓冲液（0.2mol/L）。

pH值（18℃）	0.2mol/L NaAc/mL	0.2mol/L HAc/mL	pH值（18℃）	0.2mol/L NaAc/mL	0.2mol/L HAc/mL
3.6	0.75	9.35	4.8	5.90	4.10
3.8	1.20	8.80	5.0	7.00	3.00
4.0	1.80	8.20	5.2	7.90	2.10
4.2	2.65	7.35	5.4	8.60	1.40
4.4	3.70	6.30	5.6	9.10	0.90
4.6	4.90	5.10	5.8	6.40	0.60

NaAc · $3H_2O$ 相对分子质量=136.09；0.2mol/L 溶液为 27.22g/L。冰乙酸 11.8mL 稀释至 1L（需标定）。

（7）磷酸二氢钾-氢氧化钠缓冲液（0.05mol/L）。

pH 值（20℃）	X/mL	Y/mL	pH 值（20℃）	X/mL	Y/mL
5.8	5	0.372	7.0	5	2.963
6.0	5	0.570	7.2	5	3.500
6.2	5	0.860	7.4	5	3.950
6.4	5	1.260	7.6	5	4.280
6.6	5	1.780	7.8	5	4.520
6.8	5	2.365	8.0	5	4.680

X(mL) 0.2mol/L KH_2PO_4+Y(mL) 0.2mol/L NaOH 加水稀释至 20mL。

（8）磷酸盐缓冲液：磷酸氢二钠-磷酸二氢钠缓冲液（0.2mol/L）。

pH 值	0.2mol/L Na_2HPO_4/mL	0.2mol/L NaH_2PO_4/mL	pH 值	0.2mol/L Na_2HPO_4/mL	0.2mol/L NaH_2PO_4/mL
5.8	8.0	92.0	7.0	61.0	39.0
5.9	10.0	90.0	7.1	67.0	33.0
6.0	12.3	87.7	7.2	72.0	28.0
6.1	15.0	85.0	7.3	77.0	23.0
6.2	18.5	81.5	7.4	81.0	19.0
6.3	22.5	77.5	7.5	84.0	16.0
6.4	26.5	73.5	7.6	87.0	13.0
6.5	31.5	68.5	7.7	89.5	10.5
6.6	37.5	62.5	7.8	91.5	8.5
6.7	43.5	56.5	7.9	93.0	7.0
6.8	49.0	51.0	8.0	94.7	5.3
6.9	55.0	45.0			

Na_2HPO_4 · $2H_2O$ 相对分子质量=178.05；0.2mol/L 溶液为 35.61g/L。

Na_2HPO_4 · $12H_2O$ 相对分子质量=358.22；0.2mol/L 溶液为 71.64g/L。

NaH_2PO_4 · H_2O 相对分子质量=138.01；0.2mol/L 溶液为 27.6g/L。

NaH_2PO_4 · $2H_2O$ 相对分子质量=156.03；0.2mol/L 溶液为 31.21g/L。

(9) 巴比妥钠-盐酸缓冲液。

pH 值（18℃）	0.04mol/L 巴比妥钠/mL	0.2mol/L HCl/mL	pH 值（18℃）	0.04mol/L 巴比妥钠/mL	0.2mol/L HCl/mL
6.8	100	18.4	8.4	100	5.21
7.0	100	17.8	8.6	100	3.82
7.2	100	16.7	8.8	100	2.52
7.4	100	15.3	9.0	100	1.65
7.6	100	13.4	9.2	100	1.13
7.8	100	11.47	9.4	100	0.70
8.0	100	9.39	9.6	100	0.35
8.2	100	7.21			

巴比妥钠相对分子质量=206.18；0.04mol/L 溶液为 8.25g/L。

(10) Tris-HCl 缓冲液（0.05mol/L）。

50mL 0.1mol/L 三羟甲基氨基甲烷（Tris）溶液与 X(mL)0.1mol/L 盐酸混匀并稀释至 100mL。

pH 值	X/mL	pH 值	X/mL
7.10	45.7	8.10	26.2
7.20	44.7	8.20	22.9
7.30	43.4	8.30	19.9
7.40	42.0	8.40	17.2
7.50	40.3	8.50	14.7
7.60	38.5	8.60	12.4
7.70	36.6	8.70	10.3
7.80	34.5	8.80	8.5
7.90	32.0	8.90	7.0
8.00	29.2		

Tris 相对分子质量=121.14；0.1mol/L 溶液为 12.114g/L。Tris 溶液可从空气中吸收二氧化碳，使用时注意将瓶盖严。

(11) 硼酸-硼砂缓冲液（0.2mol/L 硼酸根）。

pH 值	0.05mol/L 硼砂/mL	0.2mol/L 硼酸/mL	pH 值	0.05mol/L 硼砂/mL	0.2mol/L 硼酸/mL
7.4	1.0	9.0	8.2	3.5	6.5
7.6	1.5	8.5	8.4	4.5	5.5
7.8	2.0	8.0	8.7	6.0	4.0
8.0	3.0	7.0	9.0	8.0	2.0

硼砂：$Na_2B_4O_7 \cdot 10H_2O$ 相对分子质量 = 381.43；0.05mol/L 溶液（等于 0.2mol/L 硼酸根）含

19.07g/L。

硼酸：H_3BO_3 相对分子质量=61.84；0.2mol/L 的溶液为 12.37g/L。

硼砂易失去结晶水，必须在带塞的瓶中保存。

（12）甘氨酸-氢氧化钠缓冲液（0.05mol/L）。

X(mL)0.2mol/L 甘氨酸+Y(mL)0.2mol/L NaOH 加水稀释至 200mL。

pH 值	X/mL	Y/mL	pH 值	X/mL	Y/mL
8.6	50	4.0	9.6	50	22.4
8.8	50	6.0	9.8	50	27.2
9.0	50	8.8	10.0	50	32.0
9.2	50	12.0	10.4	50	38.6
9.4	50	16.8	10.6	50	45.5

甘氨酸相对分子质量=75.07；0.2mol/L 溶液含 15.01g/L。

（13）硼砂-氢氧化钠缓冲液（0.05mol/L 硼酸根）。

X(mL)0.05mol/L 硼砂+Y(mL)0.2mol/L NaOH 加水稀释至 200mL。

pH 值	X/mL	Y/mL	pH 值	X/mL	Y/mL
9.3	50	6.0	9.8	50	34.0
9.4	50	11.0	10.0	50	43.0
9.6	50	23.0	10.1	50	46.0

硼砂 $Na_2B_4O_7 \cdot 10H_2O$ 相对分子质量=381.43；0.05mol/L 硼砂溶液（等于 0.2mol/L 硼酸根）为 19.07g/L。

（14）碳酸钠-碳酸氢钠缓冲液（0.1mol/L）（此缓冲液在 Ca^{2+}、Mg^{2+}存在时不得使用）。

pH 值		0.1mol/L Na_2CO_3 /mL	0.1mol/L $NaHCO_3$ /mL
20℃	37℃		
9.16	8.77	1	9
9.40	9.22	2	8
9.51	9.40	3	7
9.78	9.50	4	6
9.90	9.72	5	5
10.14	9.90	6	4
10.28	10.08	7	3
10.53	10.28	8	2
10.83	10.57	9	1

$Na_2CO_3 \cdot 10H_2O$ 相对分子质量=286.2；0.1mol/L 溶液为 28.62g/L。

$NaHCO_3$ 相对分子质量=84.0；0.1mol/L 溶液为 8.40g/L。

附录 D　金属配合物的稳定常数

表 D1　金属-无机配位体配合物的稳定常数（25℃）

序号	配位体	金属离子	配位体数目 n	$\lg\beta_n$
1	NH_3	Ag^{+}	1，2	3.37，7.21
		Au^{3+}	4	约 30
		Cd^{2+}	1，2，3，4，5，6	2.65，4.75，6.19，7.12，6.80，5.14
		Co^{2+}	1，2，3，4，5，6	2.11，3.74，4.79，5.55，5.73，5.11
		Co^{3+}	1，2，3，4，5，6	7.3，14.0，20.1，25.7，30.8，35.2
		Cu^{+}	1，2	5.93，10.86
		Cu^{2+}	1，2，3，4	4.13，7.66，10.53，12.68
		Fe^{2+}	1，2	1.4，2.2
		Hg^{2+}	1，2，3，4	8.8，17.5，18.5，19.28
		Mn^{2+}	1，2	0.8，1.3
		Ni^{2+}	1，2，3，4，5，6	2.80，5.04，6.77，7.96，8.71，8.74
		Pd^{2+}	1，2，3，4	9.6，18.5，26.0，32.8
		Pt^{2+}	6	35.3
		Zn^{2+}	1，2，3，4	2.37，4.81，7.31，9.46
2	Br^{-}	Ag^{+}	1，2，3，4	4.38，7.33，8.00，8.73
		Bi^{3+}	1，2，3，4，5，6	2.37，4.20，5.90，7.30，8.20，8.30
		Cd^{2+}	1，2，3，4	1.75，2.34，3.32，3.70
		Ce^{3+}	1	0.42
		Cu^{+}	2	5.89
		Cu^{2+}	1	0.30
		Hg^{2+}	1，2，3，4	9.05，17.32，19.74，21.00
		In^{3+}	1，2	1.30，1.88
		Pb^{2+}	1，2，3，4	1.77，2.60，3.00，2.30
		Pd^{2+}	1，2，3，4	5.17，9.42，12.70，14.90
		Rh^{3+}	1，2，3，4，5	14.3，16.3，17.6，18.4，17.2
		Sc^{3+}	1，2	2.08，3.08
		Sn^{2+}	1，2，3	1.11，1.81，1.46
		Tl^{3+}	1，2，3，4，5，6	9.7，16.6，21.2，23.9，29.2，31.6
		U^{4+}	1	0.18
		Y^{3+}	1	1.32

续表D1

序号	配位体	金属离子	配位体数目 n	$\lg\beta_n$
3	Cl^-	Ag^+	1，2，3，4	3.04，5.04，5.04，5.30
		Bi^{3+}	1，2，3，4	2.44，4.7，5.0，5.6
		Cd^{2+}	1，2，3，4	1.95，2.50，2.60，2.80
		Co^{3+}	1	1.42
		Cu^+	2，3	5.5，5.7
		Cu^{2+}	1，2	0.1，-0.6
		Fe^{2+}	1	1.17
		Fe^{3+}	1，2，3，4	1.48，2.13，1.13，-1.41
		Hg^{2+}	1，2，3，4	6.74，13.22，14.07，15.07
		In^{3+}	1，2，3，4	1.62，2.44，1.70，1.60
		Pb^{2+}	1，2，3	1.42，2.23，3.23
		Pd^{2+}	1，2，3，4	6.1，10.7，13.1，15.7
		Pt^{2+}	1，2，3，4	6.1，11.5，14.5，16.0
		Sb^{3+}	1，2，3，4	2.26，3.49，4.18，4.72
		Sn^{2+}	1，2，3，4	1.51，2.24，2.03，1.48
		Tl^{3+}	1，2，3，4	8.14，13.60，15.78，18.00
		Th^{4+}	1，2	1.38，0.38
		Zn^{2+}	1，2，3，4	0.43，0.61，0.53，0.20
		Zr^{4+}	1，2，3，4	0.9，1.3，1.5，1.2
4	CN^-	Ag^+	2，3，4	21.1，21.7，20.6
		Au^+	2	38.3
		Cd^{2+}	1，2，3，4	5.48，10.60，15.23，18.78
		Cu^+	2，3，4	24.0，28.59，30.30
		Fe^{2+}	6	35.0
		Fe^{3+}	6	42.0
		Hg^{2+}	4	41.4
		Ni^{2+}	4	31.3
		Zn^{2+}	1，2，3，4	5.3，11.70，16.70，21.60
5	F^-	Al^{3+}	1，2，3，4，5，6	6.11，11.12，15.00，18.00，19.40，19.80
		Be^{2+}	1，2，3，4	4.99，8.80，11.60，13.10
		Bi^{3+}	1，2	4.7，8.3
		Co^{2+}	1	0.4
		Cr^{3+}	1，2，3	4.36，8.70，11.20

续表 D1

序号	配位体	金属离子	配位体数目 n	$\lg\beta_n$
5	F^-	Cu^{2+}	1	0.9
		Fe^{2+}	1	0.8
		Fe^{3+}	1，2，3，5	5.28，9.30，12.06，15.77
		Ga^{3+}	1，2，3	4.49，8.00，10.50
		Hf^{4+}	1，2，3，4，5，6	9.0，16.5，23.1，28.8，34.0，38.0
		Hg^{2+}	1	1.03
		In^{3+}	1，2，3，4	3.70，6.40，8.60，9.80
		Mg^{2+}	1	1.30
		Mn^{2+}	1	5.48
		Ni^{2+}	1	0.50
		Pb^{2+}	1，2	1.44，2.54
		Sb^{3+}	1，2，3，4	3.0，5.7，8.3，10.9
		Sn^{2+}	1，2，3	4.08，6.68，9.50
		Th^{4+}	1，2，3，4	8.44，15.08，19.80，23.20
		TiO^{2+}	1，2，3，4	5.4，9.8，13.7，18.0
		Zn^{2+}	1	0.78
		Zr^{4+}	1，2，3，4，5，6	9.4，17.2，23.7，29.5，33.5，38.3
6	I^-	Ag^+	1，2，3	6.58，11.74，13.68
		Bi^{3+}	1，4，5，6	3.63，14.95，16.80，18.80
		Cd^{2+}	1，2，3，4	2.10，3.43，4.49，5.41
		Cu^+	2	8.85
		Fe^{3+}	1	1.88
		Hg^{2+}	1，2，3，4	12.87，23.82，27.60，29.83
		Pb^{2+}	1，2，3，4	2.00，3.15，3.92，4.47
		Pd^{2+}	4	24.5
		Tl^+	1，2，3	0.72，0.90，1.08
		Tl^{3+}	1，2，3，4	11.41，20.88，27.60，31.82
7	OH^-	Ag^+	1，2	2.0，3.99
		Al^{3+}	1，4	9.27，33.03
		As^{3+}	1，2，3，4	14.33，18.73，20.60，21.20
		Be^{2+}	1，2，3	9.7，14.0，15.2
		Bi^{3+}	1，2，4	12.7，15.8，35.2
		Ca^{2+}	1	1.3

续表 D1

序号	配位体	金属离子	配位体数目 n	$\lg\beta_n$
7	OH^-	Cd^{2+}	1，2，3，4	4.17，8.33，9.02，8.62
		Ce^{3+}	1	4.6
		Ce^{4+}	1，2	13.28，26.46
		Co^{2+}	1，2，3，4	4.3，8.4，9.7，10.2
		Cr^{3+}	1，2，4	10.1，17.8，29.9
		Cu^{2+}	1，2，3，4	7.0，13.68，17.00，18.5
		Fe^{2+}	1，2，3，4	5.56，9.77，9.67，8.58
		Fe^{3+}	1，2，3	11.87，21.17，29.67
		Hg^{2+}	1，2，3	10.6，21.8，20.9
		In^{3+}	1，2，3，4	10.0，20.2，29.6，38.9
		Mg^{2+}	1	2.58
		Mn^{2+}	1，3	3.9，8.3
		Ni^{2+}	1，2，3	4.97，8.55，11.33
		Pa^{4+}	1，2，3，4	14.04，27.84，40.7，51.4
		Pb^{2+}	1，2，3	7.82，10.85，14.58
		Pd^{2+}	1，2	13.0，25.8
		Sb^{3+}	2，3，4	24.3，36.7，38.3
		Sc^{3+}	1	8.9
		Sn^{2+}	1	10.4
		Th^{3+}	1，2	12.86，25.37
		Ti^{3+}	1	12.71
		Zn^{2+}	1，2，3，4	4.40，11.30，14.14，17.66
		Zr^{4+}	1，2，3，4	14.3，28.3，41.9，55.3
8	NO_3^-	Ba^{2+}	1	0.92
		Bi^{3+}	1，2	2.32，2.99
		Ca^{2+}	1	0.28
		Cd^{2+}	1	0.40
		Fe^{3+}	1	1.0
		Hg^{2+}	1	0.35
		Pb^{2+}	1	1.18
		Tl^{+}	1	0.33
		Tl^{3+}	1	0.92

续表 D1

序号	配位体	金属离子	配位体数目 n	$\lg\beta_n$
9	$P_2O_7^{4-}$	Ba^{2+}	1	4.6
		Ca^{2+}	1	4.6
		Cd^{3+}	1	5.6
		Co^{2+}	1	6.1
		Cu^{2+}	1，2	6.7，9.0
		Hg^{2+}	2	12.38
		Mg^{2+}	1	5.7
		Ni^{2+}	1，2	5.8，7.4
		Pb^{2+}	1，2	7.3，10.15
		Zn^{2+}	1，2	8.7，11.0
10	SCN^-	Ag^+	1，2，3，4	4.6，7.57，9.08，10.08
		Bi^{3+}	1，2，3，4，5，6	1.67，3.00，4.00，4.80，5.50，6.10
		Cd^{2+}	1，2，3，4	1.39，1.98，2.58，3.6
		Cr^{3+}	1，2	1.87，2.98
		Cu^+	1，2	12.11，9.90
		Cu^{2+}	1，2	1.90，3.00
		Fe^{3+}	1，2，3，4，5，6	2.21，3.64，5.00，6.30，6.20，6.10
		Hg^{2+}	1，2，3，4	9.08，16.86，19.70，21.70
		Ni^{2+}	1，2，3	1.18，1.64，1.81
		Pb^{2+}	1，2，3	0.78，0.99，1.00
		Sn^{2+}	1，2，3	1.17，1.77，1.74
		Th^{4+}	1，2	1.08，1.78
		Zn^{2+}	1，2，3，4	1.33，1.91，2.00，1.60
11	$S_2O_3^{2-}$	Ag^+	1，2	8.82，13.46
		Cd^{2+}	1，2	3.92，6.44
		Cu^+	1，2，3	10.27，12.22，13.84
		Fe^{3+}	1	2.10
		Hg^{2+}	2，3，4	29.44，31.90，33.24
		Pb^{2+}	2，3	5.13，6.35
12	SO_4^{2-}	Ag^+	1	1.3
		Ba^{2+}	1	2.7
		Bi^{3+}	1，2，3，4，5	1.98，3.41，4.08，4.34，4.60
		Fe^{3+}	1，2	4.04，5.38

续表 D1

序号	配位体	金属离子	配位体数目 n	$\lg\beta_n$
12	SO_4^{2-}	Hg^{2+}	1，2	1.34，2.40
		In^{3+}	1，2，3	1.78，1.88，2.36
		Ni^{2+}	1	2.4
		Pb^{2+}	1	2.75
		Pr^{3+}	1，2	3.62，4.92
		Th^{4+}	1，2	3.32，5.50
		Zr^{4+}	1，2，3	3.79，6.64，7.77

表 D2　金属-有机配位体配合物的稳定常数（25℃）

序号	配位体	金属离子	配位体数目 n	$\lg\beta_n$
1	乙二胺四乙酸（EDTA）$[(HOOCCH_2)_2NCH_2]_2$	Ag^{+}	1	7.32
		Al^{3+}	1	16.3
		Ba^{2+}	1	7.86
		Be^{2+}	1	9.2
		Bi^{3+}	1	27.94
		Ca^{2+}	1	10.69
		Cd^{2+}	1	16.46
		Co^{2+}	1	16.30
		Co^{3+}	1	36.0
		Cr^{3+}	1	23.40
		Cu^{2+}	1	18.80
		Fe^{2+}	1	14.33
		Fe^{3+}	1	25.10
		Ga^{3+}	1	20.25
		Hg^{2+}	1	21.80
		In^{3+}	1	24.95
		Li^{+}	1	2.79
		Mg^{2+}	1	8.69
		Mn^{2+}	1	13.87
		Na^{+}	1	1.66
		Ni^{2+}	1	18.60
		Pb^{2+}	1	18.04
		Pd^{2+}	1	18.5

续表 D2

序号	配位体	金属离子	配位体数目 n	$\lg\beta_n$
1	乙二胺四乙酸 (EDTA) $[(HOOCCH_2)_2NCH_2]_2$	Sc^{2+}	1	23.1
		Sn^{2+}	1	22.1
		Sr^{2+}	1	8.63
		Th^{4+}	1	23.2
		TiO^{2+}	1	17.3
		Tl^{3+}	1	22.5
		U^{4+}	1	25.8
		VO^{2+}	1	18.1
		Y^{3+}	1	18.09
		Zn^{2+}	1	16.50
		Zr^{4+}	1	29.50
2	乙酸 CH_3COOH	Ag^{+}	1，2	0.73，0.64
		Ba^{2+}	1	0.41
		Ca^{2+}	1	0.6
		Cd^{2+}	1，2，3	1.5，2.3，2.4
		Ce^{3+}	1，2，3，4	1.68，2.69，3.13，3.18
		Co^{2+}	1，2	1.5，1.9
		Cr^{3+}	1，2，3	4.63，7.08，9.60
		Cu^{2+}（20℃）	1，2	2.16，3.20
		In^{3+}	1，2，3，4	3.50，5.95，7.90，9.08
		Mn^{2+}	1，2	9.84，2.06
		Ni^{2+}	1，2	1.12，1.81
		Pb^{2+}	1，2，3，4	2.52，4.0，6.4，8.5
		Sn^{2+}	1，2，3	3.3，6.0，7.3
		Tl^{3+}	1，2，3，4	6.17，11.28，15.10，18.3
		Zn^{2+}	1	1.5
3	乙酰丙酮 $CH_3COCH_2CH_3$	Al^{3+}	1，2，3	8.1，15.7，21.2
		Cd^{2+}	1，2	3.84，6.66
		Co^{2+}	1，2	5.40，9.54
		Cr^{2+}	1，2	5.96，11.7
		Cu^{2+}	1，2	7.8，14.3
		Fe^{2+}	1，2	5.07，8.67
		Fe^{3+}	1，2，3	9.3，17.9，25.1

续表 D2

序号	配位体	金属离子	配位体数目 n	$\lg\beta_n$
3	乙酰丙酮 $CH_3COCH_2CH_3$	Hg^{2+}	2	21.5
		Mg^{2+}	1，2	3.65，6.27
		Mn^{2+}	1，2	4.24，7.35
		Mn^{3+}	3	3.86
		Ni^{2+}（20℃）	1，2，3	6.06，10.77，13.09
		Pb^{2+}	2	6.32
		Pd^{2+}（30℃）	1，2	16.2，27.1
		Th^{4+}	1，2，3，4	8.8，16.2，22.5，26.7
		Ti^{3+}	1，2，3	10.43，18.82，24.90
		V^{2+}	1，2，3	5.4，10.2，14.7
		Zn^{2+}（30℃）	1，2	4.98，8.81
		Zr^{4+}	1，2，3，4	8.4，16.0，23.2，30.1
4	草酸 HOOCCOOH	Ag^{+}	1	2.41
		Al^{3+}	1，2，3	7.26，13.0，16.3
		Ba^{2+}	1	2.31
		Ca^{2+}	1	3.0
		Cd^{2+}	1，2	3.52，5.77
		Co^{2+}	1，2，3	4.79，6.7，9.7
		Cu^{2+}	1，2	6.23，10.27
		Fe^{2+}	1，2，3	2.9，4.52，5.22
		Fe^{3+}	1，2，3	9.4，16.2，20.2
		Hg^{2+}	1	9.66
		Hg_2^{2+}	2	6.98
		Mg^{2+}	1，2	3.43，4.38
		Mn^{2+}	1，2	3.97，5.80
		Mn^{3+}	1，2，3	9.98，16.57，19.42
		Ni^{2+}	1，2，3	5.3，7.64，约 8.5
		Pb^{2+}	1，2	4.91，6.76
		Sc^{3+}	1，2，3，4	6.86，11.31，14.32，16.70
		Th^{4+}	4	24.48
		Zn^{2+}	1，2，3	4.89，7.60，8.15
		Zr^{4+}	1，2，3，4	9.80，17.14，20.86，21.15
5	乳酸 $CH_3CHOHCOOH$	Ba^{2+}	1	0.64
		Ca^{2+}	1	1.42

续表 D2

序号	配位体	金属离子	配位体数目 n	$\lg\beta_n$
5	乳酸 $CH_3CHOHCOOH$	Cd^{2+}	1	1.70
		Co^{2+}	1	1.90
		Cu^{2+}	1，2	3.02，4.85
		Fe^{3+}	1	7.1
		Mg^{2+}	1	1.37
		Mn^{2+}	1	1.43
		Ni^{2+}	1	2.22
		Pb^{2+}	1，2	2.40，3.80
		Sc^{2+}	1	5.2
		Th^{4+}	1	5.5
		Zn^{2+}	1，2	2.20，3.75
6	水杨酸 $C_6H_4(OH)COOH$	Al^{3+}	1	14.11
		Cd^{2+}	1	5.55
		Co^{2+}	1，2	6.72，11.42
		Cr^{2+}	1，2	8.4，15.3
		Cu^{2+}	1，2	10.60，18.45
		Fe^{2+}	1，2	6.55，11.25
		Mn^{2+}	1，2	5.90，9.80
		Ni^{2+}	1，2	6.95，11.75
		Th^{4+}	1，2，3，4	4.25，7.60，10.05，11.60
		TiO^{2+}	1	6.09
		V^{2+}	1	6.3
		Zn^{2+}	1	6.85
7	磺基水杨酸 $HO_3SC_6H_3(OH)COOH$	Al^{3+}（0.1mol/L）	1，2，3	12.9，22.9，29.0
		Be^{2+}（0.1mol/L）	1，2	11.71，20.81
		Cd^{2+}（0.1mol/L）	1，2	16.68，29.08
		Co^{2+}（0.1mol/L）	1，2	6.13，9.82
		Cr^{3+}（0.1mol/L）	1	9.56
		Cu^{2+}（0.1mol/L）	1，2	9.52，16.45
		Fe^{2+}（0.1mol/L）	1，2	5.9，9.9
		Fe^{3+}（0.1mol/L）	1，2，3	14.4，25.2，32.2
		Mn^{2+}（0.1mol/L）	1，2	5.24，8.24
		Ni^{2+}（0.1mol/L）	1，2	6.42，10.24
		Zn^{2+}（0.1mol/L）	1，2	6.05，10.65

续表 D2

序号	配位体	金属离子	配位体数目 n	$\lg\beta_n$
8	酒石酸 $(HOOCCHOH)_2$	Ba^{2+}	2	1.62
		Bi^{3+}	3	8.30
		Ca^{2+}	1，2	2.98，9.01
		Cd^{2+}	1	2.8
		Co^{2+}	1	2.1
		Cu^{2+}	1，2，3，4	3.2，5.11，4.78，6.51
		Fe^{3+}	1	7.49
		Hg^{2+}	1	7.0
		Mg^{2+}	2	1.36
		Mn^{2+}	1	2.49
		Ni^{2+}	1	2.06
		Pb^{2+}	1，3	3.78，4.7
		Sn^{2+}	1	5.2
		Zn^{2+}	1，2	2.68，8.32
9	丁二酸 $HOOCCH_2CH_2COOH$	Ba^{2+}	1	2.08
		Be^{2+}	1	3.08
		Ca^{2+}	1	2.0
		Cd^{2+}	1	2.2
		Co^{2+}	1	2.22
		Cu^{2+}	1	3.33
		Fe^{3+}	1	7.49
		Hg^{2+}	2	7.28
		Mg^{2+}	1	1.20
		Mn^{2+}	1	2.26
		Ni^{2+}	1	2.36
		Pb^{2+}	1	2.8
		Zn^{2+}	1	1.6
10	硫脲 $H_2NC(=S)NH_2$	Ag^{+}	1，2	7.4，13.1
		Bi^{3+}	6	11.9
		Cd^{2+}	1，2，3，4	0.6，1.6，2.6，4.6
		Cu^{+}	3，4	13.0，15.4
		Hg^{2+}	2，3，4	22.1，24.7，26.8
		Pb^{2+}	1，2，3，4	1.4，3.1，4.7，8.3

续表 D2

序号	配位体	金属离子	配位体数目 n	$\lg\beta_n$
11	乙二胺 $H_2NCH_2CH_2NH_2$	Ag^+	1，2	4.70，7.70
		Cd^{2+}	1，2，3	5.47，10.09，12.09
		Co^{2+}	1，2，3	5.89，10.72，13.82
		Co^{3+}	1，2，3	18.7，34.9，48.69
		Cr^{2+}	1，2	5.15，9.19
		Cu^+	2	10.8
		Cu^{2+}	1，2，3	10.67，20.0，21.0
		Fe^{2+}	1，2，3	4.34，7.65，9.70
		Hg^{2+}	1，2	14.3，23.42
		Mg^{2+}	1	0.37
		Mn^{2+}	1，2，3	2.73，4.79，5.67
		Ni^{2+}	1，2，3	7.66，14.06，18.59
		Pd^{2+}	2	26.90
		V^{2+}	1，2	4.6，7.5
		Zn^{2+}	1，2，3	5.71，10.37，12.08
12	吡啶 C_5H_5N	Ag^+	1，2	1.97，4.35
		Cd^{2+}	1，2，3，4	1.40，1.95，2.27，2.50
		Co^{2+}	1，2	1.14，1.54
		Cu^{2+}	1，2，3，4	2.59，4.33，5.93，6.54
		Fe^{2+}	1	0.71
		Hg^{2+}	1，2，3	5.1，10.0，10.4
		Mn^{2+}	1，2，3，4	1.92，2.77，3.37，3.50
		Zn^{2+}	1，2，3，4	1.41，1.11，1.61，1.93
13	甘氨酸 H_2NCH_2COOH	Ag^+	1，2	3.41，6.89
		Ba^{2+}	1	0.77
		Ca^{2+}	1	1.38
		Cd^{2+}	1，2	4.74，8.60
		Co^{2+}	1，2，3	5.23，9.25，10.76
		Cu^{2+}	1，2，3	8.60，15.54，16.27
		Fe^{2+}（20℃）	1，2	4.3，7.8
		Hg^{2+}	1，2	10.3，19.2
		Mg^{2+}	1，2	3.44，6.46
		Mn^{2+}	1，2	3.6，6.6
		Ni^{2+}	1，2，3	6.18，11.14，15.0
		Pb^{2+}	1，2	5.47，8.92
		Pd^{2+}	1，2	9.12，17.55
		Zn^{2+}	1，2	5.52，9.96

续表 D2

序号	配位体	金属离子	配位体数目 n	$\lg\beta_n$
14	2-甲基-8-羟基喹啉（50%二噁烷）	Cd^{2+}	1，2，3	9.00，9.00，16.60
		Ce^{3+}	1	7.71
		Co^{2+}	1，2	9.63，18.50
		Cu^{2+}	1，2	12.48，24.00
		Fe^{2+}	1，2	8.75，17.10
		Mg^{2+}	1，2	5.24，9.64
		Mn^{2+}	1，2	7.44，13.99
		Ni^{2+}	1，2	9.41，17.76
		Pb^{2+}	1，2	10.30，18.50
		UO_2^{2+}	1，2	9.4，17.0
		Zn^{2+}	1，2	9.82，18.72

注：表中离子强度都是在有限的范围内，$I\approx0$。

表 D3 EDTA 的 $\lg\alpha_{Y(H)}$ 值

pH	$\lg\alpha_{Y(H)}$	pH	$\lg\alpha_{Y(H)}$	pH	$\lg\alpha_{Y(H)}$	pH	$\lg\alpha_{Y(H)}$	pH	$\lg\alpha_{Y(H)}$
0.0	23.64	2.5	11.90	5.0	6.45	7.5	2.78	10.0	0.45
0.1	23.06	2.6	11.62	5.1	6.26	7.6	2.68	10.1	0.39
0.2	22.47	2.7	11.35	5.2	6.07	7.7	2.57	10.2	0.33
0.3	21.89	2.8	11.09	5.3	5.88	7.8	2.47	10.3	0.28
0.4	21.32	2.9	10.84	5.4	5.69	7.9	2.37	10.4	0.24
0.5	20.75	3.0	10.60	5.5	5.51	8.0	2.27	10.5	0.20
0.6	20.18	3.1	10.37	5.6	5.33	8.1	2.17	10.6	0.16
0.7	19.62	3.2	10.14	5.7	5.15	8.2	2.07	10.7	0.13
0.8	19.08	3.3	9.92	5.8	4.98	8.3	1.97	10.8	0.11
0.9	18.54	3.4	9.70	5.9	4.81	8.4	1.87	10.9	0.09
1.0	18.01	3.5	9.48	6.0	4.65	8.5	1.77	11.0	0.07
1.1	17.49	3.6	9.27	6.1	4.49	8.6	1.67	11.1	0.06
1.2	16.98	3.7	9.06	6.2	4.34	8.7	1.57	11.2	0.05
1.3	16.49	3.8	8.85	6.3	4.20	8.8	1.48	11.3	0.04
1.4	16.02	3.9	8.65	6.4	4.06	8.9	1.38	11.4	0.03
1.5	15.55	4.0	8.44	6.5	3.92	9.0	1.28	11.5	0.02
1.6	15.11	4.1	8.24	6.6	3.79	9.1	1.19	11.6	0.02
1.7	14.68	4.2	8.04	6.7	3.67	9.2	1.10	11.7	0.02
1.8	14.27	4.3	7.84	6.8	3.55	9.3	1.01	11.8	0.01
1.9	13.88	4.4	7.64	6.9	3.43	9.4	0.92	11.9	0.01
2.0	13.51	4.5	7.44	7.0	3.32	9.5	0.83	12.0	0.01
2.1	13.16	4.6	7.24	7.1	3.21	9.6	0.75	12.1	0.01
2.2	12.82	4.7	7.04	7.2	3.10	9.7	0.67	12.2	0.005
2.3	12.50	4.8	6.84	7.3	2.99	9.8	0.59	13.0	0.0008
2.4	12.19	4.9	6.65	7.4	2.88	9.9	0.52	13.9	0.0001

附录 E 金属离子与氨羧配位剂形成的配合物的稳定常数 $\lg K_{MY}$

表 E1 金属离子与氨羧配位剂形成的配合物的稳定常数 $\lg K_{MY}$（I=0. 1mol/L，t=20~25℃）

金属离子	EDTA	EGTA	DCTA
Ag^{+}	7. 32	7. 06	8. 41
Al^{3+}	16. 3	13. 90	18. 90
Ba^{2+}	7. 86	8. 4	8. 64
Be^{2+}	9. 2		10. 81
Bi^{2+}	27. 94	23. 8	24. 1
Ca^{2+}	10. 69	11	13. 15
Ce^{3+}	15. 98	15. 70	16. 76
Cd^{2+}	16. 46	16. 10	19. 88
Co^{2+}	16. 3	12. 3	19. 57
Co^{3+}	36		
Cr^{3+}	23. 4	2. 54	
Cu^{2+}	18. 8	17. 8	21. 95
Fe^{2+}	14. 33	11. 81	16. 27
Fe^{3+}	25. 1	20. 5	28. 05
Hg^{2+}	21. 8	23. 2	24. 95
La^{3+}	15. 5	15. 79	16. 91
Mg^{2+}	8. 69	5. 2	10. 97
Mn^{2+}	13. 87	12. 3	17. 4
Na^{+}	1. 66	1. 38	2. 70
Ni^{2+}	18. 6	11. 82	19. 4
Pb^{2+}	18. 04	11. 8	20. 3
Pt^{3+}	16. 31		
Sn^{2+}	22. 1		
Sr^{2+}	8. 73	8. 5	10. 54
Th^{4+}	23. 2		23. 78
Ti^{3+}	21. 3		
TiO^{2+}	17. 3		
UO_2^{2+}	约 10		
U^{4+}	25. 8		
VO_2^{+}	18. 1		19. 4
VO^{2+}	18. 8		
Y^{3+}	18. 09	16. 82	19. 41
Zn^{2+}	16. 5	12. 91	19. 3

附录 F　金属离子的 $\lg\alpha_{M(OH)}$ 值

表 F1　金属离子的 $\lg\alpha_{M(OH)}$ 值

金属离子	离子强度	pH 值													
		1	2	3	4	5	6	7	8	9	10	11	12	13	14
Al^{3+}	2					0.4	1.3	5.3	9.3	13.3	17.3	21.3	25.3	29.3	33.3
Bi^{3+}	3	0.1	0.5	1.4	2.4	3.4	4.4	5.4							
Ca^{2+}	0.1													0.3	1.0
Cd^{2+}	3									0.1	0.5	2.0	4.5	8.1	12.0
Co^{2+}	0.1								0.1	0.4	1.1	2.2	4.2	7.2	10.2
Cu^{2+}	0.1								0.2	0.8	1.7	2.7	3.7	4.7	5.7
Fe^{2+}	1									0.1	0.6	1.5	2.5	3.5	4.5
Fe^{3+}	1			0.4	1.8	3.7	5.7	7.7	9.7	11.7	13.7	15.7	17.7	19.7	21.7
Hg^{2+}	0.1			0.5	1.9	3.9	5.9	7.9	9.9	11.9	13.9	15.9	17.9	19.9	21.9
Mg^{2+}	0.1											0.1	0.5	1.3	2.3
Mn^{2+}	0.1										0.1	0.5	1.4	2.4	3.4
Ni^{2+}	0.1									0.1	0.7	1.6			
Pb^{2+}	0.1							0.1	0.5	1.4	2.7	4.7	7.4	10.4	13.4
Zn^{2+}	0.1									0.2	2.4	5.4	8.5	11.8	15.5

附录 G　标准电极电位表

表 G1　标准电极电位表

半反应	$\varphi^{\ominus}$	半反应	$\varphi^{\ominus}$
$F_2(g)+2H^++2e^-=2HF$	2.87	$HClO+H^++2e^-=Cl^-+H_2O$	1.49
$O_3+2H^++2e^-=O_2+2H_2O$	2.07	$ClO_3^-+6H^++5e^-=1/2Cl_2+3H_2O$	1.45
$S_2O_8^{2-}+2e^-=2SO_4^{2-}$	2.00	$PbO_2(s)+4H^++2e^-=Pb^{2+}+2H_2O$	1.46
$H_2O_2+2H^++2e^-=2H_2O$	1.776	$HIO+H^++e^-=1/2I_2+H_2O$	1.45
$MnO_4^-+4H^++3e^-=MnO_2(s)+2H_2O$	1.695	$ClO_3^-+6H^++6e^-=Cl^-+3H_2O$	1.45
$PbO_2(s)+SO_4^{2-}+4H^++2e^-=PbSO_4(s)+2H_2O$	1.685	$BrO_3^-+6H^++6e^-=Br^-+3H_2O$	1.44
$HClO_2+H^++e^-\longrightarrow HClO+H_2O$	1.64	$Au(III)+2e^-=Au(I)$	1.41
$HClO+H^++e^-=1/2Cl_2+H_2O$	1.63	$Cl_2(g)+2e^-=2Cl$	1.358
$Ce^{4+}+e^-=Ce^{3+}$	1.443	$ClO_4^-+8H^++7e^-=1/2Cl_2+4H_2O$	1.34
$H_5IO_6+H^++2e^-=IO_3^-+3H_2O$	1.60	$Cr_2O_7^{2-}+14H^++6e^-=2Cr^{3+}+7H_2O$	1.33

续表 G1

半反应	$\varphi^{\ominus}$	半反应	$\varphi^{\ominus}$
$HBrO+H^{+}+e^{-}=1/2Br_2+H_2O$	1.59	$MnO_2(s)+4H^{+}+2e^{-}=Mn^{2+}+2H_2O$	1.23
$BrO_3^{-}+6H^{+}+5e^{-}=1/2Br_2+3H_2O$	1.52	$O_2(g)+4H^{+}+4e^{-}=2H_2O$	1.23
$MnO_4^{-}+8H^{+}+5e^{-}=Mn^{2+}+4H_2O$	1.51	$IO_3^{-}+6H^{+}+5e^{-}=1/2I_2+3H_2O$	1.195
$Au(\text{Ⅲ})+3e^{-}=Au$	1.50	$ClO_4^{-}+2H^{+}+2e^{-}=ClO_3^{-}+H_2O$	1.19
$Fe^{3+}+e^{-}=Fe^{2+}$	0.77	$2SO_2(l)+2H^{+}+4e^{-}=S_2O_3^{2-}+H_2O$	0.40
$BrO^{-}+H_2O+2e^{-}=Br^{-}+2OH^{-}$	0.76	$Fe(CN)_6^{3-}+e^{-}=Fe(CN)_6^{4-}$	0.36
$O_2(g)+2H^{+}+2e^{-}=H_2O_2$	0.682	$Cu^{2+}+2e^{-}=Cu$	0.34
$AsO_8^{-}+2H_2O+3e^{-}\longrightarrow As+4OH^{-}$	0.68	$VO^{2+}+2H^{+}+2e^{-}=V^{3+}+H_2O$	0.36
$2HgCl_2+2e^{-}=Hg_2Cl_2(s)+2Cl^{-}$	0.63	$BiO^{+}+2H^{+}+3e^{-}=Bi+H_2O$	0.32
$Hg_2SO_4(s)+2e^{-}=2Hg+SO_4^{2-}$	0.6151	$Hg_2Cl_2(s)+2e^{-}=2Hg+2Cl^{-}$	0.268
$MnO_4^{-}+2H_2O+3e^{-}=MnO_2+4OH^{-}$	0.588	$HAsO_2+3H^{+}+3e^{-}=As+2H_2O$	0.248
$MnO_4^{-}+e^{-}=MnO_4^{2-}$	0.564	$AgCl(s)+e^{-}=Ag+Cl^{-}$	0.22
$H_3AsO_4+2H^{+}+2e^{-}=HAsO_2+2H_2O$	0.56	$SbO^{+}+2H^{+}+3e^{-}=Sb+H_2O$	0.212
$I_3^{-}+2e^{-}=3I^{-}$	0.534	$SO_4^{2-}+4H^{+}+2e^{-}\longrightarrow SO_2(l)+H_2O$	0.17
$I_2(s)+2e^{-}=2I^{-}$	0.5345	$Cu^{2+}+e^{-}=Cu^{-}$	0.519
$Mo(\text{Ⅵ})+e^{-}=Mo(\text{Ⅴ})$	0.53	$Sn^{4+}+2e^{-}=Sn^{2+}$	0.154
$Cu^{+}+e^{-}=Cu$	0.52	$S+2H^{+}+2e^{-}=H_2S(g)$	0.141
$4SO_2(l)+4H^{+}+6e^{-}=S_4O_6^{2-}+2H_2O$	0.522	$Hg_2Br_2+2e^{-}=2Hg+2Br^{-}$	0.1395
$HgCl_4^{2-}+2e^{-}=Hg+4Cl^{-}$	0.48	$TiO^{2+}+2H^{+}+e^{-}=Ti^{3+}+H_2O$	0.10
$As+3H^{+}+3e^{-}=AsH_3$	−0.38	$Ag_2S(s)+2e^{-}=2Ag+S^{2-}$	−0.69
$Se+2H^{+}+2e^{-}=H_2Se$	−0.40	$Zn^{2+}+2e^{-}=Zn$	−0.763
$Cd^{2+}+2e^{-}=Cd$	−0.403	$2H_2O+2e^{-}=H_2+2OH^{-}$	−8.28
$Cr^{3+}+e^{-}=Cr^{2+}$	−0.41	$Cr^{2+}+2e^{-}=Cr$	−0.91
$Fe^{2+}+2e^{-}=Fe$	−0.441	$HSnO_2^{-}+H_2O+2e^{-}=Sn^{-}+3OH^{-}$	−0.79
$S+2e^{-}=S^{2-}$	−0.508	$Se+2e^{-}=Se^{2-}$	−0.92
$2CO_2+2H^{+}+2e^{-}=H_2C_2O_4$	−0.49	$Sn(OH)_6^{2-}+2e^{-}=HSnO_2^{-}+H_2O+3OH^{-}$	−0.96
$H_3PO_3+2H^{+}+2e^{-}=H_3PO_2+H_2O$	−0.50	$CNO^{-}+H_2O+2e^{-}=CN^{-}+2OH^{-}$	−0.97
$Sb+3H^{+}+3e^{-}=SbH_3$	−0.51	$Mn^{2+}+2e^{-}=Mn$	−1.18
$HPbO_2^{-}+H_2O+2e^{-}=Pb+3OH^{-}$	−0.54	$ZnO_2^{2-}+2H_2O+2e^{-}=Zn+4OH^{-}$	−1.216
$Ga^{3+}+3e^{-}=Ga$	−0.56	$Al^{3+}+3e^{-}=Al$	−1.662
$TeO_3^{2-}+3H_2O+4e^{-}=Te+6OH^{-}$	−0.57	$H_2AlO_3^{-}+H_2O+3e^{-}=Al+4OH^{-}$	−2.35
$SO_4^{2-}+H_2O+2e^{-}=SO_3^{2-}+2OH^{-}$	−0.92	$Mg^{2+}+2e^{-}=Mg$	−2.375
$SO_3^{2-}+3H_2O+4e^{-}=S+6OH^{-}$	−0.66	$Na^{+}+e^{-}=Na$	−2.711

续表 G1

半反应	$\varphi^{\ominus}$	半反应	$\varphi^{\ominus}$
$AsO_4^{3-}+2H_2O+2e^- = AsO_2^-+4OH^-$	-0.71	$O_2+H_2O+2e^- = HO_2^-+OH^-$	-0.067
$Br_2(l)+2e^- = 2Br^-$	1.08	$TiOCl^++2H^++3Cl^-+e^- = TiCl_4^-+H_2O$	-0.09
$NO_2+H^++e^- = HNO_2$	1.07	$Pb^{2+}+2e^- = Pb$	-0.126
$Br_3^-+2e^- = 3Br^-$	1.05	$Sn^{2+}+2e^- = Sn$	-0.136
$HNO_2+H^++e^- = NO(g)+H_2O$	0.99	$AgI(s)+e^- = Ag+I^-$	-0.152
$VO_2^++2H^++e^- = VO^{2+}+H_2O$	1.00	$Ni^{2+}+2e^- = Ni$	-0.246
$HIO+H^++2e^- = I^-+H_2O$	0.99	$H_3PO_4+2H^++2e^- = H_3PO_3+H_2O$	-0.276
$NO_3^-+3H^++2e^- = HNO_2+H_2O$	0.94	$Co^{2+}+2e^- = Co$	-0.28
$ClO^-+H_2O+2e^- = Cl^-+2OH^-$	0.89	$Tl^++e^- = Tl$	-0.336
$H_2O_2+2e^- = 2OH^-$	0.88	$Ca^{2+}+2e^- = Ca$	-2.87
$Cu^{2+}+I^-+e^- = CuI(s)$	0.86	$In^{3+}+3e^- = In$	-0.345
$Hg^{2+}+2e^- = Hg$	0.845	$PbSO_4(s)+2e^- = Pb+SO_4^{2-}$	0.3553
$NO_3^-+2H^++e^- = NO_2+H_2O$	0.80	$SeO_3^{2-}+3H_2O+4e^- = Se+6OH^-$	-0.366
$Ag^++e^- = Ag$	0.799	$Sr^{2+}+2e^- = Sr$	-2.89
$Hg_2^{2+}+2e^- = 2Hg$	0.796	$Ba^{2+}+2e^- = Ba$	-2.90
$S_4O_6^{2-}+2e^- = 2S_2O_3^{2-}$	0.09	$K^++e^- = K$	-2.924
$AgBr(s)+e^- = Ag+Br^-$	0.071	$Li^++e^- = Li$	-3.045
$2H^++2e^- = H_2$	0.000		

附录 H　一些半反应的标准电极电势（298.15K）

表 H1　在酸性溶液中

元素	电　极　反　应	$E^{\ominus}$/V
Ag	$Ag^+(aq)+e^- = Ag(s)$	0.80
	$Ag^{2+}(aq)+e^- = Ag^+(aq)$	1.98
	$AgBr(s)+e^- = Ag(s)+Br^-(aq)$	0.071
	$AgCl(s)+e^- = Ag(s)+Cl^-(aq)$	0.222
	$AgI(s)+e^- = Ag(s)+I^-(aq)$	-0.152
	$Ag_2CrO_4(aq)+2e^- = 2Ag(s)+CrO_4^{2-}(aq)$	0.447
Al	$Al^{3+}(aq)+3e^- = Al(s)$	-1.676
As	$HAsO_2(aq)+3H^+(aq)+3e^- = As(s)+2H_2O(l)$	0.240
	$H_3AsO_4(aq)+2H^+(aq)+2e^- = HAsO_2(aq)+2H_2O(l)$	0.560
Au	$Au^{3+}(aq)+3e^- = Au(s)$	1.52
	$Au^{3+}(aq)+2e^- = Au^+(aq)$	1.36
	$AuCl_4^-(aq)+3e^- = Au(s)+4Cl^-(aq)$	1.002

续表 H1

元素	电　极　反　应	$E^{\ominus}$ /V
Ba	$Ba^{2+}(aq)+2e^{-} = Ba(s)$	-2.92
Br	$Br(l)+2e^{-} = 2Br^{-}(aq)$	1.065
	$2BrO_3^{-}(aq)+12H^{+}(aq)+10e^{-} = Br_2(l)+6H_2O(l)$	1.478
C	$2CO_2(g)+2H^{+}(aq)+2e^{-} = H_2C_2O_4(aq)$	-0.49
Ca	$Ca^{2+}(aq)+2e^{-} = Ca(s)$	-2.84
Cd	$Cd^{2+}(aq)+2e^{-} = Cd(s)$	-0.403
Ce	$Ce^{4+}(aq)+e^{-} = Ce^{3+}(aq)$	1.28(1mol/L HCl 介质)
Cl	$Cl_2(g)+2e^{-} = 2Cl^{-}(aq)$	1.358
	$ClO_3^{-}(aq)+6H^{+}(aq)+6e^{-} = Cl^{-}(aq)+3H_2O(l)$	1.450
	$2ClO_3^{-}(aq)+12H^{+}(aq)+10e^{-} = Cl_2(g)+6H_2O(l)$	1.47
	$ClO_4^{-}(aq)+2H^{+}(aq)+2e^{-} = ClO_3^{-}(aq)+H_2O(l)$	1.189
	$2HClO(aq)+2H^{+}(aq)+2e^{-} = Cl_2(g)+2H_2O(l)$	1.611
Co	$Co^{2+}(aq)+2e^{-} = Co(s)$	-0.277
	$Co^{3+}(aq)+e^{-} = Co^{2+}(aq)$	1.92
Cr	$Cr^{2+}(aq)+2e^{-} = Cr(s)$	-0.90
	$Cr^{3+}(aq)+e^{-} = Cr^{2+}(aq)$	-0.424
	$Cr_2O_7^{2-}(aq)+14H^{+}(aq)+6e^{-} = 2Cr^{3+}(aq)+7H_2O(l)$	1.08(3mol/L HCl 介质)
Cs	$Cs^{+}(aq)+e^{-} = Cs(s)$	-2.923
Cu	$Cu^{+}(aq)+e^{-} = Cu(s)$	0.52
	$Cu^{2+}(aq)+e^{-} = Cu^{+}(aq)$	0.159
	$Cu^{2+}(aq)+2e^{-} = Cu(s)$	0.34
	$Cu^{2+}(aq)+I^{-}(aq)+e^{-} = CuI(s)$	0.86
F	$F_2(aq)+2e^{-} = 2F^{-}(aq)$	2.866
	$OF_2(g)+2H^{+}(aq)+4e^{-} = H_2O(l)+2F^{-}(aq)$	2.1
Fe	$Fe^{2+}(aq)+2e^{-} = Fe(s)$	-0.44
	$Fe^{3+}(aq)+e^{-} = Fe^{2+}(aq)$	0.771
	$Fe(CN)_6^{3-}(aq)+e^{-} = Fe(CN)_6^{4-}(aq)$	0.361
H	$2H^{+}(aq)+2e^{-} = H_2(g)$	0.000
Hg	$Hg^{2+}(aq)+2e^{-} = Hg(l)$	0.854
	$Hg_2^{2+}(aq)+2e^{-} = 2Hg(l)$	0.7973
	$2Hg^{2+}(aq)+2e^{-} = Hg_2^{2+}(aq)$	0.920
	$2HgCl_2(aq)+2e^{-} = Hg_2Cl_2(s)+2Cl^{-}(aq)$	0.63
	$Hg_2Cl_2(s)+2e^{-} = 2Hg(l)+2Cl^{-}(aq)$	0.2676

续表 H1

元素	电 极 反 应	$E^\ominus$/V
I	$I_2(s) + 2e^- = 2I^-(aq)$	0.535
	$I_3^-(aq) + 2e^- = 3I^-(aq)$	0.536
	$2IO_3^-(aq) + 12H^+(aq) + 10e^- = I_2(s) + 6H_2O(l)$	1.20
In	$In^{3+}(aq) + 3e^- = In(s)$	-0.338
K	$K^+(aq) + e^- = K(s)$	-2.924
La	$La^{3+}(aq) + 3e^- = La(s)$	-2.38
Li	$Li^+(aq) + e^- = Li(s)$	-3.04
Mg	$Mg^{2+}(aq) + 2e^- = Mg(s)$	-2.356
Mn	$Mn^{2+}(aq) + 2e^- = Mn(s)$	-1.18
	$MnO_2(s) + 4H^+(aq) + 2e^- = Mn^{2+}(aq) + 2H_2O(l)$	1.23
	$MnO_4^-(aq) + 8H^+(aq) + 5e^- = Mn^{2+}(aq) + 4H_2O(l)$	1.51
	$MnO_4^-(aq) + 4H^+(aq) + 3e^- = MnO_2(s) + 2H_2O(l)$	1.70
	$MnO_4^-(aq) + e^- = MnO_4^{2+}(aq)$	0.56
N	$NO_3^-(aq) + 4H^+(aq) + 3e^- = NO(g) + 2H_2O(l)$	0.956
	$NO_3^-(aq) + 3H^+(aq) + 2e^- = HNO_2(g) + H_2O(l)$	0.934
	$2NO_3^-(aq) + 4H^+(aq) + 2e^- = N_2O_4(aq) + 2H_2O(l)$	0.803
Na	$Na^+(aq) + e^- = Na(s)$	-2.713
Ni	$Ni^{2+}(aq) + 2e^- = Ni(s)$	-0.257
O	$O_2(g) + 2H^+(aq) + 2e^- = H_2O_2(aq)$	0.695
	$O_2(g) + 4H^+(aq) + 2e^- = 2H_2O(l)$	1.229
	$O_3(g) + 2H^+(aq) + 2e^- = O_2(g) + H_2O(l)$	2.075
	$H_2O_2(aq) + 2H^+(aq) + 2e^- = 2H_2O(l)$	1.763
P	$H_3PO_4(aq) + 2H^+(aq) + 2e^- = H_3PO_3(aq) + H_2O(l)$	-0.276
Pb	$Pb^{2+}(aq) + 2e^- = Pb(s)$	-0.125
	$PbO_2(aq) + SO_4^{2-}(aq) + 4H^+(aq) + 2e^- = PbSO_4(s) + 2H_2O(l)$	1.69
	$PbO_2(s) + 4H^+(aq) + 2e^- = Pb^{2+}(aq) + 2H_2O(l)$	1.455
	$PbSO_4(s) + 2e^- = Pb(s) + SO_4^{2-}(aq)$	-0.356
Rb	$Rb^+(aq) + e^- = Rb(s)$	-2.924
S	$S(s) + 2H^+(aq) + 2e^- = H_2S(g)$	0.144
	$H_2SO_3(aq) + 4H^+(aq) + 4e^- = S(s) + 3H_2O(l)$	0.449
	$SO_4^{2-}(aq) + 4H^+(aq) + 2e^- = SO_2(g) + 2H_2O(l)$	0.17
	$SO_4^{2-}(aq) + 4H^+(aq) + 2e^- = H_2SO_3(aq) + H_2O(l)$	0.172
	$S_2O_8^{2-}(aq) + 2e^- = 2SO_4^{2-}(aq)$	2.01
	$S_2O_8^{2-}(aq) + 2H^+(aq) + 2e^- = 2HSO_4^-(aq)$	2.123
Sn	$Sn^{2+}(aq) + 2e^- = Sn(s)$	-0.137
	$Sn^{4+}(aq) + 2e^- = Sn^{2+}(aq)$	0.154

续表 H1

元素	电 极 反 应	$E^{\ominus}$/V
Sr	$Sr^{2+}(aq)+2e^{-}=Sr(s)$	-2.89
Ti	$Ti^{2+}(aq)+2e^{-}=Ti(s)$	-1.630
V	$VO_2^{+}(aq)+2H^{+}(aq)+e^{-}=VO^{2+}(aq)+H_2O(l)$	1.00
	$VO^{2+}(aq)+2H^{+}(aq)+e^{-}=V^{3+}(aq)+H_2O(l)$	0.337
Zn	$Zn^{2+}(aq)+2e^{-}=Zn(s)$	-0.763

表 H2　在碱性溶液中

元素	电 极 反 应	$E^{\ominus}$/V
Ag	$2AgO(s)+H_2O(l)+2e^{-}=Ag_2O(s)+2OH^{-}(aq)$	0.604
	$Ag_2O(s)+H_2O(l)+2e^{-}=2Ag(s)+2OH^{-}(aq)$	0.342
Al	$Al(OH)_4^{-}(aq)+3e^{-}=Al(s)+4OH^{-}(aq)$	-2.31
	$H_2AlOH_3^{-}(aq)+2H_2O(l)+3e^{-}\longrightarrow Al(s)+4OH^{-}(aq)$	-2.33
As	$As(s)+3H_2O(l)+3e^{-}=AsH_3(g)+3OH^{-}(aq)$	-1.21
	$AsO_2^{-}(aq)+2H_2O(l)+3e^{-}=As(s)+4OH^{-}(aq)$	-0.68
	$AsO_4^{3-}(aq)+2H_2O(l)+2e^{-}=AsO_2^{-}(aq)+4OH^{-}(aq)$	-0.67
Br	$BrO^{-}(aq)+H_2O(l)+2e^{-}=Br^{-}(aq)+2OH^{-}(aq)$	0.766
	$BrO_3^{-}(aq)+3H_2O(l)+6e^{-}=Br^{-}(aq)+6OH^{-}(aq)$	0.584
Ca	$Ca(OH)_2(s)+2e^{-}=Ca(s)+2OH^{-}(aq)$	-3.02
Cl	$ClO^{-}(aq)+H_2O(l)+2e^{-}=Cl^{-}(aq)+2OH^{-}(aq)$	0.890
	$ClO_3^{-}(aq)+3H_2O(l)+6e^{-}=Cl^{-}(aq)+6OH^{-}(aq)$	0.622
	$ClO_3^{-}(aq)+H_2O(l)+2e^{-}=ClO_2^{-}(aq)+2OH^{-}(aq)$	0.33
	$ClO_4^{-}(aq)+H_2O(l)+2e^{-}=ClO_3^{-}(aq)+2OH^{-}(aq)$	0.36
Cr	$Cr(OH)_3(s)+3e^{-}=Cr(s)+3OH^{-}(aq)$	-1.48
	$CrO_4^{2-}(aq)+4H_2O(l)+3e^{-}=Cr(OH)_3+5OH^{-}(aq)$	-0.13
Cu	$Cu_2O(s)+H_2O(l)+2e^{-}=2Cu(s)+2OH^{-}(aq)$	-0.360
Fe	$Fe(OH)_2(s)+2e^{-}=Fe(s)+2OH^{-}(aq)$	-0.8914
	$Fe(OH)_3(s)+e^{-}=Fe(OH)_2(s)+OH^{-}(aq)$	-0.56
H	$2H_2O(l)+2e^{-}=H_2(g)+2OH^{-}(aq)$	-0.8277
Hg	$HgO(s)+H_2O(l)+2e^{-}=Hg(s)+2OH^{-}(aq)$	0.0977
I	$IO^{-}(aq)+H_2O(l)+2e^{-}=I^{-}(aq)+2OH^{-}(aq)$	0.485
	$2IO^{-}(aq)+2H_2O(l)+2e^{-}=I_2(s)+4OH^{-}(aq)$	0.42
	$IO_3^{-}(aq)+3H_2O(l)+6e^{-}=I^{-}(aq)+6OH^{-}(aq)$	0.26
Mg	$Mg(OH)_2(s)+2e^{-}=Mg(s)+2OH^{-}(aq)$	-2.69
Mn	$Mn(OH)_2(s)+2e^{-}=Mn(s)+2OH^{-}(aq)$	-1.56
	$MnO_4^{-}(aq)+2H_2O(l)+3e^{-}=MnO_2(s)+4OH^{-}(aq)$	0.595
	$MnO_4^{2-}(aq)+2H_2O(l)+2e^{-}=MnO_2(s)+4OH^{-}(aq)$	0.60

续表 H2

元素	电　极　反　应	$E^{\ominus}$ /V
N	$NO_3^-(aq) + H_2O(l) + 2e^- \rightleftharpoons NO_2^-(aq) + 2OH^-(aq)$	0.01
O	$O_2(g)+2H_2O(l)+4e^- \rightleftharpoons 4OH^-(aq)$	0.401
	$O_3(g)+H_2O(l)+2e^- \rightleftharpoons O_2(g)+2OH^-(aq)$	1.246
Pb	$HPbO_2^-(aq) + H_2O(l) + 2e^- \rightleftharpoons Pb(s) + 3OH^-(aq)$	−0.54
S	$S(s) + 2e^- \rightleftharpoons S^{2-}(aq)$	−0.455
	$SO_4^{2-}(aq) + H_2O(l) + 2e^- \rightleftharpoons SO_3^{2-}(aq) + 2OH^-(aq)$	−0.93
	$2SO_3^{2-}(aq) + 3H_2O(l) + 4e^- \rightleftharpoons S_2O_3^{2-}(aq) + 6OH^-(aq)$	−0.571
Sb	$SbO_2^-(aq) + 2H_2O(l) + 3e^- \rightleftharpoons Sb(s) + 4OH^-(aq)$	−0.66
Zn	$Zn(OH)_2(s)+2e^- \rightleftharpoons Zn(s)+2OH^-(aq)$	−1.246

附录 I　难溶化合物的溶度积常数

表 I1　难溶化合物的溶度积常数

序号	分子式	K_{sp}	序号	分子式	K_{sp}
1	Ag_3AsO_4	1.0×10^{-22}	22	$AgVO_3$	5.0×10^{-7}
2	$AgBr$	5.3×10^{-13}	23	Ag_2WO_4	5.5×10^{-12}
3	$AgBrO_3$	5.50×10^{-5}	24	$Al(OH)_3$	(1.3×10^{-33})
4	$AgCl$	5.9×10^{-11}	25	$AlPO_4$	6.3×10^{-19}
5	$AgCN$	1.2×10^{-16}	26	Al_2S_3	2.0×10^{-7}
6	Ag_2CO_3	8.3×10^{-12}	27	$Au(OH)_3$	5.5×10^{-46}
7	$Ag_2C_2O_4$	5.3×10^{-12}	28	$AuCl_3$	(3.2×10^{-25})
8	Ag_2CrO_4	1.1×10^{-12}	29	AuI_3	1.0×10^{-46}
9	$Ag_2Cr_2O_7$(无定形)	(2.0×10^{-7})	30	$Ba_3(AsO_4)_2$	8.0×10^{-51}
10	AgI	8.3×10^{-17}	31	$BaCO_3$	2.6×10^{-9}
11	$AgIO_3$	3.1×10^{-8}	32	BaC_2O_4	1.6×10^{-7}
12	$AgOH$	2.0×10^{-8}	33	$BaCrO_4$	1.2×10^{-10}
13	Ag_2MoO_4	2.8×10^{-12}	34	$Ba_3(PO_4)_2$	(3.4×10^{-23})
14	Ag_3PO_4	8.7×10^{-17}	35	$BaSO_4$	1.1×10^{-10}
15	Ag_2S	6.3×10^{-50}	36	BaS_2O_3	1.6×10^{-5}
16	$AgSCN$	1.0×10^{-12}	37	$BaSeO_3$	2.7×10^{-7}
17	Ag_2SO_3	1.5×10^{-14}	38	$BaSeO_4$	3.5×10^{-8}
18	Ag_2SO_4	1.2×10^{-5}	39	$Be(OH)_2$	6.7×10^{-22}
19	Ag_2Se	2.0×10^{-64}	40	$BiAsO_4$	4.4×10^{-10}
20	Ag_2SeO_3	1.0×10^{-15}	41	$Bi_2(C_2O_4)_3$	3.98×10^{-36}
21	Ag_2SeO_4	5.7×10^{-8}	42	$Bi(OH)_3$	(4.0×10^{-31})

续表 I1

序号	分子式	K_{sp}	序号	分子式	K_{sp}
43	$BiPO_4$	1.26×10^{-23}	76	$Cu_3(PO_4)_2$	1.3×10^{-37}
44	$CaCO_3$	4.9×10^{-9}	77	Cu_2S	2.5×10^{-48}
45	$CaC_2O_4\cdot H_2O$	2.3×10^{-9}	78	Cu_2Se	1.58×10^{-61}
46	CaF_2	1.5×10^{-10}	79	CuS	6.3×10^{-36}
47	$CaMoO_4$	4.17×10^{-8}	80	CuSe	7.94×10^{-49}
48	$Ca(OH)_2$	4.6×10^{-6}	81	$Dy(OH)_3$	1.4×10^{-22}
49	$Ca_3(PO_4)_2$(低温)	2.1×10^{-33}	82	$Er(OH)_3$	4.1×10^{-24}
50	$CaSO_4$	7.1×10^{-5}	83	$Eu(OH)_3$	8.9×10^{-24}
51	$CaSiO_3$	2.5×10^{-8}	84	$FeAsO_4$	5.7×10^{-21}
52	$CaWO_4$	8.7×10^{-9}	85	$FeCO_3$	3.2×10^{-11}
53	$CdCO_3$	5.2×10^{-12}	86	$Fe(OH)_2$	4.86×10^{-17}
54	$CdC_2O_4\cdot 3H_2O$	9.1×10^{-8}	87	$Fe(OH)_3$	2.8×10^{-39}
55	$Cd_3(PO_4)_2$	2.5×10^{-33}	88	$FePO_4$	1.3×10^{-22}
56	CdS	8.0×10^{-27}	89	FeS	6.3×10^{-18}
57	CdSe	6.31×10^{-36}	90	$Ga(OH)_3$	7.0×10^{-36}
58	$CdSeO_3$	1.3×10^{-9}	91	$GaPO_4$	1.0×10^{-21}
59	CeF_3	8.0×10^{-16}	92	$Gd(OH)_3$	1.8×10^{-23}
60	$CePO_4$	1.0×10^{-23}	93	$Hf(OH)_4$	4.0×10^{-26}
61	$Co_3(AsO_4)_2$	7.6×10^{-29}	94	$HgBr_2$	5.6×10^{-20}
62	$CoCO_3$	1.4×10^{-13}	95	Hg_2Cl_2	1.4×10^{-18}
63	CoC_2O_4	6.3×10^{-8}	96	HgC_2O_4	1.0×10^{-7}
64	$Co(OH)_2$(蓝)	6.31×10^{-15}	97	$HgCO_3$	3.7×10^{-17}
	$Co(OH)_2$(粉红,新沉淀)	1.58×10^{-15}	98	$Hg_2(CN)_2$	5.0×10^{-40}
	$Co(OH)_2$(粉红,陈化)	2.3×10^{-16}	99	Hg_2CrO_4	2.0×10^{-9}
65	$CoHPO_4$	2.0×10^{-7}	100	Hg_2I_2	4.5×10^{-29}
66	$Co_3(PO_4)_3$	2.0×10^{-35}	101	HgI_2	2.8×10^{-29}
67	$CrAsO_4$	7.7×10^{-21}	102	$Hg_2(IO_3)_2$	2.0×10^{-14}
68	$Cr(OH)_3$	(6.3×10^{-31})	103	$Hg_2(OH)_2$	2.0×10^{-24}
69	$CrPO_4\cdot 4H_2O$(绿)	2.4×10^{-23}	104	HgSe	1.0×10^{-59}
	$CrPO_4\cdot 4H_2O$(紫)	1.0×10^{-17}	105	HgS(红)	4.0×10^{-53}
70	CuBr	6.9×10^{-9}	106	HgS(黑)	1.6×10^{-52}
71	CuCl	1.7×10^{-7}	107	Hg_2WO_4	1.1×10^{-17}
72	CuCN	3.5×10^{-20}	108	$Ho(OH)_3$	5.0×10^{-23}
73	$CuCO_3$	2.34×10^{-10}	109	$In(OH)_3$	1.3×10^{-37}
74	CuI	1.2×10^{-12}	110	$InPO_4$	2.3×10^{-22}
75	$Cu(OH)_2$	2.2×10^{-20}	111	In_2S_3	5.7×10^{-74}

续表Ⅰ1

序号	分子式	K_{sp}	序号	分子式	K_{sp}
112	$La_2(CO_3)_3$	3.98×10^{-34}	148	$Pd(OH)_2$	1.0×10^{-31}
113	$LaPO_4$	3.98×10^{-23}	149	$Pd(OH)_4$	6.3×10^{-71}
114	$Lu(OH)_3$	1.9×10^{-24}	150	PdS	2.03×10^{-58}
115	$Mg_3(AsO_4)_2$	2.1×10^{-20}	151	$Pm(OH)_3$	1.0×10^{-21}
116	$MgCO_3$	6.8×10^{-6}	152	$Pr(OH)_3$	6.8×10^{-22}
117	$MgCO_3\cdot3H_2O$	2.14×10^{-5}	153	$Pt(OH)_2$	1.0×10^{-35}
118	$Mg(OH)_2$	5.1×10^{-12}	154	$Pu(OH)_3$	2.0×10^{-20}
119	$Mg_3(PO_4)_2$	1.0×10^{-24}	155	$Pu(OH)_4$	1.0×10^{-55}
120	$Mn_3(AsO_4)_2$	1.9×10^{-29}	156	$RaSO_4$	4.2×10^{-11}
121	$MnCO_3$	2.2×10^{-11}	157	$Rh(OH)_3$	1.0×10^{-23}
122	$Mn(IO_3)_2$	4.37×10^{-7}	158	$Ru(OH)_3$	1.0×10^{-36}
123	$Mn(OH)_4$	1.9×10^{-13}	159	Sb_2S_3	1.5×10^{-93}
124	MnS(粉红)	2.5×10^{-10}	160	ScF_3	4.2×10^{-18}
125	MnS(绿)	2.5×10^{-13}	161	$Sc(OH)_3$	8.0×10^{-31}
126	$Ni_3(AsO_4)_2$	3.1×10^{-26}	162	$Sm(OH)_3$	8.2×10^{-23}
127	$NiCO_3$	1.4×10^{-7}	163	$Sn(OH)_2$	5.0×10^{-27}
128	NiC_2O_4	4.0×10^{-10}	164	$Sn(OH)_4$	1.0×10^{-56}
129	$Ni(OH)_2$(新)	5.0×10^{-16}	165	SnO_2	3.98×10^{-65}
130	$Ni_3(PO_4)_2$	5.0×10^{-31}	166	SnS	1.0×10^{-25}
131	α-NiS	3.2×10^{-19}	167	SnSe	3.98×10^{-39}
132	β-NiS	1.0×10^{-24}	168	$Sr_3(AsO_4)_2$	8.1×10^{-19}
133	γ-NiS	2.0×10^{-26}	169	$SrCO_3$	5.6×10^{-10}
134	$Pb_3(AsO_4)_2$	4.0×10^{-36}	170	$SrC_2O_4\cdot H_2O$	1.6×10^{-7}
135	$PbBr_2$	6.6×10^{-6}	171	SrF_2	2.5×10^{-9}
136	$PbCl_2$	1.7×10^{-5}	172	$Sr_3(PO_4)_2$	4.0×10^{-28}
137	$PbCO_3$	1.5×10^{-13}	173	$SrSO_4$	3.4×10^{-7}
138	$PbCrO_4$	2.8×10^{-13}	174	$SrWO_4$	1.7×10^{-10}
139	PbF_2	2.7×10^{-8}	175	$Tb(OH)_3$	2.0×10^{-22}
140	$PbMoO_4$	1.0×10^{-13}	176	$Te(OH)_4$	3.0×10^{-54}
141	$Pb(OH)_2$	1.43×10^{-20}	177	$Th(C_2O_4)_2$	1.0×10^{-22}
142	$Pb(OH)_4$	3.2×10^{-66}	178	$Th(IO_3)_4$	2.5×10^{-15}
143	$Pb_3(PO_4)_3$	8.0×10^{-43}	179	$Th(OH)_4$	4.0×10^{-45}
144	PbS	1.0×10^{-28}	180	$Ti(OH)_3$	1.0×10^{-40}
145	$PbSO_4$	1.6×10^{-8}	181	TlBr	3.4×10^{-6}
146	PbSe	7.94×10^{-43}	182	TlCl	1.9×10^{-4}
147	$PbSeO_4$	1.4×10^{-7}	183	Tl_2CrO_4	9.77×10^{-13}

续表 I1

序号	分子式	K_{sp}	序号	分子式	K_{sp}
184	TlI	5.5×10^{-8}	192	$Zn_3(AsO_4)_2$	1.3×10^{-28}
185	TlN_3	2.2×10^{-4}	193	$ZnCO_3$	1.4×10^{-11}
186	Tl_2S	5.0×10^{-21}	194	$Zn(OH)_2$	6.8×10^{-17}
187	$TlSeO_3$	2.0×10^{-39}	195	$Zn_3(PO_4)_2$	9.0×10^{-33}
188	$UO_2(OH)_2$	1.1×10^{-22}	196	α-ZnS	1.6×10^{-24}
189	$VO(OH)_2$	5.9×10^{-23}	197	β-ZnS	2.5×10^{-22}
190	$Y(OH)_3$	8.0×10^{-23}	198	$ZrO(OH)_2$	6.3×10^{-49}
191	$Yb(OH)_3$	3.0×10^{-24}			

附录 J　国际标准相对原子质量(2009 年)

表 J1　国际标准相对原子质量(2009 年)

原子序数	元素名称	化学符号	相对原子质量
1	氢 hydrogen	H	1.0078
2	氦 helium	He	4.0026
3	锂 lithium	Li	6.941
4	铍 beryllium	Be	9.012
5	硼 boron	B	10.811
6	碳 carbon	C	12.010
7	氮 nitrogen	N	14.006
8	氧 oxygen	O	15.999
9	氟 fluorine	F	18.998
10	氖 neon	Ne	20.1797
11	钠 sodium	Na	22.9898
12	镁 magnesium	Mg	24.305
13	铝 aluminium (aluminum)	Al	26.982
14	硅 silicon	Si	28.084
15	磷 phosphorus	P	30.974
16	硫 sulfur	S	32.065
17	氯 chlorine	Cl	35.453
18	氩 argon	Ar	39.948
19	钾 potassium	K	39.098
20	钙 calcium	Ca	40.078
21	钪 scandium	Sc	44.956
22	钛 titanium	Ti	47.867

续表J1

原子序数	元素名称	化学符号	相对原子质量
23	钒 vanadium	V	50.942
24	铬 chromium	Cr	51.996
25	锰 manganese	Mn	54.938
26	铁 iron	Fe	55.845
27	钴 cobalt	Co	58.933
28	镍 nickel	Ni	58.693
29	铜 copper	Cu	63.546
30	锌 zinc	Zn	65.38
31	镓 gallium	Ga	69.723
32	锗 germanium	Ge	72.64
33	砷 arsenic	As	74.922
34	硒 selenium	Se	78.96
35	溴 bromine	Br	79.904
36	氪 krypton	Kr	83.798
37	铷 rubidium	Rb	85.468
38	锶 strontium	Sr	87.62
39	钇 yttrium	Y	88.906
40	锆 zirconium	Zr	91.224
41	铌 niobium	Nb	92.906
42	钼 molybdenum	Mo	95.96
43	锝 technetium *	Tc	98.907
44	钌 ruthenium	Ru	101.07
45	铑 rhodium	Rh	102.906
46	钯 palladium	Pd	106.42
47	银 silver	Ag	107.868
48	镉 cadmium	Cd	112.411
49	铟 indium	In	114.818
50	锡 tin	Sn	118.710
51	锑 antimony	Sb	121.760
52	碲 tellurium	Te	127.60
53	碘 iodine	I	126.904
54	氙 xenon	Xe	131.293
55	铯 caesium (cesium)	Cs	132.905
56	钡 barium	Ba	137.327
57	镧 lanthanum	La	138.905
58	铈 cerium	Ce	140.116

续表 J1

原子序数	元素名称	化学符号	相对原子质量
59	镨 praseodymium	Pr	140. 908
60	钕 neodymium	Nd	144. 242
61	钷 promethium *	Pm	144. 91
62	钐 samarium	Sm	150. 36
63	铕 europium	Eu	151. 964
64	钆 gadolinium	Gd	157. 25
65	铽 terbium	Tb	158. 925
66	镝 dysprosium	Dy	162. 500
67	钬 holmium	Ho	164. 930
68	铒 erbium	Er	167. 259
69	铥 thulium	Tm	168. 934
70	镱 ytterbium	Yb	173. 054
71	镥 lutetium	Lu	174. 967
72	铪 hafnium	Hf	178. 49
73	钽 tantalum	Ta	180. 948
74	钨 tungsten	W	183. 84
75	铼 rhenium	Re	186. 207
76	锇 osmium	Os	190. 23
77	铱 iridium	Ir	192. 217
78	铂 platinum	Pt	195. 084
79	金 gold	Au	196. 967
80	汞 mercury	Hg	200. 59
81	铊 thallium	Tl	204. 382
82	铅 lead	Pb	207. 2
83	铋 bismuth	Bi	208. 980
84	钋 polonium *	Po	208. 98
85	砹 astatine *	At	209. 99
86	氡 radon *	Rn	222. 02
87	钫 francium *	Fr	223. 03
88	镭 radium *	Ra	226. 03
89	锕 actinium *	Ac	227. 03
90	钍 thorium *	Th	232. 038
91	镤 protactinium *	Pa	231. 036
92	铀 uranium *	U	238. 029
93	镎 neptunium *	Np	237. 05
94	钚 plutonium *	Pu	244. 06

续表 J1

原子序数	元素名称	化学符号	相对原子质量
95	镅 americium *	Am	243.06
96	锔 curium *	Cm	247.07
97	锫 berkelium *	Bk	247.07
98	锎 californium *	Cf	251.08
99	锿 einsteinium *	Es	252.08
100	镄 fermium *	Fm	257.10
101	钔 mendelevium *	Md	258.10
102	锘 nobelium *	No	259.10

注：* 表示没有稳定同位素的元素。

附录 K 常用化合物的相对分子质量

表 K1 常用化合物的相对分子质量（根据 2009 年公布的相对原子质量计算）

分子式	相对分子质量	分子式	相对分子质量
$AgBr$	187.78	HCl	36.461
$AgCl$	143.32	$HClO_4$	100.46
AgI	234.77	HNO_3	63.013
$AgNO_3$	169.87	H_2O	18.015
Al_2O_3	101.96	H_2O_2	34.015
As_2O_3	197.84	H_3PO_4	97.995
$BaCl_2 \cdot 2H_2O$	244.27	H_2SO_4	98.080
BaO	153.33	I_2	253.81
$Ba(OH)_2 \cdot 8H_2O$	315.47	$KAl(SO_4)_2 \cdot 12H_2O$	474.39
$BaSO_4$	233.39	KBr	119.00
$CaCO_3$	100.09	$KBrO_3$	167.00
CaO	56.077	KCl	74.56
$Ca(OH)_2$	74.093	$KClO_4$	138.55
CO_2	44.010	K_2CO_3	138.21
CuO	79.545	K_2CrO_4	194.20
Cu_2O	143.09	$K_2Cr_2O_7$	294.19
$CuSO_4 \cdot 5H_2O$	249.69	KH_2PO_4	136.09
FeO	71.844	$KHSO_4$	136.17
Fe_2O_3	159.69	KI	166.01
$FeSO_4 \cdot 7H_2O$	278.02	KIO_3	214.00
$FeSO_4 \cdot (NH_4)_2SO_4 \cdot 6H_2O$	392.15	$KIO_3 \cdot HIO_3$	389.92
H_3BO_3	61.833	$KMnO_4$	158.04

续表 K1

分子式	相对分子质量	分子式	相对分子质量
KNO_2	85.100	NH_4Cl	53.491
KOH	56.106	NH_4OH	35.046
K_2PtCl_6	486.00	$(NH_4)_3PO_4 \cdot 12MoO_3$	1876.53
KSCN	97.182	$(NH_4)_2SO_4$	132.14
$MgCO_3$	84.314	$PbCrO_4$	321.18
$MgCl_2$	95.211	PbO_2	239.19
$MgSO_4 \cdot 7H_2O$	246.48	$PbSO_4$	303.26
$MgNH_4PO_4 \cdot 6H_2O$	245.41	P_2O_5	141.95
MgO	40.304	SiO_2	60.085
$Mg(OH)_2$	58.320	SO_2	64.065
$Mg_2P_2O_7$	222.60	SO_3	80.064
$Na_2B_4O_7 \cdot 10H_2O$	381.37	ZnO	81.38
NaBr	102.90	CH_3COOH(乙酸)	60.052
NaCl	58.44	$H_2C_2O_4 \cdot 2H_2O$	126.07
Na_2CO_3	105.99	$KHC_4H_4O_6$(酒石酸氢钾)	188.18
$NaHCO_3$	84.007	$KHC_8H_4O_4$(邻苯二甲酸氢钾)	204.22
$Na_2HPO_4 \cdot 12H_2O$	358.14	$K(SbO)C_4H_4O_6 \cdot 1/2H_2O$(酒石酸锑钾)	333.93
$NaNO_2$	69.000		
Na_2O	61.979	$Na_2C_2O_4$(草酸钠)	134.00
NaOH	40.01	$NaC_7H_5O_2$(苯甲酸钠)	144.11
$Na_2S_2O_3$	158.11	$Na_3C_6H_5O_7 \cdot 2H_2O$(柠檬酸钠)	294.12
$Na_2S_2O_3 \cdot 5H_2O$	248.19	$Na_2H_2C_{10}H_{12}O_8N_2 \cdot 2H_2O$(EDTA 二钠盐)	372.24
NH_3	17.031		

附录 L　常用基准物质的干燥条件和应用

表 L1　常用基准物质的干燥条件和应用

基准物质		干燥后的组成	干燥条件和温度/℃	标定对象
名称	分子式			
碳酸氢钠	$NaHCO_3$	Na_2CO_3	270~300	酸
十水合碳酸氢钠	$NaHCO_3 \cdot 10H_2O$	Na_2CO_3	270~300	酸
硼砂	$Na_2B_4O_7 \cdot 10H_2O$	$Na_2B_4O_7 \cdot 10H_2O$	放在装有氯化钠和蔗糖饱和溶液的密闭容器	酸
碳酸氢钾	$KHCO_3$	K_2CO_3	270~300	酸
二水合草酸	$H_2C_2O_4 \cdot 2H_2O$	$H_2C_2O_4 \cdot 2H_2O$	室温空气干燥	碱或 $KMnO_4$

续表L1

基准物质		干燥后的组成	干燥条件和温度/℃	标定对象
名称	分子式			
邻苯二甲酸氢钾	$KHC_8H_4O_4$	$KHC_8H_4O_4$	110～120	碱
重铬酸钾	$K_2Cr_2O_7$	$K_2Cr_2O_7$	140～150	还原剂
溴酸钾	$KBrO_3$	$KBrO_3$	130	还原剂
碘酸钾	KIO_3	KIO_3	130	还原剂
铜	Cu	Cu	室温干燥器中保存	还原剂
三氧化二砷	As_2O_3	As_2O_3	室温干燥器中保存	氧化剂
草酸钠	$Na_2C_2O_4$	$Na_2C_2O_4$	130	氧化剂
碳酸钙	$CaCO_3$	$CaCO_3$	110	EDTA
锌	Zn	Zn	室温干燥器中保存	EDTA
氧化锌	ZnO	ZnO	900～1000	EDTA
氯化钠	NaCl	NaCl	500～600	$AgNO_3$
氯化钾	KCl	KCl	500～600	$AgNO_3$
硝酸银	$AgNO_3$	$AgNO_3$	220～250	氯化物